面向21世纪高校教材
江苏省教育委员会组织编写

江苏省普通高校计算机等级考试系列教材

Visual C++程序设计

张岳新　编著

苏州大学出版社

内容简介

C++是一种面向对象的程序设计语言。本书以没有学过程序设计语言，而直接学习C++语言的读者为对象，重点介绍了C++语言的基本概念、基本语法、程序设计的基本思想和面向对象的程序设计方法。为了便于读者学习和理解，本书提供了大量的例题，每一章后面备有相当数量的练习题和思考题。

本书分为两部分，前一部分讲述VC++基础，后一部分介绍面向对象的程序设计方法，最后一章介绍了MFC程序设计的基本方法。本书通俗易懂，由浅入深，突出重点，侧重实用。本书可作为大专院校理工科类学生用的C++语言课程的教材，也可作为计算机爱好者的自学教材。

图书在版编目(CIP)数据

Visual C++程序设计/张岳新编著；江苏省教育厅组织编写. —苏州：苏州大学出版社，2002.1(2024.1重印)
面向21世纪高校教材 江苏省普通高校计算机等级考试系列教材
ISBN 978-7-81037-931-1

Ⅰ.V… Ⅱ.①张… ②江… Ⅲ.C语言－程序设计－高等学校－教材 Ⅳ.TP312

中国版本图书馆CIP数据核字(2002)第001729号

Visual C++程序设计
张岳新 编著
责任编辑 周建兰

苏州大学出版社出版发行
(地址：苏州市十梓街1号 邮编:215006)
广东虎彩云印刷有限公司印刷
(地址：东莞市虎门镇黄村社区厚虎路20号C幢一楼 邮编：523898)

开本787×1092 1/16 印张25.75 字数644千
2002年2月第1版 2024年1月第24次印刷
ISBN 978-7-81037-931-1 定价：59.80元

苏州大学版图书若有印装错误，本社负责调换
苏州大学出版社营销部 电话:0512-67481020
苏州大学出版社网址 http://www.sudapress.com

前　言

C++ 语言是 C 语言的扩充，它保持了 C 语言的简洁、高效、源程序的可移植性好等特点；同时克服了 C 语言的类型检查机制薄弱和不适合开发大型程序的缺点。C++ 语言为程序设计者提供了良好的程序开发环境，能产生模块化程度高、重用性和可维护性好的程序。目前 C++ 语言已经在各个领域都得到了广泛的应用，它不仅可以应用于 C 语言应用的所有场合，效果比 C 语言更好，而且特别适合中等和大型程序项目的开发。

本书根据江苏省普通高校非计算机专业学生计算机基础知识和应用能力等级考试大纲(2001 年)对原书进行了修订再版。全书分为两部分：第一部分为 Visual C++ 基础，共有 8 章；第二部分为面向对象的程序设计，共有 7 章，合计 15 章。其中第 4 章(C++ 的流程控制语句)、第 8 章(指针和引用)、第 9 章(类和对象)、第 11 章(继承和派生类)和第 13 章(运算符重载)为本书的重点和难点。另外，在附录中编入了 ASCII 码表和常用的库函数。

本书较系统地介绍了 C++ 语言的基本概念和程序设计的基本方法。针对初学者在学习过程中遇到的困难和容易出现的问题，结合大量的例题进行了详细讲述。本书的特点是例题丰富、注重实用、通俗易懂、适合自学。本书虽然是以 VC++ 作为程序设计语言，但书中的内容基本上均适用于任一种 C++ 语言。

本书的所有例题均在 VC++ 6.0 版本的编译系统下运行过，在其他的 C++ 编译系统下也能正确运行。每一章后均提供了一定数量的练习题，可供读者复习时参考。

本书是江苏省普通高校计算机等级考试的指定教材，也可作为教师的教学参考书或自学者学习用书。书中加有“*”的内容和例题，对于一般学生可以不作考试或考查要求。若教学时数较少，第 15 章可以不讲授。为了便于教学，已另编一本与该本教材相配套的《Visaual C++ 实验指导书》。

本书在江苏省普通高校计算机等级考试中心主任叶晓风的支持下，在多次教师研讨班上，对第一版广泛征求意见后修订定稿。修订稿经东南大学博士生导师孙志挥教授详细审阅，并提出了许多宝贵的修改意见。作者在此对孙志挥教授及所有曾经提供帮助和指导的教师们表示衷心的感谢。

由于编者的水平有限，错误和疏漏在所难免，敬请广大读者提出宝贵意见。

编　者

2001 年 10 月

目　录

Visual C++ 基础

面向对象的程序设计

Visual C++ 基础

第 1 章

C++ 概述

本章介绍了 C++ 的起源、发展及其特点，C++ 程序的基本结构，面向对象程序设计的基本概念，上机操作过程。

1.1 C++ 语言的发展

自从 1946 年世界上第一台数字电子计算机 ENIAC 问世以来，计算机应用领域不断扩大，计算机技术高速发展，尤其是近年来计算机的硬件和软件日新月异。作为应用计算机的一种工具——程序设计语言，也得到了不断的充实和完善。几乎每年都有新的程序设计语言问世，而原先的程序设计语言也不断地更新换代。

C++ 语言是在 C 语言的基础上逐步发展和完善起来的，而 C 是吸收了其他语言的一些优点逐步成为实用性很强的一种语言。

20 世纪 60 年代，Martin Richards 为计算机软件人员在开发系统软件时，作为记述语言使用而开发了 BCPL 语言(Basic Combined Programming Language)。1970 年，Ken Thompson 在继承 BCPL 语言的许多优点的基础上发明了实用的 B 语言。1972 年，贝尔实验室的 Dennis Ritchie 和 Brian kernighan 在 B 语言的基础上，作了进一步的充实和完善，设计出了 C 语言。当时，设计 C 语言是为了编写 UNIX 操作系统的，以后，C 语言经过多次改进，并开始流行。目前，国际上标准的 C 是 87ANSI C，常用的有 Microsoft C、Turbo C、Quick C 等。不同版本略有不同，但基本的部分是兼容的。

C 语言主要含有如下特点。

1. C 语言是一种结构化的程序设计语言，语言简洁，使用灵活方便。它既适用于设计和编写大的系统程序，又适用于编写小的控制程序，同样也适用于科学计算。

2. 它既有高级语言的特点，又具有汇编语言的特点。其运算符丰富，除了能提供对数据的算术逻辑运算外，还提供了二进制的位运算，并且提供了灵活的数据结构。用 C 语言编写的程序表述灵活方便，功能强大。用 C 语言开发的程序，其结构性好，目标程序质量高，程序执行效率高。

3. 程序的可移植性好。在某一种型号的计算机上开发的用 C 语言编写的程序，基本上可以不作修改，而可直接移植到其他型号和不同档次的计算机上运行。

4. 程序的语法结构不够严密，程序设计的自由度大。这对于比较精通 C 语言的程序设计者来说，可以更方便地设计出高质量的非常通用的程序。但对于初学者来说，要能比较熟练地运用 C 语言来编写程序，并不是一件易事。与其他高级程序设计语言相比，用 C 语言编写的程序调试较困难。往往是程序编好并输入计算机后，编译时易通过，而在执行时还会出错。但只要对 C 语言的语法规则真正领会，编写程序及调试程序还是比较容易掌握的。

随着C语言应用的推广,C语言存在的一些缺陷或不足也开始流露出来,并受到大家的关注。比如:C语言对数据类型检查的机制比较弱;缺少支持代码重用的结构;随着软件工程规模的扩大,难以适应开发特大型的程序等。

为克服C语言本身存在的缺点,并保持C语言的简洁、高效,且与汇编语言接近的特点,1980年贝尔实验室的Bjarne Stroustrup博士及其同事对C语言进行了改进和扩充,并把Simula 67中类的概念引入到C中。于1983年由Rick Maseitti提议正式命名为C++(C Plus Plus)。后来又把运算符的重载、引用、虚函数等功能加入到C++中,使C++的功能日趋完善。

当前运用得较为广泛的C++有VC++(Visual C Plus Plus)、BC++(Borland C Plus Plus)、AT&T C++等。

1.2 C++的特点

C++并不是对C语言的功能作简单的改进和扩充,而是一种本质性革新。C++之所以能得到广泛的应用,除了C++继承了C语言的一些特点之外,还具有以下几方面的特点。

1. C++是C语言的一个超集,大多数的C程序代码略作修改或不作修改就可在C++的集成环境下运行或调试。这对于继承和开发当前已在广泛使用的软件是非常重要的,可节省大量的人力和物力。

2. C++是一种面向对象的程序设计语言。它使得程序的各个模块的独立性更强,程序的可读性和可理解性更好,程序代码的结构性更加合理。这对于设计和调试一些大的软件尤为重要。

3. 用C++设计的程序扩充性强。一方面,在软件开发的前期,对整个要解决的问题很难全部弄清楚,开发人员只能根据自已的理解进行程序的结构设计;而到软件开发的后期,开发人员往往发现开始的理解并不正确或并不全面,这时可能需要改变程序的结构或功能,这就要求开发工具具有较强的可扩充性。另一方面,已开发的软件,随着时间的推移,也还要求扩充新的功能,或要改进某些功能。C++所具有的扩充性能的特点,对于编写一些大的程序而言是非常重要的。

1.3 简单的C++程序介绍

本书主要介绍Visual C++,但C++的基本内容都是相同的,除作特殊说明的章节外,适用于任何一种C++语言。本书上机实习的环境为Visual C++ 6.0。

C++的集成环境不仅支持C++程序的编译和调试,而且也支持C程序的编译和调试。通常,C++的集成环境约定:当源程序文件的扩展名为.C时,则为C程序;而当文件的扩展名为.CPP时,则为C++程序。本书中,所有例子程序中的文件扩展名均为.CPP。

1.3.1 一个简单的C++程序

下面首先通过一个简单的例子来说明C++程序的基本结构及其主要特点。

例1.1 一个简单的C++程序。

```
//源程序文件名为 EX1_1.cpp
```

```
/* C++程序的基本结构 */
#include <iostream.h>

void main(void)
{
    cout << "i = ";                        //显示提示符
    int i;                                 //说明变量 i
    cin >> i;                              //从键盘上输入变量 i 的值
    cout << "i 的值为:" << i << '\n';      // 输出变量 i 的值
}
```

该程序经编译和连接后，运行可执行程序时，在显示器上显示：

i =

此时等待用户输入一个整数。设从键盘上输入 100 时，则显示器上显示：

i 的值为：100

下面简单介绍程序的基本结构和各语句的作用。

1. 注解或说明信息。

在 C++ 程序的任何位置处都可以插入注解信息。注解方法有两种：第一种方法是用“/*”和“*/”把注解信息括起来，这种注解可以出现在程序中的任何位置，如例 1.1 中的第二行；第二种方法是用两个连续的“/”字符，它表示从此开始到本行结束为注解，如例 1.1 中的第一行。

2. 包含文件或编译预处理指令。

以“#”开头的行称为编译预处理指令，如例 1.1 中的第三行。有关包含文件或编译指令的具体用法及规则将在后面介绍。由于程序中要用到输入/输出函数，故要包含文件 iostream.h，这是一个标准输入/输出流的头文件。

3. 主函数 main( )。

任一 C++ 程序均要有一个且只能有一个主函数。一个 C++ 程序总是从 main( )函数开始执行，而不管该函数在整个程序中的具体位置。

4. 花括号对{ }。

{ }称为函数或语句括号。任一函数体均以“{”开始，并以“}”结束。注意，花括号要配对使用。

5. 任一 C++ 程序均由一个或多个函数组成。其中必须有一个主函数 main( )，其余函数可有可无。其余函数包括库函数和用户自定义的函数。在本例中，cin、cout 是库函数。任一函数可由若干个语句组成，每一个语句均以“;”结束。

6. 程序的书写规则。

对于 C++ 的编译器而言，一个语句可以写成若干行，一行内也可以写若干个语句。虽然 C++ 允许的书写格式是非常自由的，但是为了便于程序的阅读和相互交流，程序的书写必须符合以下基本规则。

(1) 对齐规则。同一层次的语句必须从同一列开始，同一层次的开花括号必须与对应的闭花括号在同一列上。

(2) 缩进规则。属于内一层次的语句，必须缩进几个字符，通常缩进两个、四个或八个字符的位置。

(3) 任一函数的定义均从第一列开始书写。

7. C++ 语言没有专门的输入/输出语句。输入和输出是通过函数(对象)来实现的。

8. 严格区分大小写字母。

在某些高级语言中,不区分大小写字母,但在 C++ 中,是严格区分大小写字母的。如 A 与 a 表示两个不同的标识符。在书写程序或编辑程序时,要注意这一点。

1.3.2 程序的基本要求

用 C++ 语言进行程序设计并解决实际问题时,对程序是有质量要求的。通过对本课程的学习,对设计的程序要达到以下几方面的基本要求。

1. 程序的正确性。要求程序正确无误,即语法和语义正确,算法描述正确。这是对程序的最基本的要求。

2. 程序的可读性和可理解性好。当设计的程序被阅读时,要做到容易读懂,并且能容易理解程序的设计思想和设计方法。通常包括三个方面:首先是程序的结构性好,采用结构化的程序设计方法或采用软件工程的程序设计方法来设计程序;第二是在程序中增加注解,说明程序设计的思想和方法;第三是程序的书写格式规范。

3. 程序的可维护性好。程序易于修改,易于增加新的功能。这要求程序的结构性好,各模块的独立性强。

4. 程序的构思好,程序简短,执行速度快。

前面三点是最基本的要求,最后一点要求略高。要做到该点,仅学习本课程的知识是不够的,还需掌握数据结构、算法设计与分析、软件工程及程序设计方法学等知识,再通过大量的程序设计实践,就能编出高质量的程序。

1.3.3 C++ 程序的开发步骤

C++ 语言是一种编译性的语言,设计好一个 C++ 源程序后,需要经过编译、连接,生成可执行的程序文件,然后执行并调试程序。一个 C++ 程序的开发步骤可分为如下 5 个步骤。

1. 根据要解决的问题,分析需求,并用合适的方法描述之。

2. 编写 C++ 源程序,并利用一个编辑器将源程序输入到计算机中的某一个文件中。文件的扩展名为.CPP。

3. 编译源程序,并产生目标程序。在 PC 机上,文件的扩展名为.OBJ。

4. 连接。将一个或多个目标程序与库函数进行连接后,产生一个可执行文件。在 PC 机上,文件的扩展名为.EXE。

5. 调试程序。运行可执行文件,分析运行结果。若结果不正确,则要修改源程序,并重复以上过程,直到得到正确的结果为止。

1.4 面向对象的程序设计概述

面向对象的程序设计(Object Oriented Programming,简称 OOP)方法是近年来十分流行的一种程序设计方法,它试图用客观世界中描述事物的方法来描述一个程序要解决的事情。

在 C++ 中通过引入类和对象的概念,增加了程序模块的独立性和可扩展性。

1.4.1 对象及面向对象的程序设计

对象(Object)是 OOP 中最重要的概念之一。简单地说,对象是一个抽象的概念,它是对一个客观实体的描述。它是既有数据又有对数据进行操作的代码的一个逻辑实体。

由此,面向对象的程序设计就是用 OOP 来描述客观世界中所需说明的有关事物。

1.4.2 面向对象程序设计的要素

C++ 是一种面向对象的程序设计语言,它支持面向对象程序设计的几个要素(封装性、继承和派生性、重载性以及多态性)。下面对这些要素分别作简单介绍。

1. 封装性

将描述对象的数据及对这些数据进行处理的程序代码有机地组成一个整体,形成一个模块,对其数据及代码的存取权限加以限制后,模块完全独立,对象的这种特性称为封装性。这样就使得描述对象的数据只能通过对象中的程序代码来处理,而其他任何程序代码均不能访问对象中的数据。这种封装性可通过定义类来实现,对象是类的一个实例。

这种特性非常有利于程序的调试和维护。

2. 继承和派生性

一个类可以派生出新的类(原来的类称为基类),派生类可以全部或部分地继承基类的数据或程序代码,这种特性称为继承和派生性。派生类又可以作为其他类的基类,而派生出新的类,这样一层一层地继承和派生下去,可形成一棵树状的类结构。

利用这种特性,对于类同的问题或只有部分类同的问题,都可以从已定义的类中派生出来,省去重复性的工作。其作用是:一方面可减少程序设计的错误(利用原来已调试好的类);另一方面,可加快和简化程序设计,提高工作效率。

3. 重载性

一个函数名或一个运算符,根据不同的对象可以完成不同的功能或运算,这种特性称为重载性。例如,“+”运算符可以完成两个整数的求和运算,也可以完成两个实数的求和运算,还可以完成两个复数的求和运算,当然也可以完成两个字符串的拼接。在 C++ 中,有两种重载:一种是运算符的重载;另一种是函数的重载,如用相同的函数名 abs( ),可以分别求整数、实数和双精度实数的绝对值。

这种特性为编程提供了极大的方便。

4. 多态性

通过系统提供的机构,实现对象之间的信息传递。按一定格式传递的信息称为消息。同一个消息为不同的对象所接收时,可以导致完全不同的行为,这种特性称为多态性。多态性的重要性在于允许一个类体系的不同对象,各自以不同的方式响应同一个消息,这就可以实现“同一接口,多种方法”。

这种特性不仅提高了程序设计的灵活性,而且也大大减轻了类体系使用者的记忆负担。

1.5 VC++ 程序的上机过程

VC++ 为用户开发 C 或 C++ 程序提供了一个集成环境,这个集成环境包括:源程序的输入、编辑和修改,源程序的编译和连接,程序运行期间的调试与跟踪,项目的自动管理,为程序的开发提供工具,窗口管理,联机帮助等。由于这个集成环境功能齐全,但又比较复杂,要能熟练运用集成环境中的各种工具需要经过较长时间的上机实习和体会。本节仅介绍最简单的上机操作过程,有关上机操作较为详细的说明,请参看与之配套的《Visual C++ 实验指导书》(苏州大学出版社,2001 年)。

在 Windows 95 或 98 下启动 VC++ 的集成环境,则产生如图 1-1 所示的一个组合窗口。

窗口最上面部分为标题。第二部分为菜单条,其中包括“文件(File)”菜单、“编辑(Edit)”菜单等。第三部分为功能按钮,类同于 Word,有“打开”文件、“剪切”、“复制”、“粘贴”按钮等。另有三个子窗口,左边的子窗口为程序结构窗;右边的子窗口为源程序编辑窗,用于输入或编辑源程序;下边的子窗口为信息输出窗,用来显示出错信息或调试程序的信息。

当要建立一个新的源程序文件时,选择“File”菜单中的“New”命令,这时弹出一个子窗口,在子窗口中选择“Files”按钮,在弹出的信息窗口中再选择“C++ Source File”,这时光标进入源程序编辑子窗口,就可输入源程序了。编辑源程序的方法与 Word 基本相同。

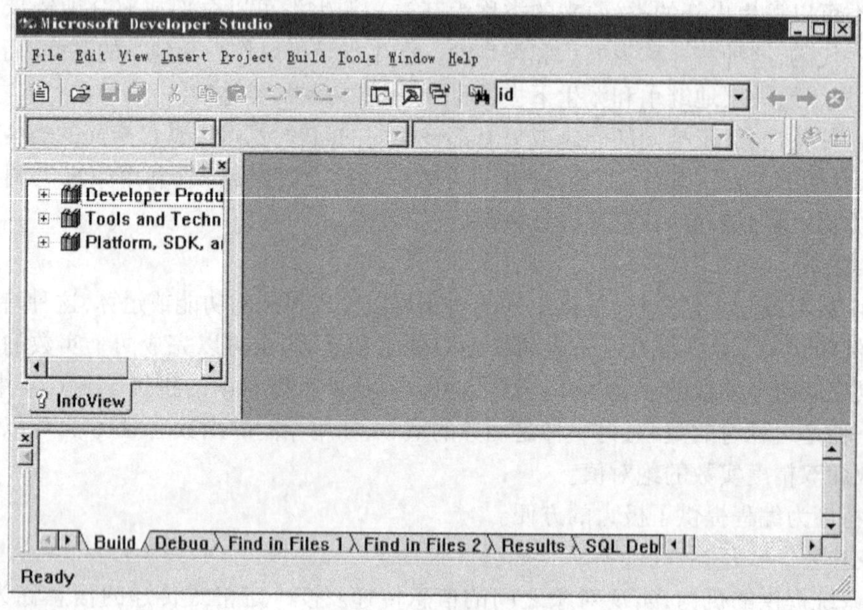

图 1-1 VC++ 集成环境

要打开一个已存在的源程序文件时,可选择“File”菜单中的“Open”命令,然后根据提示信息,选择相应的源程序文件名。由系统将指定的源程序文件调入源程序编辑子窗口,就可以对源程序文件进行编辑了。

当正确地输入源程序或编辑结束后,先存盘,然后可选择“Build”菜单中的“Build”命令来编译源程序和连接目标程序,最后选择“Build”菜单中的“Execute”命令来执行程序。

练 习 题

1. 程序的基本要求有哪些?

2. 面向对象程序设计有哪几个基本要素?

3. 在 VC++ 集成环境下,从输入源程序到得到正确的结果,要经过哪些步骤?

4. 将本章例题中的程序输入到源程序文件 EXAMPLE1.CPP 中,并在 VC++ 集成环境下编译、连接和运行。

5. 在 VC++ 中,有哪两种注解方法? 每一种注解方法适用于什么场合?

6. 简要说明 C++ 程序开发的步骤。

第 2 章

数据类型、运算符和表达式

本章介绍 C++ 语言中保留字、标识符，常量、变量，基本的数据类型，基本运算符及其优先级，表达式及表达式的求值。

2.1 VC++ 的数据类型

本节介绍组成 C++ 程序的基本单位：关键字、标识符、标点符号及基本的数据类型。

2.1.1 关键字

在 C++ 语言中，已有特殊含义和用途的英文单词称为关键字（Keyword）或保留字。在程序中不得将它们另作它用。C++ 中共有 48 个关键字，其中有 5 个关键字不适用于 VC++ 。相反地，在 VC++ 中增加了 19 个专用的关键字，这些关键字也不适用于 C++ 。表 2-1 列出了 C++ 与 VC++ 兼容的 43 个关键字。

表 2-1 VC++ 与 C++ 兼容的 43 个关键字

关键字	类型	说明
auto	说明符	用于说明变量为自动类型
break	语句	用于循环语句或开关语句中，结束语句的执行
case	标号	用于开关语句中
char	类型说明符	用于说明字符类型的变量
class	类型说明符	用于说明类数据类型
const	类型说明符	用于说明常数类型变量
continue	语句	用于循环语句中，结束本次循环
default	标号	用于开关语句中，表示其他情况
delete	运算符	用于收回动态存储空间
do	语句	与 while 一起构成循环语句
double	类型说明符	用于说明双精度实型变量
else	语句	与 if 一起构成双向选择条件语句
enum	类型说明符	用于说明枚举类型数据
extern	说明符	用于说明外部类型变量或函数等
float	类型说明符	用于说明实型数据
for	语句	用于循环语句中
friend	访问说明符	用于说明友元成员
goto	语句	用于无条件转移语句中
if	语句	用于条件语句中
inline	说明符	用于说明内联函数

续表

关键字	类型	说明
int	类型说明符	用于说明整型数据
long	类型说明符	用于说明长整型数据
new	运算符	用于分配动态存储空间
operator	说明符	用于重载运算符
private	访问说明符	用于说明类中的私有成员
protected	访问说明符	用于说明类中的保护成员
public	访问说明符	用于说明类中的公有成员
register	说明符	用于说明寄存器类型的变量
return	语句	用于返回语句
short	类型说明符	用于说明短整型类型数据
signed	说明符	用于说明有符号的字符或整型变量
sizeof	运算符	用于求字节数(大小)运算符
static	说明符	用于说明静态类型变量
struct	类型说明符	用于说明结构体数据类型
switch	语句	用于开关语句中
this	说明符	用于对象的指针
typedef	说明符	用于自定义数据类型
union	类型说明符	用于说明共同体数据类型
unsigned	说明符	用于说明无符号数据类型
virtual	说明符	用于说明虚函数
void	类型说明符	用于说明函数没有返回值或任意类型的指针变量
volatile	类型说明符	用于说明 volatile 变量或函数
while	语句	用于循环语句中

表 2-2 列出的另外的 5 个关键字只能在 C++ 中使用,不适用于 VC++ 。

表 2-2　C++ 中有而 VC++ 中没有的关键字

关键字	类型	说明
asm	说明符	用于标识源程序中的汇编语言代码
catch	语句	用于定义一个异常处理的函数
template	说明符	用于说明建立一个相关类簇
throw	语句	用于异常处理
try	语句	用于异常事件处理

下面列出了 VC++ 中专用的 20 个新关键字,有关它们的使用方法及含义请参看相关手册。

__asm	__based	__cdecl	__emit	__export
__far	__fastcall	__fortran	__huge	__interrupt
__loadds	__multiple_inheritance		__near	__pascal
__saveregs	__segment	__self	__singal_inheritance	
__stdcall	__virtual_inheritance			

注意,这些关键字都是用双下划线开头的。

2.1.2 标识符

以字母或下划线开始的字母、数字以及下划线组成的字符序列称为标识符。标识符的第一个字符必须是字母或下划线。在程序设计中,标识符可用作变量名、函数名、自定义的数据类型名等。如下面的符号均符合标识符的定义:

```
MyName    GetValue    _1234    binary_tree
```

而下面的符号均不符合标识符的定义,不能用作标识符:

```
6ab       //不能以数字开头
$ab       //不能使用符号 $
a3.5      //不能使用小数点
this      //这是关键字,不能用作标识符
```

有关标识符方面的内容,还需说明以下两点。

1. 标识符的有效长度。在 VC++ 中,一个有效的标识符的长度为 1~247 个字符。当一个标识符的长度超过 247 个字符时,其前面的 247 个字符有效,而其后的字符无效。

2. 标识符的命名方法。通常,为了增加程序的可读性,采用两种命名方法。第一种命名方法采用 Windows 的标准命名法,因发明者为匈牙利国籍,故也称为匈牙利命名法。标识符大小写混用,一个标识符可由多个英文单词组成,每一个英文单词的第一个字母均须大写,其余的为小写字母。标识符后面的若干个字符用来表示标识符所代表的数据类型。第二种命名方法采用表示标识符含义的英文单词或汉语拼音来命名标识符。例如,表示比较两个整数的函数名,标识符可为 CompareInteger。

2.1.3 标点符号

C++ 中的标点符号共有 9 个:#、( )、{ }、,、:、;、…。

在 C++ 程序中的不同地方,规定使用不同的标点符号,这是由 C++ 的语法规则所确定的。标点符号不表示任何操作,标点符号的具体用法将在有关章节中逐步介绍。

需要说明的是,同一个符号在不同的应用场合,其作用和含义是不同的。如符号“,”,它既可作为标点符号,又可作为运算符。

2.1.4 分隔符

利用 C++ 书写源程序时,在每一个词法符号之间必须用分隔符将它们分隔开来。在 C++ 中起分隔作用的符号有:运算符、空格(SpaceBar)、标点符号、回车键和 Tab 键。用得最多的是空格键。在不同的场合使用不同的分隔符。

另外,C++ 编译器将注解作为空格处理,所以注解也可用作分隔符。

2.1.5 C++ 的基本数据类型

不论处理何种问题,都涉及到数据的描述和处理。描述一个数据需要两方面的信息:一是数据占用的存储空间的大小(占用的字节数),二是该数据允许执行的操作或运算。为了便于对数据进行加工和处理,需要对数据进行分类,这种分类称为数据的类型。在 C++ 中数据类型分为两大类:基本数据类型和导出数据类型。基本数据类型是 C++ 中预定义的数

据类型，包括字符型、整型、实型、双精度型和无值型。导出数据类型是用户根据程序设计的需要，按 C++ 的语法规则由基本数据类型构造出来的数据类型，包括数组、指针、结构体、共同体、枚举和类等。本节只介绍基本数据类型，导出数据类型在后面的有关章节中分别再作介绍。

表 2-3　VC++ 中基本数据类型

类　型	名　称	占用字节数	取值范围
char	字符型	1	$-128 \sim 127$
int	整型	4	$-2^{31} \sim (2^{31}-1)$
float	实型	4	$-10^{38} \sim 10^{38}$
double	双精度型	8	$-10^{308} \sim 10^{308}$
void	无值型	0	无值

表 2-3 列出了 VC++ 中的基本数据类型。字符型用来存放一个 ASCII 字符或者存放一个 8 位的二进制数；整型用来存放一个整数，其占用的字节数随不同型号的计算机而异，可以占用 2 个字节或占用 4 个字节，在 32 位的计算机上为 4 个字节；实型和双精度型用来存放实数；无值型将在后面章节中介绍。

对于字符型，可分为无符号型和有符号型；对于整型，可分为长整型和短整型、有符号长整型和短整型、无符号长整型和短整型；对于双精度型，有长双精度型。这些类型可通过在基本数据类型前加上以下几个修饰词组合而得：

```
signed          //有符号
unsigned        //无符号
long            //长
short           //短
```

这些修饰词与基本数据类型组合后的数据类型如表 2-4 所示。

表 2-4　VC++ 中所有基本数据类型

类　型	名　称	占用字节数	取值范围
char	字符型	1	$-128 \sim 127$
signed char	有符号字符型	1	$-128 \sim 127$
unsigned char	无符号字符型	1	$0 \sim 255$
short int	短整型	2	$-32768 \sim 32767$
signed short int	有符号短整型	2	同上
unsigned short int	无符号短整型	2	$0 \sim 65535$
int	整型	4	$-2^{31} \sim (2^{31}-1)$
signed int	有符号整型	4	同上
unsigned int	无符号整型	4	$0 \sim (2^{32}-1)$
long int	长整型	4	$-2^{31} \sim (2^{31}-1)$
signed long int	有符号长整型	4	同上
unsigned long int	无符号长整型	4	$0 \sim (2^{32}-1)$
float	实型	4	$-10^{38} \sim 10^{38}$
double	双精度型	8	$-10^{308} \sim 10^{308}$
long double	长双精度型	8	同上

用以上四个修饰词来修饰 int 时，关键字 int 可以省略。例如，short 等同于 short int，

signed 等同于 signed int,unsigned 等同于 unsigned int。

另外,在 VC++ 中,无修饰词的 int 和 char,编译程序认为是有符号的,即相当于加了修饰词 signed。

2.1.6 常量

在程序的执行过程中,值保持不变(也不能被改变)的量称为常量。在程序中不要任何说明就可直接使用的常量称为字面常量;经说明或定义后才能使用的常量称为标识符常量。

1. 字面常量

根据字面常量的取值不同或表示形式不同,又可以分为整型常量、实型常量、字符型常量和字符串常量。

(1) 整型常量

在 C++ 中整型常量可用十进制、八进制、十六进制来表示。

① 十进制整数。除表示正负数的字符外,以 1 ~ 9 开头的整数为十进制数。这种表示方法与平时书写的形式相同。例如:

    11   +1234   -25   0   1289

等都为合法的十进制数,"+"号可以省略。

② 八进制整数。由数字 0 ~ 7 组合而成,且以 0 开头的整型常数为八进制常数。例如:

    012   056763   07545

等都是合法的八进制数。

③ 十六进制整数。以 0X(x)开头,且符合十六进制数表示规范的常数为 C++ 中的十六进制数。例如:

    0x1ABCDF   0X000235   0xABCFD213

等都是合法的十六进制数。

④ 长整型与无符号整型常数。以 L 或 l 结尾的数为长整型数。例如:

    12L   0234l   0X23L

以 U 或 u 结尾的数为无符号整型数。例如:

    26U   0245U   0X91U

要表示无符号长整型数时,则可用 UL 或 LU 结尾。例如:

    0X96LU   12UL

注:当没有明确指定为长整型或无符号整型常数时,编译时可根据常数的大小,由编译系统自动进行识别。

(2) 实型常量

在 C++ 语言中,包含小数点或 10 的方幂的数为实型常量,也称为浮点数。它有两种表示形式。

① 十进制小数形式。它由数字 0 ~ 9 和小数点组成。例如:

    0.12   23.56   0.0   .25   -78.

等都是合法的实型常量。

② 指数形式(也称为科学表示法)。它以 10 的多少次方表示。例如:

    123E12   0.23e-2

等都是合法的实型常量。第一个数表示 123×10^{12}，第二个数表示 0.23×10^{-2}。注意，在 E 或 e 的前面必须有数字，且在 E 或 e 之后的指数部分必须是整数。例如：

e10　　E5　　.e5　　1.0e3.5

等都是不合法的实数。

(3) 字符型常量

用单引号括起来的单个字符称为字符型常量。例如：

'a'　　'A'　　'@'　　'1'　　' '　　'&'

等都是合法的字符型常量。而

'''　　'\'　　"a"

等都是不合法的字符型常量。因单引号已用作字符常量的定界符，反斜杠字符在 C++ 中有特殊的含义，要表示这两种字符常量必须使用其他的方法来表示，用双引号括起来的单个字符不是字符型常量。

字符型常量在计算机内是采用该字符的 ASCII 编码值来表示的，其数据类型为 char 型。显然，有一部分的控制字符用上述方法是无法表示的。为此，C++ 中提供了另一种表示字符型常量的方法，即所谓的"转义序列"。转义序列就是以转义符"\"开始，后跟一个字符或一个整型常量(字符的 ASCII 编码值)的办法来表示一个字符。若转义字符后边是一个整型常量，则必须是一个八进制或十六进制数，其取值范围必须在 0 ~ 255 之间。该八进制数可以以 0 开头，也可以不以 0 开头；而十六进制数必须以 0X 或 x 开头。例如：

'\032'　　'\7'　　'\0x24'　　'\x56'　　'\0'

等都是合法的字符型常量。

通常，对于不可显示的字符或者不可以从键盘上输入的字符，只能采用转义序列来表示。显然，转义序列可表示任一字符型常量，但对于可显示的字符，直接用单引号括起来，更加直观一些。在 C++ 中已预定义了具有特殊含义的转义序列字符，见表 2-5。

表 2-5　C++ 中预定义的转义序列字符及其含义

转义字符	名　　称	功能或用途
\a	响铃	用于输出
\b	退格(Backspace 键)	用于退回一个字符
\f	换页	用于输出
\n	换行符	用于输出
\r	回车符	用于输出
\t	水平制表符(Tab 键)	用于输出
\v	纵向制表符	用于制表
\\	反斜杠字符	用于输出或文件的路径名中
\'	单引号	用于需要单引号的地方
\"	双引号	用于需要双引号的地方

表中最后的三个字符尽管既可显示，又可从键盘上输入，但由于它们在 C++ 中有特殊的用法("\"是转义字符；"'"表示字符常量；而"""表示字符串常量)，所以当它们作为字符型常量出现时，也要采用转义序列。表示双引号字符型常量可采用以下几种表示法：

'\"'　　'\42'　　'\0x22'

但将双引号用在字符串中时，必须采用转义序列表示法。

(4) 字符串常量

用双引号括起来的若干个字符,称为字符串常量。例如:

"I am a stutent."　　"a"　　"A"　　"12345"

等都是合法的字符串常量。注意,"a"与'a'是不一样的,前者是一个字符串常量,而后者是字符型常量。两者存放格式也不一样,前者占用两个字节,而后者只占用一个字节。换言之,在每一个字符串常量的尾部,存储时都要存放一个"0","0"表示字符串的结束符。例如:

"a"　　其存放值为 0x6100

'a'　　其存放值为 0x61

当双引号要作为字符串中的一个字符时,必须采用转义序列表示法;而单引号要作为字符串中的一个字符时,可直接出现在字符串常量中,也可以采用转义序列表示法。例如:

"\"Books \""　　"kfsl'kfsl"　　"abs \'s"

等都是合法的字符串常量。

2. 标识符常量

在 C++ 中有两种方法定义标识符常量:一种是使用编译预处理指令;另一种是使用 C++ 的常量说明符 const。例如:

```
# define      PRICE  30
# define      PI  3.1415926
# define      S  "China"
const float   pi = 3.1415926;
```

其中,标识符常量 PRICE、PI、S 是使用编译预处理指令定义的;而标识符常量 pi 使用 C++ 的常量说明符 const 定义。注意,在程序中标识符常量必须先定义后引用,并且标识符常量在程序中只能引用,不能改变其值。

有关编译预处理指令和 const 的详细说明,以及两者所定义的标识符常量之间的差异,在后面的有关章节中介绍。

2.1.7 变量

在程序的执行过程中,其值可以改变的量称为变量。变量名必须用标识符来标识。变量根据其取值的不同,分为不同类型的变量:整型变量、实型变量、字符型变量、构造型变量、指针型变量等。对于任一变量,编译程序要为其分配若干个字节(连续的)的内存单元,以便保存变量的取值。当要改变一个变量的值时,就是把变量的新的取值存放到为该变量所分配的内存单元中,当用到一个变量的值时,就是从该内存单元中取出数据。不管什么类型的变量,通常变量的说明在前,变量的使用在后。

1. 变量说明

在 C++ 中,说明变量的一般格式为:

《storage》〈type〉〈var _ name1〉《,〈var _ name2〉,…,〈var _ namen〉》;

其中用《 》括起来的部分是可选择部分;用〈 〉括起来的部分是一个语法单位,以后均采用这种表示方法;省略号"…"表示该部分可以多次重复;storage 为变量的存储类型;type 是变量的数据类型,它可以是 C++ 中预定义的数据类型,也可以是用户自定义的数据类型;var _ name1、var _ name2 是编写程序者给变量起的名字,用标识符作为变量名。例如:

```
int i,j,k;                  //说明了三个整型变量i、j、k
float x,y,z;                //说明了三个实型变量x、y、z
char c1,c2;                 //说明了两个字符型变量c1、c2
double dv1;                 //说明了一个双精度型变量dv1
```

在C++中,变量说明是作为变量说明语句来处理的。因此变量说明可以出现在程序中语句可出现的任何位置。同一变量只能作一次定义性说明,即同一变量不能作一次以上的说明。给一个变量取一个新的值时,称为对变量的赋值;取一个变量的值时,称为对变量的引用;对变量的赋值与引用统称为对变量的操作或使用。一旦对变量作了定义性说明,就可以多次使用该变量。首次引用变量时,变量必须有一个确定的值。

C++中规定变量说明在前、使用在后的原因如下。

(1) 便于C++编译程序对变量分配存储单元,并在变量名与所分配的存储单元之间建立一一对应的关系。对不同类型的变量所分配的存储单元的字节数通常是不一样的。

(2) 在编译期间,便于C++作语法检查,即对变量进行的各种操作可进行合法性检查。如对变量赋值的类型是否与变量的类型一致,是否已为该变量分配了存储空间等。

2. 变量赋初值

当首次引用一个变量时,变量必须有一个唯一确定的值。变量的这个取值称为变量的初值。在C++中可用两种方法给变量赋初值。

(1) 在变量说明时,直接赋初值。例如:

```
int a=3,b=4,c=5;            //使a、b、c的初值分别为3、4、5
float e=2.718281828;        //使变量e的初值为2.718281828
```

(2) 使用赋值语句赋初值。例如:

```
float pi,y;
pi=3.1415926;               //使变量pi的取值为3.1415926
y=2.71828;                  //使变量y的取值为2.71828
```

2.2 基本运算符

在C++中,对常量或变量进行的数据处理是通过运算符来实现的,变量、常量通过运算符组合成C++的表达式,表达式是构成C++程序的一个很重要的基本要素。C++提供的运算符较多,本节只介绍C++中的基本运算符和表达式,并把完成算术运算、关系运算、逻辑运算、位运算的运算符统称为基本运算符。

2.2.1 基本运算符

1. 有关术语

完成对常量、变量作不同运算的符号称为运算符,而把参与运算的对象称为操作数。例如,A+B中,称A和B为操作数,而把字符"+"称为加法运算符。C++中提供的所有运算符称为运算符集合。把不同运算符的运算优先关系称为运算符的优先级。在表2-6中给出了C++中提供的运算符及其优先级。

表 2-6　C++ 的运算符及其优先级

优先级	运　算　符	结合性
1	( )、.、->、[ ]、::、.*、->*、&(引用)	右结合
2	*(递引用)、&(取地址)、new、delete、!、~、++、--、-(负号)、sizeof( )	左结合
3	*(乘)、/、%	右结合
4	+、-	右结合
5	<<、>>	右结合
6	<、<=、>、>=	右结合
7	==、!=	右结合
8	&(位运算符)	右结合
9	^(位运算符)	右结合
10	|	右结合
11	&&	右结合
12	||	右结合
13	?:(三目运算符)	左结合
14	=、+=、-=、*=、/=、%=、<<=、>>=、&=、^=、|=	左结合
15	,(逗号运算符)	右结合

表 2-6 中给出每一个运算符的优先级,运算符的优先级确定运算的优先次序,其意义和作用与数学中的运算优先级相同。表中优先级的序号越小,其优先级越高。同优先级的运算符,按从左到右的顺序来计算,还是按从右到左的顺序来计算,由运算符的结合性确定。运算符的结合性分为左结合和右结合。运算符的结合性决定了运算符对其操作数的运算顺序:若一个运算符对其操作数按从左向右的顺序执行运算符所规定的运算,则称这种运算符为右结合。例如:

```
15 + 36
```

先取 15,再取 36,然后作加法运算。这是按从左到右的顺序执行加法运算,所以运算符"+"是右结合的。若运算符对其操作数按从右到左的顺序执行其所规定的运算时,称这种运算符为左结合的。例如:

```
A+=35 ;
```

先取 35,再取出变量 A 的值,两者作加法运算后,将结果赋给变量 A。这是按从右向左的顺序对操作数完成规定的运算,所以这个运算符是左结合的。

若一个运算符只能对一个操作数进行操作时,称这种运算符为一元运算符或一目运算符。例如,-5 中的负号运算符,它只要求其右边的一个操作数。若一个运算符要求两个操作数时,称这种运算符为二元(目)运算符。例如,5*10 中的运算符"*",为了完成乘法运算,需要两个操作数。同样地,若一个运算符要求三个操作数时,称这种运算符为三元(目)运算符。例如,运算符"?:"是一个三元运算符,其运算规则在后面介绍。

另外,从表 2-6 中还可以看出:同一个运算符应用于不同的场合,完成不同的运算。例如,运算符"&",可完成取地址运算,也可表示位运算等。

本节只介绍算术运算符、关系运算符、逻辑运算符、位运算符和 sizeof( )运算符。其余的运算符,在后面的有关章节中介绍。

2. 算术运算符

C++ 中算术运算符有一元运算符和二元运算符。

C++ 中含有如下一元运算符。

- 负数运算符。例如，-5
+ 正数运算符，通常可省略。例如，+25

C++ 中含有如下二元运算符。

+ 加法运算符。例如，3+4，a+5
- 减法运算符。例如，3-4，x-5
* 乘法运算符。例如，3*4
/ 除法运算符。例如，3/4
% 求模运算符(也称为求余运算符)。例如，3%4

对于乘法运算符"*"，若两边的操作数中有一个是实型数时，则作实数的乘法运算，否则作整数乘法运算。对于除法运算符"/"，若两边的操作数均为整型数时，则作整除运算，即只取运算结果的整数部分，去掉小数部分。例如：

3/4 结果为 0
3.0/4 结果为 0.75

对于求模运算符"%"，其两边的操作数必须是整型数，结果是两数相除后的余数。如：

3%4 结果为 3
4%4 结果为 0

在 C++ 中，与算术运算符有关的一个问题是计算过程中的溢出(超出了对应类型数据的表示范围)处理问题。在做除法运算时，若除数为 0 或实数运算的结果溢出时，则系统认为产生一个严重的错误，系统将终止程序的执行。而两个整数做加法、减法或乘法运算时，产生整数溢出并不认为是一个错误，但这时的计算结果已不正确了。C++ 中允许这种溢出是为了程序设计者进行一些较低级的程序设计，如利用整数运算的溢出，可进行大整数($>2^{32}$)的加法运算和乘法运算；又如设计一个伪随机数发生器程序(忽略溢出)等。但在进行一般的计算型程序设计时，程序设计者有责任检查并处理整数运算过程中的溢出问题。例如：

```
# include < iostream.h >
# include < string.h >

void main(void)
{
    short i = 32767, j;
    int k;
    j = i + 1;
    k = i + 1;
    cout << "i = " << i << '\t' << "j = " << j << '\n';
    cout << "k = " << k << '\n';
}
```

执行程序后，输出：

```
i = 32767    j = -32768
k = 32768
```

程序设计者本希望 j = 32768，结果却为 j = －32768，这是由于 j 为短整型，其取值范围为 －32768～32767，当做 32767 + 1 运算时，结果溢出，得到不正确的结果。所以在进行程序设计时，对变量的类型说明应根据其取值范围来确定。

运算符“+”、“-”属于同一优先级，“*”、“/”、“%”也属于同一优先级。后者的优先级高于前者，这与平时数学中的运算相同。对于同一优先级的运算符，则按照从左到右的顺序进行计算。可用括号( )来改变运算符的优先顺序，先计算括号内的值，再计算括号外的值。

3. 关系运算符

C++ 中的六个关系运算符都是二元运算符，它们是：< (小于)、<= (小于等于)、> (大于)、>= (大于等于)、== (等于)、!= (不等于)。

关系运算符完成两个操作数的比较运算，即比较两个操作数的数值大小。运算的结果为一整数，当关系成立时，其运算结果为整数 1；当关系不成立时，其运算结果为整数 0。关系运算的结果可作为一个整数参与表达式的运算。例如：

```
float a = 2.5, b = 10.7, x;
int i;
x = 20.5;
i = a <= x <= b;
…
```

在求 a <= x <= b 的值时，先求出 a <=x 的值，显然 a 的值小于 x 的值，关系成立，运算结果为 1；接着与 b 的值比较，运算结果为 1，故 i 的值为 1。由本例可以看出关系运算 a <= x <= b 与数学上表示 x 的取值区间 $a \leqslant x \leqslant b$ 是不一样的，这应引起读者的注意。

以上六个关系运算符的优先级是不同的，前四个关系运算符的优先级相同，后两个关系运算符的优先级相同，但前四个关系运算符的优先级高于后两个。关系运算符的优先级比算术运算符低，但比赋值运算符(=)高。例如：

```
int a, b, c ,d ;
…
a = b == c < d;          // a = (b == (c < d));
b = c > b < d;           // b = ((c > b) < d);
```

其对应行中的注解是等同的表示。同样地，可使用( )来改变运算符的优先级。

关系运算符的两个操作数可以是任意的基本类型的数据。由于实数在计算机内进行运算和存储时，都会产生误差，在进行两个实数的比较时，不能采用精确的比较(直接比较两数的大小)。例如，设有两个实型变量 x 和 y，经一系列计算后，理论上两个变量的值都应该为 100.0，但计算机内的实际值可能分别为 99.999999 和 100.000001，当在程序中作关系运算

```
x == y
```

时，显然其结果为 0。为此，判断两个实数是否相等的正确方法是：判断两个实数之差的绝对值是否小于一个给定的允许误差数，如判断 x 是否等于 y 时，应改为：

```
fabs(x - y) <= 1e - 6
```

其中，fabs( )是 C++ 中求实数绝对值的库函数。

4. 逻辑运算符

在 C++ 中，逻辑运算符有三种：

!　　　　　　　　　逻辑非(一元运算符)

&&　　　　　　　　逻辑与(二元运算符)

||　　　　　　　　逻辑或(二元运算符)

逻辑运算符用来表示操作数的逻辑关系,其运算结果也是用整数来表示的。当逻辑关系成立时,其运算结果为整数1;反之,其运算结果为整数0。同样地,1或0可作为一个整数继续参加算术运算、关系运算或逻辑运算。在布尔代数中,参加逻辑运算的操作数应该为逻辑值"真"或逻辑值"假",逻辑运算的结果仍为逻辑值。在C++中,当参加逻辑运算的操作数不为0时,作为逻辑真;而操作数的值为0时,作为逻辑假。

(1) 逻辑非

当操作数的值为0时,对该操作数逻辑非运算的结果为逻辑真(值为1);而当操作数为非0时,对其逻辑非运算的结果为逻辑假(值为0)。例如,设变量x和y的值分别为0和1.25,则!x和!y的运算结果分别为1和0。

(2) 逻辑与

对参加逻辑与的两个操作数,仅当两个操作数的值都为非0时,其逻辑与的结果才为逻辑真(取值1);否则逻辑与的结果为逻辑假。例如,对于上面的变量x和y进行逻辑与运算:

```
x && y
```

则结果为0。对于数学上表示变量x的取值区间a≤x≤b,在C++中应表示为:

```
a <= x&&x <= b
```

(3) 逻辑或

对参加逻辑或的两个操作数,仅当两个操作数的值都为0时,其逻辑或的结果才为逻辑假(取值0);否则逻辑或的结果为逻辑真。如对于上面的变量x和y进行逻辑或运算:

```
x ||y
```

则结果为1。对于数学上的描述:x小于b或者x小于a,在C++中表示为:

```
x < b ||x < a
```

与关系运算符一样,参加逻辑运算的操作数可以是任意的基本数据类型的数据。这三个逻辑运算符的优先级是不同的,逻辑非"!"最高,它高于算术运算符;逻辑与"&&"的优先级低于逻辑非,但高于逻辑或"||",但两者均比关系运算符、算术运算符的优先级低。这种优先关系与其他高级语言有所不同,读者应加以注意。

对于逻辑运算符及其操作数,下面再强调两点。

(1) 对于参加逻辑运算的操作数,其值为非0时,表示逻辑真;而0表示逻辑假。

(2) 逻辑运算的结果为逻辑真时,取值为1;否则,取值为0;其运算结果可作为一个整数再参于逻辑运算、关系运算或算术运算。

5. 位运算符

C++语言提供了六种位运算符:

~(按位取反)　　　　一元运算符

<<(左移)　　　　　二元运算符

>>(右移)　　　　　二元运算符

&(按位与)　　　　　二元运算符

|(按位或)　　　　　二元运算符

^(按位异或)　　　　　二元运算符

位运算符是对其操作数按其计算机内表示的二进制数逐位地进行逻辑运算或移位运算。注意,位运算符的操作数只能是任意的整数类型数据。位运算符主要用于进行系统程序设计。

(1) 按位取反运算符“~”

运算符“~”是一个一元运算符,它分别对其操作数的每一个二进位进行“取反操作”,即将1的位改为0,将0的位改为1。如设整数a的值为010110(二进制数),则

```
x = ~a;
```

将变量a逐位取反后,赋给变量x,x的值为0xffffffe9(十六进制数),变量a的值不变。该运算符主要用于求一个负数的补码或构造某一个专用的数据。

(2) 左移运算符“<<”

其运算的一般格式为:

```
a<< b
```

其中,a是一个任意类型的整型数据,b通常为一个正整数,将a的二进制数依次向左移动b个二进位,但变量a的值不变。例如:设变量a的值为16,则

```
c = a<< 2;
```

变量c的值为64,而a的值仍为16。将一个整数左移一位,相当于该数乘以2。通常将一个整数左移n位,等同于该数乘以2^n。由于左移等同于乘法操作,这种操作也可能出现溢出,一旦出现溢出,则运算的结果就不正确了。该运算符通常用于求某个整数乘以2^n,其运算速度要比乘法快。例如:

```
i = j<< 5;
```

与用乘法运算

```
i = j * 64;
```

相比,前者运算速度比后者快,两者完成的运算结果是相同的。该运算符还可用于两个数之间的拼接。

(3) 右移运算符“>>”

与左移运算符类同,运算符“>>”将左操作数向右移动其右操作数指定的二进位数。将一个整数右移n位,相当于将该数除以2^n,并忽略其小数部分。该运算符主要用于把一个数除以2^n,其运算速度要比用除法快。该运算符还可用于把两个整数拼接成一个整数。

(4) 按位与运算符“&”

运算符“&”将其两边的操作数的对应位逐一进行按位逻辑与运算。每一个二进位都是独立运算的,每一个对应二进位的运算规则为:仅当对应位均为1时,该位的运算结果才为1;否则,该位的运算结果为0。例如,设整型变量a和b的二进制数分别为00001111和10101010,则

```
c = a & b;
```

的二进制数值为00001010。这种运算用竖式表示为:

```
a          00001111
b   &      10101010
--------------------
c = a&b    00001010
```

该运算符主要用于将某一整数中的某几个二进位置0，或取某一整数中指定的几个二进位。对于按位与运算，通常将整数表示成八进制数或十六进制数。

(5) 按位或运算符"|"

运算符"|"将其两边的操作数的对应位逐一进行按位逻辑或运算。每一个二进位都是独立运算的，每一个对应二进位的运算规则为：仅当对应位均为0时，该位的运算结果才为0；否则，该位的运算结果为1。例如，设变量c和d的二进制值分别为01010111和10100010，则

```
e = c | d;
```

的二进制值为11110111。这种运算用竖式表示为：

```
c         01010111
d   |     10100010
------------------
e = c |   11110111
```

该运算符的主要作用是把一个整数的某一位或某几位置1。

(6) 按位异或运算符"^"

运算符"^"将其两边的操作数的对应位逐一进行按位异或运算。每一个二进位都是独立运算的，每一个对应二进位的运算规则为：仅当对应位不同时，该位的运算结果才为1；否则，该位的运算结果为0，即两操作数的对应位均为0或均为1时，该位的运算结果为0。运算符的主要作用是把一个整数的某一位或某几位的值取反，或把一个整型变量的值置0(一个整型变量与其自己按位异或，结果为0)。

6. sizeof( )运算符

sizeof( )运算符是一元运算符，它用于计算某一操作数类型的字节数。其格式为：

```
sizeof(<类型>)
```

其中，类型可以是一个标准的数据类型或者是用户已自定义了的数据类型。因同一类型的操作数在不同的计算机中占用的存储字节数可能不同，使用该运算符的目的是为了实现程序的可移植性和通用性。例如，一个int类型，在有些计算机中是用两个字节来表示的，而在另外一些计算机中是用四个字节来表示的。例如：

```
sizeof(int)          //其值为2(或4)
sizeof(float)        //其值为4
```

2.2.2 表达式

由运算符、括号和操作数构成的，能求出一个值的式子称为表达式。操作数可以是常量、变量或函数等。根据表达式中所使用的不同类型的运算符可将表达式分为算术表达式、关系表达式、逻辑表达式和逗号表达式。

1. 算术表达式

由算术运算符、括号和操作数构成的，能求出一个整数或实数值的式子，称为算术表达式。操作数可以是常量、变量或函数等。在C++中，对每一个运算符都规定了它的优先级和结合性，表达式的求值顺序完全取决于表达式中运算符的优先级和运算符的结合性。例如，设有以下变量说明，并在说明时对变量指定了初值：

```
int a = 25, b = 4, c = 3;
```

则求下述表达式的值：

```
a+b*c
```

因运算符"*"的优先级比"+"的高，故应先做乘法运算，再做加法运算，表达式的值为37。又如：

```
a*-b
```

因负号运算符"-"的优先级比"*"的高，并且"-"的结合性为左结合的，故先对b求负运算，然后再作乘法运算，表达式的值为-100。而表达式

```
a*--b
```

等同于表达式

```
a*(-(-b))
```

所以表达式的值为100。

有关表达式方面的内容，还需说明以下几点。

(1) 表达式尽量写得简洁明了，消除多余的运算符。如上面的表达式a*--b应写成a*b。

(2) 表达式求值时，表达式中的每一个变量都必须有一个确定的值。设有变量说明：

```
int a,b,c;
```

因在变量说明时，变量的初值是不确定的，所以对表达式 a*b+c，无法求出其确定的值。

(3) 由于C++提供的运算符比较多，且运算符的优先级及其结合性都比较复杂，在书写比较复杂的表达式而又忘记了运算符的优先级关系时，可增加配对的括号，明确地规定表达式的求值顺序。

以上三点，不仅对算术表达式适用，而且适用于所有的表达式。

2. 关系表达式

用关系运算符将操作数连接起来的式子称为关系表达式。关系表达式的值为整数0或1。关系成立时，结果为1；否则，结果为0。例如：

```
a+b<d+e
```

因"+"比"<"高，先分别求出a+b和d+e的值，然后再进行比较运算。又如表达式

```
a>b>c
```

也是符合语法规则的关系表达式，它等同于

```
((a>b)>c)
```

该表达式的含义并不是a大于b并且b大于c，而是先求出a>b的值(为0或1)，并使运算的结果继续参加后面的运算。

3. 逻辑表达式

用逻辑运算符连接起来的式子称为逻辑表达式。逻辑表达式的值为真时，其值为1；为假时，其值为0。其运算结果(0或1)可继续参加后面的运算。对于逻辑运算的操作数，当其值为非0时，作为逻辑真参与运算；而其值为0时，作为逻辑假参与运算。设有如下变量说明：

```
int   a=10,b=20,c=6;
float   x=15.3,y=16.5;
```

则求下述逻辑表达式的值：

a < b &&x > y ||a < b - ! c

因运算符“!”的优先级最高，关系运算符优先于逻辑运算符，“&&”优先于“||”。故该表达式等同于

(a < b)&&(x > y)||(a < (b - (! c)))

其求值的顺序为：先求出 a < b 的值为 1，再求出 x > y 的值为 0，再求出 1 && 0 的值为 0，再求! c 的值为 0，再求 b - 0 的值为 20，再求 a < 20 的值为 1，最后求 0 ||1 的值为 1。所以整个逻辑表达式的值为 1。

当表示的逻辑关系比较复杂时，并对运算符的优先级记不清楚时，可用括号将操作数括起来，以便表达清楚正确。

4. 赋值表达式

在 C++ 中，“ = ”是一个赋值运算符，它的作用是将一个数值或将一个表达式的值赋给一个变量。例如：

a = 5

表示将 5 赋给变量 a，即经赋值后 a 的取值为 5，并一直保持该数值，直到下一次将一个新的值赋给变量 a 为止。

(1) 赋值表达式

用一个赋值运算符将一个变量和一个表达式连接起来的式子称为赋值表达式。其一般格式为：

<变量> <赋值运算符> <表达式>

赋值运算符的优先级比算术运算符、关系运算符和逻辑运算符的优先级低，其结合性为左结合的，计算顺序是自右向左，即先求出表达式的值，然后将计算结果赋给变量。例如：

a = 5 + 6

将 11 赋给变量 a。而对于下列表达式：

b = c = d = a + 5

则先求出表达式 a + 5 的值 16，将 16 赋给 d，再将 d 的值 16 赋给变量 c，最后将变量 c 的值 16 赋给变量 b。又如表达式：

a = 5 + c = 5

是错误的，根据运算符的优先关系，要把 5 赋给 5 + c，因 5 + c 不是一个变量，所以不能将 5 赋给它。而表达式

a = (b = 4) + (c = 6)

是一个合法的赋值表达式，它表示先将 4 赋给变量 b，再将 6 赋给变量 c，再将 b 和 c 的值相加，加的结果为 10，最后将 10 赋给变量 a。

(2) 复合赋值运算符

在 C++ 中，所有的二元算术运算符和位运算符均可与赋值运算符组合成一个单一的运算符，这种运算符称为复合赋值运算符。它们共有 10 个：

+ = (加等)　　- = (减等)　　* = (乘等)　　/= (除等)　　%= (求余等)

<<= (左移等)　>>= (右移等)　& = (与等)　　^ = (异或等)　| = (或等)

使用复合赋值运算符的一般格式为：

<变量> <复合赋值运算符> <表达式>

它等同于

<变量> = <变量> <运算符> (<表达式>)

例如：

```
a += b + 5      等同于      a = a + (b + 5)
a *= b          等同于      a = a * (b)
a *= b - c      等同于      a = a * (b - c)
```

含有复合赋值运算符的表达式也属于赋值表达式。使用复合赋值运算符不但可简化表达式的书写形式,而且还可提高程序的质量,即可提高表达式的求值速度。

5. 逗号表达式

在 C++ 中,逗号既是运算符,又是分隔符。用逗号运算符连接起来的表达式称为逗号表达式。逗号表达式的一般形式为：

<表达式 1>, <表达式 2>, …, <表达式 n>

按从左到右的顺序依次求出各表达式的值,并把最后一个表达式的值作为整个逗号表达式的值。注意,逗号运算符的运算优先级是最低的。例如,设 b = 2, c = 3, d = 4,则逗号表达式

```
a = 5 + 5, b = b * b + c, d = d * a + b
```

的求值过程为:先将 10 赋给 a,将 7 赋给 b,将 47 赋给 d,并将 47 作为整个逗号表达式的值。注意,如下的三个表达式的结果是不同的：

```
y = x = (a = 3, 6 * 3)
y = x = a = 3, 6 * 3
y = (x = a = 3, 6 * 3)
```

第一个表达式中,x 和 y 的值都为 18,而 a 的值为 3;在第二个表达式中, x、y 和 a 的值都为 3;而在第三个表达式中,x 和 a 的值为 3 ,而 y 的值为 18。

注意,并非所有的逗号都构成逗号表达式,例如：

```
max(a + b, c + d)
```

中,逗号只是一个分隔符,而不是一个运算符。

2.2.3 不同类型数据的混合运算和赋值时的类型转换

在求表达式的值的过程中,若一个二元运算符的两个操作数的类型不同,首先要将两个操作数转换成相同的类型,然后再进行运算。当将表达式的值赋给一个变量时,若表达式的值的类型与变量的类型不同时,也要先将表达式的值作类型转换,然后才能赋值。

1. 不同类型数据的混合运算

由于字符是作为一个整数(其 ASCII 编码值)来存放的,故字符也可作为一个整数参与数值运算。在运算过程中,若某一个二元运算符的左右两个操作数的类型不同,系统先把精度低的操作数变换成与另一操作数相同精度的操作数后再进行运算。其转换规则如下。

(1) 当操作数为字符型或短整型时,系统自动地变换成整型数参与运算。

(2) 当操作数为实型时,系统自动地变换成双精度型实数参与运算。

(3) 其余情况,仅当两个操作数的类型不同时,才将表示范围小的数据类型变换成另一操作数的相同类型后再参与运算。其变换关系为：

```
int -> unsigned -> long -> double
```

例如,设有变量说明:

```
char c1,c2;
int i1,i2;
float x1,x2;
```

则表达式

```
x2 = c1 * i1 + c2 * c1 + i2 * x1
```

的求值过程为:先将 c1 转换成整型数后,完成 c1 * i1 的运算,设其值为 t1;将 c2 和 c1 变换成整型数后,完成 c2 * c1 的运算,设其值为 t2;因 t1 和 t2 均为整型,直接完成 t1 + t2 的运算,设其值为 t3;将 i2 和 x1 变换成双精度型实数,完成 i2 * x1 的运算,设其值为 t4;因 t3 为整型,将其转换成双精度型实数后,完成 t3 + t4 的运算。最后运算结果为双精度型实数。

2. 赋值时的类型转换

若赋值运算符右边的数据类型与其左边变量的类型不一致但属于类型兼容(可进行类型转换)时,由系统自动进行类型转换。转换规则如下。

(1) 将实型数赋给整型变量时,去掉小数部分,仅取其整数部分赋给整型变量。若其整数部分的值超过整型变量的取值范围时,赋值的结果错误。

(2) 将整型数赋给实型变量时,将整型数变换成实型数后,再赋给实型变量。

(3) 将字符型数据赋给整型变量时,分两种情况。

对无符号字符类型的字符变量,低八位不变,高位补 0 后赋值。而对于有符号字符类型的变量,若字节的符号位为 0 时,与无符号字符类型的转换规则相同;当该字节的符号位为 1 时,将高位全部置 1 后再赋值。例如:

```
signed char c1 = 250;
int a;
a = c1;
cout << a << '\n';
```

则输出 a 的值为 -6。

(4) 将无符号整型或长整型数赋给整型变量时,若在整型的取值范围内,不会产生问题;而当超出其取值范围时,赋值的结果错误。

3. 强制类型转换运算符

设有以下变量说明:

```
int a = 7, b = 2, i;
float x, y;
```

求下述表达式的值:

```
x = a/b
```

由于 a 和 b 的类型为整型,除法运算符作整除运算,将 3 赋给变量 x。如果希望作实数除法而不是作整数除法,并把运算结果 3.5 赋给 x,在 C++ 中可通过强制类型转换运算符来实现这一要求。

在 C++ 中,强制类型转换运算符是告诉编译系统,要强制地将一种类型的数据转换成另一种类型的数据。其格式为:

```
(<type>)<表达式>
```

或

```
<type>(<表达式>)
```

先求出表达式的值，然后由系统强制性地将该值的类型转换为由类型名 type 所规定的数据类型。例如：

```
int a = 16, b = 5, i;
float x = 10;
x = (float)a + a/b;
```

变量 x 的值为 19.0，而不是 19.2。这里只对紧跟(float)后 a 的值强制转换为 16.0，而不对其余部分作强制类型转换。若希望 x 的值为 19.2，则应表示为：

```
x = (float)a + (float)a/b;
```

或

```
x = a + a/(float)b;
```

若要对整个表达式的值进行类型转换，必须使用第二种格式。

注意，在求表达式的值的过程中，对于系统能自动转换的数据类型，则没有必要加强制类型转换符。例如：

```
3 + float(4 * 5.0)
```

中，强制类型转换是多余的。仅在系统不作强制类型转换，影响表达式求值的精度或不能完成相应的运算时，才须使用强制类型运算符。例如：

```
float x, y ;
int i, j;
...
x = i + j - (int)x%(int)y;
```

因 x、y 都是实型数据，"%"运算符要求两边的操作数都是整型数，这种情况下必须使用强制类型运算符。

2.2.4 赋值类型转换和逻辑表达式优化时的副作用

对于赋值表达式，由于在赋值时有可能要进行类型转换，经这种转换后，可能会影响表达式的求值精度。例如，设有如下变量说明：

```
int i, j;
float x, y;
```

对下述赋值表达式：

```
x = (i = 4.8) + (j = 5.9)
```

则 x 的值为 9.0，而不是 10.7。这是因为作运算 i = 4.8 时，取其整数 4 赋给 i，并将 4 参与后面的运算。再把 5 赋给 j，把 4 + 5 的结果 9 变换成 9.0 后赋给变量 x。

在应用赋值表达式时，为保证求值的正确性，应考虑到这种赋值转换所产生的副作用。

在 C++ 中，在求逻辑表达式的过程中，一旦能确定逻辑表达式的值时，就不必再逐步求值了，这就是逻辑表达式求值的优化。例如：

```
a && b++ && --c
```

若 a 为 0 时,则可直接确定表达式的值为 0,又如:

```
d||e++||f++
```

若 d 的值不为 0 时,可直接确定表达式的值为 1,若 d 的值为 0,执行 e++ 运算,若 e 的值不为 0,则可确定该逻辑表达式的值为 1。又如:

```
int a = 16,b = 10,i;
float x = 10;
i = a < b&&(x = 25) > b;
cout <<"i = " << i << '\t' <<"x = " << x << '\n';
```

则程序输出 i 的值为 0,x 的值为 10。尽管在逻辑表达式中有 x = 25,但在求该表达式的值时,a < b 不成立,可立即确定表达式的值为 0,从而得到错误的结果。我们把这种情况称为优化逻辑表达式求值的副作用。仅当逻辑表达式中有改变变量值的运算符时,才有可能产生这种副作用。在进行程序设计时,要考虑到这种副作用。

2.3 表达式语句、空语句及自增、自减运算符

2.3.1 表达式语句和空语句

C++ 中,在表达式的后面加上一个分号后,就构成一个表达式语句。其一般格式为:

<表达式>;

注意,在 C++ 中的分号是构成语句的一个组成部分,而不是作为语句之间的分隔符。例如:

```
x = 25;
y += a * b + c;
a + b;
```

都是合法的表达式语句。当然第三个表达式语句只做了 a 与 b 两者的加法运算,并不保存其结果,在程序中应消除多余的表达式语句。

在 C++ 中,还有另一种语句,它只由一个分号组成,称其为空语句。对这种语句,计算机不要完成任何操作。例如:

```
i=5; ; ;
```

后两个分号构成两个空语句。尽管在程序中出现空语句是符合语法规则的,并且不影响程序的正确执行,但作为一个合理且紧凑的程序,不应有多余的空语句。

2.3.2 自增、自减运算符

在 C++ 中,提供了两个具有给变量赋值运算作用的算术运算符,它们是自增和自减运算符:

```
++        自增运算符,使变量的值加 1
--        自减运算符,使变量的值减 1
```

这两个运算符都是一元运算符。例如:

```
int  i=5, j=6,k,l;
i++ ;
k=i++ ;
```

则 i 的值为 7,而 k 的值为 6。由于这两个运算符都含有对变量进行赋值的操作,所以它们的操作数必须是变量。例如:

```
27++ + 24
```

是错误的,不能对常数进行赋值。自增和自减运算符允许其操作数放在其左边或右边。若 ++(或 --)在变量之前,则先使变量的值加 1(或减 1)后,再把变量的值参加运算;而 ++(或 --)在变量之后时,先把变量的值参加运算,然后再将变量的值加 1(或减 1)。例如:

```
float x = 7, y = 15, v1, v2;
v1 = x ++ ;
v2 = ++ y;
```

则 v1 的值为 7, x 的值为 8, v2 和 y 的值都为 16。

练 习 题

1. 下列常量的表示在 C++ 中是否合法?若不合法,指出原因;若合法,指出常量的数据类型。

```
32767      35u                  1.25e3.4      3L        0.0086e-32
'\87'      "Computer System"    "a"           'a'       '\96\45'
-0         +0                   .5            -.567
```

2. 叙述标识符的定义。指出下列用户自定义的标识符中哪些是合法的,哪些是非法的?为什么?

abc　*English*　2*xy*　*x*－*y*　*if*　*Else*　*b*(3)　'*def*'　*Chine_bb*

b3y　AbsFloat　float

3. 设有变量说明语句:

```
int a = 7, b, c, d;
float x = 5.2, y, z;
```

求下列表达式的值:

(1) b = 5 > 14 || x > 2.5　　(2) !(a < x)

(3) c = 'a' + 5;　　(4) b = x + a%3 + x/2

(5) d = '\24' + 20　　(6) c = a/2 * 2

4. 将下列实数的指数形式化为以小数表示的形式。

-12E-5　1.25E-5　.01E+3　50E-6　12.345E4

5. 下列符号中哪些表示字符?哪些表示字符串?哪些既不表示字符又不表示字符串?

'a'　'0x66'　"a"　China　"中国"　"8.42"　'\0x33'

"\n\t\0x34"　56.34　'\r'　'\\'　'8.34'　"\0x33"

6. 下列变量说明中,哪些是不正确的?为什么?

(1) int m, n, x, y; float x, z;

(2) char c1, c2; float a, b, c1;

7. 将下列数学表达式写成 C++ 的表达式。

(1) $\frac{\sin x}{x-y}$　　(2) $\sqrt{s(s-a)(s-b)(s-c)}$

(3) (a + b)(m + n)　　(4) (x + y) /(x - y)

8. 下列式子中，哪些是合法的赋值表达式？哪些不是合法的赋值表达式？为什么？

(1) A = b = 4.5 + 7.8　　(2) c = 3.5 + 4.5 = x = y = 7.96

(3) x = (y = 4.5) * 45　　(4) e = x > y

9. 求出下列表达式的值：

(1) 5 + 7/3 * 4　　(2) 23.5 + 9/5 + 0.5

(3) 8 + 2 * 9/2　　(4) 'a' + 23

10. 设有变量说明：

int a = 3, b = 4, c = 5;

求出下列表达式的值：

(1) a + b > c&&b == c　　(2) a || b + c && b > c

(3) !a || !c || b　　(4) a * b&&c + a

11. 设 a 的值为 6，b 的值为 7，指出运算下列表达式后 a、b、c、d 的值。

(1) a *= a *= b　　(2) c = b/ = a　　(3) a += b − a

(4) a += b += a *= b　　(5) c = a += b += a　　(6) d =(c = a/b + 15)

12. 设 m、n 的值分别为 10、8，指出运算下列表达式后 a、b、c 和 d 的值。

(1) a = m ++ + n ++　　(2) b = m ++ + ++ n

(3) c = ++ m + ++ n　　(4) d = m −− + n ++

13. 设 a、b、c 的值分别为 5、8、9；指出运算下列表达式后 x、y 和(或)z 的值。

(1) y = (a + b, c + a)　　(2) x = y = a, z = a + b

(3) y = (x = a * b, x + x, x * x)　　(4) x = (y = a, z = a + b)

14. 设 a、b、c 的值分别为 15、18、21；指出运算下列表达式后 x、y、a、b 和(或)c 的值。

(1) x = a < b || c ++　　(2) y = a > b&&c ++

(3) x = a + b > c && c ++　　(4) y = a || b ++ || c ++

15. 设有变量说明：

float x, y ;

int a, b;

指出运算下列表达式后 x、y、a 和(或)b 的值。

(1) x = a = 7.873　　(2) a = x = 7.873

(3) x = a = y = 7.873　　(4) b = x = (a = 25, 15/2.)

第 3 章

简单的输入/输出

上一章中介绍了组成程序的基本成分:常量、变量、标识符、运算符和表达式。在这一章中介绍为满足程序设计所需的最简单的输入/输出方法。有关 C++ 提供的完整的输入/输出流体系,在第 14 章"输入/输出流类库"中作详细的介绍。

3.1 cin

程序在执行期间,接收外部信息的操作称为程序的输入,而把程序向外部发送信息的操作称为程序的输出。在 C++ 中没有专门的输入/输出语句,所有输入/输出是通过输入/输出流来实现的。本章介绍的输入是把从键盘上输入的数据赋给变量,而输出是指将程序计算的结果送到显示器上显示。C++ 提供的输入/输出流有很强的输入/输出功能,极为灵活方便,但使用也比较复杂。输入操作是通过流 cin 来实现的,而输出操作是通过流 cout 来实现的。本节介绍最基本的输入数据方法,包括输入整数、实数、字符和字符串。要使用 C++ 提供的输入/输出时,必须在程序的开头增加一行:

```
# include < iostream.h >
```

即包含输入/输出流的头文件 iostream.h。有关包含文件的作用,在第 5 章编译预处理部分作详细介绍。

3.1.1 输入十进制整数和实数

在程序执行期间,要给变量输入整数或实数时,使用 cin 来完成,其一般格式为:

```
cin >> < 变量名 1 >《 >> < 变量名 2 > >>… >> < 变量名 n >》
```

其中,运算符" >> "称为提取运算符,表示将暂停程序的执行,等待用户从键盘上输入相应的数据。在提取运算符后只能跟一个变量名,但" >> < 变量名 > "可以重复多次,即可给一个变量输入数据,也可给多个变量输入数据。例如,设有变量说明:

```
int i,j;
float x,y;
```

在程序执行期间,要求把从键盘上输入的数据送给以上四个变量时,可用 cin 来完成:

```
cin >> i >> j;                    //A
cin >> x >> y;                    //B
```

当执行到 A 行语句时,等待用户从键盘上输入数据。若输入:

```
35     77 < CR >
```

则将整数 35 赋给变量 i,将 77 赋给变量 j。其中, < CR > 表示回车(Enter)键。当然,输入的方式也可以是:

```
35 < CR >
77 < CR >
```

两者的效果是相同的。在输入的数据之间用一个或多个空格(按 Space bar 键)隔开。输入回车键其作用是：一方面告诉 cin 已输入一行数据,cin 开始从输入行中提取输入的数据,并依次将所提取的数据赋给 cin 中所列举的变量；另一方面起输入数据之间的分隔符作用。当 cin 遇到回车键时,若仍有变量等待输入数据,则继续等待用户输入新的一行数据。

当执行到 B 行时,等待用户从键盘上输入数据。若输入：

```
3.1415926    100  < CR >
```

则将 3.1415926 赋给变量 x,将 100.0 赋给变量 y。当执行到 A 行时,若输入：

```
35    77    3.1415926    100 < CR >
```

cin 将输入行中的 35 和 77 分别赋给变量 i 和 j；接着执行 B 行时,因输入行中的数据没有提取完,继续提取,把后两个数据 3.1415926 和 100.0 分别赋给变量 x 和 y。所以对于本例而言,四个输入数据在一行内输入,在两行内输入,或分四行输入,效果是相同的。当输入的一行仅是一个回车键时,cin 把该键作为空格一样来处理,仍等待输入数据。

注意:从键盘上输入数据的个数、类型及顺序,必须与 cin 中列举的变量一一对应。若输入的类型不对,则输入的数据不正确。例如：

```
int a,b;
cin >> a >> b;                    //C
```

执行 cin 时,若输入：

```
D   F < CR >
```

则变量 a 的值为 0,而 b 没有一个确定的值,并造成后面的 cin 也不能正确提取数据。

3.1.2 输入字符数据

当要为字符变量输入数据时,输入的数据必须是字符型数据。cin 的格式及用法与输入十进制整数和实数是类同的。设有如下的程序片段：

```
char   c1,c2,c3,c4;
cin >> c1 >> c2 >> c3;            //E
```

执行到 E 行时,cin 等待用户从键盘上输入数据,若输入：

```
A   b   e < CR >
```

则 cin 分别将字符 A、b、e 赋给字符型变量 c1、c2 和 c3,而输入：

```
Abe < CR >
```

cin 也是分别将字符 A、b、e 赋给字符型变量 c1、c2 和 c3。在缺省的情况下,cin 自动跳过输入的空格。换言之,cin 不能将输入的空格赋给字符型变量。同样地,回车键也是作为输入字符之间的分隔符,也不能将输入的回车键字符赋给字符型变量。若要把从键盘上输入的每一个字符,包括空格和回车键都作为一个输入字符赋给字符型变量时,必须使用函数 cin.get( )。其格式为：

```
cin.get( <字符型变量> );
```

cin.get( )从输入行中取出一个字符,并将它赋给字符型变量。该语句一次只能从输入行中提取一个字符。例如：

```
char  c5,c6,c7,c8;
cin.get(c5);                    //F
cin.get(c6);
cin.get(c7);
```

执行到 F 行时,若输入:

```
A  B<CR>
```

在输入字符 A 前没有空格,在字符 A 与 B 之间有一个空格,则将字符 A、空格、B 分别赋给变量 c5、c6、c7;并在输入行中仍保留回车键。若接着有一个语句:

```
cin.get(c8);
```

则将该输入行中的回车键赋给变量 c8。若用语句

```
cin>>c8;
```

代替 cin.get(c8),则输入行中仍保留的回车键不起作用,而等待用户输入一个字符。

*3.1.3 输入十六进制或八进制数据

对于整型变量,从键盘上输入的数据也可以是八进制或十六进制数据。如前所述,在缺省的情况下,系统约定输入的整型数是十进制数据。当要求按八进制或十六进制输入数据时,在 cin 中必须指明相应的数据类型:hex 为十六进制,oct 为八进制,dec 为十进制。例如:

```
int  i,j,k,l;
cin>>hex>>i;                //指明输入为十六进制数
cin>>oct>>j;                //指明输入为八进制数
cin>>k;                     //输入仍为八进制数
cin>>dec>>l;                //指明输入为十进制数
```

当执行到语句 cin 时,若输入的数据为:

```
11  11  12  12<CR>
```

则将十六进制数 11、八进制数 11 和 12、十进制数 12 分别赋给变量 i、j、k 和 l。输入十六进制数时,可以用 0x 开始,也可以不用 0x 开始;输入的八进制数可用 0 开始,也可以不以 0 开始。这是由于在 cin 中已指明输入数据时所用的数制。

使用非十进制输入数据时,要注意以下几点。

(1) 八进制或十六进制数的输入,只能适用于整型变量,不适用于字符型变量、实型变量。

(2) 当在 cin 中指明使用的数制输入后,则所指明的数制一直有效,直到在接着的 cin 中指明输入时所使用的另一数制为止。如上例中,输入 k 的值时,仍为八进制。

(3) 输入数据的格式、个数和类型必须与 cin 中所列举的变量类型一一对应。一旦输入出错,不仅使当前的输入数据不正确,而且使得后面的提取数据也不正确。如何判断输入时是否出错,并根据错误作相应处理的方法,将在输入/输出流处理这一章中介绍。

3.2 cout

与 cin 输入流对应的是 cout 输出流。本节介绍将字符、整数、实数及字符串输出到显示

器的基本方法。有关输出流 cout 所能实现的详细功能,在输入/输出流这一章中介绍。

3.2.1 输出字符或字符串

当要输出一个表达式的值时,可使用 cout 来实现,其一般格式为:

cout << <表达式 1>《<< <表达式 2> << … << <表达式 n>》;

其中“<<”称为插入运算符,它将紧跟其后的表达式的值输出到显示器当前光标的位置。例如,设有如下的程序片段:

```
cout << "输入变量 i 的值:";                    //A
int  i;
cin >> i;                                       //B
```

执行 A 行时,在显示器上显示:

```
输入变量 i 的值:
```

即 cout 将双引号中的字符串常量按其原样输出。接着执行 B 行时,等待输入变量 i 的值。通常在每一个 cin 语句之前,用一个 cout 语句给出提示信息,指明给什么变量输入数据,并以什么样的数制输入。又如:

```
char  c = 'a', c1 = 'b';
cout << "c = " << c << '\t' << "c1 = " << c1 << '\n';      //C
```

执行 C 行时,先输出 c = ;输出变量 c 的值 a;输出横向制表符,即跳到下一个 Tab 位置;再输出 c1 = ;输出变量 c1 的值 b;最后输出一个换行符,表示接着的输出从下一行开始。所以该行的输出为:

```
c = a    c1 = b
```

使用转义字符,用 cout 可输出任一 ASCII 码的字符。

3.2.2 输出十进制整数和实数

输出十进制整数和实数的方法与输出字符或字符串的方法完全类同。例如,设有如下的程序片段:

```
int   i = 2, j = 10, k = 20, m = 30;
float  x = 3.14, y = 100;
cout << i << j << endl;                         //A
cout << m << j * k << endl;                     //B
cout << x << y << endl;                         //C
```

输出结果为:

```
210
30200
3.14100
```

以上每一个 cout 语句输出一行,其中 endl 表示要输出一个换行符,它等同于字符'\n'。当用 cout 输出多个数据时,缺省情况下,是按每一个数据的实际长度输出的,即在每一个输出的数据之间没有分隔符。显然,仅根据以上的输出,无法分清哪一个变量的输出值是多少。如第一行输出 210,实际上是先输出 i 的值 2,再输出 j 的值 10。为了区分输出的数据项,在每一个输出数据之间要输出分隔符。分隔符可以是空格、制表符或换行符等。如上面的输出语句可改写为：

```
cout << "i = " << i << '\t' << "j = " << j << endl;                //A
cout << "m = " << m << '\t' << j << '*' << k << " = "
         << j * k << endl;                                          //B
cout << "x = " << x << '\t' << "y = " << y << endl;                //C
```

则执行这三个输出语句后，输出：

```
i = 2   j = 10
m = 30   10 * 20 = 200
x = 3.14   y = 100
```

使输出的数据项之间隔开的另一种办法是指定输出项的宽度。如上面的三个输出语句可改写为：

```
cout << setw(6) << i << setw(10) << j << endl;
cout << setw(5) << m << setw(10) << j * k << endl;
cout << setw(10) << x << setw(10) << y << endl;
```

其中，setw(6)指明其后的输出项占用的字符宽度为6，即括号中的值指出紧跟其后的输出项占用的字符位置个数，并向右对齐。setw是"set width"的缩写。执行以上三个语句后的输出为：

```
     2         20
   30       200
      3.14       100
```

使用setw( )应注意以下三点。

1. 在程序的开始位置必须包含头文件iomanip.h，即在程序的开头增加：

```
# include < iomanip.h >
```

2. 括号中必须给出一个表达式(值为正整数)，它指明紧跟其后输出项的宽度。

3. 该设置仅对其后的一个输出项有效。一旦按指定的宽度输出其后的输出项后，又回到原来的缺省输出方式。

3.2.3 输出八进制数、十六进制数和用科学表示法表示的实数

对于整型数据可指定以十六进制或八进制输出，而对于实型数据可指定以科学表示法形式输出。例如：

```
# include < iostream.h >

void main(void)
{
    int i = 2, j = 10, k = 20, m = 30;
    float x = 3.14, y = 100;
    cout << "i = " << hex << i << '\t' << "j = " << j << endl;
    cout.setf(ios::scientific, ios::floatfield);                    //A
    cout << oct << m << '\t' << j * k << endl;
    cout << x << '\t';
    cout << y << endl;
```

```
}
```

执行该程序后,输出:

```
i=2   j=a
36    310
3.140000e+000        1.000000e+002
```

其中,hex 和 oct 分别指明以十六进制和八进制输出数据,而 A 行指明输出的实数以科学表示法输出。在输入/输出流处理中,将对该语句的含义作具体说明。

与 cin 中类同,当在 cout 中指明以一种进制输出整数时,对其后的输出均有效,直到指明又以另一种进制输出整型数据为止。对实数的输出,也是这样,一旦指明按科学表示法输出实数,则其后的输出均按科学表示法输出,直到指明以定点数输出为止。明确指定按定点数格式输出(缺省的输出方式)的语句为:

```
cout.setf(ios::fixed,ios::floatfield);
```

*3.3 其他的输入/输出函数

对于已学习过 C 语言的读者,均应了解 C 语言中的输入/输出函数。由于 C++ 是在 C 语言的基础上发展扩充而来的,它当然支持 C 语言中的输入/输出函数。使用 C 语言的输入/输出函数时,要包含相应的头文件。使用 C++ 编程时,提倡使用 C++ 提供的输入/输出流来实现输入/输出,因为若同时使用 C++ 的输入/输出流和 C 语言的输入/输出函数来完成输入/输出时,有时会出现一些异常现象,如输入/输出语句的执行顺序不对等。

由于不提倡使用 C 语言的输入/输出函数,有关 C 语言的输入/输出函数的格式、功能及注意事项,本书均不再作介绍了。

练 习 题

1. 设有语句:

```
char  c1,c2,c3;
cin >> c1 >> c2 >> c3;
```

当执行以上两个语句时,输入:

```
'a'  'b'  'c'
```

则 c1、c2、c3 的值分别是什么?

2. 执行以下两个语句,并写出其输出结果。

```
cout << 3 + 'a' << '\t' << 'a' + 2 << '\n';
cout << 'a' << '\n';
```

3. 设有语句:

```
char    c1,c2,c3;
cin >> c1 >> c2 >> c3;
```

若在其执行过程中,输入

```
abcdef
```

指出 cin 执行后,c1、c2、c3 的值分别是什么?

4.设有语句:

```
int  a,b,c ;
cin >> hex >> a >> oct >> b >> dec >> c;
```

若在其执行过程中,输入

```
123  123  123
```

指出 cin 执行后,a、b、c 的值分别是什么?

5.执行以下语句并写出输出的结果。

```
int  x,y,z;
x = y = x = 256;
cout << x << '\t' << oct << y << '\t' << hex << z << '\n';
```

6.执行以下语句并写出输出的结果。

```
float  x,y;
int  a,b;
x = 3.1415;
a = y = b = x;
cout << a << '\t' << b << '\t' << x << '\t' << y << '\n';
```

第 4 章

C++ 的流程控制语句

本章介绍 C++ 语言所提供语句的概况,并重点介绍条件语句、循环语句、开关语句和无条件转移语句。

4.1 C++ 语言的语句和程序结构

一个 C++ 程序可以由若干个源程序文件组成,一个源程序文件由编译预处理指令、数据结构的定义或若干个函数组成,每个函数由若干个语句组成。语句是组成程序的基本单元。

4.1.1 C++ 语言的语句概述

C++ 语言的语句可以分为以下六大类。

1. 说明语句

在 C++ 中,把完成对数据结构的定义和描述、对变量的定义性说明统称为说明语句。说明语句在程序的执行过程中,并没有完成对数据进行操作的执行体,而仅是向编译程序提供一些说明性的信息。在 C 语言中,称其为定义数据结构和变量的说明部分,并不称其为语句。因此在 C 语言中规定说明部分只能放在函数的开头部分,或放在函数的定义之外,不能放在语句可出现的任意位置。但在 C++ 中,说明语句是作为语句来对待的,它可放在函数中允许出现语句的任何位置,当然也可以放在函数定义之外。

2. 控制语句

完成一定控制功能的语句,即有可能改变程序执行顺序的语句称为控制语句。控制语句包括:条件语句、循环语句、开关语句、分支选择语句、转向语句、从函数中返回语句等。

3. 函数调用语句

在一次函数的调用后加上一个分号所构成的语句,称为函数调用语句。例如:

```
sin(x);
```

4. 表达式语句

在任一表达式的后面加上一个分号,就构成一个表达式语句。在前一章中对表达式语句已作了介绍。例如:

```
i = i + 1                          //表达式
i = i + 1;                         //表达式语句
```

5. 空语句

只由一个分号所构成的语句称为空语句。故名思义,它不执行任何动作,主要用于指明被转向的控制点或在特殊情况下作为循环语句的循环体。

6. 复合语句(也称为块语句)

用花括号{ }把一个或多个语句括起来后构成一个语句,称为复合语句。复合语句从逻辑上来看,C++ 把它作为一个语句来处理的,它可以出现在只允许出现一个语句的任何位置。花括号是 C++ 中的一个标点符号,左花括号标明了复合语句的起始位置,右花括号标明了复合语句的结束。前面已讲到分号是一个语句的组成部分,而不是语句之间的分隔符。复合语句的右花括号已标明一个复合语句的结束,所以右花括号后边的分号就不需要了。复合语句主要用于控制语句中。

4.1.2 程序的三种基本结构

在 C++ 中,任一程序或函数从其执行行为的角度来分析,都是由三种基本结构组合而成的,即顺序结构、选择结构和循环(重复)结构。

1. 顺序结构

按程序中语句的先后顺序依次执行各个语句,这种结构称为顺序结构。

2. 选择结构

根据某一种执行结果,选择执行某一个语句。例如,若 x > 0,则执行语句序列 1;否则,执行语句序列 2。

3. 循环(重复)结构

根据某一种条件,重复执行某一个语句或若干个语句序列。

4.2 选择结构语句

选择结构语句也称为分支语句,它控制程序执行流程的方式是:根据给定的条件,选择执行两个或两个以上分支程序段中的某一个分支程序段。

4.2.1 条件语句

条件语句也称为 if 语句,它实现的功能是:根据给定的条件,决定执行两个分支中的某一个分支。

1. 单选条件语句

单选条件语句的一般格式为:

```
if( <表达式> )    S
```

其中,<表达式>可以是符合 C++ 语法规则的任一表达式,可以是算术表达式、关系表达式、逻辑表达式或逗号表达式;S 是 C++ 中的任一合法的语句,它可以是一个单一语句,也可以是一个复合语句,还可以是一个空语句。由于单选条件语句只是一个语句,故把 S 称为条件语句的内嵌语句,并把内嵌语句 S 的语句结束符“;”作为单选条件语句的结束符。同样地,当 S 为一个复合语句时,把复合语句的结束符“}”也作为单选条件语句的结束符。该语句的执行流程是:先求出表达式的值,若表达式的值不等于 0 时,则执行内嵌语句 S;否则,跳过语句 S,直接执行后继的语句。例如:

```
if(x > 1.5) y += 5;            //A
y = x * x + 5 * x;             //B
```

上面两行程序的执行过程为:若 x > 1.5 成立,则执行 y += 5 的操作,接着执行 B 行的语句;否则,不执行 y += 5 的操作,直接执行 B 行的语句。又如:

```
s = 0;                          //C
if(a)   s = 100;                //D
s += 200;                       //E
cout << "s = " << s << '\n';    //F
```

以上四个语句的执行过程是:先把 0 赋给变量 s,再执行单选条件语句。若变量 a 的值不等于 0,则把 100 赋给 s,否则跳过该语句,最后顺序执行 E 行和 F 行的语句。所以当 a 的值不为 0 时,输出变量 s 的值为 300;而当 a 的值为 0 时,输出变量 s 的值为 200。

注意,作为判断条件的表达式必须用括号括起来。

2. 二中择一条件语句

二中择一条件语句的一般格式为:

```
if( < 表达式 > )     S1
else     S2
```

其中, < 表达式 > 可以是任一符合 C++ 语法规则的表达式;S1 和 S2 均可以是 C++ 中的任一合法的语句。该语句的执行过程是:先求出表达式的值,若表达式的值不等于 0,则执行语句 S1;否则执行语句 S2。换言之,不管表达式取何值,必定执行两个内嵌语句中的一个语句。通常把前者称为 if 分支,而把后者称为 else 分支。

例 4.1　从键盘上输入三个整数,利用二中择一条件语句,输出三个数中的最大数。

分析:首先读入三个数,先求出前两个数中的大数,再求出该大数与第三个数之间的最大数。程序如下:

```
# include < iostream.h >


void main(void)
{
     int   a,b,c,t;
     cout << "输入三个整数:";
     cin >> a >> b >> c;
     cout << "a = " << a << '\t' << "b = " << b << '\t' << "c = " << c << '\n';
     if(a > b)   t = a;
     else   t = b;
     cout << "最大数是:";
     if(t > c)  cout << t << '\n';
     else cout << c << '\n';
}
```

例 4.2　求一元二次方程

$$ax^2 + bx + c = 0$$

的解。其中系数 a、b、c 从键盘上输入。

分析:当输入系数 a、b、c 的值后,若 $b^2 - 4ac < 0$ 时,则方程无实根;若 $b^2 - 4ac > 0$ 时,则方程有两个不同的实根;若 $b^2 - 4ac = 0$ 时,则方程有两个相等的实根。程序如下:

```
# include < iostream.h >
```

```
# include < math.h >                                    //A

void main(void)
{
    float   a,b,c,delta;
    cout << "输入三个系数:";
    cin >> a >> b >> c;
    cout << "a = " << a << '\t' << "b = " << b << '\t' << "c = " << c << '\n';
    delta = b * b - 4 * a * c;
    if(delta >= 0){                                     //B
        delta = sqrt(delta);
        if(delta){                                      //C
            cout << "方程有两个不同的实根:\n";
            cout << "x1 = " << ( - b + delta)/2/a << '\t';
            cout << "x2 = " << ( - b - delta)/2/a << '\n';
        }
        else{
            cout << "方程有两个相等的实根:";
            cout << "x1 = x2 = " << - b/2/a << '\n';
        }
    }
    else cout << "方程没有实根!\n";
}
```

在程序中,B 行的 if 分支使用了复合语句,并且在复合语句中又包含了二中择一条件语句。程序中用到了开平方函数 sqrt( ),这是一个 C++ 的库函数,它返回的开平方根值是一个 double 类型的双精度实数。当使用到 C++ 提供的常用的数学函数时,要包含头文件math.h,如程序中的 A 行所示。有关函数的用法,将在函数这一章中介绍。C 行表示 delta 的值不为 0 时,方程有两个不同的实根。

3. 嵌套的条件语句

前面介绍的两种格式的条件语句中,内嵌语句可以是任一 C++ 语言的语句,当然也可以是条件语句。当条件语句的内嵌语句是条件语句时,称为嵌套的条件语句。其一般格式为:

```
if( <表达式 1> )S1
else if( <表达式 2> )S2
    else if…
        else S
```

嵌套的条件语句无非是单选条件语句与二中择一条件语句的任意组合。只要这种组合是唯一的,那么其执行次序也就完全确定了。但当出现如下形式的嵌套条件语句时:

```
if(e1)  if(e2)  S1  else  S2
```

则会产生二义性,这是因为 else 可与第一个 if 配对,也可以与第二个 if 配对。当出现嵌套的条件语句时,为了消除这种二义性,C++ 中规定了 else 与 if 的配对规则为:else 总是与其前面最近的还没有配对过的 if 进行配对。按照这种规定,上面嵌套的条件语句中 else 与第二个 if 配对。

例 4.3 从键盘上输入三个整数,利用嵌套的条件语句,输出这三个数中的最大数。

分析:设输入的三个数为 a、b、c,若 a≥b,并且 a≥c,则 a 为最大数;否则,若 b≥a,并且 b≥c,则 b 为最大数;否则,c 为最大数。程序如下:

```
# include < iostream.h >

void main(void)
{
    int  a,b,c;
    cout << "输入三个整数:";
    cin >> a >> b >> c;
    cout << "a = " << a << '\t' << "b = " << b << '\t' << "c = " << c << '\n';
    cout << "最大数是:";
    if(a >= b&&a >= c)cout << a << endl;
    else if(b >= a&&b >= c)cout << b << endl;
        else cout << c << '\n';
}
```

例 4.4 判断输入字符的种类。把字符分为五类:数字、大写字母、小写字母、控制字符(其 ASCII 的编码小于 32)和其他字符。程序如下:

```
# include < iostream.h >

void main(void)
{
  char  c;
  cout << "输入一个字符:";
  cin.get(c);
  if(c < 32)cout << "这是一个控制字符。\n";
  else if(c >= '0'&&c <= '9')
              cout << "这是一个数字字符。\n";
      else if(c >= 'A'&&c <= 'Z')
            cout << "这是一个大写字母。\n";
            else if(c >= 'a'&&c <= 'z')
                cout << "这是一个小写字母。\n";
                else cout << "这是一个其他字符。\n";
}
```

注意,在程序中用到嵌套的条件语句时,为了便于程序的理解和阅读,应将 else 与其配对的 if 放在同一列上。

4.2.2 条件运算符"?:"

在 C++ 中提供了一个条件运算符"?:",它是一种三元运算符,其一般格式为:

<表达式 1> ? <表达式 2> : <表达式 3>

其中,<表达式>可以是任意的符合 C++ 语法规则的表达式。执行的运算是:先求出表达式 1 的值,若其值不等于 0 时,则求出表达式 2 的值(不求表达式 3 的值),并把该值作为运算的结果;否则求出表达式 3 的值(不求表达式 2 的值),并把它作为运算的结果。

注意,三元运算符"?:"的优先级是比较低的,它仅高于赋值运算符、复合赋值运算符和逗号运算符,而低于其他的算术、逻辑、关系等运算符。

在某些应用场合中,三元运算符可代替条件语句。如求两个数中的大数:

```
max = a >= b?a:b;
```

它等同于条件语句:

```
if(a >= b) max = a; else max = b;
```

三元运算符是左结合的,它的运算结果是一个数值,可以继续参加运算,也可用于表达式求值的任何地方。例如:

```
if(a > b?a:c > b?c:d)x = y;
cout << a > b?a:b;
z = a > b?a:c > b?c:d;
```

这种运算符可以嵌套地使用。如求出三个变量 a、b、c 中的最大值,使用三元运算符可表示为:

```
max = (a >= b?a:b) < c?c:(a >= b?a:b);
```

也可以表示为:

```
max = (t = a >= b?a:b) < c?c:t;
```

这两种表示法均等同于以下的条件语句:

```
if(a >= b)t = a;else t = b;
if(t < c)max = c;else max = t;
```

显然,前两种表示法比后一种表示法要简洁得多。

4.2.3 开关语句

开关语句是 switch 语句,它也称为多选择语句。它可以根据给定的条件,从多个分支语句序列中选择执行一个分支的语句序列。该语句的一般格式为:

```
switch( < 表达式 > )
{
  case < 常量表达式 1 > :《 < 语句序列 1 > 》;
                       《break;》
  case < 常量表达式 2 > :《 < 语句序列 2 > 》;
                       《break; 》
    …
  case < 常量表达式 n >  :《 < 语句序列 n > 》;
                       《break; 》
  《default: < 语句序列 > 》
}
```

其中,<表达式>可以是任一符合 C++ 语法规则的表达式,但表达式的值只能是字符型或整型;<常量表达式>只能是由常量所组成的表达式,其值也只能是字符型常量或整型常量;任一<语句序列>均是任选的,它可由一个或多个语句组成;关键字 break 也是任选的。

开关语句的执行过程是：先求出表达式的值，再依次与 case 后面的常量表达式比较，若与某一常量表达式的值相等，则转去执行该 case 后边的语句序列，一直执行下去，直至遇到 break 语句或开关语句的闭花括号为止。若表达式的值与 case 后的任一常量表达式的值不等，若有 default 分支，则执行该分支后边的语句序列，否则什么也不执行。

注意，default 分支可以放在开关语句中的任何位置，但通常作为开关语句的最后的一个分支。每一个 case 均作为开关语句的一个分支入口，表达式的值用来确定进入开关语句中的哪一个入口，并开始执行该语句序列。当省略 case 后面的语句序列时，则可实现多个入口，执行同一个语句序列。例如：

```
int digit, white, other;
char  c;
…
  switch(c)  {
    case  '0':
    case  '1':
    case  '2':
    case  '3':
    case  '9':digit ++ ;                    //A
              break;
    case  ' ':
    case  '\n':
    case  '\t':white ++ ;
              break;
    default:   other ++ ;
  }
```

当字符变量 c 的值为'0'、'1'、'2'、'3'或'9'时，均从 A 行开始执行，即执行同一个语句序列。如下程序片段不符合开关语句的语法规则：

```
float  x;
int  a,b;
…
a = 3;b = 4;
switch(x * 2){                    //B
     case  2.5:…                  //C
     case  a + b:…                //D
     case  1,2,3:…                //E
}
```

其中，B 行中的表达式的值为实数，这是不允许的，但写成 int(x * 2)时，则符合语法规则了；C 行中 case 后的表达式的值的类型是实型；D 行中 case 后的表达式不是常量表达式；而 E 行中的表示方法也是不允许的。

从开关语句的执行过程可知，任一开关语句均可用条件语句来实现，但并不是任何条件语句均可用开关语句来实现，这是由于开关语句中限定了表达式的取值类型，而条件语句中的条件表达式可取任意类型的值。

例4.5　运输公司对所运的物品分段进行计费。设距离为s，则计算运费时打折的情况为：

s < 250	没有折扣
250 <= s < 500	2%折扣
500 <= s < 1000	5%折扣
1000 <= s < 2000	8%折扣
2000 <= s < 3000	10%折扣
3000 <= s	15%折扣

设每公里每吨的基本运费为p，货物的重量为w，折扣为d%，则总的运费f的计算公式为：

```
f = p * w * s * (1 - d/100.0)
```

设计一个程序，当输入p、w和s后，计算其运费f。

分析：当输入距离s后，把它除以250，取其整数商。当商的值为0时，没有折扣；而当商的值为1时，折扣为2%；其余依次类推。程序如下：

```
# include < iostream.h >

void main(void)
{
  int c, s;
  float p,w,d,f;
  cout << "输入运费单价 p,重量 w 和距离 s:";
  cin >> p >> w >> s;
  c = s/250;
  switch(c){
    case  0:  d = 0;   break;
    case  1:  d = 2;   break;
    case  2:
    case  3:  d = 5;   break;
    case  4:
    case  5:
    case  6:
    case  7:  d = 8;   break;
    case  8:
    case  9:
    case  10:
    case  11:  d = 10;   break;
    default:  d = 15;
  }
  f = p * w * s * (1 - d/100.0);
  cout << "运费单价 = " << p << '\t' << "重量 = " << w << '\t' << "距离 = " << s << '\n';
  cout.precision(2);                          //A
  cout << "运费 = " << f << '\n';
```

```
}
```

程序中A行的作用是使输出的运费只保留两位小数,即精确到分。在括号中的整数指明要保留小数的位数。

例4.6　用条件语句实现上例中运费的计算。程序如下:

```
#include <iostream.h>

void main(void)
{
  int s;
  float p,w,d,f;
  cout << "输入运费单价 p,重量 w 和距离 s:";
  cin >> p >> w >> s;
  if(s < 250)d = 0;
  else if(s < 500)d = 2;
       else if(s < 1000)d = 5;
            else if(s < 2000)d = 8;
                 else if(s < 3000)d = 10;
                      else d = 15;
  f = p * w * s * (1 - d/100.0);
  cout << "运费单价 = " << p << '\t' << "重量 = " << w << '\t' << "距离 = " << s << '\n';
  cout.precision(2);
  cout << "运费 = " << f << '\n';
}
```

例4.7　设计一个程序,实现简单的计算器功能,即能完成加、减、乘和除运算。如输入:

2.5 * 4

则输出为:

2.5 * 4 = 10

分析:运算符为字符类型,取值为 +、-、*、/。读入两个操作数和运算符,并完成相应的运算。程序如下:

```
#include <iostream.h>

void main(void)
{
  float num1,num2;
  char op;
  cout << "输入数据,格式为:操作数1 运算符 操作数2\n";
  cin >> num1 >> op >> num2;
  switch (op)
  {
    case '+':cout << num1 << op << num2 << " = " << num1 + num2 << '\n';
            break;
```

```
        case '-':cout << num1 << op << num2 << " = " << num1 - num2 << '\n';
                break;
        case '*':cout << num1 << op << num2 << " = " << num1 * num2 << '\n';
                break;
        case '/':cout << num1 << op << num2 << " = " << num1/num2 << '\n';
                break;
        default:cout << op << "是一个无效的运算符! \ n";
    }
}
```

4.3 循环结构语句

在进行程序设计时,经常会遇到在某一条件成立时,重复执行某一些操作。例如,求

$$S = 1 + 2 + 3 + \cdots + 100$$

显然在程序中不可能依次列出 1 ~ 100 个数,要完成以上的求和,可按以下步骤操作:

(1) 给整型变量 s 和 i 赋初值 0;

(2) 令 i = i + 1, s = s + i;

(3) 若 i < 100,则重复步骤(2);

(4) 输出 s 的值。

在以上步骤中,步骤(2)和(3)是要重复执行的操作。把这种重复执行的操作称为循环体。在 C++ 中,提供了 while( )、do…while( )和 for( )三个语句来实现这种循环,并把这三个语句称为循环结构语句。

4.3.1 while( )语句

while( )语句一般格式为:

while(<表达式>) S

其中,表达式可以是 C++ 中任一符合语法规则的表达式;语句 S 称为循环体,它可以是 C++ 中的任一语句。该语句的执行过程是:先计算表达式的值,若表达式的值不等于 0 ,则执行语句 S,再计算表达式的值,重复以上过程,直到表达式的值等于 0 为止。图 4-1 给出了该语句的执行流程图。

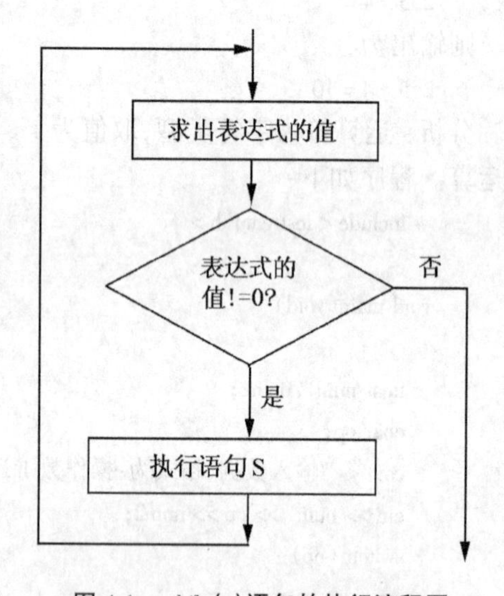

图 4-1 while( )语句的执行流程图

例 4.8 利用 while( )语句求 $S = 1 + 2 + 3 + \cdots + 100$。

程序如下:

```
#include < iostream.h >

void main (void)
{
  int i = 0, s = 0;
```

```
    while(i < 100)
    {i ++ ;s += i;}
    cout << "s = " << s << '\n';
}
```

对于求累加和的情况,累加变量的初值通常赋值为0。

注意,从 while( )语句的执行流程图可以看出,是先判断条件后执行循环体,所以循环体可能执行若干次,也可能一次也不执行。在循环体内或在表达式内,必须有改变表达式的值的成分,否则,会产生无休止的循环(称为死循环)。在本例中,在循环体内有 i ++ 语句。实现上述求和的程序也可用下面的程序来实现。

```
# include < iostream. h >

void main(void)
{
    int i = 1, s = 1;
    while( ++ i <= 100)    s += i;
    cout << "s = " << s << '\n';
}
```

在该程序中,在表达式中有改变表达式的值的部分: ++ i。因内嵌语句 S 只能是一个语句,所以当循环体有多个语句时,必须用{ }把循环体括起来构成一个复合语句。

另外,在 while( )语句的表达式中,使用" ++ "或" -- "操作时," ++ "或" -- "放在变量前与放在变量后对判断条件的作用是不同的,即要注意前置与后置运算之间的差异。

4.3.2 do…while( )语句

do…while( )语句的一般格式为:

```
        do
            S
        while( < 表达式 > );
```

其中,S 是一个内嵌语句,它可以是任一合法的C++ 语句,并把 S 称为循环体;表达式也可以是任一符合语法规则的表达式。这种循环语句的执行过程是:先执行语句 S,然后再判断表达式的值;若表达式的值不为 0 ,则继续执行循环体,直到表达式的值为 0 时为止。图 4-2 给出了该语句的执行流程图。

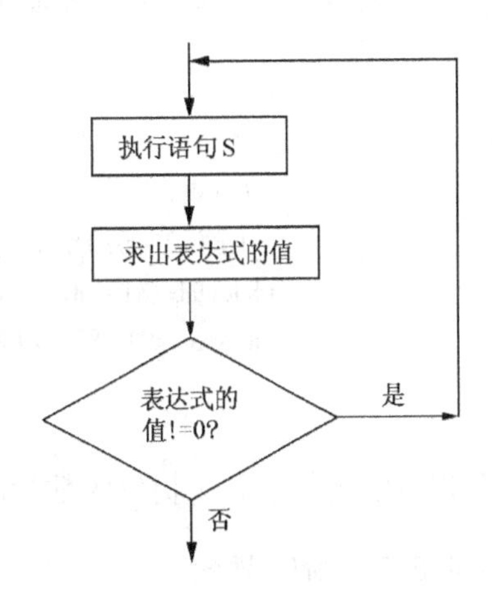

图 4-2 do…while( )语句的执行流程图

例 4.9 利用 do…while( )语句求 S = 1 + 2 + … + 100。

程序如下:

```
# include < iostream. h >

void   main (void)
{
    int i = 1, s = 0;
```

```
    do
        s += i;
    while(i ++< 100);
    cout << "s = " << s << '\n';
}
```

注意,do…while( )与 while( )语句两者是有区别的,后者是先判断循环条件,若表达式的值不为 0,则执行循环体;而前者是先执行循环体,后判断是否要继续循环。从执行流程图上可看出,循环体至少要执行一次。同样地,为了不产生死循环,在循环的过程中,要有改变表达式的值的成分。

例 4.10　用迭代法求 $x = \sqrt{a}$的近似值。

求平方根的迭代公式为:

$$x_{n+1} = (x_n + a/x_n)/2$$

要求前后两次求出的根的近似值之差的绝对值小于 10^{-5}。

分析:把输入的正数赋给 a,并把 a/2 的值作为 x0 的初值,根据以上公式就可以求出 x1,若 $|x1 - x0| < 10^{-5}$,则 x1 就是所求平方根的近似值;否则将 x1 赋给 x0,再根据公式求出 x1。重复以上过程,直到 $|x1 - x0| < 10^{-5}$为止。程序如下:

```
#include <iostream.h>
#include <math.h>

void main(void)
{
    float x0,x1,a;
    cout << "输入一个正数:";
    cin >> a;
    if(a < 0) cout << a << "不能开平方! \n";
    else {
        x1 = a/2;
        do{
            x0 = x1;
            x1 = (x0 + a/x0)/2;
        }while(fabs(x1 - x0) > 1e - 5);
        cout << a << "的平方根等于:" << x1 << '\n';
    }
}
```

程序中用到了 C++ 提供的数学库函数 fabs( ),它求出给定实数的绝对值。

4.3.3　for( )语句

for( )循环语句的一般格式为:

for(< 表达式 1 > ; < 表达式 2 > ; < 表达式 3 >)S

其中,三个表达式都可以是 C++ 中的任一符合语法规则的表达式;语句 S 可以是任一 C++ 的语句。同样地将语句 S 称为 for( )的内嵌语句,并把它称为循环体。for( )语句的执行过程可描述为：

(1) 求出表达式 1 的值；

(2) 求出表达式 2 的值，若表达式 2 的值等于 0，则执行(4)，否则执行(3)；

(3) 执行语句 S，求表达式 3 的值，转(2)；

(4) 结束循环，执行 for( )后面的语句。

图 4-3 给出了 for( )语句的执行流程图。

对 for( )语句，有以下几点说明。

(1) 从该语句的执行过程可以看出，首先判断循环条件，若满足循环条件，则执行循环体，所以循环体可能一次也不执行，也可能执行若干次。这一点与 while( )语句是类同的。

(2) 该循环语句中的三个表达式可以是任何表达式，当然也可以是逗号表达式。例如：

```
for (j = a + b + c, l = k * i; i ; i -- ) {
    ...
}
```

(3) 三个表达式均可以省略，但两个分号不可缺少。例如：

```
for (; I + J ;) {…}
```

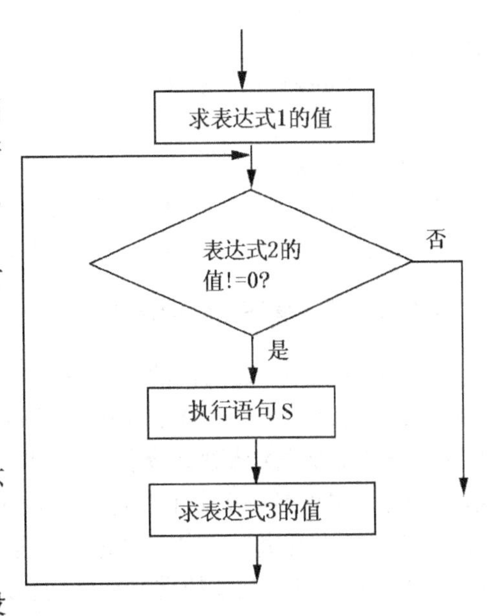

图 4-3 for( )语句的执行流程图

从执行流程图可以看出，表达式 1 和表达式 3 没有时，并不影响循环的控制流程。由于表达式 1 只执行一次，并且是在循环之前执行的，为此把它称为赋初值表达式。表达式 3 是在执行循环体后执行的，通常用于改变表达式 2 的值，常把它称为修正表达式。表达式 2 是直接控制循环的，常把它称为循环控制表达式。表达式 2 也可省去，例如：

```
for(;;) {…}
```

当第二个表达式没有时，系统约定，相当于其值为 1，即上面的 for( )语句等同于：

```
for( ; 1 ; ) {…}
```

这时有可能形成死循环。为了避免死循环，在循环体内必须有终止循环的语句。

例 4.11　输入一行字符，并按输入的顺序依次输出该行字符。

分析：依次从输入缓冲区中读取一个字符，并输出一个字符，直到读取的字符是换行字符为止。程序如下：

```
#include <iostream.h>

void main(void)
{
    char c;
    cout << "输入一行字符串:";
    cin.get(c);
    for(;c!='\n';){
        cout << c;
```

```
        cin.get(c);
    }
    cout << c;
}
```

执行该程序时,若出现提示信息:

    输入一行字符串:

若输入:

    C++ Programming! <CR>

则输出:

    C++ Programming!

从该程序的执行过程可以看到:每输入一个字符时,先把输入的字符送到输入行缓冲区中。仅当输入回车字符后,C++才开始从输入的字符行中依次读取字符或数据。

4.3.4 三种循环语句的比较

对于任何一种重复结构的程序段,均可用这三个循环语句中的任何一个来实现,但对不同的重复结构,使用不同的循环语句,不仅可优化程序的结构,还可精简程序。for( )和while( )语句都是先判断循环条件,并根据循环条件决定是否要执行循环体,循环体有可能执行若干次,也可能一次也不执行。而do…while( )语句是先执行循环体,后判断循环条件,所以循环体至少要执行一次。因此对于至少要执行一次重复结构的程序段,建议使用do…while( )语句,而对于其他的重复结构的程序段,可使用for( )或while( )语句。

实际上,由于for( )语句有初始化表达式和修正表达式,所以用得最多的是for( )语句。其次是while( )语句,而do…while( )语句相对于前两种语句用得较少。

4.3.5 循环的嵌套及其应用

在介绍三个循环语句时,都已说明其内嵌语句可以是任何一个C++语句,当然也可以是一个循环语句。当循环语句的内嵌语句又是一个循环语句时,称其为循环的嵌套。在C++中,对循环嵌套的层次没有限制。

例4.12 打印一张下三角形的九九表。其格式为:

```
     1    2    3    4    5    6    7    8    9
1    1
2    2    4
3    3    6
4    4    8    12   16
…
9    9    18   27   36   45   54   63   72   91
```

分析:先输出表头(第一行),用一个变量i来控制要输出的行数(共9行),i的取值从1~9,可用一个循环(外循环)来实现。对于i的每一个取值,要输出一行,用另一个变量j来控制该行输出的列数,变量j的取值从1~i,这也要用一个循环(内循环)来控制。所以要用两重循环实现。程序如下:

```
#include <iostream.h>

void main(void)
```

```
{
    int i,j;
    cout << "    ";
    for(i = 1;i < 10;i ++)
        cout << i << "    ";
    cout << '\n';
    for(i = 1;i < 10;i ++){
      cout << i << "  ";
        for(j = 1;j <= i;j ++)
          if(i * j >= 10) cout << i * j << "  ";
          else cout << i * j << "   ";
      cout << '\n';
    }
}
```

4.4 控制执行顺序的语句

前面已介绍的 C++ 语句都是根据其在程序中的先后次序,从主函数 main( )开始,依次执行各个语句,有的语句只是向 C++ 的编译程序提供一些信息(数据结构定义语句和变量说明语句),多数语句都要执行语句所规定的操作。本节要介绍另一类语句,当执行到该类语句时,它要改变程序的执行顺序,即不依次执行紧跟的语句,而跳到另一个语句处接着执行。从表面上看循环语句或条件语句也改变了程序的执行顺序,但由于整个循环只是一个语句(条件语句也一样),因此它仍是顺序执行的。

4.4.1 break 语句

在介绍开关语句时,已用到了 break 语句,它用在开关语句的某一个分支语句中,其作用是结束开关语句的执行,并把控制转移到该开关语句之后的第一个语句,且开始执行该语句。break 语句的一般格式为:

```
break;
```

该语句只能用在 switch( )语句或循环语句之中,不能用在其他语句中。其在开关语句中的作用已作了详细的介绍。break 语句用在循环语句的循环体中时,当执行到 break 语句时,直接结束该循环语句的执行,把控制转移到紧跟该循环语句之后的语句,并执行该语句。

4.4.2 continue 语句

continue 语句的一般格式为:

```
continue;
```

本语句只能用在循环语句的循环体中,其作用是结束本次循环,跳到判断循环的位置,即重新开始下一次循环。

注意,break 语句与 continue 语句两者之间的区别:前者是结束循环,而后者是结束本次循环。结束本次循环后,是否继续循环,要看循环的控制表达式的值,由该值决定是否要开始下一次的循环。

例如,设有如下程序:

```
# include < iostream.h >

void    main(void)
{
  int    i;
  for(i = 100;i ++< 200;){
    if(i%3 == 0)continue;
    cout << i << "     ";
  }
}
```

执行该程序后,输出:

101　103　104…199　200

把程序中的 continue 语句改为 break 语句时,程序如下:

```
# include < iostream.h >

void main(void)
{
  int   i;
  for(i = 100;i ++< 200;)
  {
    if(i%3 == 0)break;
    cout << i << "     ";
  }
}
```

而执行该程序后,输出:

101

4.4.3　goto 语句和标号

在 C++ 中,允许在任一语句之前加一个标号,标号是作为 goto 语句所转向的入口来使用的。从结构程序设计的角度而言,程序员对 goto 语句有两种不同的看法:一部分人认为,在程序中不应该使用 goto 语句,goto 语句会破坏程序的逻辑结构,使得程序难阅读,难理解,难以调试程序,并且可以从理论上证明,任一 goto 语句均可用循环语句来实现;而另一部分人认为,不能不允许使用 goto 语句,但应少用或限制使用 goto 语句,在某些应用场合,适当地使用 goto 语句反而可提高程序的可读性。

1. 标号

标号的一般格式为:

label :S

其中,S 是任一 C++ 语句,包括空语句;label 称为语句标号,简称为标号。标号的组成规则与标识符相同,即以字母或下划线开头的字母、下划线和数字组成的字符序列。在 C++ ,标号可以直接使用,不必先说明后使用,这一点与变量不一样。

2. goto 语句

goto 语句的一般格式为:

```
goto  label;
```

其中,label 是一个语句标号,当执行到该语句时,无条件地将控制转移到标有该标号的语句处执行。带有该标号的语句可以在 goto 语句的前面,也可以在 goto 语句的后面。

goto 语句可以从条件语句或循环语句里面转移到条件语句或循环语句的外面;但不允许从条件语句的外面转移到条件语句的里面,也不允许从循环语句的外面转移到循环语句的里面。例如,下面两种情况都是不允许的:

```
…
goto a1;
…
for(int i = 0;i < 100;i ++){
    …
    a1: s += x * x;
    …
}
if(x > y) {
    …
    b1:cout << x;
    …
}
…
goto b1;
…
```

从结构化程序设计的角度出发,应少用或不用 goto 语句。

例 4.13 利用 goto 语句设计一个程序,能模拟计算器完成加、减、乘、除的混合运算。如输入 4 + 5 * 8 = ,则输出 44。

分析:因乘或除运算符的优先级比加或减运算符的优先级高,当从左向右读到加或减运算符时,并不能立即完成加或减运算,而读到乘或除运算符时,就可立即完成运算。为此,首先读入第一个操作数和第一个运算符,然后读入后一个操作数及接着的运算符和一个操作数;当第一个运算符是加或减运算符时,判断后一个运算符是加减运算符,还是乘除运算符。若是加减运算符,则要完成前一个加或减运算,并把当前的加或减运算符作为前一个运算符;若是乘或除运算符,则先完成乘或除运算。若第一个运算符是乘或除运算符,不管后一个运算符是什么运算符,就可立即完成乘或除运算。后面重复读入一个运算符和接着的操作数,并重复以上处理,直到读到"="为止。这时,要看是否保存了一个加或减运算符,若保存了,则要完成最后的加或减运算。最后输出计算结果。程序如下:

```
# include < iostream.h >

void main(void)
{
```

```
float x,y,sum;
char op1,op;
sum = 0;y = 0;
op1 = ' ';
cout << "输入四则运算的计算式:";
cin >> x >> op;
while(op! = '=') {
    cin >> y;
    switch(op)
    {
      case '+':
      case '-':
           switch(op1)
           {
             case ' ': sum = x;break;
             case '+': sum += x;break;
             case '-': sum -= x;break;
           }
           op1 = op;x = y;
                break;
      case '*': x *= y;break;
      case '/': if (y) {x/ = y; break;}
             else {
                   cout << "除数为 0 \n";
                   goto end;
             }
      default: cout << "非法的运算符\n";
           goto end;
    }
    cin >> op;
}
   switch (op1){
        case ' ':  sum = x;break;
        case '+':  sum += x;break;
        case '-':  sum -= x;break;
   }
   cout << " = " << sum << '\n';
end: ;
}
```

在程序中,处理到加、减、乘或除以外的任何运算符,均是非法运算符。此时无法进行任何运算,这时用了一个 goto 语句,转到程序的结束位置,终止程序的执行。另外,当除数为 0 时,不能进行除法运算,也用了一个 goto 语句,转到程序的结束位置。注意,标号"end:"后的分号是不可少的，这个分号表示它是一个空语句。此时空语句不可缺少。

4.4.4 exit( )和 abort( )函数

exit( )和 abort( )函数都是 C++ 的库函数，其功能都是终止程序的执行，将控制返回给操作系统。通常，前者用于正常终止程序的执行，而后者用于异常终止程序的执行。显然，执行到这两个函数中的任一函数时，都将改变程序的执行次序。当使用这两个函数中的任一函数时，都应包含头文件 stdlib.h。

1. exit( )函数

exit( )函数的格式为：

```
exit( < 表达式 > );
```

其中，表达式的值只能是整型数。通常把表达式的值作为终止程序执行的原因。执行该函数时，将无条件地终止程序的执行而不管该函数处于程序中的什么位置，并将控制返回给操作系统。通常表达式的取值为一个常数：用 0 表示正常退出，而用其他的整数值作为异常退出。

当执行 exit( )函数时，系统要做终止程序执行前的收尾工作，如关闭该程序打开的文件，释放变量所占用的存储空间（不包括动态分配的存储空间）等。

2. abort( )函数

abort( )函数的使用格式为：

```
abort( );
```

调用该函数时，括号内不能有任何参数。在执行该函数时，系统不做结束程序前的收尾工作，直接终止程序的执行。故通常使用 exit( )函数来终止程序的执行。

在例 4.13 中，可用这两个函数中的任一函数代替 goto 语句。有关这两个函数的应用，在后面章节的例子中给出。

除了上面介绍的语句或库函数可改变程序的执行顺序外，还有 return 语句也可改变程序的执行顺序。return 语句的执行过程在函数这一章中介绍。

4.5 程序举例

例 4.14 设计一个程序，求 Fibonacci 数列的前 40 项。求 Fibonacci 数列的计算公式为：

$$f_1 = 1$$

$$f_2 = 1$$

$$f_n = f_{n-1} + f_{n-2}$$

分析：当 n = 1 时，第一项的值为 1；当 n = 2 时，第二项的值也为 1；由第一项和第二项的值求出第三项的值；由通式可知，当已求出第 n - 1 项时，只要将第 n - 2 项与第 n - 1 项的值相加，就可得到第 n 项的值。程序如下：

```
# include < iostream.h >
# include < iomanip.h >

void main (void)
```

```
{
    long f1 = 1, f2 = 1,f3;
    cout << setw(12) << f1 << setw(12) << f2;
    for(int i = 3;i <= 40;i ++){
      f3 = f1 + f2;
      cout << setw(12) << f3;
      f1 = f2; f2 = f3;
      if(i%4 == 0)cout << '\n';                    //A
    }
    cout  <<  '\n';
}
```

执行程序后,输出:

```
           1           1           2           3
           5           8          13          21
          34          55          89         144
         233         377         610         987
        1597        2584        4181        6765
       10946       17711       28657       46368
       75025      121393      196418      317811
      514229      832040     1346269     2178309
     3524578     5702887     9227465    14930352
    24157817    39088169    63245986   102334155
```

程序中A行的作用是保证每行输出四个数,每一个数占用12个字符的宽度。程序还可以作进一步的改进,因每前两个数相加,可得到后一个数,故程序可改写为:

```
# include < iostream.h >
# include < iomanip.h >

void main (void)
{
    long f1 = 1, f2 = 1;
    cout << setw(12) << f1 << setw(12) << f2;
    for(int i = 2; i <= 20;i ++){
      f1 += f2;f2 += f1;
      cout << setw(12) << f1 << setw(12) << f2;
      if(i%2 == 0)cout << '\n';                    //A
    }
    cout  << '\n';
}
```

该程序不但比前一个程序短,而且执行速度也比前一个程序快。

例 4.15　求2~300之间的所有素数。

分析:首先2、3是素数。因偶数不是素数,所以只要依次判断5~300之间的每一个奇数是否为素数。给定一个奇数a,将a分别除以2、3、4、5……a-1,仅当a不能被其中的任一个数整除时,a才是素数;否则,a不是一个素数。实际上,我们只要将a分别除以2、3、4、5……sqrt(a),就可判断a是否为素数。程序如下:

```
# include < iostream.h >
# include < math.h >
# include < iomanip.h >

void main(void)
{
   int i,j, k,l;
   cout << setw(8) << 2 << setw(8) << 3;
   for(k = 2,i = 5;i < 300;i += 2){
      j = sqrt(i);
      for(l = 3;l <= j;l ++)
      if(i%l == 0)break;
      if(l >= j + 1){
         cout << setw(8) << i;
         k ++;
         if(k%5 == 0)cout << '\n';                    //A
      }
   }
   cout << '\n';
}
```

程序中,k 为已求出素数的计数器,A 行保证每行输出 5 个素数。

例 4.16　用 C++ 产生随机数的库函数,设计一个自动出题的程序,可给出加、减、乘三种运算。做这三种运算也由随机数来确定。两个操作数的取值范围为 1 ~ 9。共出 10 题,每题 10 分,最后给出总的得分。

程序如下:

```
# include < iostream.h >
# include < stdlib.h >

void main (void)
{
   int i, a,b,sum = 0;
   int op,c,d;
   for(i = 0;i < 10;i ++){
         a = rand( )%10;
         b = rand( )%10;
         op = rand( )%3;
         switch(op){
               case 0: cout << a << '+'<< b << '=';
                        c = a + b;break;
               case 1: cout << a << '-'<< b << '=';
                        c = a - b;break;
               case 2: cout << a << '*'<< b << '=';
```

```
            c = a * b;
        }
        cin >> d;
        if (d == c){
            cout << "正确,得 10 分! \n";
            sum += 10;
        }
        else cout << "不正确,扣 10 分! \n";
    }
    cout << "10 题中,答对:" << sum/10 << '\t' << "得分:" << sum << '\n';
}
```

库函数 rand( )产生一个随机正整数,取该随机数除以 10 的余数作为操作数,这就保证操作数在 0 ~ 9 之间。使用该库函数时,要包含头文件 stdlib.h。

练 习 题

1. C++ 语言的语句分为哪六类?程序的三种基本结构是什么?

2. 编写一个程序,要求从键盘上输入两个整数,并输出这两个数中的大数。

3. 编写一个程序,实现根据输入的 x 值,可求出 y 的值,并输出 x 和 y 的值。计算 y 值的数学公式为:

$$y = \begin{cases} 1.5x + 7.5 & x \leqslant 2.5 \\ 9.32x - 34.2 & x > 2.5 \end{cases}$$

4. 设计一个程序,输入实型变量 x 和 y 的值。若 x > y,则输出 x - y 的值;否则,输出 y - x 的值。

5. 设计一个程序,求出下列一元二次方程的根:

$$ax^2 + bx + c = 0$$

系数 a、b、c 的值从键盘上输入。求方程根的计算公式为:

$$x = \frac{-b \pm \sqrt{b^2 - 4ac}}{2a}$$

当平方根小于 0 时,输出“No solutions!”;否则,输出 x 的两个实根。

6. 设计一个程序,将从键盘上输入的百分制成绩转换成对应的五分制成绩并输出。90 分以上为 A,80 ~ 89 分为 B,70 ~ 79 分为 C,60 ~ 69 分为 D,60 分以下为 E。分别用条件语句和开关语句实现。

7. 从键盘上输入 10 个实数,并求出这 10 个数之和及平均值。用循环语句实现,写出完整的程序。

8. 从键盘上输入一个整数 n 的值,按下式求出 y 的值,并输出 n 和 y 的值(y 用实数表示):

$$y = 1! + 2! + 3! + \cdots + n!$$

9. 设计一个程序,输出所有的水仙花数。所谓水仙花数是一个三位数,其各位数字的立方和等于该数本身。例如:

$$153 = 1^3 + 5^3 + 3^3$$

因此 153 是一个水仙花数。

10. 设计一个程序,求出 100 ~ 200 之间的所有素数。

11. 用循环语句实现输出如下的图形:

```
*  *  *  *  *
   *  *  *  *  *
      *  *  *  *  *
```

12. 设计一个程序,按以下公式求出数列的前 20 项并输出。计算公式为:

$$y = \begin{cases} 0 & n = 0 \\ 1 & n = 1 \\ 2 & n = 2 \\ y_{n-1} + y_{n-2} + y_{n-3} & n > 2 \end{cases}$$

13. 设计一个程序,输入一个四位数(整数),求出各位数字之和。

14. 从键盘上输入若干个实数,以输入 0 为结束。设计一程序,分别统计出正数的个数和负数的个数,并求出正数之和、负数之和及总的平均值。

15. 设计一个程序,输入一个四位数(整数),将各位数字分开,并按其反序输出。例如:输入 1234,则输出 4321。要求必须用循环语句实现。

16. 设计一个程序,求出满足以下条件的最小的 n 值和 s 值:

$s = 1 + 2 + 3 + \cdots + n$,且 $s \geqslant 600$

17. 求 $\pi/2$ 的近似值的公式为:

$$\frac{\pi}{2} = \frac{2}{1} \times \frac{2}{3} \times \frac{4}{3} \times \frac{4}{5} \times \cdots \times \frac{2n}{2n-1} \times \frac{2n}{2n+1} \cdots$$

其中,n = 1、2、3……设计一个程序,求出当 n = 1000 时 π 的近似值。

18. 求出 1 ~ 599 中能被 3 整除,且至少有一位数字为 5 的所有整数。如 15、51、513 均是满足条件的整数。

19. 求满足以下条件的三位数 n,它除以 11(整数相除)所得到的商等于 n 的各位数字的平方和,且其中至少有两位数字相同。例如,131 除以 11 的商为 11,各位数字的平方和为 11,所以它是满足条件的三位数。

第 5 章

函数和编译预处理

函数是构成 C++ 程序的基础,任一程序均由若干个函数组成。最简单的程序也由一个主函数组成。本章讨论定义函数的方法、函数的调用规则、参数的传递方法、变量的作用域和函数重载。此外,还介绍编译预处理和多文件组织的编译和连接方法。

5.1 函数的定义和调用

5.1.1 函数概述

任何一个 C++ 语言的程序都由一个 main( )函数和若干个其他函数组成,其中 main( )函数称为主函数。编译系统规定主函数的函数名必须是 main,其余的函数为库函数或用户自定义函数。

库函数是 C++ 编译系统已预定义的函数,用户可根据自己的需要,直接使用这类函数。库函数也称为标准函数。为了方便用户进行程序设计,C++ 把一些常用数学计算函数(如 sqrt( )、exp( )等)、图形处理函数、标准输入/输出函数等,都作为库函数提供给用户。C++ 根据库函数所完成的功能,将库函数分为若干类,每一类库函数都集中在一个头文件中加以说明。当用户使用任一库函数时,在程序中必须包含相应的头文件。

用户在设计程序时,可以将完成某一相对独立功能的程序定义为一个函数。用户在程序中可根据应用的需要自己定义函数,这类函数称为用户自定义函数。

根据定义函数或调用函数时是否要给出参数,又可将函数分为无参函数和有参函数。如前面已用到的库函数 sqrt( ),在使用时必须给出一个要开平方的数,故它是一个有参数的函数;而库函数 abort( )和 rand( )在使用时不能给出任何参数,这种函数称为无参函数。

5.1.2 函数定义

对于用户自定义的函数,通常是先定义后使用。下面分别介绍无参函数和有参函数的定义格式。

1. 无参函数

定义任一无参函数的一般格式为:

```
《<type>》<函数名>(void)
{…}                                   //函数体
```

其中,type 为函数返回值的类型,它可以是任一标准数据类型或导出的数据类型。如库函数 sqrt( )返回值的类型为 double。函数名为用户给函数起的名字,函数名的命名规则与标识符构成的规则相同。函数体定义了函数要完成的具体操作,它由一系列语句组成。当函数体为空时,称这种函数为空函数。由于空函数不完成任何操作,通常定义空函数是没有意义的,只有在一些特殊的应用场合才需要定义空函数。函数返回值为整型时,可省略类型标识符。当函数没有返回值时,必须规定其类型为 void。

当希望函数只完成某些操作时可定义为无参函数。例如:

```
void print_line(void) { cout << "\n\n"; }
```

2. 有参函数

定义有参函数的一般格式为:

```
《<type>》<函数名>(<类型标识符> arg1《,<类型标识符> arg 2…》)
{…}                                    //函数体
```

其中,有参函数中用户所需使用的参数只需依次列出其类型和参数名(变量名)即可。

比较无参函数与有参函数的定义格式可以看出除括号内有参数表外,其余均类同。

与无参函数类似,当函数的返回值的类型为整型时,类型标识符可以省略。例如,求两个整数中的大数,函数可定义为:

```
max(int x, int y) { return(x > y?x:y); }
```

5.1.3 函数调用

在 C++ 中,除主函数 main( )外,任一函数均不能单独构成一个完整的程序,任一函数的执行(函数调用)都必须经由 main( )函数直接或间接地调用该函数来实现的。调用一个函数,就是把控制转去执行该函数的函数体。

调用无参函数的一般格式为:

```
<函数名>( )
```

调用有参函数的一般格式为:

```
<函数名>(<实参表>)
```

当函数有返回值时,函数调用可出现在表达式中,并把执行函数体后返回的值参与表达式的运算或把返回的值赋给一个变量。函数调用也可以作为一个函数调用语句来实现,即在以上调用的格式后加上一个分号,构成函数调用语句。对于没有返回值的函数,函数调用只能通过函数调用语句来实现。

例 5.1 输入两个实数,并求出其中的大数。设计一个函数 max( )来实现这一功能。

```
# include < iostream.h >

float max(float x, float y)                          //A
{return (x > y?x:y);}

void main(void)
{
    float a,b;
    cout << "输入两个实数:";
    cin >> a >> b;
    cout << "两个数中的大数为:" << max(a,b) << '\n';      //B
}
```

程序中的 B 行调用 max( )函数,并将返回值输出。如程序经编译、连接,生成可执行程

序后,执行该程序,当输入以下两个数时:

236.7　345.8

则程序输出:

两个数中的大数为:345.8

图 5-1 给出了函数的调用及执行过程。当执行函数调用时,控制转去执行函数体,即执行函数定义中的语句,当执行完函数后(执行到 return 语句或已到达函数定义中的结束符"}"),返回到 main( )函数,接着计算表达式的值或执行函数调用语句后面的语句。

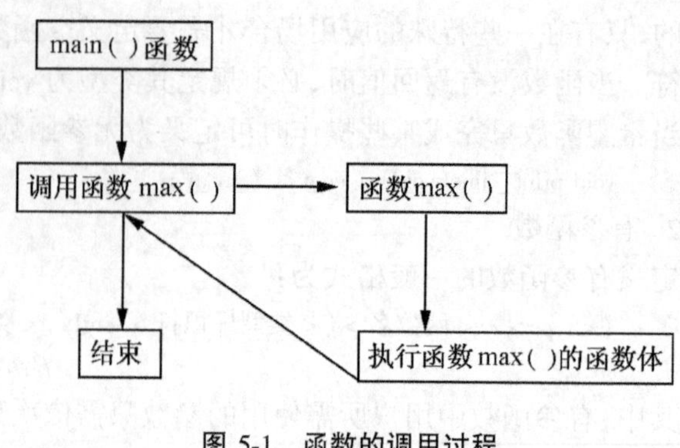

图 5-1　函数的调用过程

5.2　函数的形参、实参、返回值及函数的原型说明

一个函数不仅可以完成某些操作,而且还可以将一些数据从函数的外面通过函数的参数传送给函数进行处理;函数也可以将一个处理的结果值通过函数的 return 语句返回,还可以通过参数将处理的多个结果带回给调用者。本节只介绍返回一个值的用法,如何通过参数带回多个结果,在后面有关章节中介绍。

5.2.1　形参、实参和函数的返回值

1. 函数的形式参数和实际参数

在函数的定义中,在参数表中一一列举说明的参数称为形式参数(简称为形参)。对于有参函数,C++ 对形参的个数并没有限制,可以只有一个参数,也可有若干个参数。例如,定义一个函数 f( ),它有四个形参:

```
float f(float x, float y, int i, char c)
{…}                                    //函数体
```

对于形参表中的每一个参数,都必须依次列举每一个参数的类型,即使同类型的参数也是如此。如上面定义的函数 f( ),形参不能写成以下形式:

```
float f(float x, y, int i, char c)
{…}                                    //函数体
```

在函数调用时,依次列出的参数称为实际参数或实在参数(简称为实参)。每一个实参均可以是一个表达式,系统先求出表达式的值,然后将所求出的值传递给对应的形参。在实参表中,每一个实参的类型必须与对应的形参的类型相兼容(或称为相匹配)。通常情况下,要求实参在类型和个数上与形参存在一一对应的关系。当然在特殊的情况下,实参的个数可以与形参不一一对应,这种情况将在介绍定义可变参数的函数时再讨论。

例 5.2　说明实参与形参对应关系示例。

```
# include < iostream.h >
```

```
int maxi(int a,int b)
{ return a > b?a:b;}

float maxf(float a,float b)
{ return a > b?a:b;}

void main (void)
{
    float x = 3.4,y = 5.6;
    char c1 = 'a',c2 = 'b';
    int i = 20, j = 30;
    cout << maxi(x,y) << '\t';                 //A
    cout << maxf(x,y) << '\t';                 //B
    cout << maxi(c1,c2) << '\t';               //C
    cout << maxf(c1,c2) << '\t';               //D
    cout << maxi(i + j,45 + y) << '\t';        //E
    cout << maxf(i + j,45 + y) << '\n';        //F
}
```

执行该程序后,输出:

```
5    5.6    98    98    50    50.6
```

在编译时,对 A 行给出警告信息,指明将实参 x 的值 3.4 强制转换为整型 3。传递给形参 a 时,就会降低数据的精度,对实参 y 的处理也类同。函数调用 maxi(x,y),经上述处理后,等同于函数调用 maxi(3,5),所以 A 行的输出为 5。函数 maxf()的两个形参的类型都为实型,对于 D 行中的函数调用,字符变量 c1 的值为 97,c2 的值为 98,系统将这两个整数转换成实数后分别传递给形参 a 和 b。所以 D 行和 C 行的输出相同,均为 98。同理,在编译 E 行时,也要给出警告信息。这个例子说明了实参与对应形参类型的"兼容"问题。若可以将实参的值转换成对应形参的类型时,称为兼容的;否则是不兼容的。若在主函数中,增加以下的函数调用:

```
j = maxi(x);y = maxi(x,y,i);
```

则出现调用语法错,第一次函数的调用少一个实参,而第二次函数的调用多一个实参。

从本例可以看出,函数定义中给出的形参表示了函数的参数的个数和类型,形参的变量名可以是任意的;而在函数调用时给出的实参,根据形参与实参之间对应的位置关系替换形参,函数根据实参给出的值进行计算。

2. 函数的返回值

当函数体执行某些操作后,函数可以不返回任何值,也可以返回一个值给调用者。

当函数要返回一个值时,在函数中必须使用 return 语句来返回函数的值,在一个函数中可以有多个 return 语句,即在函数体内每一个结束函数执行的出口处都有一个 return 语句。当函数有返回值时,return 语句的一般格式为:

```
return <表达式>;
```

在函数体内,当执行到该语句时,首先求出表达式的值,并将该值的类型转换成函数定义时所规定返回值的类型后,使之作为函数的返回值,结束函数的执行,并将控制转移到调用函

数的地方继续执行。当函数的返回值为整型时,在定义函数时,可不指定返回值的类型,即缺省的返回值的类型为整型。例如:

```
max(float x, float y)
{ return (x > y?x:y);}
```

该函数的返回值的类型为整型,当执行 return 语句时,先求出表达式的值,取其整型值作为返回值。

当不要函数返回值时,在函数定义中应规定函数返回值的类型为 void, 即无效的类型或无返回值。在函数体的中间要结束函数的执行,并返回调用者时,也要使用到 return 语句。这时,return 语句的格式为:

```
return ;
```

例 5.3 编写一函数,设输入参数为 n,当 n < 0 时,则输出"负数不能开平方!";否则输出 0 ~ n 之间所有整数的平方根。

```
# include < iostream.h >
# include < math.h >

void SqrtList(int n)
{
    if(n < 0){
        cout << "n = " << n << ":负数不能开平方! \n";
        return ;                                        //A
    }
    for(int i = 0; i <= n;i ++)
        cout << "sqrt(" << i << ") = " << sqrt(i) << '\n';
    return;                                             //B
}

void main (void)
{
    int num;
    cout << "输入一个整数!";
    cin >> num;
    SqrtList(num);
}
```

在调用函数 SqrtList( )时,控制转去执行该函数的函数体,当执行到 A 行时,结束该函数的执行,并不返回任何值。在函数定义中,B 行可有可无。因函数调用控制转去执行函数体中的语句时,当执行到结束函数定义的闭花括号时,将自动结束函数的执行,并将控制返回给调用者。

5.2.2 函数的原型说明

在 C++ 中,当函数定义在前、函数调用在后时,程序能正确编译执行。但当编译下面的程序时:

```
# include < iostream.h >

void main(void)
{
    int a,b;
    cout << "输入两个整数!";
    cin >> a >> b;
    cout << "大数是:" << max(a,b) << '\n';                //A
}

int max(int x, int y)
{   return( x > y?x:y);}
```

编译过程中将指出行 A 中的函数 max( )没有定义,即出现编译错误。实际上该函数的定义在主函数的后面。这种情况是函数调用在前,而函数定义在后。这时在主函数中应增加函数原型说明,程序改为:

```
# include < iostream.h >

void main(void)
{
    int a,b;
    int max(int,int);                                      //B
    cout << "输入两个整数!";
    cin >> a >> b;
    cout << "大数是:" << max(a,b) << '\n';                //A
}

int max(int x, int y)
{   return( x > y?x:y);}
```

重新编译执行该程序时,就可以正确执行了。

在 C++ 中,把函数的定义部分称为函数的定义性说明,而把对函数的引用性说明称为函数的原型说明,如以上程序中 B 行是函数的原型说明。当出现函数调用在前、函数定义在后时,在函数调用之前,必须要对被调用的函数作函数原型说明。函数原型说明的一般格式为:

<类型> <函数名>(<形参类型说明表>);

或

<类型> <函数名>(<形参说明表>);

其中,类型是该函数返回值的类型;括号中的参数说明,可以仅给出每一个参数的类型,实际上也已说明了参数的个数;也可以指明每一个形参名及其类型。说明函数原型的目的是告诉编译程序,该函数的返回值类型、参数个数和各个参数的类型,以便其后调用该函数时,编译程序对该函数的调用作参数的类型、个数、顺序及函数的返回值是否有效的检查。如上例中 B 行的函数原型说明也可写为:

```
int max(int x, int y);
```

注意,在 C++ 中函数的原型说明是一个说明语句,其后的分号不可缺少;函数的原型说明可出现在程序中的任何位置,且对一函数的原型说明次数没有限制。为什么在函数原型说明中可以只依次说明参数的类型,而可以不给出形参名,其理由在说明变量的作用域 5.4 节中再作说明。

5.2.3 函数的值调用

在 C++ 中,形参与实参的结合方式有三种:传值调用、传地址调用和引用调用。这里先介绍传值调用,而后两种调用方式将在 8.4 节和 8.6 节中介绍。

传值调用简称为值调用。在这种调用方式中,每一个实参均可为表达式,在函数调用时,先求出实参表达式的值,并将该值传给对应的形参,即只能将有关的参数值传给函数处理,而函数处理的结果不能通过实参带回给调用者,所以在函数内不可能改变实参的值。例如:

```
# include < iostream. h >

void swap(float x,float y )
{
    float t;
    t = x; x = y; y = t;
}

void main(void)
{
    float a = 40, b = 70;
    cout << "a = " << a << '\t' << "b = " << b << '\n';
    swap(a,b);
    cout << "a = " << a << '\t' << "b = " << b << '\n';
}
```

执行该程序后,输出:

```
a = 40   b = 70
a = 40   b = 70
```

在函数 swap( )中交换了两个参数的值,但交换的结果并不能改变实参的值,所以调用函数后,变量 a 和 b 的值仍为原来的值。

值传递的好处是使得函数具有完全的独立性,函数的执行对其外界的变量没有影响。在值传递的情况下,函数只能通过 return 语句返回一个值或不返回任何值。

5.2.4 C++ 的库函数

C++ 提供了很多的库函数,在不同的头文件中都作了库函数的原型说明。当要使用到某一个库函数时,必须要包含相应的头文件。例如,所有常用的数学计算库函数均在头文件 math. h 中。当用到数学计算库函数时,要增加以下的包含指令:

```
# include < math. h >
```

字符串操作的库函数都在头文件 string.h 中，当程序中用到字符串操作的库函数时，则程序中必须包含：

```
# include <string.h>
```

在本教材中，仅对程序设计举例中用到的库函数说明其所在的头文件。在附录中给出了常用的库函数，说明了库函数的原型及所在的头文件。而其余库函数，可通过查看相应的库函数手册，或联机查看子目录 include 的头文件或其子目录中的头文件了解其功能。

5.3 函数的嵌套和递归调用

在定义一个函数时，C++ 语言不允许在其函数体内再定义另一个函数，任一函数的定义均是独立的。函数之间都是平等的、平行的。函数之间的嵌套调用是可以的，即在调用一个函数时，在该函数的函数体内又调用另一个函数。当在一个函数 A 的定义中出现调用函数 A 的情况时，或在 A 函数的定义过程中调用 B 函数，而在 B 函数的定义过程中又调用了 A 函数，这种调用关系称为递归调用。前一种情况称为直接递归，而后一种情况称为间接递归。在 C++ 语言中，这两种递归调用都是允许的。

例 5.4　求 5! 和 10!。

分析：可有两种解决办法，一种是已知 1 的阶乘为 1，2! = 1! * 2，由 2! 又可求出 3!，依次类推，分别可求出 5! 和 10!，这种方法是递推的方法。另一种方法是将 n! 定义为：

$$n! = \begin{cases} 1 & n = 0 \\ 1 & n = 1 \\ n*(n-1)! & n > 1 \end{cases}$$

即求 n! 的问题可变为求(n - 1)!的问题。同样地，(n - 1)!的问题又可以变为求(n - 2)!的问题。依次类推，直到变为求 1!或 0!的问题。根据定义，1!或 0!为 1。这种方法就是递归方法。利用递归方法求值时，必须注意三点：递归的公式，在本例中为 n * (n - 1)!；递归的结束条件，本例中是 0 或 1 的阶乘为 1；递归的约束条件，即限制条件，本例为 n≥0。本例递归程序如下：

```
# include < iostream.h >

long int f( int n)
{
    if (n == 0 || n == 1) return (1);            //A
    else return n * f(n - 1 );                   //B
}

void main(void)
{   cout << "5! = " << f(5) << "10! = " << f(10) << '\n';}
```

在设计递归程序函数时，通常是先判断递归结束条件，再进行递归调用。如本例中，先判别 n 是否等于 0 或 1，若是，则结束递归；否则，根据递归公式进行递归调用。

递归函数的执行过程比较复杂，都存在连续递归调用(参数入栈)和回推的过程。我们以函数调用 f(5)来说明递归函数的执行过程。因 f(5)中参数不为 1，故执行该函数中的 B

行,即成为 5 * f(4)。同理,f(4)又成为 4 * f(3),依次类推,直到出现函数调用 f(1)时,则执行函数中的 A 行,将值 1 返回。这就是图 5-2 中左边的连续递归调用过程。

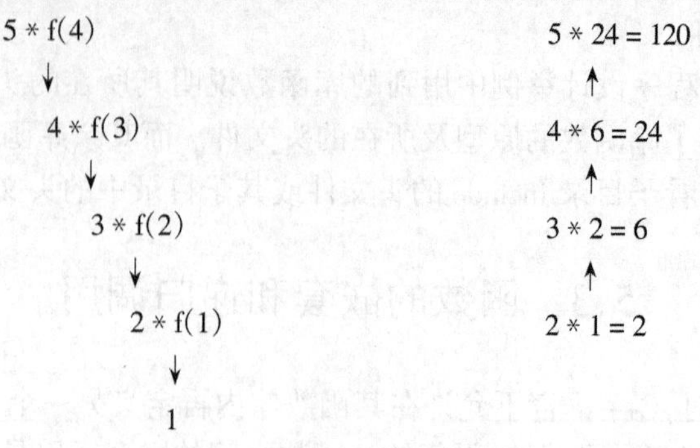

图 5-2　递归和回推过程

对于本例,当出现函数调用 f(1)时,递归结束,进入回推的过程。将返回值 1 与 2 相乘后的结果作为 f(2)的返回值,与 3 相乘后,结果值 6 作为 f(3)的返回值,依次进行回推。图 5-2 中右边从下向上给出了回推过程。

例 5.5　求 Fibonacci 数列的前 40 个数,要求每行输出四个数。Fibonacci 数列的递归公式为:

$$f_n = \begin{cases} 1 & n = 1 \\ 1 & n = 2 \\ f_{n-1} + f_{n-2} & n > 2 \end{cases}$$

其中,递归公式的约束条件是 $n \geqslant 1$。

当 n 的值较大时,Fibonacci 数较大,所以必须用长整数或实数来表示。程序如下:

```
# include < iostream.h >
# include < iomanip.h >

long int f(int n)
{
    if(n == 1 || n == 2) return (1);
    else return f(n - 1) + f(n - 2);
}

void main(void)
{
    int i ;
    for (i = 1;i <= 40;i ++) {
        cout << setw(10) <<  f(i) ;
        if(i%4 == 0) cout << '\n';
    }
    cout << '\n';
}
```

注意,在使用递归的方法设计程序时,在递归程序中一定要有递归结束条件;否则,在执行程序时,会产生无穷尽的递归调用。上面两个例子也可以采用递推的方法进行程序设计,即先初始化递推条件,再分别用一个循环语句来实现。大多数问题,既可利用递推,也可利用递归的方法来进行程序设计。通常,使用递归的方法,程序简洁易懂;而使用递推的方法,程序的执行速度要快一些。关于如何将递归的问题转换为递推或迭代的技术已超出本书讨论的范围,有兴趣的读者可参阅有关的资料。需要指出的是,并非所有的递归问题都能转换成递推的方法来解决问题。最典型的例子是河内(Hanoi)塔问题,该问题只能用递归的方法来解决,而无法用递推的办法解决。

例 5.6 河内塔问题。

设 A 柱上有 n 个盘子,盘子的大小不等,大的盘子在下,小的盘子在上,如图 5-3 所示。要求将 A 柱上的 n 个盘子移到 C 柱上,每一次只能移一个盘子。在移动的过程中,可以借助于任一根柱子,但必须保证三根柱上的盘子都是大盘子在下,小盘子在上。要求编一个程序打印出移动盘子的步骤。

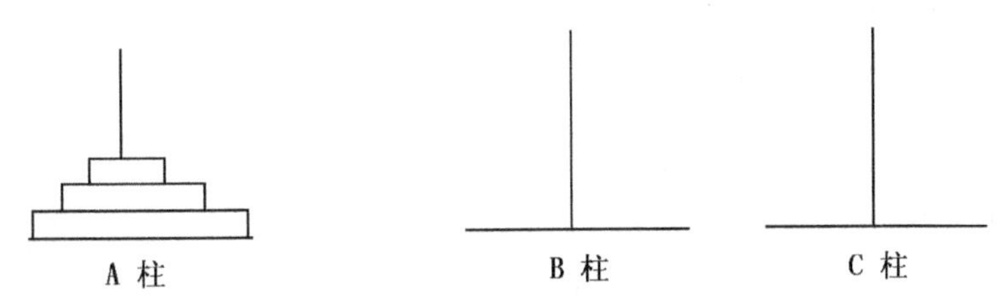

图 5-3 河内塔问题

分析:假定先将 A 柱上的 n－1 个盘子移到 B 柱上,将 A 柱上的最后一个盘子移到 C 柱上,然后再将 B 柱上的 n－1 个盘子移到 C 柱上。即由原来要移动 n 个盘子的问题变成了移动 n－1 个盘子的问题。同样地,移动 n－1 个盘子的问题又可以分解成移动 n－2 个盘子的问题,这是一个递归的过程。依次类推,当变成移动一个盘子的问题时,则递归结束。

根据以上分析,将 A 柱上的 n 个盘子移到 C 柱上可分解为三个步骤:

(1) 将 A 柱上的 n－1 个盘子借助于 C 柱先移到 B 柱上;

(2) 将 A 柱上的最后一个盘子直接移到 C 柱上;

(3) 再将 B 柱上的 n－1 个盘子移到 C 柱上。

其中,第一步又可以分解为以下三步:

(1) 将 A 柱上的 n－2 个盘子借助于 B 柱先移到 C 柱上;

(2) 将 A 柱上的第 n－1 个盘子直接移到 B 柱上;

(3) 再将 C 柱上的 n－2 个盘子移到 B 柱上。

这种分解可以一直递归地进行下去,直到变成移动一个盘子时,递归结束。以上三个步骤可分两类操作:第一类是将 m(m＞1)个盘子从一根柱移动到另一根柱上,这是一个递归的过程;第二类操作是将一根柱上的一个盘子移动到另一根柱上。

下面分别编写两个函数来实现以上两个操作。递归函数 hanoi(int n,char A,char B,char C)实现把 A 柱上的 n 个盘子移到 C 柱上,而函数 move(char a,char b)输出移动盘子的提示信息。程序如下:

```
# include < iostream.h >
```

```
void move ( char a, char b)
{cout << "Move" << a << "to" << b << '\n';}

void hanoi(int n,char A,char B,char C)
{
    if (n== 1) move (A,C);
    else {
        hanoi (n - 1,A,C,B);
        move (A,C);
        hanoi (n - 1,B,A,C);
    }
}

void main( void )
{
    int n ;
    cout << "Input number of plates!";
    cin >> n;
    cout << '\n';
    hanoi(n,'A','B','C');
}
```

5.4 作用域和存储类

作用域是指程序中所说明的标识符在哪一个区间内有效,即在哪一个区间内可以使用或引用该标识符。在 C++ 中,作用域共分为五类:块作用域、文件作用域、函数原型作用域、函数作用域和类的作用域。类的作用域在介绍类与对象之后再作说明,本节介绍前四种作用域。

存储类决定了何时为变量分配存储空间及该存储空间所具有的特征。在变量说明时,指定变量的存储类。

5.4.1 作用域

1. 块作用域

我们把用花括号括起来的一部分程序称为一个块。在块内说明的标识符只能在该块内引用,即其作用域在该块内,开始于标识符的说明处,结束于块的结尾处。例如:

```
void ex(float x,float y)
{
    cout << "Input i,j:";
    int i,j;                        //A
    cin >> i >> j;
    {
```

```
        int a,b;                    //B
        a = 6;
        j = a;
    }                               //C
    ...
}                                   //D
```

在一个函数内部定义的变量或在一个块中定义的变量称为局部变量。如上例中的所有变量。换言之,块作用域的变量都是局部变量。在一个函数内定义的局部变量，当退出函数时,局部变量也就不存在了;在块内定义的变量,在退出该块时,块作用域的局部变量也就不存在了。如上例中,变量 i、j 的作用域从 A 行开始到 D 行结束;变量 a、b 的作用域从 B 行开始到 C 行结束。

引入块作用域的目的是为了解决标识符的同名问题。当标识符具有不同的作用域时，允许标识符同名;当标识符的作用域完全相同时,不允许标识符同名。

例如:

```
int ab(void)
{                                   //块 A
    int i,j;
    ...
    {                               //块 B
        int i,j;
        ...
    }
}
```

在块 A 内说明了变量 i 和 j,而在块 B 内也说明了变量 i 和 j,这种情况是允许的。在块 B 内使用变量 i 时,到底是使用块 A 内的 i 还是使用块 B 内的 i 呢? 为此 C++ 语言规定如下。

(1) 具有块作用域的标识符在其作用域内,将屏蔽其作用块包含本块的同名标识符,即局部更优先。

根据以上规则,在块 B 内将屏蔽块 A 内的变量 i,使其不起作用。因此在块 B 内使用变量 i 时,当然是使用块 B 内定义的变量 i,而不能使用块 A 内定义的变量 i。一旦退出块 B,块 B 内定义的变量 i 就不存在了。下面的程序说明了局部变量的同名问题。

```
# include < iostream.h >

void main(void)
{
    int i = 100,j = 200,k = 300;
    cout << i << '\t' << j << '\t' << k << '\n';
    {
        int i = 500,j = 600;
        k = i + j;
        cout << i << '\t' << j << '\t' << '\n';
```

```
    }
    cout << i << '\t' << j << '\t' << k << '\n';
}
```

执行以上程序后，输出：

```
100    200    300
500    600
100    200    1100
```

(2) 在 for 语句中说明的循环控制变量具有块作用域，其作用域为包含 for 语句的那个内层块，而不是仅作用于 for 语句。例如：

```
{
    …
    for( int i = 0;i < 10;i ++ ) {
        cout << i * i << '\t';
    }
    cout << "i = " << i;                    //输出 i 是允许的，输出值为 10
}
```

这段程序等同于：

```
{
    …
    int i ;
    for(i = 0;i < 10;i ++) {
        cout << i * i << '\t';
    }
    cout << "i = " << i;
}
```

即这种变量的说明不同于在循环体内说明的变量。又如：

```
# include < iostream. h >

void main( void )
{
    for(int i = 0;i < 5;i ++ ){             //A
        int j = 0;
        cout <<++ j << '\t';
    }                                       //B
}
```

其输出结果为：

```
1    1    1    1    1
```

因变量 j 从 A 行开始，到 B 行结束，每一次循环开始时，为变量 j 分配存储空间，而执行到 B 行时，结束变量 j 的作用域，变量 j 不复存在。所以尽管在循环体内每一次都对 j 加 1，但输出的值都为 1。

2. 文件作用域

在函数外定义的变量(标识符)或用 extern 说明的变量(标识符)称为全局变量(标识

符)。全局变量的作用域称为文件作用域,即在整个文件中都是可以访问的。其缺省的作用域是:从定义全局变量的位置开始到该源程序文件结束,即符合标识符说明在前、使用在后的原则。当全局变量出现引用在前而说明在后时,要先对全局标识符作外部说明,其方法在后面介绍。当在块作用域内的变量与全局变量同名时,局部变量优先。但与块作用域不同的是,在块作用域内可通过作用域运算符"::"来引用与局部变量同名的全局变量。

例 5.7　在块作用域内引用文件作用域的同名变量。

```
# include < iostream.h >
int i = 100;

void main(void)
{
    int i,j = 50;
    i = 18;                          //访问局部变量 i
    ::i = ::i + 4;                   //访问全局变量 i
    j = ::i + i;                     //访问全局变量 i 和局部变量 j
    cout << "::i = " << ::i << '\n';
    cout << "i = " << i << '\n';
    cout << "j = " << j << '\n';
}
```

执行程序后,其输出结果为:

```
::i = 104
i = 18
j = 122
```

请读者自行分析以上结果。

3. 函数原型作用域

在函数原型的参数表中说明的标识符所具有的作用域称为函数原型作用域,它从其说明处开始,到函数原型说明的结束处结束。正因为如此,在函数原型中说明的标识符可以与函数定义中说明的标识符不同。由于所说明的标识符与该函数的定义及调用无关,所以可以在函数原型说明中只作参数的类型说明,而省略参数名。例如:

```
float tt(int x,float y);             //函数 tt 的原型说明
...
float tt(int a,float b)              //函数 tt 的定义
  {
    ...
  }
```

由于可以省略函数原型说明中的参数名,因此函数 tt( )的原型说明也可以写成:

```
float tt(int,float);
```

4. 函数作用域

函数作用域是指在函数内定义的标识符在其定义的函数内均有效,即不论在函数内的某一地方定义,均可以引用这种标识符。在 C++ 语言中,只有标号具有函数作用域,即在一个函数中定义的标号,在其整个函数内均可以引用。所以在同一个函数内不允许标号同名,

而在不同的函数内允许标号同名。正是由于标号具有函数作用域,所以不允许在一个函数内用 goto 语句转移到另一个函数内的某一个语句去执行。例如,以下函数定义是错误的:

```
void f(float x)
{ float y;
      label: cout << "输入 y 的值:";
      cin >> y;
      {
            label: y += 256;                    //A
            if(y < 1000) goto label;
            if(x > 2000) goto label3;           //B
      }
}

void f2(void )
{label3: …}

void main(void )
{…}
```

当编译到程序中的 A 行时,指出标号同名错误,同时指出 B 行的标号没有定义。

5.4.2 存储类

存储类是针对变量而言的,它规定了变量的生存期,即何时为变量分配内存空间及何时收回为变量分配的内存空间。变量的存储类反映了变量占用内存空间的期限。

一个 C++ 源程序经编译和连接后,产生可执行程序文件。要执行该程序,系统须为程序分配内存空间,并将程序装入所分配的内存空间内,才能执行该程序。一个程序在内存中占用的存储空间可以分为三个部分:程序区、静态存储区和动态存储区。

程序区是用来存放可执行程序的程序代码的。

为变量分配静态存储区,还是分配动态存储区由变量的存储类型所确定,而变量的存储类型由程序设计者根据程序设计的需要来指定。

1. 变量的存储类型

根据为变量分配存储空间的时间,变量的存储类型可分为动态存储变量和静态存储变量。

在程序的执行过程中,为其分配存储空间的变量称为动态存储变量。当进入动态存储变量的作用域的开始处时,才为该变量分配内存空间;而一旦执行到该变量的作用域的结束处时,系统立即收回为该变量分配的内存空间。该变量的生命期仅在变量的作用域内。为程序分配的动态存储区是用来存放动态存储变量的。

在程序开始执行时就为变量分配存储空间,直到程序执行结束时,才收回为变量分配的存储空间。换言之,在程序执行的整个过程中,这种变量一直占用为其分配的内存区,而不管是否处在这种变量的作用域内。这种变量称为静态存储变量。它们的生命期为整个程序的执行期间。为程序分配的静态存储区是用来存放静态存储变量的。

在 C++ 中,变量的存储类型分为四种:自动(auto)类型、寄存器(register)类型、静态(static)类型和外部(extern)类型。

2. 自动类型变量

在说明局部变量时,用关键字 auto 修饰的变量称为自动类型变量。换言之,全局变量不可能是自动类型变量。由于 C++ 编译器默认局部变量为自动类型变量,所以在实际应用中,在说明局部变量时,基本上不使用关键字 auto 来修饰变量。如下面函数中定义的变量 x 和 y 都是自动类型变量。

```
void f(void)
{
    int x;
    auto int y;
    …
}
```

自动类型变量属于动态存储变量。对于这种局部变量而言,在函数执行期间,当执行到变量作用域开始处时,动态地为变量分配存储空间,而当执行到结束变量的作用域处时,系统收回这种变量所占用的存储空间。

注意,对于自动类型变量,若没有明确地赋初值时,其初值是不确定的。如上面的变量 x 和 y 都没有确定的初值。

3. 静态类型变量

用关键字 static 修饰的变量称为静态类型变量。静态类型变量属于静态存储变量。例如:

```
static int y = 5;
static char s;
void f(void)
{   static float x;
    …
}
```

变量 y、s 和 x 都是静态类型变量。静态类型变量均有确定的初值,当说明变量时没有指定其初值时,则编译器将其初值置为 0。因此变量 y 的初值为 5,而变量 s 和 x 的初值均为 0。用 static 修饰的局部变量和全局变量具有不同的含义,下面分别讨论之。

当用 static 修饰局部变量时,则要求系统对变量采用静态存储分配方式。说明静态类型变量,其作用主要是:要保存函数运行的结果,以便下次调用函数时,能继续使用上次计算的结果;不在变量的作用域内,通过函数返回静态变量的地址来使用变量的值,这种情况在第 8 章指针中作介绍。

对于静态类型的局部变量,由于在程序开始执行时,为这种变量分配存储空间,当调用函数而执行函数体后,系统并不收回这些变量所占用的存储空间,当再次执行函数时,变量仍使用相同的存储空间,因此这些变量仍保留原来的值。

例 5.8　使用静态类型的局部变量。

```
# include < iostream.h >
```

```
int t( )
{
    static int i = 100;
    i += 5;
    return i;
}

void main(void)
{
    cout << "i = " << t( ) << '\n';
    cout << "i = " << t( ) << '\n';
}
```

执行该程序时,第一行输出 105,而第二行输出 110。

应当说明的是,静态类型变量的初始化仅在程序开始执行时处理一次,其后,当执行函数时,由于这种变量已经存在,系统就不再为其初始化了。另外,在程序的执行期间,不管是否处在这种变量的作用域内,变量始终占用着存储空间,但在变量的作用域外,则不能通过变量名来使用该变量。如上例,在函数 main( )中,不能使用变量 i,即在 main( )内变量 i 是不可见的。

在程序中说明的全局变量总是静态存储类型,其缺省的初值总为 0。在说明全局变量时,加上修饰词 static,则表示所说明的变量仅限于这个源程序文件内使用。当一个程序仅由一个文件组成时,在说明全局变量时,static 可有可无,并无区别。但若多个文件组成一个程序时,加与不加修饰词 static,其作用就不同了。下面用一个简单的例子来说明之。

例 5.9　限定全局变量的作用域。

设文件 f1.cpp 的内容为:

```
# include < iostream.h >
static  int  i = 200;
int     j = 400;
extern void f1(void);

void main(void)
{
    cout << i << '\t' << j << '\n';
    f1( );
}
```

设文件 f2.cpp 的内容为:

```
# include < iostream.h >
extern int i;
extern int j;

void f1(void)
{
```

```
        i += 100;
        cout << i <<'\n';
        j += 100;
        cout << j << '\n';
    }
```

文件 f1.cpp 和 f2.cpp 共同构成一个程序,在文件 f1.cpp 中定义了全局变量 i 和 j,而在文件 f2.cpp 中使用了全局变量 i 和 j,编译时产生错误,表明文件 f2.cpp 中可以使用全局变量 j,而不能使用全局变量 i。

当一个程序由多个文件构成,而多个文件由多人分别编写时,难免出现在不同的文件中使用了同名但表示不同含义的全局变量。若将全局变量仅局限于一个文件中使用时,则加修饰词 static 限制后,就能很好地解决在程序的多文件组织中全局变量的重名问题。

4. 寄存器类型变量

用关键字 register 修饰的局部变量称为寄存器类型变量。这类变量也采用动态存储的分配方式。修饰词 register 指示编译器不要为这类变量分配内存空间, 尽可能直接分配使用 CPU 中的寄存器, 以便提高对这类变量的存取速度。这种变量主要用于控制循环次数的临时变量等。其说明方式为:

```
register int i, j;
```

对寄存器类型变量的具体处理方式随不同的计算机系统而变化。有的机器把寄存器变量作为自动变量来处理,而有的机器限制了定义寄存器变量的个数等。由于没有为寄存器类型变量分配内存空间,所以只能用于存放临时值,不能用来长期保存变量的值。显然,静态变量和全局变量不能定义为寄存器类型变量。

例 5.10　利用寄存器类型变量求 1 ~ 15 的阶乘。

```
# include < iostream.h >

void main(void)
{
    register float fact = 1;
    register int i;
    for(i = 1;i <= 15;i ++){
        fact *= i;
        cout << i << "! = " << fact << '\n';
    }
}
```

5. 外部类型变量

在说明变量时,用关键字 extern 修饰的变量称为外部类型变量。外部类型变量一定是全局变量。在 C++ 中,只有在两种情况下要使用外部类型变量。

(1) 在同一个源程序文件中定义的全局变量,属于定义性说明在后而使用在前时,在使用前要说明为外部类型变量。例如:

```
//file.cpp
    void f( int i )
    {
```

```
        extern int x,y ;                        //A  说明 x、y 为外部类型变量
        x += i; y += x;                         //B  使用全局变量 x 和 y
    }

int x = 100 , y;                                //说明 x、y 为全局变量
void main(void)
    {   f(10);
        cout << "x = " << x << '\t' << "y = " << y << '\n';
        f(20);
        cout << " x = " << x << '\t' << "y = " << y << '\n';
    }
```

在程序中若删除 A 行时,则在编译时会指出 B 行中用到的变量 x 和 y 没有进行变量说明。A 行向编译器指明,在函数 f( )中用到的全局变量 x 和 y 在本文件的后面加以说明。

(2) 当由多个文件组成一个完整的程序时,在一个源程序文件中定义的全局变量要被其他若干个源程序文件引用时,引用的文件中要使用外部说明语句说明外部变量。例如:

```
// c1.cpp
    float x;
    extern float f( );
    void main(void)
    {   cout << f( ) << '\n'; }

//c2.cpp
    extern float x;                     //B
    …
```

在文件 c1.cpp 中定义了全局变量 x,经 B 行说明后,在文件 c2.cpp 中可使用 c1.cpp 中定义的变量 x。当希望在一个源文件中定义的全局变量不被其他源程序文件引用时,只需在变量前加 static,这在前面已作了介绍。

5.5 内联函数

程序的执行过程中要调用一个函数时,系统需要进行保护当前的现场、参数入栈等工作,然后转去执行被调用函数的函数体。当执行完被调用函数后,要恢复现场,再接着执行函数调用后的语句。当函数体比较短小时,且执行的功能比较简单时,这种函数调用方式的系统开销相对而言是比较大的。C++ 提供了一种解决的办法:把函数体的代码直接插入到调用处,将调用函数的方式改为顺序执行直接插入的程序代码,这样可以减少程序的执行时间。这一过程称为内联函数的扩展。内联函数的实质是用存储空间(使用更多的存储空间)来换取时间(减少执行时间)的方法。

内联函数的定义方法是在函数定义时,在函数的类型前增加修饰词 inline。

例 5.11　用内联函数实现求两个实数的大数。

```
# include < iostream.h >
```

```
inline float max(float x,float y)
{return (x > y?x:y);}

void main(void )
{
    cout << "Input A and B :";
    float a,b;
    cin >> a >>  b;
    cout << "大数是:" <<  max(a,b) << '\n';
}
```

使用内联函数时应注意以下几点。

(1) 在 C++ 中,除在函数体内含有循环、switch 分支和复杂嵌套的 if 语句外,所有的函数均可定义为内联函数。

(2) 内联函数也要定义在前,调用在后。形参与实参之间的关系与一般的函数相同。

(3) 对于用户指定的内联函数,编译器是否作为内联函数来处理由编译器自行决定。说明内联函数时,只是请求编译器当出现这种函数调用时,作为内联函数的扩展来实现,而不是命令编译器要这样去做。

(4) 内联函数的实质是采用空间换取时间的方法,即可加速程序的执行,当出现多次调用同一内联函数时,程序本身占用的空间将有所增加。如上例中,内联函数仅调用一次时,并不增加程序占用的存储空间。

5.6 具有缺省参数值和参数个数可变的函数

在 C++ 中定义函数时,允许给参数指定一个缺省的值。在调用函数时,若明确给出了实参的值,则使用相应实参的值;若没有给出相应的实参,则使用缺省的值。这种函数称为具有缺省参数的函数。另外,在定义函数时可以不明确指定参数的个数。在调用函数时,允许给出的实参个数是可变的。这种函数称为参数个数可变的函数。提供这两种函数的目的是为了用户能更方便地使用函数。

5.6.1 具有缺省参数的函数

下面先通过一个例子来说明具有缺省参数的函数的定义及调用。

例 5.12　具有缺省参数值的延时函数。

```
# include < iostream.h >

void delay (int n = 1000)
{for ( ; n>0 ; n-- );}

void main(void )
{
    cout << "延时 500 个单位时间… \n";
    delay(500);
```

```
    cout << "延时 1000 个单位时间… \n";
    delay( );                                    //A
}
```

本例中的 delay( )函数是一个具有缺省参数值的函数,参数 n 为要延时的时间单位(长度),n 的缺省值为 1000。第一次调用 delay( )时,给定了实参,其值为 500,这时,delay( )函数中 n 的取值为 500;而第二次调用时,没有给出实参,则 n 取缺省的值,其值为 1000。因此,程序中的 A 行等同于:

```
delay(1000);
```

使用具有缺省参数的函数时,应注意以下几点。

(1) 缺省参数的说明必须出现在函数调用之前。方法有两种:第一种方法是函数的定义放在最前面,如上例所示;第二种方法是先给出函数的原型说明,并在原型说明中依次列出参数的缺省值,而在后面定义函数时,不能重复指定缺省参数的值。

例 5.13　设计一程序,输入长方体的长度、宽度和高度,求出长方体的体积。

```
# include < iostream.h >
float v(float a, float b = 10, float c = 20);          //A

void main(void)
{
    float x,y,z;
    cout << "输入第一个长方体的长度、宽度和高度:";
    cin >> x >> y >> z;
    cout << "第一个长方体的体积为: " << v(x,y,z) << '\n';
    cout << "输入第二个长方体的长度和宽度: ";
    cin >> x >> y;
    cout << "第二个长方体的体积为: " << v(x,y) << '\n';
    cout << "输入第三个长方体的长度: ";
    cin >> x;
    cout << "第三个长方体的体积为: " << v(x) << '\n';
}

float v(float a, float b, float c)                     //B
{return a * b * c;}
```

在 A 行中,指定了第二和第三参数的缺省值,而在 B 行中就不能再指定 b 和 c 的缺省值。A 行也可以简写为:

```
float v(float a, float = 10, float = 20);
```

(2) 参数的缺省值可以是表达式,但表达式所用到的量必须有确定的值。

(3) 在定义函数时,具有缺省值的参数可有多个,但在函数定义时,缺省参数必须位于参数表中的最右边。如上例中 A 行不能写为:

```
float v(float a, float a = 10, float b);
```

A 行也不能定义为:

```
float v(float a = 20, float b, float = 20);
```

这种规定的原因是,C++ 语言在处理函数调用时,参数是自右向左依次入栈的。只有这样规定后,在函数调用时才不可能产生二义性。

(4) 同一个函数在不同的作用域内,可提供不同的缺省参数值。例如:

```
void delay (int n = 100) ;
…
void b( )
{
    void delay (int  = 200) ;
    …
    delay( );                           //缺省值为 200
    …
}

float cc( )
{
    void delay (int  = 300) ;
    …
    delay ( );                          //缺省值为 300
    …
}
float dd( )
{
    …
    delay( ) ;                          //缺省值为 100
    …
}
void delay (int n )
{for ( ; n>0 ; n-- );}
```

*5.6.2 参数个数可变的函数

至目前为止,在定义函数时都明确规定了函数的参数个数及类型。在调用函数时,实参的个数必须与形参相同。在调用具有缺省参数值的函数时,本质上,实参的个数与形参的个数仍是相同的,由于参数具有缺省值,因此在调用时可省略。在某些应用中,在定义函数时,并不能确定函数的参数个数,参数的个数在调用时才能确定。在 C++ 中允许定义参数个数可变的函数。

例 5.14 设计一程序,求输入若干个数中的最大数。

```
# include < iostream.h >
# include < stdarg.h >

int max(int num, int b…)
{
    va_list ap;
```

```
        int maxf,temp;
        va_start(ap, b);                                    //A
        maxf = b;                                           //B 把 b 作为最大值
        for(int i = 1;i < num;i ++){
            temp = va_arg(ap,int);                          //C
            cout << "temp = " << temp << '\t';
            if(maxf < temp) maxf = temp;
        }
        va_end(ap);                                         //D
        return maxf;
    }

    void main(void)
    {
        int x,y,z,u,v;
        cout << max(1,55) << '\n';                          //E
        cout << "输入三个整数:";
        cin >> x >> y >> z;
        cout << "这三个整数中的最大数为:" << max(3,x,y,z) << '\n';
        cout << "输入四个整数:";
        cin >> x >> y >> z >> u;
        cout << "这四个整数中的最大数为:" << max(4,x,y,z,u) << '\n';
        cout << "输入五个整数:";
        cin >> x >> y >> z >> u >> v;
        cout << "这五个整数中的最大数为:" << max(5,x,y,z,u,v) << '\n';
    }
```

上例中定义了一个参数个数可变的函数 max( ),形参表中在 b 后的省略号"…"表示在它的后面可以没有参数,也可以有若干个参数。

在定义参数个数可变的函数时,必定要用到三个库函数 va_start( )、va_arg( )和 va_end( ),如上例所示。使用这三个函数时,必须包含头文件 stdarg.h。首先,要说明一个 va_list 类型的变量,如例中的 ap 变量。va_list 与 int、float 类同,它是 C++ 系统预定义的一个数据类型,只有通过这种类型的变量才能从实际参数表中取出可变参数。va_start( )函数具有两个参数:va_list 类型的变量;参数个数可变的函数的形参表中最后一个固定参数的变量名,即在省略号"…"前的变量名。该函数的作用是初始化参数个数可变的函数,使 va_start( )中的第一个实参(如例中的 ap)指向参数个数可变的函数的实参中的第一个可变的参数,并为取第一个可变的参数作好准备。因此在参数个数可变的函数中取可变的参数之前必须调用该函数。程序中 A 行就是使变量 ap 指向参数 b 后的第一个可变的参数。函数 va_arg( )也具有两个参数,第一个参数必须与函数 va_start( )的第一个参数相同,第二个参数应该是一个 C++ 中预定义的数据类型名(如例中的 int)。该函数的作用是将第一个参数所指向的可变参数转换成由第二个参数所指定的类型的数据,并将该数据作为函数 va_arg( )的返回值;同时,使 va_arg( )的第一个参数指向下一个可变的参数,即为取下一个可变的参数作好准备。在上例中,执行 C 行语句时,先将 ap 所指向的实参变换成整数后,赋给变量 temp ,并使 ap 指向下一个可变的实参。函数 va_end( )只有一个参数,该参数必须与函数 va_start( )的第一个参数相同。该函数的作用是做好取可变实参的收尾工作,以便参数个数可变的函数能正常返回。程序中的 D 行就是完成收尾工作的。注意,在定义参数个数可变的函数过程中,在 return 语句之前,或在结束该函数之前,必须调用函数 va_end( )一次,做好结束工作;否则,在执行程序时,会出现不可预测的错误(典型的现象就是死机)。

使用参数数目可变的函数时要注意以下几点。

(1) 在定义函数时,固定参数部分必须放在参数表的前面,可变参数在后面,并用省略号"…"表示可变参数。在函数调用时,可以没有可变的参数,如上例中的 E 行。

(2) 必须使用函数 va_start( )来初始化可变参数,为取第一个可变的参数作好准备工作;使用函数 va_arg( )依次取各个可变的参数值;最后用函数 va_end( )做好结束工作,以便能正确地返回。

(3) 在调用参数个数可变的函数时,必定有一个参数指明可变参数的个数或总的实参个数。上例中的第一个参数值为总的实际参数的个数。另一种方法是在省略号"…"前的参数值为可变参数的个数。如上例中的函数 max( )可改写为:

```
# include < stdlib.h >


int max(int num…)
{
    va_list ap;
    int maxf,temp;
    if(num == 0) {
        cout << "参数个数不对! \n";
        exit(2);
    }
    va_start(ap, num);
    maxf = va_arg(ap,int);
    for(int i = 2;i <= num;i ++){
        temp = va_arg(ap,int);
        if(maxf < temp) maxf = temp;
    }
    va_end(ap);
    return maxf;
}
```

在该函数中,num 的值为可变参数的个数。当其值为 0 时,表示没有可变参数,则不能求出最大值,终止程序的执行。

5.7 函数的重载

C++ 语言提供了两种重载:函数的重载和运算符的重载。本节讨论函数的重载。所谓函数的重载是指完成不同功能的函数可以具有相同的函数名。当然,这种函数的定义必须符合函数重载的规定。下面举例说明函数重载的方法及其使用。

例 5.15　重载求绝对值的函数,实现求整数、单精度数和双精度数的绝对值。

```
# include < iostream.h >

int abs (int x)                                          //A
{if (x < 0) return ( - x); else return x;}

float abs (float x)                                      //B
{return (x < 0? - x:x);}

double abs(double x)                                     //C
{return (x < 0? - x:x);}

void main(void)
{
    int a;
    float b;
    double c;
    cout << "按序输入一个整数、一个单精度数和一个双精度数:\n";
    cin >> a >> b >> c;
    cout << "它们的绝对值分别是:\n";
    cout << "abs(" << a << ") = " << abs(a) << '\n';         //D
    cout << "abs(" << b << ") = " << abs(b) << '\n';         //E
    cout << "abs(" << c << ") = " << abs(c) << '\n';         //F
}
```

在本例中分别定义了三个求绝对值的函数,它们分别求出整型数、单精度数和双精度数的绝对值。这三个函数的函数名是相同的。显然,这种用法对用户十分方便。

因为重载的函数具有相同的函数名,当通过函数名调用重载的函数时,C++ 的编译器是如何确定应该调用哪一个函数呢？编译器是根据函数的实参来确定应该调用哪一个函数的。如上例中,当实参为整型时,则调用 A 行定义的函数;当实参为双精度型时,则调用 C 行定义的函数。

定义重载函数时要注意以下几点。

(1) 定义的重载函数必须具有不同的参数个数或不同的参数类型。只有这样编译系统才有可能根据不同的参数去调用不同的重载函数。

(2) 仅返回值不同时,不能定义为重载函数。例如:

```
float fun( float x)
{…}

void fun (float x)
{…}
```

上面定义的两个函数,函数名、参数的个数和类型均相同,仅返回值不同,这将导致编译错误。因为函数的返回值不同时,编译程序无法确定调用哪一个重载函数,这是由于 C++ 允许用 return 语句计算的要返回值的类型可以与函数的类型不同(这时由系统做强制类型转换),在调用函数时编译器并不关心函数的返回值类型,而是在函数返回时才涉及到函数的返回值类型。

函数重载从一个方面体现了 C++ 语言对 OOP 多态性的支持,用同一个函数名实现"多个入口",或称为"同一接口,多种实现方法"的多态性机制。

5.8 编译预处理

本节简要地介绍 C++ 提供的编译预处理程序所提供的预处理指令及其用法。编译预处理不是 C++ 编译系统的一个组成部分,而是在编译源程序之前,由单独的编译预处理程序对源程序所做的加工处理工作。由于编译预处理不属于 C++ 的语法范畴,因此为了与 C++ 的语句区分开来,编译预处理指令一律用符号 # 开头,并以回车符结束,即每一条预处理指令单独占一行。根据编译预处理的功能不同,C++ 将其分为三种:宏定义、文件包含(嵌入指令)和条件编译。

5.8.1 "包含文件"处理

"包含文件"处理是指在一个源程序文件中可以将另一个源程序文件的全部内容包含进来,即将另外的一个文件包含到当前的文件之中。这是通过 include 编译预处理指令来实现的,其格式为:

```
# include"文件名"
```

或

```
# include < 文件名 >
```

include 编译预处理指令的处理过程为:编译预处理程序根据"文件名",把指定的文件的全部内容读到当前处理的文件中,作为当前文件的一个组成部分,即用文件的内容替代该 # include 指令行。例如,设文件 file1.h 的内容为:

```
int x = 200, y = 100;
float x1 = 25.6, x2 = 28.9;
```

设文件 file2.cpp 的内容为:

```
# include "file1.h"

void main(void)
{
    cout << x << '\t' << y << '\n';
    cout << x1 << '\t' << x2 << '\n';
}
```

用文件 file1.h 的内容替换编译预处理指令行后,产生一个临时文件,其内容为:

```
int x = 200, y = 100;
float x1 = 25.6, x2 = 28.9;
void main(void)
```

```
{
    cout << x << '\t' << y << '\n';
    cout << x1 << '\t' << x2 << '\n';
}
```

并把该临时文件交给编译程序进行编译。

有关使用 include 编译预处理指令,须说明以下几点。

(1) 用双引号括起来的文件名表示要从当前工作目录开始查找，而用 < > 括起来的文件名表示从 C++ 编译器约定的目录 include 开始查找。通常，用双引号括起来的文件名为用户自定义的包含文件，而用 < > 括起来的文件是 C++ 语言预定义的包含文件。这些文件在 C++ 语言的 include 目录或在其子目录中。

(2) 包含文件的扩展名通常为".h"，当然也可以使用其他扩展名。

(3) 一个 include 指令只能指定一个被包含的文件，若要包含 n 个文件，则要用 n 个 include 指令。

(4) 在一个包含文件中又可以包含其他包含文件，即这种文件的包含可以是嵌套的，处理过程完全类同。注意,用包含文件的内容替换 include 指令行时,是在一个临时文件中进行的,并不改变原文件的内容。

(5) include 指令可出现在程序中的任何位置,通常放在程序的开头。

在设计一个大的程序时,包含文件是非常有用的。通常,将程序公用的数据结构定义为头文件,在相应的处理程序文件中,用 include 指令包含相应的头文件。在后面的程序设计中将经常使用这种方法。

5.8.2 宏定义

宏定义均用 define 编译预处理指令来定义。宏定义可分为不带参数的宏定义和带参数的宏定义,下面分别介绍其定义格式和用法。

1. 不带参数的宏定义

不带参数的宏定义的格式为:

```
# define  标识符      字符或字符串
```

其标识符称为宏名,字符或字符串可以用引号括起来，也可以不用引号括起来,但两者有所区别。例如:

```
# define  PI    3.1415926
```

其作用是将宏名 PI 定义为实数 3.1415926。在编译预处理时,将该 define 指令后所有出现 PI 的地方均用 3.1415926 来代替。这种替换过程称为"宏扩展"或"宏展开"。又如:

```
# define  PROMPT  "面积为:"
```

表示将宏名 PROMPT 定义为字符串"面积为:"。在编译预处理时,将出现宏名 PROMPT 的地方均代换为字符串"面积为:"。

例 5.16 宏定义的使用。

```
# include < iostream.h >
# define  PI    3.1415926
# define  R    2.8
# define  AREA    PI * R * R                          //B
```

```
# define   PROMPT   "面积为:"
# define   CHAR   '!'

void main(void)
{cout << PROMPT << AREA << CHAR << '\n';}
```

执行该程序后,输出:

```
面积为: 24.6301'!'
```

不带参数的宏定义及其使用,须说明以下几点。

(1) 通常宏名用大写字母来表示,以便与程序中的变量相区别。从语法上来讲,任一合法的标识符均可用作宏名,即也可用小写字母来表示。

(2) 宏定义可出现在程序中的任何位置。通常将宏定义放在源程序文件的开始部分。宏名的作用域为从宏定义开始到本源程序文件结束。

(3) 在宏定义中可以使用已定义的宏名。如上例中的 B 行,在定义宏 AREA 时,用到已定义的宏名 PI 和 R。在编译预处理时,先对该行中的 PI 和 R 作替换。经替换后,B 行为:

```
# define   AREA      3.1415926 * 2.8 * 2.8
```

上面的程序,经宏扩展后,产生的中间文件为:

```
# include < iostream.h >

void main(void)
{cout << "面积为: " << 3.1415926 * 2.8 * 2.8 << '!' << '\n';}
```

(4) 在宏扩展时,只对宏名作简单的代换,不作任何计算,也不作任何语法检查。若宏定义时书写不正确,会得到不正确的结果或编译时出现语法错误。例如:

```
# include < iostream.h >
# define   A   3 + 5
# define   B   A * A

void main(void)
{ cout << B << '\n'; }                                //C
```

执行程序后,输出 23,而不是 64。因 C 行经宏扩展后为:

```
{cout << 3 + 5 * 3 + 5 << '\n'; }
```

又如:

```
# include < iostream.h >
# define   PI   3.1415;

void main(void)
{ float r, area;
  cout << "输入半径:";
  cin >> r;
  area = PI * r * r;                                  //A
  cout << "面积为:" << area << '\n';
}
```

经替代后,编译时,指出A行语法错,这是由于A行经宏扩展后,该行为:

```
area = 3.1415; * r * r;
```

错误的原因请读者自行分析。

(5) 若要终止宏名的作用域,可以使用预处理命令:

```
# undef 宏名
```

例如:

```
# define   PI   3.1415926
…
# undef   PI                                        //B
…
```

B行将终止PI的作用域,其后,不能再使用宏名PI。

(6) 当宏名出现在字符串中时,编译预处理不进行宏扩展。例如:

```
# include < iostream.h >
# define   A   "中国"
# define   B   "A人民共和国"


void main(void)
{                                                   //A
      cout << "A南京" << '\t';
      cout << B << '\n';
}
```

执行程序后,输出:

```
A南京   A人民共和国
```

(7) 在同一个作用域内,同一个宏名不允许定义两次或两次以上。否则编译预处理程序在进行替代时,出现不唯一性。

2. 带参数的宏定义

带参数的宏定义在进行宏扩展时与不带参数的宏定义有所不同,它不是仅作简单的宏扩展,而是有点类同于函数,先进行参数替换,然后再进行接着的宏替换。定义带参数的宏的一般格式为:

```
# define   宏名(参数表) 使用参数的字符或字符串
```

当带有多个参数时,在参数之间用逗号隔开。这里的参数仅用标识符来表示,不能指定参数的类型。例如:

```
# define   VOLUMN(a,b,c)      a * b * c
…
b = VOLUMN(2.0,7.8,1.215);                          //A
```

定义了求长方体体积的宏VOLUMN,它带有三个参数,分别表示长、宽和高。使用带参的宏称为宏调用,在宏定义中的参数称为形参,在宏调用中给出的参数称为实参。在对宏调用进行扩展时,先依次用实参替代宏定义中的形参,并将替代后的字符串替代宏调用。如A行中的宏调用经宏扩展后为:

```
b= 2.0 * 7.8 * 1.215;
```

即将实参代替宏定义中的形参，其余部分不变。注意，宏扩展仅作简单的替代，而不作任何计算。

对带参数的宏定义，须说明以下几点。

① 当宏调用中包含的实参有可能是表达式时，在宏定义中要用括号把形参括起来，以便减少错误。例如：

```
#define  V(a,b)  a*b
...
c= V(e+f,d+c);                    //B
```

则经过宏扩展后，表达式的值不正确了，因B行扩展成为：

```
c= e+f*d+c;
```

若将宏定义改为：

```
#define  V(a,b)  (a)*(b)
```

则B行经宏扩展后，成为：

```
c= (e+f) * (d+c);
```

这才是表达式的正确表示。

② 在宏定义时，宏名与左括号之间不能有空格，这与函数的定义是不一样的。若在宏名后有空格，则将空格后的全部字符都作为无参宏所定义的字符串，而不作为形参。例如：

```
#define  V1  (a,b,c)  (a)*(b)*(c)
```

则编译预处理程序认为是将无参宏V1定义为“(a,b,c) (a)*(b)*(c)”，而不将(a,b ,c)作为参数。

③ 一个宏定义通常在一行内定义完，并以换行符结束。当一个宏定义多于一行时必须使用转义符“ \ ”，即在按换行符(Enter键)之前先输入一个“ \ ”。例如：

```
#define swap(a,b,c,t) t=a; a=b; b=c \
        c=a
```

即在第一行尾部的“ \ ”表示要跳过其后的回车符。

由于带参宏存在宏定义与宏调用，存在形参与实参，与函数有些类同。但两者有本质上的区别，宏与函数之间的主要区别如下。

① 两者的定义形式不一样。在宏定义中只给出形式参数，而不要指明每一个形式参数的类型；而在函数定义时，必须指定每一个形式参数的类型。

② 宏由编译预处理程序来处理的，而函数是由编译程序来处理的。在宏调用时，仅作简单的替换，不作任何计算，并且是在编译之前，由预处理程序来完成这种替换的；而函数是在编译后，在目标程序执行期间，要依次先求出各个实参的值，然后才执行函数的调用。

③ 在函数调用时，编译器要求实参的类型必须与对应的形参类型相一致，即要作类型语法检查；而在宏调用时，不作任何检查，只是作一种简单的替代。

④ 函数可以用return语句返回一个值，而宏不返回值。

⑤ 多次调用同一个宏时，经宏扩展后，要增加源程序的长度；而对同一个函数的多次调用，不会使源程序变长。

5.8.3 条件编译

通常情况下，源程序中的所有行都要被编译程序编译处理，但是有时希望程序中的某几行或某一部分程序行必须在满足某种条件时,才要求编译程序对其进行编译;而当条件不成立时,这部分程序行不要编译,其作用与从源程序中删除这部分程序行一样。这种情况称为条件编译。

条件编译指令有两类,第一类是根据宏名是否已经定义来确定是否要编译某些程序行;第二类是根据表达式的值来确定。它们共有六种形式。

1. 宏名作为编译指令的条件

第一种格式如下:

```
# ifdef 宏名
    程序段
# endif
```

当宏名已经被定义,则要编译该程序段;否则,不编译该程序段。在编写通用的程序或调试程序时,这种条件编译是很有用的。宏名的定义可以使用无参宏的定义格式,也可以简化为:

```
# define   宏名
```

例如,在调试程序时常常要输出一些调试信息,而在程序调试完后不要输出这些信息,则可以把输出调试信息的输出语句用条件编译括起来,形式如下:

```
# ifdef DEBUG
    cout << "x = " << x << '\n';
    …
# endif
```

在调试程序期间,在源程序的开头增加宏定义:

```
# define DEBUG
```

由于已经定义了宏名 DEBUG,所以用以上形式条件编译预处理指令括起来的程序段都要编译,实现了输出调试信息的目的。一旦程序调试好,只要删除 DEBUG 的宏定义,重新编译程序,则所有的输出调试信息的程序部分均不编译。采用这种方法,比从源程序中删除所有的输出调试信息的程序部分要简单得多。

第二种格式为:

```
# ifdef 宏名
    程序段 1
# else
    程序段 2
# endif
```

这种格式告诉编译预处理程序,当宏名已经被定义时,则编译程序段 1,而不要编译程序段 2;否则,不要编译程序段 1,而编译程序段 2。

第三种格式为:

```
# ifndef 宏名
    程序段
# endif
```

这种格式表示如果宏名没有定义,则编译程序段;否则,不编译该程序段。

第四种格式为:

```
#ifndef 宏名
    程序段 1
#else
    程序段 2
#endif
```

这种格式表示当宏名没有定义时，则编译程序段 1，不编译程序段 2；当定义了宏名时，不编译程序段 1，而要编译程序段 2。

2. 表达式的值作为条件编译的条件

把表达式的值作为编译条件也有两种格式。第一种格式为：

```
#if 表达式
    程序段
#endif
```

这种格式告诉编译预处理程序，如果表达式的值不等于 0 时，则要编译程序段；否则，不要编译程序段。

第二种格式为：

```
#if 表达式
    程序段 1
#else
    程序段 2
#endif
```

这种格式告诉编译预处理程序，如果表达式的值不等于 0 ，则编译程序段 1，不要编译程序段 2；否则，不要编译程序段 1，而编译程序段 2。

对条件编译须说明以下两点。

(1) 条件编译指令也与宏定义一样，可出现在程序中的任何位置。编译预处理程序在处理条件编译时，实际上是将要编译的程序段依次写到一个临时文件中，并将该临时文件作为编译程序的输入文件，即编译程序对该临时文件进行编译，产生目标程序文件。

(2) 当把表达式的值作为条件编译的条件时，在编译预处理时，必须能求出表达式的值，换言之，该表达式中只能包含一些常量的运算。

条件编译不仅可以用于调试程序或编写通用的程序，另一非常重要的应用是可用于包含文件中。例如，设文件 a2.h 的内容为：

```
#define  AA1  6
float area;
```

设文件 a1.h 的内容为：

```
#include  "a2.h"
#define  A1  AA1*16
```

源程序文件 a.cpp 的内容为：

```
#include <iostream.h>
#include  "a1.h"
#include  "a2.h"
#define  PI  3.1415926
#define  R  2.8
```

```
void main(void)
{
    area = PI * R * R;
    cout << "圆面积 = " << area << '\n';
    cout << "长方形面积 = " << A1 << '\n';
}
```

对源程序文件 a.cpp 进行编译时出现错误,因同一变量重复定义。解决的办法有两种。一种是在程序中保证做到同一个头文件在源程序文件中只包含一次。对于设计较为简单的程序时,容易做到这一点;但当编写一个大程序时,很难做到这一点。另一种方法是在定义头文件时,使用条件编译,以保证同一个头文件不论被包含多少次,只有第一次的包含指令起作用,其余的包含指令都不起作用。上面的头文件 a2.h 可以改写为:

```
#ifndef _A2_H                          //A
#define _A2_H                          //B
#define AA1    6
float area;
#endif                                 //C
```

头文件 a1.h 可以改写为:

```
#include "a2.h"
#ifndef _A1_H
#define _A1_H
#define A1 AA1 * 16
#endif
```

重新编译源程序文件 a.cpp 时则无编译错误了。用这种方法定义头文件时,条件编译指令将头文件的内容括起来。如在头文件 a2.h 中,A 行是条件编译,当宏名_A2_H 没有定义时,表明是第一次包含该头文件,编译 A ~ C 行之间的程序段,即该头文件的内容起作用,并在 B 行定义了宏名_A2_H。当该头文件被第二次包含时,由于宏名_A2_H 在第一次包含时已经定义,A 行的条件编译不成立,即在 A ~ C 行之间的程序段不要编译,该头文件的内容不起作用。以后不论包含头文件 a2.h 多少次,该头文件的内容均不起作用。

5.9 程序的多文件组织

当编写功能简单的程序时,可以将一个完整的程序放在一个源程序文件中。而在设计一个功能复杂的大型程序时,为了便于程序的设计和调试,通常将程序分成若干个模块,把实现一个模块的程序或数据放在一个文件中。当一个完整的程序被存放在两个及两个以上的文件中时,称为程序的多文件组织。这种多文件组织的程序存在如何进行编译和连接的问题,还存在一个文件中的函数要调用到另一个文件中的函数或用到另一个文件中的全局变量等问题。

5.9.1 内部函数和外部函数

1. 内部函数

在一个源程序文件中定义的函数,若限定它只能在本源程序文件内使用,这种函数称为内部函数。

定义内部函数的方法是:在定义函数时,在函数的类型标识符前加 static 修饰词。例如:

```
static float fun( )
{…}
```

2. 外部函数

在多文件组织的程序中,一个源程序文件中定义的函数,不仅能在本源程序文件内使用,而且可以在其他源程序文件中使用,这种函数称为外部函数。

定义外部函数的方法是:在定义函数时,在函数的类型名前加修饰词 extern 。若省略 extern 时,C++ 编译器也约定为外部函数。设一个程序文件中的程序片段为:

```
…
extern int f1( )
{…}
…
float f2( )
{…}
```

其中,函数 f1( )和 f2( )均为外部函数。

多文件组织方式中,在一个文件中要调用在另一个程序文件中定义的外部函数前,必须对被调用的函数作原型说明,并在函数原型说明的前面加上修饰词 extern。设在程序文件 c1.cpp 中定义了函数 f1( ):

```
int f1(float x, float y)          //函数定义
{…}                               //函数体的定义
```

在程序文件 c2.cpp 中要调用文件 c1.cpp 中已定义了的函数 f1( ),则在调用前增加如下形式的函数原型说明:

```
extern int f1(float , float );    //函数原型说明
…
i = f1(x,y);                      //调用函数 f1( )
```

在程序的多文件组织中,有关全局变量的使用方法与函数的用法类同,即在定义全局变量时,若在说明变量的类型前加上修饰词 static,表示所定义的全局变量只能在所定义的文件中使用;而不加修饰词 static 或加上修饰词 extern,则允许所定义的全局变量在其他程序文件中使用。在一个文件中要用到另一个文件中定义的全局变量时,要对其进行外部变量说明。例如,设文件 t.cpp 的内容为:

```
extern float x = 2.71828;         //也可省略修饰词 extern
```

设文件 tt.cpp 的内容为:

```
# include < iostream.h >


void main(void)
```

```
{
    extern float x;                    //说明 x 为外部变量
    cout << "x = "<< x << '\n';
}
```

本例中，文件 tt.cpp 中用到了在文件 t.cpp 中说明的全局变量 x。这两个程序文件经编译连接，并执行程序后，输出：

x = 2.71828

5.9.2 多文件组织的编译和连接

当一个完整的程序由多个源程序文件组成时，如何将这些文件进行编译并连接成一个可执行的程序文件呢？对于不同的计算机系统，其处理的方法可能是不同的。通常有以下几种处理方法。

(1) 用包含文件的方式，在定义 main( )函数的文件中将组成同一程序的其他文件用包含指令包含进来，由编译程序对这些源程序文件一起编译，并连接成一个可执行的文件。对于编写一些不大的程序时，可以采用这种方法进行编译和连接。但当编写大的程序时，不宜采用这种方法。因对任一文件中的微小修改，均要重新编译所有的文件，然后才能连接。

(2) 将各个源程序文件单独编译成目标程序，然后用操作系统或编译器提供的连接程序将这些目标程序文件连成一个可以执行的程序文件。

(3) 使用工程文件的方法，将组成一个程序的所有文件都加到工程文件中，由编译器自动完成多文件组织的编译和连接。如在 VC++ 中，可有多种方法建立工程文件。一种方法是先为包含 main( )函数的文件建立一个工程文件，然后依次选择主菜单上的“Project”菜单、子菜单“Add to project”、再下一级子菜单“Files”，将其他程序文件加入到工程文件中。这时对多个文件的编译和连接方法，与一个文件组成一个程序的方法完全相同。有关工程文件的更详细的说明，可查阅有关的手册。

当设计大型程序时，建议使用这种方法。因为当修改某一个源程序文件时，编译器仅编译已修改的源程序文件，而没有必要对其他源程序文件重新编译，故可以大大提高编译和连接的效率。

练 习 题

1. 设计一个程序，要求输入三个整数，能求出其中的最大数并输出。程序中必须用函数求出两个数中的大数。

2. 设计一个程序，计算组合数：$C(m,r) = m!/(r! \times (m-r)!)$，其中 m、r 为正整数，且 $m > r$。分别求出 C(4,2)、C(6,4)、C(8,7)的组合数。求阶乘和组合数须用函数来实现。

3. 设计一个程序，输入一个十进制整数，输出相应的十六进制数。设计一个函数实现数制转换。

4. 设计一个程序，求出 5～100 之间的所有素数，要求每行输出 5 个素数。判断一个整数是否为素数用一个函数来实现。

5. 设计一个程序，输入两个整数，求出这两个整数的最小公倍数。求两个数的最小公倍数用一个函数来实现。

6. 设计一个程序,输入两个整数,求出这两个整数的最大公约数。求两个数的最大公约数用一个函数来实现。

7. 设计一个程序,通过重载求两个数中大数的函数 max(x,y),分别实现求两个实数和两个整数的大数。

8. 设计一个程序,用内联函数实现求出三个实数中的最大数,并输出最大数。

9. 定义一个求 n! 的函数,n 的缺省值为 10。

10. 设计一参数数目可变的函数,第一个参数 n 为参数的个数。求出这 n 个实参之和并输出。

11. 设计一参数数目可变的函数,第一个参数 n 为参数的个数。调用该函数时,若 n = 3,则求出后三个实参之积并返回该值;若 n = 4,则求出后四个实参的平均值并返回该值。

12. 用递归函数实现求 Fibonnaci 数列的前 n 项,n 作为函数的参数。

13. 当 x > 1 时,Hermite 多项式定义为:

$$H_n(x)=\begin{cases}1 & n=0\\ 2x & n=1\\ 2xH_{n-1}(x)-2(n-1)H_{n-2}(x) & n>1\end{cases}$$

当输入实数 x 和整数 n 后,求出 Hermite 多项式的前 n 项的值。分别用递归函数和非递归函数来实现。

14. 阿克曼函数定义如下:

$$Acm(m,n)=\begin{cases}n+1 & m=0\\ Acm(m-1,1) & n=0\\ Acm(m-1,Acm(m,n-1)) & n>0,m>0\end{cases}$$

其中 m、n 为正整数,设计一个程序,分别求出 Acm(5,3)、Acm(4,2)和 Acm(5,5)的值。

15. 设计一个程序,要求输入一个整数,并能逐位正序和反序输出。如输入一个整数 3456,则输出 3456 和 6543。分别设计两个函数,一个实现正序输出,另一个实现反序输出。算法提示:重复除以 10 求余,直到商为 0 为止。如 3456%10 的余数为 6,商为 345;345%10 的余数为 5,商为 34;34%10 的余数为 4,商为 3;3%10 的余数为 3,商为 0,至此结束。先输出余数,后递归,则为反序输出;先递归,后输出余数,则为正序输出。

16. 设计一个程序,将求两个实数的最大值函数放在头文件 myfun.h 中,在源程序文件 mypro.cpp 中包含该头文件,并实现输入三个实数,求出最大值。

17. 设计一个程序,定义带参数的宏 MAX(A,B)和 MIN(A,B),分别求出两数中的大数和小数。在主函数中输入三个数,并求出这三个数中的最大数和最小数。

18. 已知三角形的三条边 a、b、c,则三角形的面积为:

$$area=\sqrt{s(s-a)(s-b)(s-c)}$$

其中 s = (a + b + c)/2。编写程序,分别用带参数的宏和函数求三角形的面积。

19. 设计一个程序,使用条件编译输出调试信息。

第 6 章

数　组

C++ 除了提供前面介绍的基本数据类型外，还提供了导出(构造)数据类型，以满足不同应用的需要。导出数据类型包括：数组、结构体、共同体和类。本章介绍数组的定义及应用，包括一维数组、多维数组和字符数组。其他的导出数据类型，在后面有关的章节中再介绍。

6.1　数组的定义及应用

把相同类型的若干个元素所组成的有序集合称为数组，其中每一个元素称为数组的元素变量，简称为元素。通常用数组的下标来表示数组元素的位置，即使用数组的下标来引用数组的元素。因此数组元素也称为下标变量。

数组又分为一维数组和多维数组，下面分别介绍其定义和使用方法。

6.1.1　一维数组的定义及使用

1. 一维数组的定义

一维数组的定义格式为：

《存储类型》<类型> <数组名>[<常量表达式>];

其中，存储类型是任选的，它可以是 register、static、auto 或 extern；类型定义了数组中每一个元素的数据类型，它可以是 C++ 预定义的数据类型或者是自定义的导出数据类型；数组名由标识符组成；常量表达式的值为一个正整数，它规定了数组的元素个数，即数组的大小。例如：

```
int x[20];
static float y[50];
char str[10];
```

说明数组 x 有 20 个元素，每一个元素的值为整数；数组 y 有 50 个元素，每一个元素的值为实数，这 50 个元素的存储类型为静态的；数组 str 有 10 个元素，每一个元素的值为字符。

关于数组定义，必须说明以下几点。

(1) 数组必须先定义后使用。这与前面介绍的基本类型变量的规定是一样的。

(2) 数组定义中只给出一维数组的元素个数，而没有列举说明数组的上界和下界，C++ 语言规定下界从 0 开始。如上面定义的数组 x，它的数组元素分别是：x[0]、x[1]、x[2]……x[18]、x[19]。

(3) 在 C++ 中不提供可变化大小的数组，即数组定义中的常量表达式不能包含变量，但可以使用宏定义标识符常量或用 const 说明的标识符常量。例如：

```
# define    ASD    256
```

```
const  int  SIZE = 500;
…
int  x1[ASD * 2];
float yy[ASD + SIZE];
char cs['a'];
```

上例数组 x1 的元素个数为 512 个;数组 yy 的元素个数为 756 个;数组 cs 的元素个数为 97,这是因为字符常量'a'的 ASCII 编码值为 97。但如下说明是不允许的:

```
int n;
cin >> n;
float t[n];
```

上例在定义数组 t 时,变量 n 没有确定的值,即在程序执行之前,无法知道数组 t 的元素个数,所以这种说明是不允许的。

(4) 数组的元素个数一定是一个正整数,即在定义数组时,规定数组元素个数的常量表达式的值必须是一个大于 0 的正整数。例如:

```
# define PI  3.14
…
int a1[PI * 3];
float a2[int (PI * 3)];
```

数组 a1 的定义是错误的,因 PI * 3 的值是一个实数,而不是一个正整数;数组 a2 的定义是正确的,先求出 PI * 3 的值 9.42,再将它转换成整数 9,即说明数组 a2 的大小为 9。

(5) 数组名的作用域与前一章中介绍的变量作用域相同。当把数组定义为局部变量时,其作用域为块作用域;而把数组定义为全局变量时,其作用域为文件作用域。

2. 一维数组元素的使用

数组必须定义在前,使用在后。C++ 语言规定只能对数组中的元素进行赋值或引用,不能把整个数组作为一个整体进行赋值或引用。

使用数组中某一个元素的格式为:

数组名[下标表达式]

其中,下标表达式可以包含常数或变量,即可为一个一般的表达式。使用时应注意以下几点。

(1) 下标表达式的值必须是一个正整数,不能是一个实数。例如:

```
int i,j;
float x[20],y ,z;
…
x[i + j * 2] = i + j;              //元素引用是合法的
z= x[y * 2]                        //元素引用是不允许的
```

(2) 下标表达式的值应大于或等于 0,且小于定义数组时规定的数组的大小。在程序的执行过程中,C++ 语言对下标表达式的取值范围不作合法性检查。例如:

```
int m, aa[20];
…
aa[m * 2 + 1] = 200;               //A
cout << aa[21];                    //B
```

在 A 行中应保证 $0 \leqslant m*2+1<20$。B 行输出数组 aa 的第 21 个元素,下标已经出界,执行这一语句将输出一个不确定的值。因此保证下标表达式取值的正确性是程序设计者的事,而不是 C++ 编译器的事。

(3) 数组不能作为一个整体直接输入或输出。当数组中的元素的类型是基本类型时,其元素可以直接输入/输出。例如:

```
int aa[5],bb[5];
cin >> aa;                          //错误
cout << aa;                         //错误
```

(4) 同类型的数组之间不能相互赋值。例如:

```
bb = aa;                            //错误
```

例 6.1　输入五个实数,并求出这五个实数的平均值。

```
# include < iostream.h >

void main(void)
{
    float x[5],sum = 0;
    cout << "输入五个数:\n";
    for(int i = 0;i < 5;i ++) cin >> x[i];
    for(i = 0;i < 5;i ++) sum += x[i];
    cout << "这五个数的平均值为:" << sum/5 << '\n';
}
```

执行该程序时,若输入五个数:

4　8　6.5　6　10

则程序输出:

这五个数的平均值为: 6.9

3. 一维数组的初始化

在引用数组元素时,所引用到的数组元素必须有确定的值。可以使用例 6.1 中采用的方法,通过输入语句给数组元素赋值;也可以通过赋值语句给数组元素赋值。这两种方法都是在程序执行期间完成数组元素的赋值。另一种方法是在变量说明时给数组元素指定初值。因这种指定数组元素的取值是在程序执行之前确定的,故称为数组的初始化。在定义数组时完成数组元素的初始化,可有以下几种方法。

(1) 对数组中的所有元素赋初值。例如:

```
int x[10] = {0,1,2,3,4,5,6,7,8,9};
```

则指定 x[0]、x[1]……x[9]的值分别为 0、1……9。这种给数组初始化的方法是将数组元素的初值依次放在一对花括号中,数与数之间用逗号隔开,数组的元素个数与列举的初值个数相同。

(2) 对数组中的一部分元素列举初值。例如:

```
int y[10] = {1,2,3,4,5};
```

则说明数组 y 有 10 个元素,前五个元素的初值分别为 1、2、3、4、5;C++ 约定数组中的其余元素的初值为 0。注意,对数组中的一部分元素置初值时,必须从第 0 个元素开始,依次列举出部分元素的值。例如:

```
int arr1[20] = {0,0,0,4,5,6};
```

即希望数组 arr1[3] = 4,arr1[4] = 5,arr1[5] = 6,而其余元素的初值为 0 时,必须分别列举出前三个元素值为 0。

(3) 在定义数组时,可以不直接指定数组的大小,由 C++ 编译器根据初值表中元素的个数来自动确定数组元素的个数。例如:

```
int z[] = { 0,1,2,3,4,5,6,7,8};
```

在花括号中列举了 9 个值, 因此 C++ 编译器认定数组 z 的元素个数为 9。显然,若要定义的数组大小比列举数组初值的个数大时,必须说明数组的大小。

(4) 当把数组定义为全局变量或静态变量时,C++ 编译器自动地将所有元素的初值置为 0。当把数组定义为其他存储类型的局部变量时,数组的元素没有确定的初值,即其值是随机的。

例 6.2　输出数组为全局变量和局部变量时的初值。

```
# include < iostream.h >
int x[5];

void main(void)
{
    for (int i = 0;i < 5;i + +)cout << x[i] << '\t';
    cout << '\n';
    int y[5];
    for(i = 0;i < 5;i + +) cout << y[i] << '\t';
    cout << '\n';
}
```

执行该程序时,输出的第一行值为 5 个 0,即数组 x 的各个元素的初值为 0;输出第二行的值是随机值,即每次执行该程序时,输出的值可能是不同的。换言之,数组 y 的各个元素没有确定的初始值。

4. 一维数组的应用举例

例 6.3　求出 3 ~ 100 之间的所有素数(质数),并要求每行输出 5 个素数。

求素数的方法有多种,这里介绍其中一种方法: 对于大于 3 的素数一定是奇数,为此先说明一个数组 prime[49],各个元素的初值分别为: 3、5、7、9、11、13……97、99。从第 0 个元素开始,其后的各个元素若是第 0 个元素的倍数,则该数不是素数,将其值置为 0。再从第 1 个元素开始,其后的各个元素若是第 1 个元素的倍数,则将其值置为 0。依次类推,直至从第 47 个元素开始,其后元素若是第 47 个元素的倍数,则将其值置为 0。这时,数组 prime 中不为 0 的元素为素数。程序如下:

```
# include < iostream.h >

void main(void)
{
    int prime[49],j = 3;
    for (int i = 0;i < 49;i + +){                          //A
        prime[i] = j;j + = 2;
```

```
    }
    for(i = 0;i < 48;i++)
        if(prime[i])                                    //B
          for (j = i + 1;j < 49;j++)
            if(prime[j]&&prime[j] % prime[i] == 0)
                prime[j] = 0;                           //C
    j = 0;
    for(i = 0;i < 49;i++)
        if(prime[i]){                                   //D
            cout << prime[i] << '\t';
            j++;
            if(j%5 == 0) cout << '\n';
        }
    cout << '\n';
    cout <<"素数的个数为:" << j << '\n';
}
```

程序中的 A 行给数组元素赋初值。C 行判断 prime[j] 除以 prime[i]的余数是否为 0,若余数为 0,表明 prime[j]不是素数,则将 prime[j]置为 0。B 行的判断是必要的,一方面,当 prime[i]的值为 0 时,可以直接跳过内层的循环,从下一个元素开始判断;另一方面,若不作这样的判断,则在 C 行做求余运算时,会出现除数为 0 的情况。一旦出现除数为 0,则中止程序的执行。D 行中,若 prime[i]不等于 0,则表明 prime[i]是一个素数。

例 6.4　用选择排序的方法对输入的 10 个整数进行排序(从小到大)。

分析:排序分为升序和降序两种。升序是指排序后的数据按从小到大的顺序存放,而降序是指排序后的数据按从大到小的顺序存放。选择排序的思想是:首先找出最小的数放到第 0 个元素的位置。只要将第 0 个元素与第 1 个元素进行比较,若第 0 个元素大于第 1 个元素,则两个数进行交换;否则不要交换。再把第 0 个元素与第 2 个元素进行比较,若第 0 个元素大于第 2 个元素,则两数交换。依次类推,直到第 0 个元素与最后一个元素进行比较,若大于最后一个元素,则两数交换。这时,已使数组中最小的数放到第 0 个元素的位置。再从第 1 个元素开始,用同样的方法,找出次小的数放到第 1 个元素的位置。依次类推,直到把次大的数放入第 8 个元素位置,这时第 9 个元素(最后一个元素)就是最大数,排序至此结束。程序如下:

```
# include < iostream.h >

void main(void)
{
    int f[10],i,j,k;
    cout << "\n Please input 10 data:\n";      //输入 10 个整数
    for(i = 0;i < 10;i++)
        cin >> f[i];
    for(i = 0;i < 9;i++){                       //按升序排序
        for(j = i;j < 10;j++){
```

```
            if(f[i]> f[j])                  //实现两个整数的交换
                {k = f[i];f[i] = f[j];f[j] = k;}
        }
    }
    cout << '\n';
    for(i = 0;i < 10;i ++)                  //输出排序后数组的各个元素值
    cout << f[i] << " ";
}
```

6.1.2　多维数组的定义及使用

具有两个或两个以上下标的数组称为多维数组。下面以两维数组为例说明多维数组的定义及使用方法。

1. 二维数组的定义

定义二维数组的一般格式为：

《存储类型》<类型> <数组名>[<常量表达式1>][<常量表达式2>];

其中,存储类型、类型和数组名的含义与一维数组相同;常量表达式1的值定义了二维数组的行数,而常量表达式2的值定义了每一行中的列数。例如:

```
int x[3][4];
float y[20][40];
```

定义了两个二维数组,数组x有3行,每一行有4个元素;数组y为20行,每一行有40个元素。若要定义数组a为3行且每行2列的实型数组,不能说明为:

```
float a[3,2];
```

在C++中,二维数组可以看作是对一维数组的直接扩展,即把二维数组作为一种特殊的一维数组来定义的,它的每一个元素又是一个一维数组。如上面说明的数组x,可把它看作一维数组,它有三个元素x[0]、x[1]、x[2],每一个元素x[i]又是包含了四个元素的数组。因计算机存储器是一维的地址空间,二维数组在存储器中是按行从小到大的顺序依次来存放的,即先依次存放第0行中的元素(按列号从小到大的顺序存放),再存放第1行的所有元素等。二维数组的行下标和列下标均是从0开始的。在表6-1中给出了数组x的存放方式及行列下标间的对应关系。

表6-1　数组x的各个元素的存放顺序

x[0][0]	x[0][1]	x[0][2]	x[0][3]
x[1][0]	x[1][1]	x[1][2]	x[1][3]
x[2][0]	x[2][1]	x[2][2]	x[2][3]

与定义一维数组一样,在定义二维数组的行数和列数时,只能是一个常量表达式,不能含有变量,并且其值只能是一个正整数。

在C++中,允许定义多维数组,对数组的维数没有限制。并且可由二维数组直接推广到三维、四维或更高维数组。例如:

```
int b[2][3][4];
```

在计算机存储器中存放的排列顺序为:最左边的下标变化最慢,而最右边的下标变化最快。

三维数组 b 在计算机内存放顺序为：

b[0][0][0], b[0][0][1], b[0][0][2], b[0][0][3], b[0][1][0], b[0][1][1],
b[0][1][2], b[0][1][3], b[0][2][0], b[0][2][1], b[0][2][2], b[0][2][3],
b[1][0][0], b[1][0][1], b[1][0][2], b[1][0][3], b[1][1][0], b[1][1][1],
b[1][1][2], b[1][1][3], b[1][2][0], b[1][2][1], b[1][2][2], b[1][2][3]

2. 多维数组的引用

下面以二维数组为例来说明如何引用多维数组中的元素。使用二维数组中的某一元素的一般格式为：

数组名[<下标表达式 1>][<下标表达式 2>]

其中，两个下标表达式均为一般表达式，与一维数组一样可包含变量，但其值只能是一个整数，并且须在该数组的定义范围之内。例如：

```
x[2][3] = 56;
```

表示将 56 赋给二维数组 x 的第 2 行第 3 列元素。多维数组的引用方法依次类推。

3. 多维数组的初始化

以二维数组为例来说明给多维数组元素进行初始化的方法。与一维数组类同，可对所有元素初始化，也可只对部分元素初始化。

(1) 以数组中的行为单位，依次给数组元素赋初值。例如：

```
int a[3][4] = {{1,2,3,4}, {5,6,7,8}, {9,10,11,12}};
```

这种方法把第 1 个花括号内数据(1,2,3,4)依次赋给数组 a 的第 0 行的元素，即 a[0][0] = 1, a[0][1] = 2, a[0][2] = 3, a[0][3] = 4；把第 2 个花括号内数据依次赋给数组 a 的第 1 行的元素……将最后一个花括号内数据依次赋给数组 a 的最后一行的元素。

(2) 按数组元素的排列顺序依次列出各个元素的值，并只用一个花括号括起来。例如：

```
int y[3][4] = {1,2,3,4,5,6,7,8,9,10,11,12};
```

同样，y[0][0] = 1, y[0][1] = 2……y[3][4] = 12。尽管置初值的效果与第一种相同，但当数组比较大时，建议使用第一种方法。因为前一种方法是以行为单位，看起来一目了然。

(3) 只对部分元素赋初值，可有两种说明方式：一种是以行为单位，依次列出部分元素的值；另一种是以数组元素的排列顺序依次列出前面部分元素的值。例如：

```
int x[3][4] = {{1,2},{3},{4,5,6}};
```

没有明确列举元素值的元素，其值均为 0，即等同于：

```
int x[3][4] = {{1,2,0,0},{3,0,0,0},{4,5,6,0}};
```

又如：

```
int xx[3][4] = {1,2,3};
```

即 xx[0][0] = 1, xx[0][1] = 2, xx[0][2] = 3，其余的各个元素的初值为 0。

(4) 根据给定的初始化的数据，自动确定数组的行数。例如：

```
float b[ ][4] = {{1,2,3},{4,5,6},{10,11,12,14}};
```

这里定义数组 b 为 3 行 4 列的数组。又如：

```
int aa[ ][3] = {1,2,3,4,5};
```

定义数组 aa 为 2 行 3 列的数组。说明数组 b 的方式比说明数组 aa 的方式好，对应的关系清楚。注意，说明数组时只能省略行数，不能省略列数，理由是明显的，若省略列数，则行列之间的关系不唯一。

与一维数组类同,当说明为静态的多维数组或全局变量的多维数组时,系统自动地将数组的各个元素的初值置为0。同类型的同维数组之间也不能直接相互赋值。要将一个数组赋给另一个数组时,必须逐个元素赋值。例如:

```
int a[5][3],b[5][3];
```

要将数组a中的各个元素依次赋给数组b时,可用如下形式的循环语句来实现:

```
for(int i = 0; i < 5;i ++)
    for(int j = 0;j < 3;j ++)b[i][j] = a[i][j];
```

4. 二维数组程序举例

例6.5 输入一个3行4列的二维数组,设计一程序,求出数组元素中的最大值和最小值,以及最大值元素和最小值元素所在的行号和列号。

分析:首先将数据输入数组a的各个元素中,并把a[0][0]作为最大值max和最小值min,将max依次和数组中各个元素比较,若某个元素值大于max,则将该元素值赋给max。与数组中的所有元素比较完后,max中的值为最大值。最小值的求法类同。程序如下:

```
# include < iostream.h >


void main (void )
{
    int i,j,rmax,rmin,cmax,cmin,min,max ;
    int a[3][4];
    cout << "输入3行4列的二维数组:";
    for(i = 0;i < 3;i ++)                  //将数据输入数组a中
        for(j = 0;j < 4;j ++) cin >> a[i][j];
    min = max = a[0][0];                   //将0行0列的元素作为最大值和最小值
    rmax = rmin = cmax = cmin = 0;         //记录最大值和最小值所在的行列号
    for(i = 0;i < 3;i ++)
        for(j = 0;j < 4;j ++){
            if(a[i][j] > max)max = a[i][j], rmax = i, cmax = j;              //A
            if(a[i][j] < min){min = a[i][j];rmin = i;cmin = j;}             //B
        }
    cout << "最大值 = " << max << '\t'
    cout << " 所在的行号、列号为:(" << rmax << ',' << cmax << ")\n";
    cout << "最小值 = " << min << '\t'
    cout << "所在的行号、列号为:(" << rmin << ',' << cmin << ")\n";
}
```

注意,程序中A行与B行之间的不同,A行中三个赋值表达式只构成一个逗号表达式语句,所以不要用花括号括起来;B行是用三个赋值表达式语句来实现的,必须用花括号括起来构成一个复合语句。max和min的初值可以取数组中的任一个元素值,而不能取其他值。

例6.6 设计一程序,将一个4行4列的二维数组中行和列元素互换(数学上称为矩阵的转置),并存放到另一个数组中。例如:

$$a=\begin{bmatrix}11,12,13,14\\15,16,17,18\\19,20,21,22\\23,24,25,26\end{bmatrix}\qquad b=\begin{bmatrix}11,15,19,23\\12,16,20,24\\13,17,21,25\\14,18,22,26\end{bmatrix}$$

将数组 a 的行列互换后,存入数组 b 中。程序如下:

```
# include < iostream.h >

void main (void )
{
    int a[4][4] = {{11,12,13,14},{15,16,17,18},{19,20,21,22},{23,24,25,26}};
    int b[4][4],i,j;
    cout << "数组 a:\ n";
    for(i = 0;i < 4;i ++){
        for(j = 0;j < 4;j ++) cout << a[i][j] << '\t';
        cout << '\n';
    }
    for(i = 0;i < 4;i ++)
        for(j = 0;j < 4;j ++) b[j][i] = a[i][j];
    cout << "数组 b:\n";
    for(i = 0;i < 4;i ++){
        for(j = 0;j < 4;j ++)cout << b[i][j] << '\t';
        cout << '\n';
    }
}
```

执行程序后,输出:

```
数组 a:
    11      12      13      14
    15      16      17      18
    19      20      21      22
    23      24      25      26
数组 b:
    11      15      19      23
    12      16      20      24
    13      17      21      25
    14      18      22      26
```

若直接将数组 a 中的行列互换,显然只要将主对角线上的上、下三角形的行列元素互换即可,程序如下:

```
# include < iostream.h >

void main (void )
{
    int a[4][4] = {{11,12,13,14},{15,16,17,18},{19,20,21,22},{23,24,25,26}};
```

```
    int t,i,j;
    cout << "数组 a:\n";
    for(i = 0;i < 4;i ++){
        for(j = 0;j < 4;j ++) cout << a[i][j] << '\t';
        cout << '\n';
    }
    for(i = 0;i < 4;i ++)
        for(j = i;j < 4;j ++) {                    //A
            t = a[i][j]; a[i][j] = a[j][i];a[j][i] = t;
        }
    cout << "转置后数组 a:\n";
    for(i = 0;i < 4;i ++){
        for(j = 0;j < 4;j ++)cout << a[i][j] << '\t';
        cout << '\n';
    }
}
```

因只要把主对角线上的上、下三角形元素进行交换,A 行中 j 的初值不是 0,而是 i。

6.1.3 数组和函数

在定义函数时,形参可以是数组。在函数调用时,可以把数组的一个元素作为函数的实参,也可以把整个数组作为函数的实参。

1. 数组元素作为函数的参数

因实参可以是表达式,所以数组元素当然可以作为函数的实参,并将该元素的值传递给函数。

2. 数组名作为函数的实参

当形式参数定义为数组时,对应的实参可以是数组名。数组名作为实参时,可以将数组中所有元素的值传递给函数,也可以将数组元素的值带回来。换言之,整个数组可作为输入参数,也可作为输出参数。

例 6.7 设计一程序,输入一个数组,按升序排序后输出。要求用一个函数实现数组的排序。

采用例 6.4 中介绍的选择排序的方法进行排序。程序如下:

```
# include < iostream.h >

void sort(int a[10])                    //说明形参 a 为包含 10 个元素的数组
{
    int t,i,j;
    for(i = 0;i < 9;i ++)
        for(j = i + 1;j < 10;j ++)
            if(a[i] > a[j]){                //实现两数交换
                t = a[i];a[i] = a[j];a[j] = t;
            }
```

```
}
void main (void)
{
    int b[10],i;
    cout << "输入 10 个整数:\ n";
    for(i = 0;i < 10;i ++) cin >> b[i];
    sort(b);                                           //A
    cout << "排序后的结果为:\n";
    for(i = 0;i < 10;i ++) cout << b[i] << '\t';
    cout << '\n';
}
```

本例中,形参中定义的数组与实参中给出的数组大小相同。两数组的大小也可以不一致,为保证程序能正确执行,要求形参数组的大小应小于或等于实参数组的大小。否则程序虽能执行,但结果可能不正确。

数组作为函数参数的另一种方法是,在定义函数时,仅指明形参是数组,但不指定数组的大小,而用一个形参说明数组的大小。在函数调用时,一个实参为数组名,另一个实参指明数组的实际大小。如上例中的排序函数 sort( )可改写为:

```
void sort(int a[ ],int n)                         //说明形参 a 为数组,n 为数组的大小
{
    int t,i,j;
    for(i = 0;i < n - 1;i ++)
      for(j = i + 1;j < n;j ++)
          if(a[i] > a[j]){                         //实现两数交换
              t = a[i];a[i] = a[j];a[j] = t;
          }
}
```

程序中的 A 行也须作修改:

```
sort(b,10);
```

函数 sort( )经这样改写后,成为一个通用的一维数组的排序程序。如说明数组 x 的大小为 100 个元素时,语句如下:

```
int x[100];
```

调用函数 sort( )对数组 x 排序时,调用形式为:

```
sort(x,100);
```

二维数组用作函数的参数时,其用法与一维数组的用法类同,在函数定义时,可以明确指定二维数组的行数和列数,也可以不指定行数,但必须指定二维数组的列数。例如:

```
void fun1(float a[20][30])
{…}                                               //函数体
```

调用该函数时,其实参应该是 20 行 30 列的任一数组。例如:

```
float x[20][30],y[20][30];
…
```

```
fun1(x);
…
fun1(y);
…
```

*例 6.8　输入一个3行4列的二维数组,排序后输出各个元素,并求出平均值。要求用函数实现数组的排序和求平均值。

分析:用一个函数 input( )实现数据的输入; 用函数 sort( )实现数据的排序; 用函数 ave( )求平均值,并返回平均值。程序如下:

```
#include <iostream.h>

void input(float a[3][4])
{
    int i,j;
    cout << "输入3行4列的二维数组:\n";
    for(i = 0;i < 3;i++)
        for(j = 0;j < 4;j++) cin >> a[i][j];
}

void sort(float b[ ][4],int n)
{
    int i,j,k,m, col,row, flag;
    float temp;
    for(i = 0;i < n;i++)
        for(j = 0;j < 4;j++){
            row = i; col = j; flag = j + 1;                //A
            for(k = i;k < n;k++){
                for(m = flag;m < 4;m++)                    //B
                    if(b [row][col] > b[k][m])
                        row = k,col = m;                   //C
                flag = 0;                                  //D
            }
            temp = b[i][j];                                //E
            b[i][j] = b[row][col];                         //F
            b[row][col] = temp;                            //G
        }
}

float ave(float c[ ][4],int num)
{
    float sum = 0;
    for(int i = 0;i < num;i++)
        for(int j = 0;j < 4;j++) sum += c[i][j];
```

```
    sum/ = num * 4;
    return sum;
}

void main (void )
{
    float x[3][4];
    input(x);
    sort(x,3);                                    //H
    cout << "排序后的结果为: \n";
    for(int i = 0;i < 3;i ++) {
        for(int j = 0;j < 4;j ++) cout << x[i][j] << '\t';
        cout << '\n';
    }
    cout << "平均值为:" << ave(x,3) << '\n';
}
```

执行程序后,其输出结果如下:

```
输入 3 行 4 列的二维数组:
23    45    67    89
 2    34    66    100
 1    65    33    21
排序后的结果为:
 1     2    21    23
33    34    45    65
66    67    89    100
平均值为:45.5
```

函数 input( )和 ave( )比较简单,不再作说明,下面对函数 sort( )作进一步的说明。二维数组的排序要比一维数组的排序复杂一些,程序中的 A 行记住 b[i][j]的下标值。当 b[i][j]与其后的各个元素比较时,分两种情况:第一种情况是与第 i 行上的元素比较,可以从第 j + 1 个元素开始,为此把 j + 1 赋给 flag,并作为内层循环变量 m 的初值;第二种情况是与第 i + 1 或 i + 2 行上的元素比较,必须从第 i + 1 或 i + 2 行上的第 0 列元素开始,即要将内层循环变量 m 的初值置为 0,因此在第一次由 m 控制的循环结束时,将 0 赋给 flag(参见 D 行)。B 行保证在 k = i 时,m 的初值置为 j + 1;而当 k 取其他值时,m 的初值置为 0。C 行的作用是记住自 b[i][j]后最小值的下标。E、F、G 行的作用是将 b[i][j]后的最小值与 b[i][j]交换。

由于二维数组中的元素是按行的顺序依次存放的,所以可以把二维数组作为一维数组来排序。也可用以下函数 sort1( )来代替例中的函数 sort( ):

```
void sort1(float a[],int m)
{
    int i,j;
    float t;
    for(i = 0;i < m - 1;i ++)
```

```
        for(j=i+1;j<m;j++)
            if(a[i]>a[j])
                {t=a[i]; a[i]=a[j];a[j]=t;}
    }
```
主函数中的 H 行用下面的行来代替：

```
sort1((float*)x,3*4);
```

其中对 x 作的强制类型转换是必要的，其含义在指针这一章中再加以说明，第二个参数为二维数组的元素个数。比较这两个排序函数，显然后一排序函数比前一函数要简单得多。当然也可把多维数组转换为一维数组来排序。

类似地，三维或更多维数组作为函数的形参时，仅允许最高维不说明其大小，其余维必须指定其大小。如三维数组作为函数的参数：

```
void aaa(float x[][15][20],int num)
{…}
```

三维数组 x 的第一维的大小由参数 num 指定，第二维的大小为 15，第三维的大小为 20。

6.2 字符数组的定义及应用

字符类型的数组可以与前面介绍的数组一样来使用，其中每一个元素存放一个字符。为了更方便地使用字符数组，通常把字符数组用来存放字符串，这时可把字符数组作为一个整体来使用。

6.2.1 字符数组的定义

字符数组的定义与一般数组的定义完全相同，只是在字符数组中，每一个元素的值为所存放字符的 ASCII 码值。定义字符数组的一般格式为：

《存储类型》char <数组名>[<常量表达式>]；

在 C++ 中，可以将字符的值作为整数来处理，整数也可以作为字符来处理(整数的值应在 0~255 之间)。从这个意义上讲，字符型和整数型之间是通用的，但两者又是有区别的。例如：

```
char s1[100];
int s2[100];
```

为 s1 分配的存储空间为 100 个字节，而为 s2 分配的存储空间为 400 个字节。

6.2.2 字符数组的初始化

在定义字符数组时，给字符数组初始化的方法有以下几种。

1. 在花括号中依次列出各个字符，字符之间用逗号隔开。例如：

```
char s[10] = {'I',' ','a','m',' ','s','t','u'};
```

则 s[0] = 'I',s[1] = ' '……s[8] = s[9] = 0。应保证在花括号中列出的字符个数小于或等于字符数组的大小。当仅列出数组的前一部分的元素值时，其余元素的值由系统自动置为空(其 ASCII 码值为 0)。当列举的字符个数大于数组的大小时，编译时将会给出语法错误。

2. 与一维数组相同，可在定义字符数组时不指定数组的大小，由系统根据所列举的字符个数来确定字符数组的大小。例如：

```
char ss1[ ] = {'I',' ','a','m',' ','a','s','t','u'};
```

定义了字符数组 ss1 的大小为 9。

3. 把用双引号括起来的一个字符串作为字符数组的初值。例如：

```
char s4[80] = { "You are students!"};
char s3[100] = "I am a student!";
```

用花括号把字符串括起来与不括起来的效果是相同的，都是将字符串中的每一个字符依次存放到数组的元素中。当列举的字符个数小于数组的大小时，没有列举出的元素值均为 0（也是用字符'\ 0'来表示）。如字符数组 s3，经赋初值后，s3[0] = 'I'，s3[1] = ' '，s3[2] = 'a'……s3[14] = '!'，其余元素的值均为 0。这种置初值的方式，也可以不指定字符数组的大小。例如：

```
char s4[ ] = "I am a student!";
```

则指定数组 s4 的元素个数为 16，该值比实际字符串中的字符个数大 1。最后增加的一个元素存放字符串的结束符（其值为 0）。而：

```
char ss1[ ] = {'I',' ','a','m',' ','a',' ','s','t','u','d','e','n','t','!'};
```

由于列举了 15 个字符，数组 ss1 的大小为 15。要注意到用字符串置初值与依次列举字符置初值之间的差异。

6.2.3 字符数组的使用

使用字符数组中某一元素的方法与一般的数组相同，一维数组用一维下标，二维数组用二维下标，多维数组使用多维下标。例如：

```
char x[20], s1[20][15];
…
x[5] = 'a'; s1[2][5] = 'f';
```

例 6.9 依次输出字符数组中的每一个字符。

```
# include < iostream.h >

void main (void )
{
    char s3[ ] = "I am a student!";
    for(int i = 0; i < sizeof(s3); i ++)cout << s3[i];
    cout << '\n';
}
```

执行程序后，输出：

```
I am a student!
```

在 C++ 中，可以把字符数组中存放的字符作为字符串来处理。在使用过程中要注意字符串的结束符（'\0'或 0）。把字符数组作为字符串使用时，当遇到'\0'，认为字符串结束，而不管其数组定义时的大小。当逐个地使用字符数组中的字符时，可以不关心字符串的结束符。字符数组在输入/输出时，通常是作为字符串来处理的。

6.2.4 字符数组的输入/输出

字符数组的输入/输出方法有两种。

(1) 逐个字符的输入/输出。这种输入/输出的方法通常采用循环语句来实现。例如：

```
char str[10];
cout << "输入十个字符:";
for(int I = 0;I < 10;I ++)cin >> str[I];                //A
...
```

A 行将输入的 10 个字符依次送给数组 str 中的各个元素。

(2) 把字符数组作为字符串输入/输出。对于一维字符数组的输入,在 cin 中仅给出数组名;输出时在 cout 中也只给出数组名。

例 6.10 将两个字符串分别输至两个字符数组中,并把这两个数组中的字符串输出。

```
# include < iostream.h >

void main (void )
{
    char s1[50],s2[60];
    cout << "输入两个字符串:";
    cin >> s1;
    cin >> s2;
    cout << " \n s1 = " << s1;
    cout << " \n s2 = " << s2 << '\n';
}
```

程序在执行期间, 在输出的提示符"输入两个字符串:"后,输入以下字符串:

```
strings is abc.
```

输出为:

```
s1 = strings
s2 = is
```

显然将输入的字符串"strings"送到 s1 中,将"is"送给 s2。注意,在输入字符串时,遇到空格字符或换行字符(Enter 键),认为一个字符串结束,接着的非空格字符作为一个新的字符串开始。把一个字符数组中的字符作为字符串输出时,当遇到字符'\0'时,认为字符串结束。当要把输入的一行作为一个字符串送到字符数组中时,则要使用函数 cin.getline( )。该函数的第一个参数为字符数组名,第二个参数为允许输入的最大字符个数。

例 6.11 使用函数 cin.getline( )实现字符串的输入。

```
# include < iostream.h >

void main (void )
{
    char s3[81];
    char s4[8] = {'s','j','f','s','k','l','f','j'};
    cout << "输入一行字符串:";
```

```
    cin.getline(s3,80);                    //A
    cout << "s3 = " << s3 << '\n';         //B
    cout << "s4 = " << s4 << '\n';         //C
}
```

执行该程序时,在提示信息"输入一行字符串:"后输入:

```
You are students.
```

接着输出:

```
s3 = You are students.
s4 = sjfsklfjYou are students.
```

程序中的 A 行把"You are students."送给 s3。当输入行中的字符个数小于 80 时,将实际输入的字符串(不包括换行符)全部送给 s3;当输入行中的字符个数大于 80 时,只取前面的 80 个字符送给字符串。B 行输出 s3 中的字符串。C 行除了输出字符数组 s4 中包含的 8 个字符外,还输出其他字符。由于是按逐个字符的方式给 s4 初始化的,而不是按字符串的方式初始化,所以 s4 中没有字符串的结束符。把 s4 中的字符作为字符串输出时,由于在最后的一个字符'j'后没有结束字符,仍把紧跟其后存储空间中的值作为字符输出,直至遇到字符串结束字符为止。所以当把字符数组中的字符作为字符串输出时,必须保证在数组中包含字符串结束符。

6.3 字符串处理函数

在 C++ 中,为用户提供了处理字符串的库函数,这些函数都在头文件 string.h 中作了说明。本节介绍几个常用的字符串处理函数及其使用方法。

6.3.1 字符串处理函数

1. 字符串的拷贝函数 strcpy (字符数组名 1, 字符数组名 2)

将字符数组名 2 中的字符串拷贝到字符数组名 1 中,这种拷贝连同字符串的结束符一起拷贝。例如:

```
char str1[80] = "I am a student.";
char str2[70];
strcpy(str2,str1);
```

将 str1 中的字符串拷贝到 str2,使 str2 包含字符串"I am a student."

函数 strcpy( )的第二个参数也可以是一个字符串。例如:

```
char ss[90];
strcpy(ss,"我们是教师");
```

执行后字符数组 ss 中包含了字符串"我们是教师"。

2. 实现两个字符串拼接的函数 strcat (字符数组名 1, 字符数组名 2)

将字符数组名 2 中的字符串拼接到字符数组名 1 中的字符串的后面,构成一个新的字符串,并存放在字符数组名 1 中。例如:

```
char s1[80] = "学生";
char s2[40] = "学习课程";
```

```
    strcat(s1,s2);
```
则 s1 中存放的字符串为:“学生学习课程”。

函数 strcat( )的第二个参数也可以是一个字符串。例如:
```
    char s3[60] = "You ";
    strcat(s3,"are a students!");
```
则 s3 中包含字符串“You are a students!”。

3. 字符串比较函数 strcmp(字符串 1,字符串 2)

该函数的两个实参均可以是字符数组名,也可以是一个字符串。对两个字符串进行比较的规则是:从两个字符串的首字符开始自左至右逐个字符进行比较,这种比较是按字符的 ASCII 码值的大小来进行的,直到出现两个不同的字符或遇到字符串的结束符'\0'为止。如果两个字符串中的字符均相同,则认为两个字符串相等;当两个字符串不同时,则以自左至右出现的第一个不同字符的比较结果作为两个字符串的比较结果,并将该比较结果作为函数的返回值返回。若两个字符串相等,则返回 0;若字符串 1 大于字符串 2,返回一个正整数;若字符串 1 小于字符串 2,返回一个负整数。

下面所定义的函数实现了函数 strcmp( )相同的功能:
```
    int stringcomp(char s1[],char s2[])
    {
        int j = 0,k;
        while((k = s1[j] - s2[j]) == 0&&s1[j])j ++ ;
        return k;
    }
```
请读者自行分析该函数的实现过程。

4. 求字符串的长度函数 strlen (字符串)

该函数的实参可以是字符数组名,也可以是字符串。该函数求出字符串中的字符个数(不包括字符'\0')作为字符串的长度值,并返回该值。例如:
```
    char s6[80] = "People";
    cout << strlen(s6) << '\n';            //A
    cout << strlen("教师") << '\n';        //B
```
A 行的输出结果为 6,B 行的输出结果为 4。

下面所定义的函数实现了函数 strlen( )相同的功能:
```
    int strlength(char s[ ])
    {
        int len = 0;
        while(s[len ++]);
        return len - 1;
    }
```
5. 大写字母变换成小写字母函数 strlwr (字符数组名)

该函数将字符数组中存放的字符串中的所有大写字母变换成小写字母。

6. 小写字母变换成大写字母函数 strupr(字符数组名)

该函数将字符数组中存放的字符串中的所有小写字母变换成大写字母。

7. 函数 strncmp(字符串 1,字符串 2 , maxlen)

该函数的第一个和第二个参数均可为字符数组名或字符串,第三个参数为正整数,它限定了最多可比较的字符个数。若字符串 1 或字符串 2 的长度小于 maxlen 的值时,该函数的功能与 strcmp( )相同。当两个字符串的长度均大于 maxlen 的值时,maxlen 为至多要比较的字符个数。例如:

```
cout << strncmp("China","Chifjsl;kf ",3) << '\n';
```

因两个字符串的前三个字符相同,所以输出的值为 0。

8. 函数 strncpy(字符数组名 1, 字符串 2, maxlen)

第二个参数可以是数组名,也可以是字符串,第三个参数为一个正整数。当字符串 2 的长度小于 maxlen 的值时,该函数的功能与 strcpy( )完全相同;当字符串 2 的长度大于 maxlen 的值时,只把字符串 2 中前面的 maxlen 个字符拷贝给第一个参数所指定的数组中。例如:

```
char s[90],s1[90];
strncpy(s,"abcdssfsdfk",3);                    //A
strncpy(s1,"abcdef",90);                        //B
```

A 行仅拷贝前面的三个字符,s 中的字符串为“abc”。在 B 行中,由于字符串"abcdef"的长度小于 90,则将该字符串全部拷贝到 s1 中。

注意,两字符串之间不能直接进行比较、赋值等操作,这些操作必须通过字符串函数来实现。

6.3.2 字符数组的应用举例

例 6.12 输入三个字符串,按升序排序后输出。

```
# include < iostream.h >
# include < string.h >

void strswap(char a[],char b[])                //实现两个字符串的交换
{
    char t[80];
    strcpy(t,a);
    strcpy(a,b);
    strcpy(b,t);
}

void main (void)
{
    char s1[80],s2[80],s3[80],s[80];
    cout << "输入三行字符串:\n";
    cin.getline(s1,80);                         //输入字符串
    cin.getline(s2,80);
    cin.getline(s3,80);
    if (strcmp(s1,s2) > 0) strswap(s1, s2);
    if (strcmp(s1,s3) > 0) strswap(s1, s3);
    if (strcmp(s2,s3) > 0) strswap(s2, s3);
```

```
    cout << "排序后的结果为 :\n";
    cout << s1 << '\n';
    cout << s2 << '\n';
    cout << s3 << '\n';
}
```

该程序比较简单,读者可自行分析。

例 6.13 输入一行字符串, 设计一程序,统计其中有多少个单词, 单词之间用一个或多个空格隔开。

分析:假定每次输入一行字符串中均包含了合法的英语单词,并且只包含单词和空格,而不包含其他字符。设输入的字符串放在数组 s 中。求单词个数可分以下两步来实现:

(1) 跳过开头的一个或多个空格字符,下标移到一个单词的开始位置。可用如下的循环语句来实现:

```
int i = 0, count = 0;
while(s[i] == ' ') i++;
```

(2) 单词的计数器 count 加 1,接着跳过该单词,下标移到该单词之后的第一个空格字符处。可用如下语句来实现:

```
count++;
while(s[i] != ' ')i++;
```

重复以上两步,直到把下标移到 s 中的字符串结束字符为止。程序如下:

```
#include <iostream.h>
#include <string.h>

void main (void )
{
    char s[200];
    int count,i,j;
    cout << "输入一行字符串:\n";
    cin.getline(s,200);
    for (count = 0, j = strlen(s),i = 0;i < j;) {
        while (s[i] == ' '&&i < j)i++;          //跳过空格字符
        if (i < j) count++;                      //单词数加 1
        while (s[i] != ' '&&i < j)i++;          //跳过一个单词
    }
    cout << "输入的字符串为:\n" << s << '\n';
    cout << " 字符串中包含的单词数为:"<< count << '\n';
}
```

程序执行时,若输入的一行字符串为:

```
You are a worker.
```

则输出:

```
字符串中包含的单词数为: 4
```

练 习 题

1. 读入一组整数到一维数组中,设计一程序,找出其中最大的偶数和最大的奇数(若没有奇数时,输出“没有奇数!”)并输出。

2. 输入一组非0整数(以输入0作为输入结束标志)到一维数组中,设计一程序,求出这一组数的平均值,并分别统计出这一组数中正数和负数的个数。

3. 输入10个数到一维数组中,按升序排序后输出。分别用三个函数实现数据的输入、排序及输出。

4. 输入n个数到一维数组中,求均方差:

$$D=\sum_{i=0}^{i=n-1}(a_i-M)^2$$

其中 $M=(\sum_{i=0}^{i=n-1}a_i)/n$。

5. 设计一程序,求一个4×4矩阵两对角线元素之和。

6. 设计一程序,先输入一个4×4的矩阵,转置后输出结果。例如:

```
1    2    3    4
5    6    7    8
9    10   11   12
13   14   15   16
```

转置后为:

```
1    5    9    13
2    6    10   14
3    7    11   15
4    8    12   16
```

7. 用一个二维数组 float cla[50][2]来存放一个班级的两门课程(C++和计算机应用基础)的成绩。先输入一个班的人数(小于50),再依次输入每一个人的两门课程的成绩。设计一程序,求出全班的平均成绩和每一门课程的平均成绩。

8. 设计一程序,用 cin.getline( )将一个字符串输入到字符数组S(char S[200])中,删除字符串中的所有空格后输出。

9. 设计一程序,用 cin.getline( )将一个字符串输入到字符数组中,按反序输出。例如,输入“Abcd e”,则输出“e dcbA”。

10. 设计一个函数 int strlen(char s[ ]),求出字符串s中包含的字符个数,并作为函数的返回值(要求不使用C++的库函数 strlen( ))。

11. 设计一个函数 void strcpy(char a[ ],char b[ ]),将b中的字符串拷贝到数组a中(要求不使用C++的库函数 strcpy( ))。

12. 设计一个函数 void strcat(char a[ ],char b[ ]),将b中的字符串拼接到数组a中的字符串的后面,构成一个字符串(要求不使用C++的库函数 strcat( ))。

13. 用筛选法求出2~200之间的所有素数。

第 7 章

结构体、共同体和枚举类型

C++ 语言的导出数据类型除了前一章介绍的数组之外，还有结构体、共同体、枚举类型和类等。本章介绍结构体、共同体、枚举类型的定义方法及其应用。

7.1 结构体的定义及应用

数组是同一类型的数据的集合，但在实际应用中，还常要将不同类型的数据作为一个整体来处理。如要描述一个学生的数据可以包括：学号、学生的姓名、性别、年龄、成绩等数据项，这些数据项属于不同的数据类型。如姓名是字符串类型，而成绩是实型等。把不同类型的数据作为一个整体来处理，这种类型的数据称为结构体。

7.1.1 结构体类型的说明

结构体类型是一种导出的数据类型，编译程序并不为任何数据类型分配存储空间，只有定义了结构体类型的变量时，系统才为这种变量分配存储空间。要定义结构体变量，必须先说明结构体类型。如描述上面的学生基本情况的结构体可以是：

```
struct student {
  int id;                        //学号
  char name[20];                 //姓名
  char sex;                      //性别
  int age;                       //年龄
  float eng, phy, math,poli;     //英语、物理、数学和政治的成绩
};
```

定义一个结构体类型的一般格式为：

```
struct <结构体类型名> {
     <类型名> <变量 1>;
    《<类型名> <变量 2>…》
};
```

其中，结构体类型名由标识符组成，花括号中依次列举变量的类型和变量名，每一个变量的类型可以是基本类型或者是导出类型。把花括号中所定义的变量称为结构体的成员或分量。如前面定义的结构体 student，它有 8 个成员，每一个成员的含义已在注解中作了说明。

注意，在定义结构体的成员时，不能指定成员的存储类型为 auto、register、extern，这是由于系统不为结构体类型分配任何存储空间，但可以指定成员的存储类型为 static。例如：

```
struct test{
     auto int i,j;              //不正确，不能指定为自动存储类型
```

```
    register int x;              //不正确,不能指定为寄存器存储类型
    extern int f;                //不正确,不能指定为外部存储类型
    static int y;                //正确,可指定为静态存储类型
};
```

当结构体成员定义为静态存储类型时,其作用与用途在后面作说明。

在一个程序中,一旦定义了一个结构体类型,就增加了一种新的数据类型,也就可以用这种结构体类型说明变量。

7.1.2 定义结构体类型变量

结构体类型的变量与其他类型的变量一样,定义在前,使用在后。定义结构体类型,只是规定了结构体中成员的结构框架或存储格式,并不为结构体类型分配存储空间。在定义结构体变量时,编译程序按照结构体中所定义的存储格式为结构体类型变量分配存储空间。定义结构体类型变量的一般格式为:

《存储类型》<结构体类型名> <变量名1>《,<变量名2>…》;

或者

《存储类型》struct <结构体类型名> <变量名1>《,<变量名2>…》;

struct可有可无。在本书中均采用前一种格式。如前面定义的结构体类型student,可定义student类型的变量:

```
student s1, s2[10];
```

这里定义s1为结构体student类型的变量,s2定义为student类型的数组,编译程序要为这两个变量分配存储空间。为s1分配的内存空间如图7-1所示。

id	4个字节
name	20个字节
sex	1个字节
age	4个字节
eng	4个字节
phy	4个字节
math	4个字节
poli	4个字节

图7-1 为s1分配存储空间的结构

实际上,定义结构体类型变量的方法有三种,下面通过例子说明之。

例7.1 用三种方法定义结构体类型变量。

```
# include < iostream.h >
# include < string.h >

struct s1 {
    char name[20];
    char addr[40];
    char tel_num[7];
    int id;
};

struct s2 {
    int id_no;
    int eng, phy, math;
    float ave;
} stu1, stu2;                //A 定义结构体类型变量

main( )
{
```

```
    s1  r1,r2;                    //B 定义结构体类型变量
    s2  r3,r4;
    struct {
        int year , month ,day;
    } date1, date2;               //C 定义结构体类型变量
    strcpy(r1.name,"zhang sa");
    strcpy(r1.addr,"Nangjin China");
    r2 = r1 ;
    cout << " \n name = " << r2.name << "addr = " << r2.addr << '\n';
    stu1.eng = 90;
    cout << " \n eng = " << stu1.eng;
    date1.year = 1994, date1.month = 12 , date1.day = 27;
    cout << " \n" << date1.year << "month = " << date1.month << "day = "
              << date1.day << '\n';
    r3.eng = 100;
    cout << " \n r3.eng = " << r3.eng << '\n';
}
```

第一种定义结构体变量的方法是:先定义结构体的类型,再定义结构体类型的变量。如程序中的 B 行,定义了变量 r1、r2,r1、r2 为局部变量。第二种方法是在定义结构体类型的同时,直接定义结构体类型的变量。如程序中的 A 行定义了结构体类型变量 stu1、stu2,stu1、stu2 为全局变量。第三种方法是不定义结构体的类型名直接定义结构体类型变量。如程序中的 C 行,定义了结构体类型变量 date1、date2,这两个变量也是局部变量。

由于前两种方法都定义了结构体的类型名,在程序中可用该类型名来定义其他结构体类型变量;而第三种方法没有定义类型名,也就无法再定义这种类型的变量。建议使用第一种格式来定义结构体类型的变量。对于一个大的程序,通常把所有定义的结构体类型集中存放在一个或几个头文件中,在程序文件中用到某一种结构体类型的变量时,只需包含相应的头文件即可。

结构体类型变量也存在作用域的问题,其作用域与前面介绍的一般变量的作用域相同,即在函数定义外定义的结构体类型变量为文件作用域;而在函数体内定义的变量为块作用域。同样地,定义的结构体名也存在作用域问题,与前面讨论的变量作用域相同。

注意,在定义结构体类型的变量时,可以指定其存储类型。例如:

```
static s1 s5;
auto s1 stru2;
extern s1 stru3;
```

以上说明的结构体类型变量都是合法的。

与数组类同,在定义结构体类型变量时,可对结构体类型变量进行初始化。其初始化的方法是用花括号将每一个成员的值括起来。例如:

```
s1 a3 = {"张三","南京","445681",35};
```

表示 a3 的成员 name 初始化为"张三", 成员 addr 初始化为"南京", 成员 tel_num 初始化为"445681", 成员 id 的值为 35。注意,在初始化时,在花括号中列出的值的类型及顺序必须与该结构体类型定义中所说明的结构体成员一一对应。例如:

```
s1 a4 = {"张三","南京",445681,35};
```

则编译给出警告信息，且 a4 的成员 tel_num 和 id 的初始化值都不正确了。又如：

```
s1 a5 = {"张三","南京","4456819",35};
```

则给出编译错误，因 a5 的成员 tel_num 只能存放 7 个字符，而字符串"4456819"要占用 8 个字符的位置（字符串结束符要占用一个字符的位置）。

7.1.3　结构体类型变量及其成员的使用

使用结构体类型变量的成员，其方法是：在结构体类型变量后指明要访问的成员名，其一般格式为：

结构体变量名.成员名

其中"."称为成员运算符。在例 7.1 中已多次使用了这种方法来对结构体类型变量的成员进行赋值或输出。

关于结构体类型的变量的使用，须说明以下几点。

1. 同类型的结构体类型变量之间可以直接赋值。这种赋值等同于各个成员的依次赋值。如定义如下的结构体类型：

```
struct test{
    int m,n;
    char name[20];
};
test s1 = {45,100,"zhang ming"},s2,s3;
s2 = s1;
```

其中"s2 = s1"；等同于：

```
s2.m = s1.m;
s2.n = s1.n;
strcpy(s2.name,s1.name);
```

2. 结构体类型变量不能直接进行输入/输出，它的每一个成员能否直接进行输入/输出，取决于其成员的类型，若是基本类型或字符数组，则可以直接进行输入/输出。如：

```
cin >> s3;                                   //错误
cin >> s3.m >> s3.name;                      //正确
```

3. 结构体类型变量可以作为函数的参数，函数也可以返回结构体的值。当函数的形参与实参为结构体类型的变量时，这种结合方式属于值调用方式，即属于值传递，只能用作输入参数，在函数中能使用结构体成员的值或结构体类型变量的值；但不能用作输出参数，不能将在函数内修改后的结构体成员值作为参数返回。

例 7.2　结构体类型变量用作函数的参数。

```
# include < iostream.h >

struct s {
    int m;
    float x;
};
```

```
void swap( s s1,s s2)
{
    s t;
    t = s1; s1 = s2;
    s2 = t;
}

s fun(s s1,s s2)
{
    s t;
    t.m = s1.m + s2.m;
    t.x = s1.x + s2.x;
    return t;
}

void main(void )
{
    s r1 = {100,250.5},r2 = {200, 350.5};
    swap(r1,r2);                                          //A
    cout << "r1.m = " << r1.m << '\t' << "r1.x = " << r1.x << '\n';
    cout << "r2.m = " << r2.m << '\t' << "r2.x = " << r2.x << '\n';
    s sum;
    sum = fun(r1,r2);
    cout << "sum.m = " << sum.m << '\t' << "sum.x = " << sum.x << '\n';
}
```

执行程序后,输出:

```
r1.m = 100        r1.x = 250.5
r2.m = 200        r2.x = 350.5
sum.m = 300       sum.x = 601
```

A 行调用了函数 swap( ),在该函数内对两个结构体类型变量的值作了交换,由于属于值调用方式,输出 r1 和 r2 的成员值仍为原来的值。

7.1.4 结构体数组

数组是相同类型的数据元素的集合,当然数据元素的类型也可以是结构体。由结构体类型的元素组成的数组称为结构体数组。定义结构体数组的方法与定义结构体类型变量的方法完全类同,也可有三种方法,只要在每一种方法的基础上,增加维数的说明即可。例如:

```
struct s {
    int id_no;
    int eng, phy, math;
    float ave;
}stu1[10], stu2[20][50];
```

分别定义了一维数组 stu1 和二维数组 stu2。

在说明结构体数组时，也可对它进行初始化，其方法与数组类同：第一种方法是将每一个元素的成员值用花括号括起来，再将数组的全部元素值用一对花括号括起来；第二种方法是在一个花括号内依次列出各个元素的成员值。

例 7.3　用两种方法初始化结构体数组。

```
# include < iostream.h >
struct s {
    int id;
    int eng, math;
};

void main(void)
{
    s r[3] = {{15,60,70},{10,100,100}};
    s rr[2] = {1,60,30,4,80,90};
    for(int i = 0;i < 3;i++)
        cout << r[i].id << '\t' << r[i].eng << '\t' << r[i].math << '\n';
    for(i = 0;i < 2;i++)
        cout << rr[i].id << '\t' << rr[i].eng << '\t' << rr[i].math << '\n';
}
```

执行程序后，输出：

```
15      60      70
10      100     100
0       0       0
1       60      30
4       80      90
```

程序中对数组 r 置初值时，采用了第一种方法，并且仅对前两个元素置初植，另一个元素各个成员的初值为 0。而对数组 rr 则采用了第二种方法置初值。建议使用第一种方法给结构体数组置初值。

例 7.4　建立一个学生档案的结构体数组，描述一个学生的信息：姓名、性别、年龄和课程 C++ 的成绩，并输出已建的学生档案。

```
# include < iostream.h >
struct student {
    char name[10];
    char sex[4];
    int age;
    float cScore;
};

student Input( student x)
{
    cout << "输入姓名、性别、年龄和课程 C++ 的成绩:";
    cin >> x.name >> x.sex >> x.age >> x.cScore;
```

```
    return x;
}

void Output(student x)
{   cout << x.name << '\t' << x.sex << '\t' << x.age << '\t' << x.cScore << '\n';}

void main(void)
{
    student sts[5];
    for(int i = 0;i < 5;i ++)
        sts[i] = Input(sts[i]);
    for(i = 0;i < 5;i ++)
        Output(sts[i]);
    cout << '\n';
}
```

在本例中,函数 Input( )输入一个结构体类型变量的值,并返回已输入值的结构体类型变量。函数 Output( )输出一个结构体类型变量的成员值。这两个函数的形参与实参都为结构体类型的变量,由于这种形参与实参的结合属于值调用方式,其效率比较低。若把形参改为引用类型的结构体类型变量,程序的运行效率要高一些,即系统的开销要小一点。改为引用调用方式后,程序如下:

```
# include < iostream.h >
struct student {
    char name[10];
    char sex[4];
    int age;
    float cScore;
};

void Input( student &x)
{
    cout << "输入姓名、性别、年龄和课程 C++ 的成绩:";
    cin >> x.name >> x.sex >> x.age >> x.cScore;
}

void Output(student &x)
{   cout << x.name << '\t' << x.sex << '\t' << x.age << '\t' << x.cScore << '\n';}

void main(void)
{
    student sts[5];
    int i;
    for (i = 0;i < 5;i ++) Input(sts[i]);
```

```
    for (i = 0; i < 5; i++) Output(sts[i]);
    cout << '\n';
}
```

该程序与前一个程序相比,不但效率提高了,而且程序也紧凑了。引用类型在第8章中介绍。

*7.1.5 结构体类型的静态成员

当把结构体类型中的某一个成员的存储类型定义为静态时,表示在这种结构体类型的所有变量中,编译程序为该成员只分配一个存储空间,即这种结构体类型的所有变量共同使用该成员的存储空间。

例 7.5 静态成员的初始化及其应用。

```
#include <iostream.h>

struct s{
    static int id;
    int eng;
};
int s::id = 50;                              //A
s s1;

void main(void)
{
    s s2, s3;
    cout << "s1.id = " << s1.id << '\n';
    s2.id = 200;
    cout << "s2.id = " << s2.id << '\n';
    cout << "s1.id = " << s1.id << '\n';
    s3.id = 400 ;
    cout << "s3.id = " << s3.id << '\n';
    cout << "s1.id = " << s1.id << '\n';
    cout << "s2.id = " << s2.id << '\n';
}
```

执行该程序后,输出:

```
s1.id = 50
s2.id = 200
s1.id = 200
s3.id = 400
s2.id = 400
s1.id = 400
```

程序中把成员 id 的存储类型定义为静态的。从例中可以看出,s1.id、s2.id、s3.id 使用的是同一个变量(同一个存储空间),当改变 s3.id 的值为 400 时,s1.id、s2.id 的值也改为 400。

在结构体中说明的静态成员属于引用性说明,必须在文件作用域中的某一个地方对静态的成员进行定义性说明,且仅能说明一次。程序中的A行就是对成员id的定义性说明,在定义性说明时也可以对该成员进行初始化。A行使id的初值置为50。若A行写成如下形式:

```
int s ::id;
```

则id的初值为0(静态变量的缺省初值均为0)。A行中的"::"称为作用域运算符,它表示id是属于结构体类型s的成员。对结构体的静态成员进行定义性说明的一般格式为:

```
<类型> <结构体类型名>::<静态成员名>;
```

其中,类型要与在结构体中定义该成员的类型一致,结构体类型名指明静态成员属于哪一个结构体。该说明语句的作用是为该静态的成员分配存储空间,并为其置初值。

最后要说明的是:结构体中的成员可为已定义的任意类型,当然也可以是结构体类型的成员。例如:

```
struct date{
    int year, month, day;
};
struct s{
    char name[20];
    int id;
    date d1;
};
s  s1;
…
s1.d1.year = 1999; s1.d1.day = 2;
```

当要访问嵌套在内层的结构体成员时,同样是使用嵌套的成员运算符"."来实现的。在结构体中嵌套结构体的次数没有限制。

*7.2 位 域

当要表示一个0~15之间的无符号整数时,一般要占用两个或四个字节,实际上可用四个二进位表示。由此,为了节省存储空间,可以在一个字或一个字节中表示几个数或建立若干个标志(一个标志用0或1来表示),具体做法是将一个字或一个字节根据需要划分成若干个位域。

定义位域的方法是定义一个结构体,在结构体中指定每一个成员占用的二进制的位数,即位域。定义位域的一般格式为:

```
struct <结构体名> {
  unsigned <位域名1>:<二进位数>;
  unsigned <位域名2>:<二进位数>;
  …
};
```

其中,位域名由标识符构成,也称其为成员名。例如:

```
struct data {
    unsigned flaga:1;
```

```
        unsigned flagb:2;
        unsigned flagc:4;
    } flag;
    data f1;
```

定义了一个位域类型 data,其中成员 flaga 占用一个二进位,其取值只能是 0 或 1; flagb 占用两个二进位,只能取 0、1、2、3 中的某一个值; flagc 占用四个二进位,只能取 0 ~ 15 之间的某一个值。在上例中 flag 和 f1 为位域类型的变量,系统为 flag 和 f1 各分配一个字节的存储空间。对位域类型变量的使用方法与结构体类型变量的使用方法完全相同。例如:

```
flag.flaga = 1; flag.flagb = 3;
```

关于位域类型,须说明以下几点:

(1) 位域的类型必须为无符号整型。在一个结构体中定义的任一个位域都必须在同一个字中。如果本字中剩余的二进制位数不够定义一个位域时,则该字的剩余的二进位不用,而从下一个字开始。

(2) 当要跳过某几个二进位时,可以定义一个无名的位域。例如:

```
struct data1 {
    unsigned flaga:4;
    unsigned :4;                    //跳过 4 个二进位
    unsigned flagc:2;
    unsigned flagd:7;
    int i;
} flag1;
```

(3) 一个位域的长度不能大于一个字的长度。

(4) 位域变量的使用方法与结构体类型变量的使用方法完全一样。同类型的位域变量之间可以相互赋值,位域变量作为函数的参数时,属于值传递,它也不能直接输入/输出。

(5) 同一字中位域的分配方向随机器而异,可能从右到左,也可能从左到右。

(6) 位域变量的成员只能作为一个无符号整数来使用,当要存入一个成员中的数大于该成员所能表示的范围时,超过的高位部分被丢去,即按取模后的数存入该成员。例如:

```
flag1.flaga = 17;
```

则成员 flaga 的值为 1,因 flaga 占用四个二进位,表示最大的无符号整数为 15,所以上面的语句等同于:

```
flag1.flaga = 17%16;
```

注意,在主存空间够用的情况下,通常不要使用位域变量。虽然使用位域变量可以节省存储空间,但存取位域变量的值时,花费的时间多。位域变量主要用于系统程序设计中。

7.3 共同体的定义及应用

7.3.1 共同体类型

设有字符型变量 c、整型变量 j 和实型变量 x,若这三个变量在使用过程中互斥,即当用到 c 时,一定用不到 j 和 x,当用 j 时,一定不用 c 和 x,则无需为三个变量分配不同的存储空间，而可使三个变量共同使用同一个存储空间。具有这种存储特性的变量称为共同体类型的变量。要定义这种变量，首先要定义共同体类型。共同体类型的定义方法与结构体类型的定义方法类似，只要用 union 代替 struct 即可，其定义格式如下：

```
union <共同体类型名> {
    <类型> <成员名 1>;
   《<类型> <成员名 2>;
    …
    <类型> <成员名 n>;》
};
```

其中，共同体类型名由标识符构成，成员名也由标识符构成。对结构体类型所作的说明也适合于共同体。

7.3.2 共同体类型变量的说明及使用

说明共同体类型变量的方法与说明结构体类型变量的方法完全类同，也有三种方法：第一种方法是先定义共同体类型，再定义共同体类型变量；第二种方法是在定义共同体类型的同时，定义共同体类型变量；第三种方法是不定义共同体的类型名，直接定义共同体类型变量。例如：

```
union data {
    char c;
    int j;
};
data d1,d2;                //先定义类型，后定义共同体变量 d1、d2

union data1 {
    char c1;
    int i1;
}x1,x2,x3;                 //定义共同体类型的同时定义共同体变量 x1、x2、x3

union {
    char c ;
    int i;
    float x;
} a, b,c;                  //不定义共同体类型，直接定义共同体变量
```

使用共同体变量成员的一般格式为：

<共同体变量名>.<成员名>

例如：

```
x.c1 = 'a'; a.i = 25;
```

由于共同体类型变量的使用方法与结构体类型变量的使用方法相同，加上计算机的内存越来越大，通常程序设计中已较少使用共同体类型的变量，由此就不举例作进一步说明了。

7.3.3 共同体数据类型的特点

共同体类型变量与结构体类型变量类同,它不能直接输入/输出,用作函数的参数时,也是作为值传递,同类型的共同体类型变量之间可以相互赋值等。在使用的过程中,还应注意以下几点。

(1) 同一共同体内的所有成员共用同一个存储区域,其存储区域的大小由占用最大存储区的成员所决定。例如:

```
union {
    char c1;
    char s[3];
    float x;
} y;
```

由于 c1 占用一个字节,s 占用 3 个字节,x 占用 4 个字节,因此为 y 分配 4 个字节的存储空间,由这三个成员共同使用这四个字节的空间。

(2) 在任一时刻,在一个共同体变量内,只有一个成员起作用,若同时使用几个成员,则所表示的含义就不对了。

(3) 共同体类型中的成员可为已定义的任一类型,当然也可以是共同体或结构体。结构体中的成员也可以是共同体。

7.4 枚举类型

在程序中要用一个变量 weekday 来表示一周的星期几,可以用整数 0、1……6 分别表示周日、周一……周六。如果能定义一个集合:

```
{Sun,Mon,Tue,Wed,Thu,Fri,Sat}
```

并限定变量 weekday 只能取该集合中的某一个值。例如:

```
weekday = Mon;
```

显然,程序中采用这种表示方式可增加程序的可读性。在 C++ 中提供了这种功能,即可把 weekday 定义为枚举类型变量。

7.4.1 枚举类型及枚举类型变量

在定义枚举类型变量之前,要先定义枚举类型。定义枚举类型的一般格式为:

```
enum <枚举类型名> {
    <枚举量表>
};
```

其中,枚举类型名由标识符构成,枚举量表是由逗号隔开的标识符组成。枚举量表中的标识符称为枚举元素或枚举常量。例如:

```
enum weekdays {
    Sun,Mon,Tue,Wed,Thu,Fri,Sat
};
```

定义了一个名为 weekdays 的枚举类型,它包含七个元素,这些元素的名字分别为 Sun、Mon、

Tue、Wed、Thu、Fri、Sat。

枚举类型的元素称为标识符常量，它的命名规则与标识符相同，在程序的执行期间每一个枚举类型的元素是用一个整数来表示的。编译器在编译时，给枚举类型定义中列举的每一个元素指定一个整型常量值。在枚举类型定义中没有规定元素所取的整数值时，把列举元素的序号(从 0 开始)作为对应元素的值。因此 weekdays 的元素 Sun、Mon、Tue、Wed、Thu、Fri、Sat 的值分别是 0、1、2、3、4、5、6。

在定义枚举类型时，可以指定元素的值(必须是一个整数)。例如：

```
enum boolean{ TRUE = 1, FALSE = 0};
```

即规定了元素 TRUE 的值为 1，FALSE 的值为 0。又如：

```
enum colors {red = 5, blue = 1, green, black, white, yellow};
```

则定义元素 red 为 5，blue 为 1，其后的元素依次加 1，即 green、black、white、yellow 的值分别为 2、3、4、5。不同的枚举元素可以取相同的值，如上面的枚举元素 red 和 yellow 取相同的值 5，也可以给不同的枚举元素指定相同的值。例如：

```
enum colors {A = 2, B = 1, C, D, E = 2};
```

五个元素的值分别为 2、1、2、3、2。通常不同的枚举元素取相同的值是没有实用意义的。

与结构体类同，定义的枚举类型只是自定义了一种新的数据结构，只有说明属于这种类型的变量时才使用这种类型的数据结构。与说明结构体类型变量类同，说明枚举类型变量的方法也有三种。第一种方法是先说明枚举类型，再定义枚举类型变量，其格式为：

```
enum <枚举类型名> <变量1>《,<变量2>, … ,<变量n>》;
```

或

```
<枚举类型名> <变量1>《,<变量2>, …, <变量n>》;
```

例如：

```
colors c1,c2;
```

第二种方法是在定义枚举类型的同时，定义枚举类型变量，格式为：

```
enum <枚举类型名> {
    <枚举量表>
}<变量1>《,<变量2>,…,<变量n>》;
```

例如：

```
enum col { red, blue ,black}x1,x2,x3;
```

说明变量 x1、x2 和 x3 为 col 类型的变量。

第三种方法是不定义枚举类型名，直接定义枚举类型变量，格式为：

```
enum {
    <枚举量表>
} <变量1>《,<变量2>,…,<变量n>》;
```

例如：

```
enum {
    Sun, Mon, Tue, Wed, Thu, Fri, Sat
} day1,day2,day[20];
```

提倡使用第一种或第二种方法来定义枚举类型变量。若采用第三种方法，则在程序中其他地方无法说明与 day1 同类型的枚举类型变量。

说明枚举类型变量时,也可以对其进行初始化。例如:

```
col col1 = red;
```

在 VC++ 中只允许将枚举量表中列举的某一个枚举常量作为枚举变量的初始值。

7.4.2 枚举类型变量的使用

对枚举类型变量只能使用两种运算符:赋值运算符和关系运算符。可以将在枚举量表中列举的任一枚举常量赋给枚举类型变量,同类型的枚举类型变量之间可以相互赋值。例如,对于前面说明的变量 day1:

```
day1 = sun;
day2 = day1;
```

注意,不同类型的枚举变量之间不能相互赋值,也不能将一个整数赋给枚举类型变量。枚举类型变量只能取其类型定义中所列举的枚举常量中的任一个枚举量值。

枚举类型变量可进行的关系运算是指同类型的枚举类型变量之间的比较运算,或枚举类型变量与一个枚举常量进行的比较运算。比较时,是按其枚举常量所取的序号值的大小来进行比较的。例如:

```
day1 = Mon;
if (day1 < Tue) day2 = Sat; else day2 = day1;
```

因枚举常量 Mon 的序号为 1,而 Tue 的序号为 2,所以关系表达式 day1 < Tue 成立,其值为 1。

枚举类型变量不能直接从键盘上输入。例如:

```
cin >> day1;
```

是不允许的。枚举类型变量可以直接输出,但输出的值是一个整数(对应枚举常量的序号值)。例如:

```
day1 = sun;
cout << day1;
```

输出值为 0。为了增加程序的可读性,枚举类型变量的输入/输出均要用开关语句来转换。

例 7.6 输入 0~6,并将之转换为对应的枚举量 Sunday、Monday……Saturday。

```
# include < iostream. h >
enum weekdays
     {Sunday ,Monday ,Tuesday ,Wednesday ,Thursday, Friday , Saturday };

void main(void )
{
     int i;
     weekdays day;
     cout << "0:Sun,1:Mon,2:Tue,3:Wen,4:Thu,5:Fri,6:Sat \n";
     cin >> i;
     if(i < 0 || i > 6) cout << "输入值不对!";
     else{
          switch(i){
               case 0: day = Sunday;      break;
               case 1: day = Monday;      break;
```

```
            case 2: day = Tuesday;      break;
            case 3: day = Wednesday; break;
            case 4: day = Thursday;     break;
            case 5: day = Friday;       break;
            case 6: day = Saturday;
        }
        switch(day){
            case Sunday:      cout << "今天是 Sunday \n";      break;
            case Monday:      cout << "今天是 Monday \n";      break;
            case Tuesday:     cout << "今天是 Tuesday \n";     break;
            case Wednesday: cout << "今天是 Wednesday \n"; break;
            case Thursday:    cout << "今天是 Thursday \n";    break;
            case Friday:      cout << "今天是 Friday \n";      break;
            case Saturday:    cout << "今天是 Saturday";
        }
    }
}
```

从本例可以看出,枚举类型变量的输入/输出很不方便。这是由于枚举类型变量的值在程序中是以枚举量表示的,而在执行程序时是以整数(枚举量的序号)表示的,致使枚举类型变量的值不能直接输入/输出。

例 7.7　设口袋中有红、黄、蓝、白、黑五种颜色的球若干个,每次从口袋中取出 3 个不同颜色的球,计算出所有不同的取法。

分析:用枚举量 red、yellow、blue、white、black 分别表示红、黄、蓝、白、黑五种颜色的球。计算不同的取球方法是一个组合问题。设取出的三个球为 i、j、k,它们分别可以取以上五个枚举量之一的值,并且满足条件: i、j 和 k 的值均不相同。可以使用穷举法依次列出每一种取法。程序如下:

```
#include <iostream.h>
enum color {
    red, yellow, blue, white, black
};

void Print( color col)
{
    switch (col) {
        case red :       cout << "red" << '\t';      break;
        case yellow :  cout << "yellow" << '\t'; break;
        case blue :      cout << "blue" << '\t';     break;
        case white :    cout << "white" << '\t';    break;
        case black :    cout << "black" << '\t';    break;
        default :          break;
    }
}
```

```
void main(void)
{
    color i, j, k;
    int n = 0;
    for(i = red;i <= black; i = (color)((int)i + 1))                    //A
        for(j = red; j <= black; j = (color)((int)j + 1))
            for (k = red;k <= black; k = (color)((int)k + 1))
                if (i!= j&&i!= k&&j!= k) {                             //B
                    cout << ++ n << '\t';
                    Print(i); Print(j); Print(k);
                    cout << "\n";
                }
}
```

程序中用函数 Print( )来输出一个枚举变量的值。用变量 i、j 和 k 分别表示取出的第一个球、第二个球和第三个球，它们依次取 red、yellow、blue、white、black 中的一个值。程序中的 B 行保证取出的三个球的颜色各不相同。由于枚举类型变量只能进行赋值和关系运算，不能进行加 1 或 ++ 运算，所以在 A 行中：

```
i = (color)((int)i + 1)
```

先要将 i 的值强制转换为整数，完成加 1 运算后，再强制转换为枚举类型的值后，才能将计算结果赋给变量 i。

执行程序后，输出：

```
1    red      yellow    blue
2    red      yellow    white
3    red      yellow    black
4    red      blue      yellow
5    red      blue      white
6    red      blue      black
7    red      white     yellow
8    red      white     blue
9    red      white     black
10   red      black     yellow
…
56   black    blue      yellow
57   black    blue      white
58   black    white     red
59   black    white     yellow
60   black    white     blue
```

练　习　题

1. 定义描述一个人出生日期的结构体类型变量，包括年、月和日。

2. 定义描述通讯录的结构体类型变量，包括姓名、地址、电话号码和邮编。

3. 下面的类型定义语句有错误吗？若有，则指出错误原因。

```
struct s{
    int x,y;
    float y,z;
};
```

4. 下面的语句序列中有错误吗？若有，则指出错误原因。

```
struct {
    int a,b,c;
} s1,s2;
struct s{
    int a,b,c;
} s3,s4;
cin >> s1 >> s2;
s3 = s1; s4 = s2;
cout << s3 << s4;
```

5. 为全班同学建立一个通讯录（结构体数组），完成数据的输入和输出。

6. 定义描述复数的结构体类型变量，并实现复数的输入和输出。设计三个函数分别完成复数的加法、减法和乘法运算。

7. 定义描述三维坐标点(x,y,z)的结构体类型变量，完成坐标点的输入/输出，并求两坐标点之间的距离。

8. 定义全班学生学习成绩的结构体数组，一个元素包括：姓名、学号、C++ 成绩、英语成绩、数学成绩和这三门功课的平均成绩（通过计算得到）。设计四个函数：全班成绩的输入，求出每一个同学的平均成绩，按平均成绩的升序排序，输出全班成绩表。

9. 定义一个描述一周日程的枚举类型（Sunday，Monday…Saturday），完成这种枚举类型变量的输入和输出。

10. 定义一个描述三种颜色的枚举类型（Red，Blue，Green），输出这三种颜色的全排列结果。

第 8 章

指针和引用

本章是本书的重点之一。指针的使用比较复杂,但又十分重要。正确灵活地应用指针,可有效地使用各种复杂的数据结构,能动态地分配内存空间,能更有效更方便地使用数组和字符串,能编写通用的程序等。正确熟练地掌握指针的应用,设计的程序简洁、高效。但若程序中不正确地使用指针,则容易导致程序运行时错误,或导致系统的崩溃。在学习本章时,一定要理解指针的本质,并能正确应用指针。对于初学者,指针的概念和用法不容易掌握,学习时要认真领会其特点和本质。

8.1 指针和指针变量

8.1.1 指针的概念

当说明一个变量时,编译程序要为该变量分配一个连续的内存(主存)单元。为了区分不同的内存单元,必须给每一个内存单元指定一个唯一的编号,这个编号称为内存单元的地址。目前,多数计算机是以一个字节(八个二进位)作为一个最小的内存单元。内存单元的地址类同于一个旅馆中的房间号码,存放在内存单元中的数据类同于住在某一房间号码中的旅客。当知道一个旅客住在一个旅馆时,只要知道其房间号码,就能找到该旅客。同样地,只要知道了为变量分配的内存单元的地址,就可以使用或改变该变量的值。当然,每一个房间的"房间号码"(内存单元的地址)是唯一的,是不可改变的;而在房间内的"旅客"(变量的值)是可以经常改变的。

设有说明语句:

```
char c1 = 'a';
float x = 50.5;
```

编译程序在编译时,或在程序的执行期间要为变量 c1 和 x 分配内存单元,设分配的内存单元分别为 20001 和 20004,如图 8-1 所示。

20001:	a	20004:	50.5

图 8-1 变量的地址与变量的值

图中的 20001 和 20004 为地址,为变量 c1 分配了一个字节的内存单元,而为变量 x 分配了四个字节的内存单元。变量 c1 的值 a 存放在 20001 的内存单元中,而变量 x 的值 50.5 存放在以 20004 开始的四个连续的字节(内存单元)中。在变量 c1 和 x 的生存期内,为其分配的内存单元地址是不变的,当改变变量的值时,存放在这两个地址中的值随之变化。

注意,应该区分变量的地址和变量的值的概念,在编译或执行期间为每一个变量分配的内存单元的编号(地址)称为变量的地址;而该内存单元中的内容称为变量的值。变量的地址称为变量的指针,简称为指针,即指针是一个内存单元的地址。当定义(说明)一个变量时,其值总是用来存放一个内存单元的地址(指针)时,称这种变量为指针变量。换言之,一个指针变量的值一定是另一个变量的地址。引入指针变量的目的是提供一种对变量的值进行间接访问的手段;根据指针值,可以使用或修改该指针所指向的内存单元中的值。

8.1.2 指针变量的说明

指针变量与其他类型的变量一样,必须先说明后使用,说明指针变量的一般格式为:

《存储类型》<类型> *<变量名 1>《,*<变量名 2>…》;

其中,存储类型是可任选的;变量名前的星号 * 指明所说明的变量为指针变量;而类型则指出指针变量所指向的数据类型,即指针所指向的内存单元中存放的数据值的类型。例如:

```
int *p1, *p2 ,i, j;
float *p3, *p4 , x ,y ;
char *pc, c;
```

说明了五个指针变量 p1、p2、p3、p4 和 pc,它们分别为整型、实型和字符型指针变量。

有关指针变量,须说明以下几点。

(1) 在变量说明语句中,变量名前的星号 * 具有特定的意义,它表示这种变量是指针变量。如例中的 p1、p2 为指向整型数据的指针变量;p3、p4 为指向实型数据的指针变量。

(2) 指针变量的值只能是某一个变量的地址(起始地址),在说明指针变量时,通常其值是不确定的(静态存储类型、文件作用域类型的变量除外)。只有对指针变量赋值后,才能使用它。

(3) 编译程序也要为指针变量分配内存单元,因为指针变量的值是一个地址,其取值范围是不变的,通常用四个字节来表示地址值,所以为不同类型的指针变量所分配的内存单元的大小是相同的。对于上例中的变量说明,为指针变量 p1、p2、p3、p4 和 pc 各分配四个字节大小的内存空间。

(4) 定义指针类型变量时,其类型定义了指针变量所指向的数据类型,该类型确定了数据占用的存储空间的大小。如 p1、p2 所指向的数据为整型,故占用四个字节的空间;而 pc 所指向的数据为字符型,它占用一个字节的存储空间。

(5) 在说明指针变量的同时也可以对其进行初始化。通常是用与指针变量同类型的变量的指针来进行初始化。例如:

```
int j , *p = &j;
```

说明了整型变量 j 和整型指针变量 p,同时将变量 p 的初值置为变量 j 的起始地址。运算符“&”称为地址运算符,这是一个一元运算符,它的运算结果是取其操作数的地址值。该运算符的操作数只能是一个变量或对象。在程序中,要得到一个变量的地址时,可用该运算符来获得。

在 C++ 中,允许将一个整型常数经强制类型转换后,来初始化指针变量。例如:

```
int *pp = (int *)0x5600;
```

则将指针变量 pp 的初值置为 0x5600,即使 pp 指向地址为 0x5600 的内存单元。这种初始化方法,只有在设计系统程序或对计算机硬件方面非常清楚内存单元的作用时,才是有意义的。否则,这种初始化的物理意义不仅不明确,而且还可能产生极为严重的后果。因此对于初学者来说,不能使用这种方法来对指针变量初始化。

8.1.3 指针可执行的运算

指针的运算(操作)有三种:赋值运算、关系运算和算术运算。

1. 指针的赋值运算

指针的赋值运算是指将一个地址值赋给一个指针变量。这种赋值有三种情况。

(1) 可以将与指针变量同类型的任一变量的地址赋给指针变量。

例 8.1 指针的赋值运算和算术运算。

```
# include < iostream.h >

void main( void )
{
    int a1 = 1 , a2 = 2;
    int *p1, *p2, *p3 ;
    float *fp1, *fp2;
    float  b1 = 23.5, b2 = 55.6;
    p1 = &a1;                              //A 将变量 a 的地址赋给 p1
    p2 = p1 ;                              //B 同类型的指针变量之间的赋值
    p3 = &a2;
    fp1 = &b1;                             //C
    fp2 = &b2;
    cout << " * p1 = " << * p1 << '\t'
         " * p2 = " << * p2 << '\t' << " *p3 = " << * p3 << '\n';      //F
    cout << "p1 = " << p1 << '\t' << "p3 = " << p3 << '\n';
    cout << " * fp1  = " << * fp1 << '\t' << " * fp2  = " << * fp2 << '\n';    //G
}
```

执行程序后,输出:

```
* p1 = 1                  *p2 = 1                *p3 = 2
p1 = 0x0065FDDC           p3 = 0x0065FDD8
* fp1 = 23.5              *fp2 = 55.6
```

程序中的 A 行是将整型变量 a 的地址赋给指针变量 p1,经这种赋值后,称指针变量 p1 指向变量 a1。

当定义了一个指针变量,并对其赋初值后,就可以在程序中访问该指针变量。对指针变量的访问一般有两种形式:一是访问指针变量的值;二是访问指针变量所指向的内存单元中的数据。第二种访问形式称为访问指针的内容。对指针值的访问通常是将一个指针变量的值赋给另一个指针变量或者进行指针的运算。通常,程序设计者并不关心指针变量的具体值,而只关心它指向哪一个变量。上例中的 B 行是将指针变量 p1 的值赋给指针变量 p2,这是同类型的指针变量之间的赋值。这种赋值,使得 p1 和 p2 都指向变量 a,图 8-2 给出了指针的指向关系。

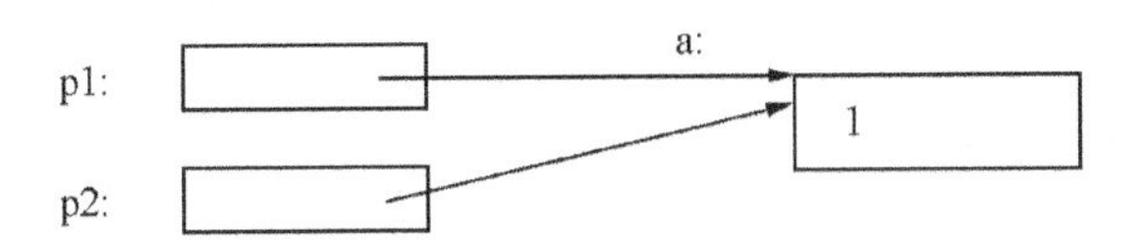

图 8-2　两个指针变量指向同一个变量

要访问指针变量所指向的内容时,要用到运算符“ * ”,该运算符称为取内容运算符,它是一个一元运算符,要求一个指针作为它的操作数。该运算符的运算结果为取其操作数所指向的内存单元的值(变量值)。如上例中的 F 行, * p1 表示取出 p1 所指向的内容,即值为 1。又如:

```
int * ip1, * ip2 ,i = 100,j ;
ip1 = &i; ip2 = &j;
 * ip2 = * ip1 + 200;                    //将 300 赋给 ip2 所指向的内存单元
```

当指针运算符出现在赋值运算符的左边时,表示将计算结果赋给指针变量所指向的变量。因 ip2 指向变量 j,经以上的赋值运算后,j 的值为 300。

(2) 在 C++ 中可以将 0 赋给任一指针变量,其含义是初始化指针变量,使其值为“空”。实际上是告诉系统指针值为 0 的指针变量不指向任一内存单元,即不指向任一变量。例如:

```
# include < iostream. h >

void main( void )
{
    int * pt;
    pt = 0;
     * pt = 100;                          //A
    cout << * pt << '\n';
}
```

该程序能正确编译和连接,但在执行程序时,当执行到 A 行时,系统提示“该程序执行了非法的操作”,并终止程序的执行。因 pt 不指向任一内存单元,当然就不允许向 pt 所指向的内存单元赋值。

类似于其他类型的变量,当指针变量被说明为静态存储类型或全局类型时,其缺省的初值为 0。

C++ 允许将一个整型常数经强制类型转换后赋给一个指针变量。例如:

```
float * fpp;
fpp = (float *) 5000;
```

表示将 5000 作为一个地址值赋给指针变量 fpp。因为一般的程序设计者并不知道每一个存储单元的用途,这种赋值不但没有意义,而且是非常危险的,程序执行时,有可能破坏系统,造成系统不能正常运行。

应当强调的是,向一个未初始化的指针变量所指向的内容赋值是极其危险的,并且是不允许的。例如:

```
# include < iostream. h >

void main( void)
```

```
{
    int * pp;
    cout << "输入一个整数:";
    cin >>* pp;
    cout <<* pp << '\n';
}
```

该程序可以被编译和连接,执行时输入 100,输出的值也是 100。程序似乎是正确的,实际上程序中存在着潜伏的危险。因指针变量 pp 是一个局部变量,编译程序为 pp 分配了一个存储空间,并不对其作任何初始化工作,pp 的值是一个随机值,该值所表示的内存单元可能是没有用到的空闲空间;但若该值所表示的内存单元是一个系统正在使用的关键内存单元,把数据写入该内存单元,轻者导致程序不能正确执行,重者导致系统出错或系统崩溃。对于初学者尤其要注意,在程序中绝对不允许出现类似情况。

(3) 同类型的指针变量之间可以相互赋值,而不同类型的指针变量之间的赋值经强制类型转换后尽管是允许的,但通常是没有意义的。例如:

```
#include <iostream.h>

void main(void)
{
    int i = 100 , * p1 ;
    float x = 2.5, * p3;
    p1 = &i;
    cout << "* p1 =" << * p1 << '\n';
    p3 = &x;
    cout << "* p3 =" << * p3 << '\n';            //A
    p1 = (int *)p3;                              //B
    cout << "* p1 =" << * p1 << '\n';            //C
}
```

执行程序后,输出:

```
* p1 = 100
* p3 = 2.5
* p1 = 1075838976
```

显然最后一行的输出结果是错误的。A 行中取 p3 所指向的数据时,是按实数来取的,能输出正确的结果 2.5;经 B 行赋值后,尽管 p1 和 p3 的值相同,但 C 行中取 p1 所指向的数据时,是按整数来取的,所以输出的值不是 2.5。

2. 指针的算术运算

可以对指针进行算术运算,但在实际使用中主要对指针进行加或减的运算。加减运算又可以分为两种:一是对指针变量的"++"或"--"操作,二是指针变量值加或减一个整型常数。

(1) 指针变量执行"++"或"--"操作,其含义并不是指针变量的值进行加 1 或减 1 的操作,而是使指针变量指向下一个或上一个元素。例如:

```
<指针变量>++;
```

计算机内部是按下式计算的：

<指针变量> = <指针变量> + sizeof(<指针变量类型>)

又如：

<指针变量>--

计算机内部是按下式计算的：

<指针变量> = <指针变量> - sizeof(<指针变量类型>)

例 8.2　指针变量的“++”和“--”运算。

```
#include <iostream.h>

void main(void)
{
    int a[10] = {100,200,300,400,500};
    int i = 10,j = 20, * p1 = &j, * p2 = &a[0];
    char c1[5] = "abcd", * pc1 = &c1[0];
    cout << " * p1 = " << * p1 << '\t' << "p1 = " << (int)p1 << '\n';
    p1 ++ ;
    cout << " * p1 = " << * p1 << '\t' << "p1 = " << (int)p1 << '\n';
    cout << " * p2 = " << * p2 << '\t' << "p2 = " << (int)p2 << '\n';
    p2 ++ ;
    cout << " * p2 = " << * p2 << '\t' << "p2 = " << (int)p2 << '\n';
    p2 -- ;
    cout << " * p2 = " << * p2 << '\t' << "p2 = " << (int)p2 << '\n';
    cout << " * pc1 = " << * pc1 << '\t';
    cout << "pc1 = " << (int)pc1 << '\n';
    pc1 ++ ;
    cout << " * pc1 = " << * pc1 << '\t' << "pc1 = " << (int)pc1 << '\n';
}
```

执行程序后，输出：

```
* p1 = 20        p1 = 6618552
* p1 = 10        p1 = 6618556
* p2 = 100       p2 = 6618576
* p2 = 200       p2 = 6618580
* p2 = 100       p2 = 6618576
* pc1 = a        pc1 = 6618568
* pc1 = b        pc1 = 6618569
```

对照源程序与程序的输出结果可以看出：整型指针变量的值加 1，实际运算则加 4，因一个整数占用四个字节；字符型指针变量的值加 1，实际运算也加 1，因一个字符占用一个字节。指针变量 p2 开始时指向数组 a 的第 0 个元素，输出的 * p2 值为 100；经加 1 后，它指向数组 a 的第一个元素，输出的 * p2 值为 200。

另外，根据程序的输出结果也可以看到：p1 开始指向变量 j，输出 * p1 的值为 20；把 p1 的值加 1 后，它指向变量 i，输出 * p1 的值为 10。在 C++ 中，同一个说明语句中所说明的变量，均分配在同一个连续的内存空间，但分配的顺序随不同的编译器而异，有些系统按从左到右的顺序来为变量分配内存空间的,而有些则是按从右到左的顺序来分配的。VC++ 编译器按后一种方式分配。故上面的程序在不同的编译程序环境下编译连接后,执行时输出的结果可能不同。

(2) 指针变量的值加或减一个整型常数。指针变量值加一个常数 n,类同于 ++ 运算,并不是简单地将指针值加 n,而是使指针指向其后的第 n 个元素。例如:

<指针变量> = <指针变量> + n;

计算机的实际运算为:

<指针变量> = <指针变量> + sizeof(<该指针变量的类型>) * n;

例 8.3 指针变量加一常数。

```
# include< iostream.h >

void main(void )
{
    int a[10] = {100,200,300,400,500};
    int * p2 = &a[0];
    cout<<" * p2 = "<< * p2 << '\t' <<"p2 = "<< (int)p2 << '\n';
    p2 = p2 + 4;                                                //A
    cout<<" * p2 = "<< * p2 << '\t' <<"p2 = "<< (int)p2 << '\n';
    p2 = p2 - 2;                                                //B
    cout<<" * p2 = "<< * p2 << '\t' <<"p2 = "<< (int)p2 << '\n';
}
```

执行程序后,输出:

```
* p2 = 100        p2 = 6618576
* p2 = 500        p2 = 6618592
* p2 = 300        p2 = 6618584
```

指针变量 p2 开始指向数组 a 的第 0 个元素,A 行使 p2 的值加 4,则使 p2 指向数组 a 的第 4 个元素;B 行使 p2 的值减 2,则使 p2 指向数组 a 的第 2 个元素。

3. 指针的关系运算

指针变量可以进行关系运算,两个指针变量的关系运算是根据两个指针变量值的大小(作为无符号整数)来进行比较的。通常只有同类型的指针变量进行比较才有意义,相等比较的含义是判断两个指针变量是否指向相同的内存单元,即两个指针值是否相同;而不等比较的含义是判断两个指针变量是否指向不同的内存单元。当指针变量与 0 比较时,表示指针变量的值是否为空。

例 8.4 指针变量的关系运算。

```
# include< iostream.h >

void main(void )
{
    int a[5] = {100,200,300,400,500};
    int * p2, * p1;
    for( p2 = &a[0]; p2 <= &a[4]; p2 ++)                      //A
```

```
            cout << * p2 << '\t';
        cout << '\n';
        p1 = &a[0] + 5;                              //B
        p2 = &a[0];                                  //C
        int sum = 0;
        while(p2! = p1)                              //D
            sum += * p2 ++ ;                         //E
        cout <<"元素之和为:" << sum << '\n';
    }
```

执行程序后,输出:

```
100    200    300    400    500
元素之和为: 1500
```

程序输出数组 a 的各个元素值和数组的五个元素之和。B 行使指针 p1 指向数组 a 的最后一个元素的后面;A 行的循环语句执行完后,p2 已指向数组 a 最后一个元素的后面;C 行使 p2 重新指向数组的第 0 个元素;D 行中的条件成立时,表示还没有历遍数组 a 中的所有元素;E 行中的 * p2 ++ ,因运算符 ++ 和 * 的优先级相同,按从右到左的顺序计算,先进行 p2 ++ 的运算,即取出 p2 的值参加接着的运算,然后使 p2 的值加 1,因此 E 行一个语句等同于以下两个语句:

```
sum+=* p2; p2 ++ ;
```

关系运算符"<"、"<="、">"、">="主要用于对数组元素的判断。上例说明了关系运算符"<="的用法,其他关系运算符的用法类似。

从上面的几个简单的例子可以了解到,C++ 语言中指针变量的使用是比较复杂的。在编译源程序时, C++ 编译器只对指针的运算作语法上的检查,而不管指针的使用是否正确。指针的正确使用必须由程序设计者自己来保证。一旦错误地使用了指针,在执行程序时,可能导致程序的运行错误或系统崩溃。

在 C++ 中,同一个符号可能表示不同的运算符。如" * "既表示乘法运算符,又表示指针运算符,编译器是根据运算符的优先级、操作数的类型及个数来区分的。作为乘法运算符时,它必须有两个操作数;而作为指针运算符时,它只有一个操作数。并且指针运算符的优先级要比乘法运算符的优先级高。同样地,"&"符号可表示"按位与"运算符,又可表示取地址运算符。在 C++ 中,对所有的运算符都规定了优先级, 要特别注意以下几种运算符的混合运算及其优先级。

(1) 指针运算符" * "和取地址运算符"&"的优先级相同,按自右向左的方向结合。设有说明语句:

```
int a[5] = {100,200,300,400,500}, * p1 = &a[0],b;
```

对于表达式"& * p1",其求值顺序是先进行" * "运算,再进行"&"运算,即先求出 p1 所指向的变量,再求出该变量的地址。因此该表达式的值为变量 a[0]的地址,它等同于 &a[0]或 p1 的值。对于表达式 " * &a[0]",则是先进行"&"运算,得到变量 a[0]的地址,再进行" * "运算,求出该指针所指向的变量,即等同于 a[0]。

(2) " ++ "、" -- "、指针运算符" * "和取地址运算符"&"的优先级相同,按自右向左的方向结合。下面举几例加以说明。

① p1 = &a[0], b = * p1 ++

对于 * p1 ++，先进行“ ++ ”运算，再进行“ * ”运算，因“ ++ ”是后置运算符，它等同于取 * p1 的值参加运算，再使指针 p1 的值加 1。执行的结果是：b 的值为 100，p1 指向数组 a 的第 1 个元素。

② p1 = &a[0], b = * ++ p1

而对于 *++ p1，则是先进行“ ++ ”运算，再进行“ * ”运算，因“ ++ ”是前置运算符，先使指针 p1 的值加 1，然后再取 * p1 的值参加运算。执行的结果是：b 的值为 200，p1 指向数组 a 的第 1 个元素。

③ p1 = &a[0], b = (* p1) ++

对于(* p1) ++，因括号内的运算优先，故先进行“ * ”运算，再进行“ ++ ”运算，即先取出 * p1 的值参加接着的运算，再完成 * p1 的值加 1 的运算。执行的结果是：b 的值为 100，p1 仍指向数组 a 的第 0 个元素，并把 a[0]的值修改为 101。

④ * (p1 ++)

*(p1 ++)表达式等同于表达式 * p1 ++。

⑤ p1 = &a[1], b = ++ * p1

对表达式 ++ * p1，则先进行“ * ”运算，再进行“ ++ ”运算，即取出 p1 所指向的内容，使其加 1 后参加接着的运算。执行的结果是：b 的值为 201，a[1]的值修改为 201，p1 仍指向数组 a 的第 1 个元素。

8.2 指针和数组

在 C++ 中指针与数组有着密切的联系。可用指针来访问数组中任一元素。数组的起始地址称为数组的指针，而把指向数组元素的指针变量称为指向数组的指针变量。使用指向数组的指针变量来处理数组中的元素，不仅可使程序紧凑，而且还可提高程序运算速度。

8.2.1 用指针访问数组元素

在 C++ 中当说明了一个数组后，数组名可以作为一个指针来使用，它的值为整个数组的起始地址，即数组的第 0 个元素的起始地址。但数组名不同于指针变量，编译程序要为指针变量分配内存空间，而编译程序并不为数组名分配内存空间，只是为每一个数组的元素依次分配一片连续的内存空间。因此在程序中可把数组名作为指针来使用，但不能对数组名进行赋值运算、“ ++ ”运算或“ -- ”运算。

1. 一维数组与指针

下面分别讨论用指针来访问一维数组元素和多维数组元素，首先介绍一维数组与指针的关系。

当说明了一个与一维数组的类型相同的指针变量，并使该指针变量指向数组的第 0 个元素后，就可以使用该指针变量来取数组的元素值或修改数组中的元素值。设有语句：

```
int a[10], b[20];
int * pointa, * pointb;
pointa = &a[0];
```

```
    pointb = b;
```

指针变量 pointa 的值为数组 a 的起始地址。由于一维数组名表示数组中第 0 个元素的地址,也是整个数组的起始地址,因此指针变量 pointb 的值也是数组 b 的起始地址。

例 8.5　用指针访问数组元素。

```
# include < iostream.h >

void main(void )
{
    int a[10],i,j, * point ;
    point = &a[0] ;
    for (i = 0;i <10;i ++) * point ++ = i;                    //A
    point = a;                                                 //B
  //输出数组的所有元素
    for (i = 0;i < 10;i ++)
        cout << "a[" << i << "] = " << * point ++ << '\t';     //C
    cout << '\n';
    point = a;                                                 //D
  //输出数组的所有元素
    for(j = 0;j < 10;j ++ )
        cout << "a[" << j << "] = " << * (point + j) << '\t';  //E
    cout << '\n';
  //输出数组的所有元素
    for (j = 0;j < 10;j ++ )
        cout << "a[" << j << "] = " << *(a + j) << '\t';      //F
    cout << '\n';
  //输出数组的所有元素
    for(j = 0;j < 10;j ++ )
        cout << "a[" << j << "] = " << point[j] << '\t';      //G
    cout << '\n';
}
```

执行程序后,输出:

```
a[0] = 0  a[1] = 1  a[2] = 2  a[3] = 3  a[4] = 4  a[5] = 5  a[6] = 6  a[7] = 7  a[8] = 8  a[9] = 9
a[0] = 0  a[1] = 1  a[2] = 2  a[3] = 3  a[4] = 4  a[5] = 5  a[6] = 6  a[7] = 7  a[8] = 8  a[9] = 9
a[0] = 0  a[1] = 1  a[2] = 2  a[3] = 3  a[4] = 4  a[5] = 5  a[6] = 6  a[7] = 7  a[8] = 8  a[9] = 9
a[0] = 0  a[1] = 1  a[2] = 2  a[3] = 3  a[4] = 4  a[5] = 5  a[6] = 6  a[7] = 7  a[8] = 8  a[9] = 9
```

程序中的 A 行是给数组中的各个元素赋值,其中表达式 * point ++ = i,首先将 i 的值赋给 point 所指向的内存单元,即将 i 的值赋给 point 所指向的数组元素;然后使 point 的值加 1,使它指向数组中的下一个元素。当 A 行的循环语句执行完后,point 已指向数组 a 的最后一个元素的后面。B 行又使 point 指向数组 a 的开始位置。C 行中表达式 * point ++ ,它首先取出 point 所指向的数组元素的值并输出,并使 point 指向数组中的下一个元素。D 行的作用与 B 行相同,这一行不可省略。E 行中的表达式 * (point +j),因 point +j 表示数组 a 的第 j 个元素的地址,所以该表达式的值为 a[j]的值。F 行中的表达式 *(a +j),由于 a 表示数组的第 0 个元素的地址，a + j 为第 j 个元素的指针，该表达式的值也为 a[j]的值。G 行中表达式 point[j]，由于 point 的值为数组的起始地址，而 a 也为数组的起始地址，所以可用 point 代替 a，即 point[j]与 a[j]的作用相同。

尽管 C 行、E 行、F 行和 G 行的作用相同，均可实现输出数组的各个元素值，但 C 行的效率要比另外的三种实现方法高，这是由计算机的内部结构所确定的，其理由不作讨论了。

从本例中可以归结出以下几点：

(1) 数组名等同于数组的第 0 个元素的地址，也是整个数组的起始地址；

(2) 使 point 指向数组 a 的第 0 个元素后，则 point + i 等同于 a + i，其值为 a[i]的地址，或者说是数组第 i 个元素的指针；

(3) 使 point 指向数组 a 的第 0 个元素后，则 *(point +i)、*(a +i)、a[i]、point[i]和 *&a[i]彼此等同，都表示元素 a[i]。

另外，必须强调的是，用指针来访问数组元素时编译程序不作下标是否越界的检查。

2. 多维数组与指针

也可以用指针来访问多维数组的元素，其使用方法与一维数组有所区别。这里只讨论二维数组与指针的用法。三维或更多维数组的情形可依次类推。

在 C++ 中，二维数组的各个元素值按行的顺序逐行来存放，编译程序为二维数组分配一片连续的内存空间来依次存放各个元素值。当然，可将二维数组分配的连续内存空间作为一维数组来使用。当一个与二维数组同类型的指针变量指向二维数组的起始地址后，可以使用该指针变量来访问二维数组中的各个元素。对于二维数组，要弄清整个数组的指针(起始地址)、每一行的指针和某一个元素的指针(某行某列的指针)之间的区别。例如：

```
int   a[4][4] = {{1,2,3,4},{5,6,7,8},{9,10,11,12},{13,14,15,16}};
```

在 C++ 中，允许这样来理解二维数组：a 是一个二维数组名，类同于一维数组，它可以表示该二维数组的起始地址；并可将二维数组的每一行看成一个元素，即数组 a 包含了四个元素 a[0]、a[1]、a[2]、a[3]；这四个元素分别又是一维数组，a[0]、a[1]、a[2]、a[3]分别表示这四个一维数组的起始地址(指针)，并等同于四个一维数组的数组名，而每一个一维数组又包含了四个元素，如图 8-3 所示。

a[0]:	a[0][0]	a[0][1]	a[0][2]	a[0][3]
a[1]:	a[1][0]	a[1][1]	a[1][2]	a[1][3]
a[2]:	a[2][0]	a[2][1]	a[2][2]	a[2][3]
a[3]:	a[3][0]	a[3][1]	a[3][2]	a[3][3]

图 8-3　二维数组的每一行作为一个一维数组

数组名 a 代表了二维数组的起始地址，也就是第 0 行的首地址。当然对于二维数组来说，整个数组的起始地址、数组的第 0 行的首地址和数组的第 0 行第 0 列元素的地址值是相同的。a + i 表示了第 i 行的第 0 列元素的起始地址，而 a[i]也表示了第 i 行的第 0 列元素的起始地址。由于 a[i]表示一个一维数组的首地址，并可作为一维数组来看待，所以 a[i] + j 表示了第 i 行第 j 列元素的指针。*(a[i] + j)表示元素 a[i][j]。

例 8.6　输出二维数组的行列地址和元素值。

```
# include < iostream.h >
```

```
# include < iomanip.h >

void main(void)
{
    int  a[4][4] = {{1,2,3,4},{5,6,7,8},{9,10,11,12},{13,14,15,16}};
    int i,j;
    //输出的值都相同,都是第 i 行的起始地址或第 i 行第 0 列元素的地址
    cout << "用四种不同的方式输出数组 a 每一行的起始地址:\n";
    for(i = 0;i < 4;i ++)
        cout << a[i] << '\t' << * (a + i) << '\t' << &a[i][0] << '\t' << &a[i] << '\n';          //A
    int  * p;
    //输出数组的所有元素
    cout << "用指针输出数组的全部元素:\n";
    for(p = (int *)a,i = 0;i < 16;i ++){                                                        //B
        if(i&&i%4 == 0) cout << '\n';
        cout << *p ++  << '\t';
    }
    cout << '\n';
    //输出的值都相同,都是第 i 行第 j 列的数组元素
    cout << "用三种不同的方法输出数组的元素:\n";
    for(i = 0;i < 4;i ++)
        for(j = 0;j < 4;j ++)
            cout << * (a[i] + j) << '\t' << * (*(a + i) + j) << '\t' << a[i][j] << ' \ n';     //C
    //输出数组的所有元素
    cout << "用指针输出数组的各个元素: \ n";
    for(i = 0,p = a[0];p <= a[3] + 3;p ++ ,i ++){                                               //D
        if(i && i%4 == 0)cout << '\n';
        cout << setw(4) << * p;
    }
    cout << '\n';
    //输出数组的所有元素
    cout << "用另一种判断数组元素结束条件的方法输出数组的元素:\n";
    for(i = 0,p = &a[0][0];p <= &a[3][3];p ++ ,i ++){                                           //E
        if(i&&i%4 == 0)cout << '\n';
        cout << setw(4) << *p;
    }
}
```

执行程序后,输出:

```
用四种不同的方式输出数组 a 每一行的起始地址:
0x0064FDB4 0x0064FDB4 0x0064FDB4 0x0064FDB4
0x0064FDC4 0x0064FDC4 0x0064FDC4 0x0064FDC4
0x0064FDD4 0x0064FDD4 0x0064FDD4 0x0064FDD4
0x0064FDE4 0x0064FDE4 0x0064FDE4 0x0064FDE4
```

```
用指针输出数组的全部元素:
1    2    3    4
5    6    7    8
9    10   11   12
13   14   15   16
用三种不同的方法输出数组的元素:
1    1    1
2    2    2
3    3    3
4    4    4
5    5    5
6    6    6
7    7    7
8    8    8
9    9    9
10   10   10
11   11   11
12   12   12
13   13   13
14   14   14
15   15   15
16   16   16
用指针输出数组的各个元素:
1    2    3    4
5    6    7    8
9    10   11   12
13   14   15   16
用另一种判断数组元素结束条件的方法输出数组的元素:
1    2    3    4
5    6    7    8
9    10   11   12
13   14   15   16
```

程序中的 A 行用四种不同的表示方法输出了每一行的起始地址,a[i]、&a[i]、*(a+i)、&a[i][0]和 a+i 的值相同。a[i]和 &a[i]都表示地址,且值相同,但两者表示的意义是不同的:前者表示数组第 i 行第 0 列元素的地址值;而后者表示第 i 行的地址值。因编译器并不为数组名 a 和 a[i]分配内存空间,只有为某一变量分配了内存空间后,变量名前的"&"才表示取地址运算符,所以在 a[i]前是否加 &,是用来区分元素地址和行地址的。客观地说,&a[i]和 a+i 表示的物理意义相同,均表示第 i 行的起始地址。*(a+i)与 a+i 的值相同,这里的"*"并不表示由 a+i 指针值所指向的内容,也是用于区分元素地址和行地址的。但前者表示数组 a 的第 i 行第 0 列元素的地址;而后者表示数组 a 的第 i 行的地址。例如:

```
a+i+j
```

表示数组 a 第 i+j 行的起始地址,而表达式

```
*(a+i)+j
```
表示数组 a 的第 i 行第 j 列的地址,如果不加上“*”,就无法区分到底是数组 a 的第 i+j 行的起始地址,还是数组第 i 行第 j 列的地址。表达式
```
&a[i]+j
```
表示数组 a 第 i+j 行的起始地址,而不是第 i 行第 j 列的地址,这一点应特别注意。例如:
```
int *p1,*p2,b[5][4],i;
```
则以下语句是合法的:
```
p1=a[i];
```
表示将数组 a 的第 i 行第 0 列元素的地址赋给 p1。但以下语句是错误的:
```
p2=&a[i];
```
因 p2 是指向一个整数的指针,而 &a[i]是二维数组的行指针,两者类型不同,不能直接赋值。当然,作强制类型转换后,也可进行赋值。例如:
```
p2=int (*)&a[i];
```
是合法的。

程序中的 B 行把二维数组作为一维数组来处理,当 p 指向数组 a 的起始地址后,p 的值每加 1 后,就指向其后面的一个元素。设有说明语句:
```
int x[20][30],*px=&x[0][0],i,j;
```
则 px+i*30+j 与 &x[i][j]的值相同。因数组 x 中每一行中有 30 个元素,所以 px+i*30 表示数组 x 的第 i 行第 0 列元素的起始地址,px+i*30+j 表示数组 x 的第 i 行第 j 列的起始地址。显然,*(px+i*30+j)和 x[i][j]的值相同。

例中的 C 行因 a[i]+j 和*(a+i)+j 都表示数组 a 第 i 行第 j 列元素的指针,故*(a[i]+j)和*(*(a+i)+j)都表示元素 a[i][j]。D 行和 E 行也是把二维数组作为一维数组来使用的。

结合本例的说明,可把二维数组的行地址和元素地址的各种表示方法及含义归结为表 8-1。

表 8-1 数组地址和元素的表示法

表示形式	含义
a	二维数组名,数组的起始地址,数组第 0 行的地址
a+0	第 0 行的起始地址
a[0]	第 0 行第 0 列元素的起始地址
a,(a+0)	第 0 行第 0 列元素的地址
a,(a+0),*a[0],*(*(a+0)+0)	元素 a[0][0]
a+i,&a[i]	第 i 行的起始地址
a+i+j,&a[i]+j	第 i+j 行的起始地址
a[i],*(a+i)	第 i 行第 0 列元素的起始地址
(a+i)+j,a[i]+j,&a[i][j],&a[i]+j	第 i 行第 j 列元素的地址
((a+i)+j),*(a[i]+j),*(&a[i][j]), *(*&a[i]+j),a[i][j]	第 i 行第 j 列元素的值

8.2.2 指针和字符串

由于字符串是存放在字符数组中的,对字符数组中的字符逐个处理时,前面介绍的指针

与数组之间的关系完全适用于字符数组。通常，把字符串作为一个整体来使用，用指针来处理字符串更加紧凑和方便。当用指向字符的指针来处理字符串时，并不关心存放字符串的数组的大小，而只关心是否已处理到了字符串的结束字符。

例 8.7　用指针实现字符串的拷贝。

```
# include < iostream.h >
# include < string.h >

void main(void)
{
    char s1[] = "I am a student!";                    //A
    char * s2 = "You are a student!";                 //B
    char s3[30],s4[30],s5[30];
    int i;
    char * p1 = s3, * p2 = s1;
    for( ; * p1 ++ = * p2 ++; );                      //C
    for(i = 0;i <= strlen(s1);i ++)                   //D
        s4[i] = s1[i];
    strcpy (s5,s2);
    cout << "s3 = " << s3 << '\n';
    cout << "s4 = " << s4 << '\n';
    cout << "s5 = " << s5 << '\n';
    cout << "s2 = " << s2 << '\n';
}
```

执行程序后，输出：

```
s3 = I am a student!
s4 = I am a student!
s5 = You are a student!
s2 = You are a student!
```

程序中的 A 行说明了字符数组 s1，并用一个字符串对其进行初始化，系统根据字符串的长度自动确定数组的大小。这等同于定义数组 s1 的大小为 16。编译程序的处理过程是：先为数组 s1 分配 16 个字节的内存空间，然后将字符串"I am a student!"依次存放到数组 s1 中。B 行说明了一个字符串指针变量 s2，并对该指针变量初始化。编译程序先将字符串"You are a student!"存放在某一个内存空间中，并将存放该字符串的首地址赋给指针变量 s2。尽管 A 行和 B 行中“ = ”右边都是一个字符串，但编译程序的处理方法及含义都是不一样的，初学者必须注意这一点。C 行实现了字符串的拷贝，将指针变量 p2 所指向的字符串拷贝到 p1 所指向的字符数组中。for( )语句的循环体为空语句，字符串的拷贝是由循环语句中的条件表达式

```
*p1 ++ = *p2 ++
```

来实现的。开始时，p2 指向 s1[0]，p1 指向 s3[0]，第一次执行该条件表达式时，将 s1[0]中的字符赋给 s3[0]，并使 p2 指向 s1[1]，p1 指向 s3[1]，依次类推，直到将 p2 指向的字符串结束符拷贝到 p1 所指向的地址中时，才结束执行循环语句。

从上例可以看到,字符型指针变量与字符数组都可以用来处理字符串,但两者在使用上是有区别的,在使用的过程中要注意以下几点。

(1) 两者在概念上不一样。例如:

```
char *pc,str[100];
```

编译程序要为字符数组 str 分配 100 个字节的内存空间,它至多可以存放 100 个字符;而为指针变量 pc 仅分配 4 个字节的内存空间,它只能存放一个内存单元的地址。

(2) 尽管赋初值的形式类同,但含义不一样。例如:

```
char str[] = "I am a student!",s[200];
char *str2 = "You are a student!",str3[100], *str4, *str5;
```

对于字符数组,是把字符串送到为数组分配的存储空间去;而对于字符型指针,是先把字符串存放到内存中,然后将存放字符串的起始地址送到指针变量中。

(3) 赋值的方式不一样。对字符数组赋值,须逐个元素赋值;对于字符型指针,可将任一指针值赋给字符指针变量。如以下的赋值是错误的:

```
str3 = str;
s = "I love China!";
```

因编译器不给数组名分配内存空间,数组名只表示数组的起始地址,不能将指针赋给数组名。以下的赋值是正确的:

```
str4 = str;
str5 = "I love China!";
```

经赋值后,使 str4 指向字符数组 str。由于字符串表达式"I love China!"的值是一个指针,即存放该字符串的起始地址,将该指针值赋给指针变量当然是允许的。

(4) 可以给字符数组直接输入字符串;而在给字符指针变量赋初值前,不允许将输入的字符串送到指针变量所指向的内存区域。例如:

```
char  s1[50], *chptr,  s2[200];
cin >> s1;             //正确
cin >> chptr;          //错误,因不知道 chptr 指向什么样的内存单元
chptr = s2;
cin >> chptr;          //正确,因 chptr 指向了一个已分配的内存空间
```

(5) 在程序的执行期间,字符数组的起始地址是不能改变的,而字符指针的值是可以改变的。例如:

```
chptr = s1 + 5;        //正确
chptr = chptr + 5;     //正确
s1 = s1 + 2;           //错误
```

8.3 指针数组和指向指针的指针变量

8.3.1 指针数组

前已述及,由若干个同类元素组成的一个集合构成一个数组。由若干个同类型的指针所组成的数组称为指针数组,数组的每一个元素都是一个指针变量。定义指针数组的格式

为：

《存储类型》 <类型> * <数组名>[<数组的大小>]；

由于运算符“[]”的优先级比“*”高，<数组名>与[<数组的大小>]构成一个数组，再与*结合，指明是一个指针数组，类型指明指针数组中每一个元素所指向的数据类型。例如：

```
int   * p1[4];
float  * p2[16];
```

将 p1 定义为一个指针数组，它由 4 个元素组成，每一个元素所指向的数据类型为整型。而 p2 被定义为另一个指针数组，它由 16 个元素组成，每一个元素所指向的数据类型为实型。

例 8.8 用指针数组输出数组中各元素的值。

```
# include < iostream.h >

void  main(void)
{
    float   a[] = {100,200,300,400,500};
    float   * p[] = {&a[0],&a[1],&a[2],&a[3],&a[4]};
    int     i;
    for (i = 0;i < 5;i ++)
      cout << * p[i] << '\t';
    cout << '\n';
}
```

执行程序后，输出：

100   200   300   400   500

在程序中说明了一个指针数组 p，它的每一个元素依次指向数组 a 中的每一个元素。就本例而言，没有必要使用指针数组，目的是说明指针数组的简单用法。

例 8.9 将若干个字符串按升序排序后输出。

分析：如图 8-4 所示，定义一个指针数组 str，它的每一个元素指向一个字符串。首先找到最小的字符串，并使该指针值与 str[0]中的值交换，使 str[0]指向最小的字符串。接着找到次小的字符串，使 str[1]指向次小的字符串。依次类推，直到 str[4]指向最大的字符串。

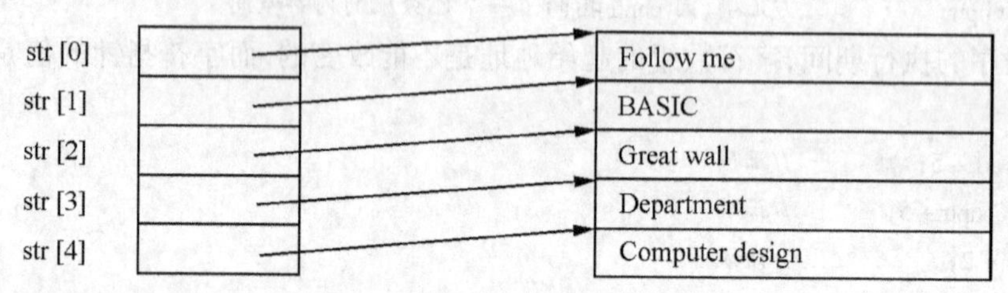

图 8-4 排序前指针数组 str 的指向

排序后指针数组 str 中各个元素所指向的字符串如图 8-5 所示。采用这样的排序方法，要比交换字符串速度快，因为这里只交换指针而不交换字符串。程序如下：

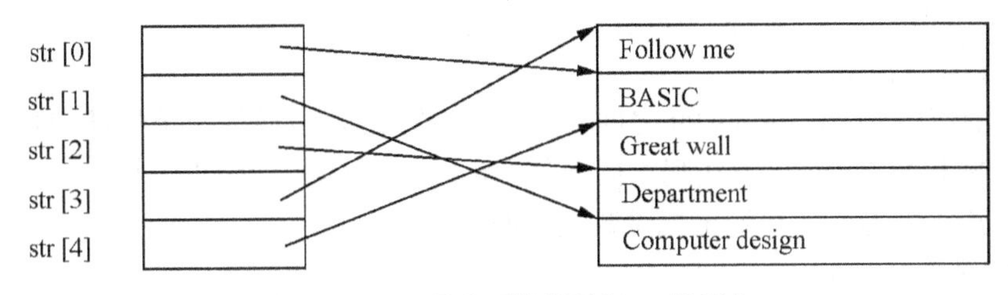

图 8-5 排序后指针数组 str 的指向

```
# include < iostream.h >
# include < string.h >

void main(void)
{
    char * str[ ] = {"Follow me","BASIC","Great wall","Department","Computer design"};
    char * p1;
    int i,j,k;
//按升序排序
    for(i = 0;i < 4;i ++){
      k = i;
      for(j = i + 1;j < 5;j ++)
        if(strcmp(str[k],str[j]) > 0)k = j;          //A
      if(k! = i){                                      //B
        p1 = str[k];str[k] = str[i];str[i] = p1;
      }
    }
    for(i = 0;i < 5;i ++)cout << str[i] << '\n';      //C
}
```

执行程序后,输出:

```
BASIC
Computer design
Department
Follow me
Great wall
```

A 行中的函数 strcmp( )是字符串比较库函数,str[k]和 str[j]的值分别是第 k 个和第 j 个字符串的起始地址。如果 str[k]指向的字符串大于 str[j]所指向的字符串,则该函数返回的值大于 0,并将 j 的值赋给变量 k。当执行完由 j 控制的内循环语句后,从第 i 个字符串到最后一个字符串之间的所有字符串中,第 k 个字符串为最小。B 行中,若 k 不等于 i,表示第 i 个字符串不是最小的字符串;要将 str[k]和 str[i]的值交换,也就是将指向第 i 个字符串的数组元素与指向第 j 个字符串的数组元素对换。当由 i 控制的外循环执行完后,排序结束。C 行输出排序后的字符串。

8.3.2 指向一维数组的指针变量

在定义了一个一维数组后,再定义一个指针变量,使指针变量指向该数组的起始地址

后,则数组名可用指针变量来代替。设有如下说明:

```
int j,a[100],*p=&a[0];
```

则 a[j]与 p[j]的作用相同(j 在 0~99 之间)。对于二维数组,定义某一个指针变量后,是否也存在与一维数组类同的表示方法呢?回答是肯定的。下面用一个例子来说明之。

例 8.10 用不同的表示法输出二维数组中的元素。

```
# include<iostream.h>

void main(void)
{
    int a[3][4]={{5,6,7,8},{9,10,11,12},{13,14,15,16}};
    int i,j;
    int (*p)[4];                                                    //A
//依次输出数组中的各个元素
    cout<<"用行指针输出数组的各个元素:\n"
    for(i=0;i<3;i++){
        p=&a[i];                                                    //B
        cout<<(*p)[0]<<'\t'<<(*p)[1]<<'\t'
              <<(*p)[2]<<'\t'<<(*p)[3]<<'\n';                        //C
    }
    p=a;
//输出数组中的各个元素
    cout<<"用四种不同的方法输出数组的各个元素:\n"
    for(i=0;i<3;i++)
      for(j=0;j<4;j++){
//*(*(p+i)+j),*(p[i]+j),*(*(a+i)+j),*(a[i]+j)都是指同一元素
            cout<<*(*(p+i)+j)<<'\t'<<*(p[i]+j)<<'\t';                //D
            cout<<*(*(a+i)+j)<<'\t'<<*(a[i]+j)<<'\n';                //E
    }
}
```

执行程序后,输出:

```
用行指针输出数组的各个元素:
5   6   7   8
9   10  11  12
13  14  15  16
用四种不同的方法输出数组的各个元素:
5   5   5   5
6   6   6   6
7   7   7   7
8   8   8   8
9   9   9   9
10  10  10  10
11  11  11  11
```

12 12 12 12
13 13 13 13
14 14 14 14
15 15 15 15
16 16 16 16

程序中 A 行“int (* p)[4];”,其中(* p)指明 p 是一个指针变量,再与[4]结合,表示该指针变量所指向的数据是一个一维数组,该数组由四个元素组成,或者说 p 指向包含四个元素的一维数组。注意,以上说明中的括号不可少。当没有括号时,表示 p 是一个指针数组。用指针变量 p 来访问它所指向的一维数组中的元素的方法如图 8-6 所示。从图中可以看出,p 实际上是一个一维数组的行指针,它的值是该一维数组的起始地址。注意,p 不能指向该一维数组中的第 j 个元素。

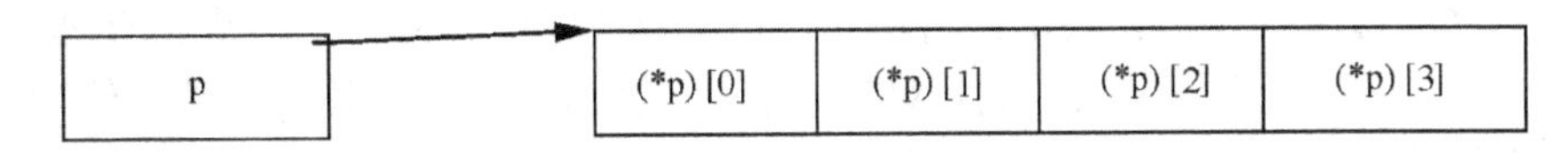

图 8-6　指针变量 p 的指向

程序中的 B 行将数组 a 的第 i 行的起始地址赋给指针变量 p。C 行输出 p 所指向的一维数组中的各个元素值。

当把数组 a 的起始地址赋给 p 后,正如 D 行和 E 行中的用法那样,* (* (p + i) + j), * (p[i] + j), * (* (a + i) + j)和 * (a[i] + j)的作用相同,都表示数组 a 的元素 a[i][j]。从这种对应关系可以看出,在二维数组与指针中介绍的用数组名表示数组行列地址和元素的方法中,均可用这种指针来表示,只要将数组名换成这种指针变量名即可。

关于指向一维数组的指针变量,应注意以下几点。

(1) 说明语句“int(* p)[4];”中,p 是一个指针变量,不是一个指针数组。当把二维数组的起始地址赋给 p 后,(* p)[0]是二维数组中第 0 行第 0 列元素的值,而 * (p + i) + j 是一个地址,要把这两者区分开来。

(2) 定义这种指针变量时,它所指向的一维数组的元素个数应与二维数组的列数相同。否则,在使用时肯定会带来问题。

(3) 设有说明语句:

```
float ( * pp)[N],x[M][N];
pp = x;
```

此时的 pp = pp + 1,使指针变量 pp 指向二维数组的下一行;实际上,系统内部所做的运算是:

```
pp = pp + sizeof(float) * N
```

只能将数组的行地址赋给这种指针变量,不能将二维数组的元素地址赋给它。例如:

```
pp = x[i];
```

是错误的,因 x[i]表示第 i 行第 0 列元素的地址,而不是数组的行地址。例如:

```
pp = &x[i];                //或 pp = x + i;
```

是正确的。&x[i]和 x + i 都表示数组 x 的第 i 行的地址。

(4) 可把这种表示方法推广到三维或更多维的数组中,其表示方法要比二维数组更复杂。如定义指向二维数组的指针变量的方法为:

```
int ( * ptr)[20][50];
```

它定义了一个指针变量 ptr,使之指向一个具有 20 行 50 列的二维数组。这种指针变量的加 1 运算为:

```
ptr = ptr + 1
```

系统内部所做的实际运算是:

```
ptr = ptr + sizeof(int) * 20 * 50
```

8.3.3 指向指针的指针变量

在 C++ 中,当定义了一个指针变量 p 时,系统要为指针变量 p 分配内存单元。如果再定义一个指针变量 pp,它指向指针变量 p,这时称 pp 为指向指针的指针变量,简称为二级指针。定义二级指针的一般格式为:

《存储类型》< 类型 > **P1;

定义一个二级指针变量时,在其前面有两个"*"。类似地,定义一个三级指针变量,则在指针变量前加上三个"*"。在 C++ 中,对定义指针的级数并没有限制。通常使用一级(定义的指针变量前只有一个 *)、二级、三级指针变量,更多级的指针变量很少使用。

例 8.11 多级指针的简单使用。

```
# include < iostream.h >

void main(void)
{
    int i = 10;
    int  * p1, **p2, ***p3;
    p1 = &i; p2 = &p1, p3 = &p2;
    cout << "i = " << * p1 << '\n';
    cout << "Address of p1 = " << p2 << '\n';
    cout << "Address of p2 = " << p3 << '\n';
    cout << "i = " << **p2 << '\n';
    cout << "i = " << ***p3 << '\n';
}
```

执行程序后,输出:

```
i = 10
Address of p1 = 0x0064FDF4
Address of p2 = 0x0064FDF0
i = 10
i = 10
```

程序中指针变量的指向关系如图 8-7 所示。

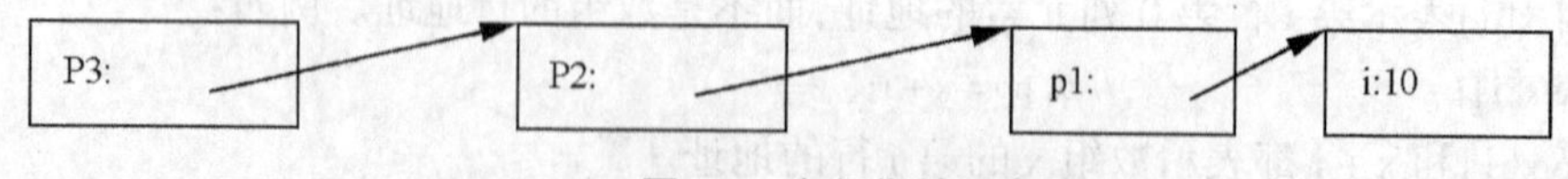

图 8-7 多级指针示意图

指针变量 p1 的值为变量 i 的起始地址,指针变量 p2 的值为 p1 的地址,指针变量 p3 的值为 p2 的地址。从图 8-7 及本例的输出可看出,在二级指针变量前加一个"*"得到的是一个地址;加上两个“ * ”才能得到数据值。这种规则可以推广到任意多级的指针变量。

8.4 指针和函数

8.4.1 指针作为函数的参数

将指针作为函数的参数时,传递给函数的是某一个变量的地址,这种情况称为地址传递。当函数的参数为指针时,可将指针值和指针所指向的数据作为函数的输入参数,即在函数体内可使用指针值和指针所指向的数据值。也可将指针所指向的数据作为函数的输出参数,即在函数体内改变了形参指针所指向的数据值,调用函数后,实参指针所指向的数据也随之改变。换言之,函数除了用 return 返回一个值外,还可以通过指针类型的参数带回一个或多个值。

例 8.12 实现两个数据的交换。

```
# include < iostream.h >

void swap(int * p1,int * p2)
{
    int temp;
    temp = *p1;
    *p1 = *p2;
    *p2 = temp;
}

void main(void)
{
    int a,b;
    cout << "Input a and b:";
    cin >> a >> b;
    cout << "\na = " << a << ",b = " << b << '\n';
    swap(&a,&b);                                    //A
    cout << "a = " << a << ",b = " << b << '\n';    //B
}
```

执行程序时,输入 100 和 200,程序输出:

```
a = 100,b = 200
a = 200,b = 100
```

swap( )函数实现两个数据的交换。它的两个形参均为指针变量。当输入 a、b 的值为 100 和 200 后,执行到 A 行,调用函数 swap( ),当进入该函数,还没有执行 swap( )函数体时,p1 指向 a,p2 指向 b,如图 8-8(a)所示。接着执行 swap( )的函数体,使 * p1 和 * p2 的值互换,也就是使 a 和 b 的值互换,如图 8-8(b)所示。函数调用结束后,系统收回 p1 和 p2 所占的内存空间,变量 p1 和 p2 不再存在,这时变量 a、b 的取值如图 8-8(c)所示。B 行输出的 a 和 b 的值已是交换之后的值。

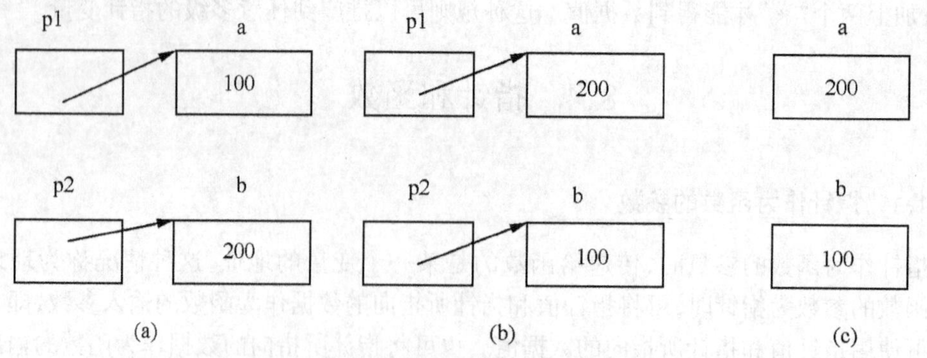

图 8-8　交换前后的指针指向

如果将上面的swap( )函数的两个指针参数改为两个整型变量，并把 swap( )函数改写为：

```
void swap1(int x,int y)
{ int t;
  t = x;x = y;y = t;
}
```

将主函数中的“swap(&a,&b);”改为“swap1(a,b);”，是否会实现两数的交换呢？如图 8-9 所示，在函数调用开始前，将 a 的值传给 x，将 b 的值传给 y。执行完 swap1( )的函数体后，x 与 y 值已交换，但 a 和 b 的值仍是原来的值。所以函数 swap1( )不能实现两个数的交换，这就是我们在 5.2.3 节所介绍的函数参数的值传递方式。

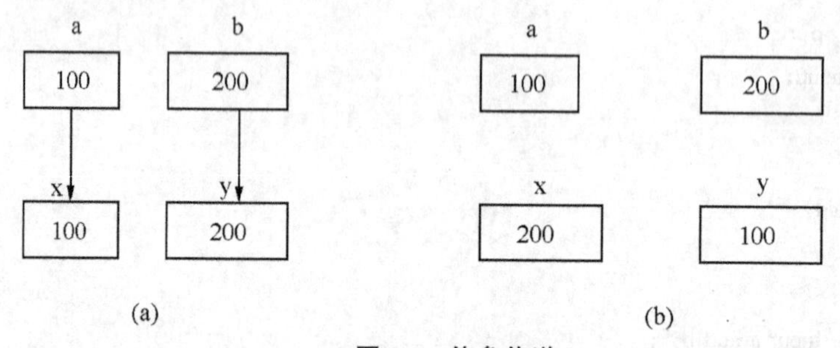

图 8-9　值参传递

由于数组名的值为数组的起始地址，当把数组名作为函数的参数时，其作用与指针相同。数组或指针作为函数的参数的情况可以有四种：第一种是函数的形参为数组，调用函数时的实参为数组名；第二种是形参为指针型变量，而实参用数组名；第三种是形参为数组名，而实参为指针；第四种是形参和实参都用指针型变量。这四种形式的效果完全一样。

例 8.13　设计一程序，使数组或指针作为函数的参数，实现整型数组的排序。

```
# include < iostream.h >

void sort1(int * p,int n)
{
    int i,j,temp;
    for(i = 0;i < n - 1;i ++)
      for(j = i + 1;j < n;j ++)
          if( *(p + i) > *(p + j)){
             temp = *(p + i);
```

```
				*(p+i) = *(p+j);
				*(p+j) = temp;
			}
}

void sort2(int  * p,int n)
{
	int i,j,temp;
	for(i = 0;i < n - 1;i ++)
		for(j = i + 1;j < n;j ++)
			if(p[i] > p[j]){
				temp = p[i];
				p[i] = p[j];
				p[j] = temp;
			}
}

void sort3(int b[ ],int n)
{
	int i,j,temp;
	for(i = 0;i < n - 1;i ++)
		for(j = i + 1;j < n;j ++)
			if(b[i] > b[j]){
				temp = b[i];
				b[i] = b[j];
				b[j] = temp;
			}
}

void main(void)
{
	int a[6] = {4,67,3,45,34,78}, * point;
	int b[6] = {4,67,3,45,34,78};
	int c[6] = {4,67,3,45,34,78};
	point = c;
	sort1(a,6);
	sort2(b,6);
	sort3(point,6);
	for(point = a;point < a + 6;)cout << * point ++ << '\t';
	cout << '\n';
	for(point = b;point < b + 6;)cout << * point ++ << '\t';
	cout << '\n';
	for(point = c;point < c + 6;)cout << * point ++ << '\t';
```

```
        cout << '\n';
    }
```

执行程序后,输出:

```
3  4  34  45  67  78
3  4  34  45  67  78
3  4  34  45  67  78
```

在程序中定义了三个函数 sort1( )、sort2( )和 sort3( ),它们的功能完全相同。函数 sort1( )和 sort2( )的第一个形参是指向整数的指针变量,调用该函数时的第一个实参,可以是指针也可以是数组名。sort3( )的第一个参数是数组名。由于数组名和指针都是传递地址,所以两者的作用完全相同,可以互换。

多维数组作为函数参数的方法有三种。第一种是函数的形参定义为多维数组,调用函数时的实参为多维数组名。第二种方法是把多维数组作为一维数组来处理,函数的形参定义为一维数组或一级指针变量,另一个参数指明数组的元素个数;对应的实参给出数组的起始地址。第三种方法是用指向一维数组的指针变量作为函数的参数。

例 8.14　设计一个通用的矩阵相乘的函数。

分析:设 a 为 m×n 阶的矩阵,b 为 n×p 阶的矩阵,a 矩阵乘以 b 矩阵得到 c 矩阵。c 为 m×p 阶的矩阵。实现通用的矩阵相乘的函数,要求 m、n 和 p 均是一个可变的正整数。唯一的办法是将二维数组作为一维数组来处理。根据矩阵相乘的公式:

$$c_{ij} = \sum_{k=0}^{k=n-1} a_{ik} \times b_{kj}$$

编写矩阵相乘的函数如下:

```
void matrixmul(float *pa, float *pb, float *pc, int m, int n, int p)
{
    int i,j,k;
    float t;
    for(i=0;i<m;i++)
        for(j=0;j<p;j++){
            t=0;                                    //A
            for(k=0;k<n;k++)
                t+=*(pa+i*n+k) * *(pb+k*p+j);      //B
            *(pc+i*p+j)=t;                          //C
        }
}
```

程序中的 B 行求出 C 矩阵中第 i 行第 j 列的元素。变量 t 用来存放求一个元素时的累加和,每求 C 矩阵中的一个元素前,先要将 t 置为 0。C 行将 t 中已求出的元素值赋给 C 矩阵中第 i 行第 j 列元素。指针变量 pa 中存放了矩阵 a 的起始地址,矩阵 a 的每一行有 n 个元素,所以矩阵 a 的第 i 行的起始地址为:

```
pa+i*n
```

矩阵 a 的第 i 行第 k 列的地址为:

```
pa+i*n+k
```

计算矩阵 b 和 c 中某一个元素地址的方法完全类同。

例 8.15　设计一程序,求二维数组的平均值。

```
# include < iostream.h >

float average1(float * p,int n)
{
    float sum = 0;
    int i;
    for(i = 0;i < n;i ++)    sum += * p++ ;
    return sum/n;
}

float average2(float p[][4],int n)
{
    float sum = 0;
    int i,j;
    for(i = 0;i < n;i ++)
        for(j = 0;j < 4;j ++)    sum += p[i][j];
    return sum/(n * 4);
}

float average3(float(*p)[4],int n)
{
    float sum = 0;
    int i,j;
    for(i = 0;i < n;i + + ){
        for(j = 0;j < 4;j ++)    sum += (*p)[j];
        p ++;
    }
    return sum/(n * 4);
}

void main(void)
{
    float score[3][4] = {{65,67,70,60},{80,87,90,81},{90,99,100,98}};
    cout << "平均值 = " << average1( * score,12) << '\n';
    cout << "平均值 = " << average3(score,3) << '\n';
    cout << "平均值 = " << average3(&score[0],3) << '\n';
}
```

执行程序后,输出:

```
平均值 = 82.25
平均值 = 82.25
平均值 = 82.25
```

从输出结果可以看出,三个函数 average1( )、average2( )和 average3( )的作用是相同的,都是求二维数组的平均值。average1( )的第一个参数是一级指针,它把二维数组作为一维数组来处理,第二个参数是二维数组中的元素个数,其对应的第一个实参应是第 0 行第 0 列元素的地址,即 * score。average2( )的第一个形参是二维数组,第二个形参为二维数组的行数,对应的第一个实参为二维数组名 score。average3( )的第一个形参为指向一维数组的指针变量,第二个形参为二维数组的行数,对应的第一个实参为指向第 0 行的列地址,即&score[0]。

*例 8.16　设计一程序,实现 C 语言的 Printf( )库函数的功能,为了简化程序设计,适当地简化了 Printf( )函数有关格式符方面的功能。

```
# include < iostream.h >
# include < stdarg.h >

void main(void)
{
  int Print(char * …);
  char  * str = "C++ language";
  float f = 34.5;
  Print("%s,%d,%c,%%,%f\n",str,25,'c',f);                    //A
}

int Print(char * format…)
{
  va_list ap;
  char ch;
  int i = 0;
  va_start(ap,format);
  while((ch = *format++) ! = '\0'){                        //B
    i++;
    if(ch! = '%')cout << ch;
    else
        switch(ch = * format++){
          case '%':cout << '%';
                  break;
          case 's':{
                    char * p = va_arg(ap,char * );
                    cout << p;
                  }
                  break;
          case 'd':{
                    int p = va_arg(ap,int);
                    cout << p;
                  }
                  break;
```

```
            case 'f': {
                    double p = va_arg(ap,double);
                    cout << p;
                }
                break;
            case 'c': {
                    char p = va_arg(ap,char);
                    cout << p;
                }
                break;
        }
    }
    va_end(ap);
    return i;
}
```

执行该程序后，输出：

```
C++ language,25,c,%,34.5
```

函数的第一个参数是一个字符串，称为格式串。在该字符串中，百分号"%"与紧跟其后的一个格式说明字符一起指出与其对应参数的数据类型。本例中，格式说明字符只考虑了五种：s 对应字符串，d 对应整型数据，f 对应实型数据，c 对应字符型数据，% 则表示要输出一个%。调用函数时给出的每一个缺省的参数在格式串中都有一个对应的%后跟一个格式说明字符。如 A 行中函数调用：

```
Print("%s,%d,%c,%%,%f\n",str,25,'c',f);
```

%s 指明将第二个参数 str 所指向的字符串输出，%d 指明第三个参数 25 按整数输出，%c 把第四个参数'c'按字符数据输出，%%表示输出一个%，而%f 把第五个参数 f 的值按实数输出。

在 B 行中 while( )循环语句通过字符指针 format 逐一地取出格式串中的每一个字符；若不是%，则输出该字符；否则根据%后面的格式字符，依次对其后的可变参数按指定的格式输出，这部分是通过开关语句(switch( ))来实现的。

va_start( )、va_arg( )和 va_end( )的功能参看 5.6 节。

8.4.2 函数返回值为指针的函数

任一函数利用语句 return 可以不返回值，也可以返回一个值，并且至多只能返回一个值。当希望函数返回多个值时，必须通过函数的参数来实现。函数还可以返回一个指针，该指针指向一个已定义的任一类型的数据。定义返回指针值的函数的格式是：

<类型标识符> * <函数名>(<形式参数表>){<函数体>}

其中，"*"说明函数返回一个指针，该指针所指向的数据的类型由类型标识符指定。例如：

```
float * f1(…)
{…}
```

说明函数 f1( )要返回一个指向实数的指针。

例 8.17　设计一程序，将输入的一个字符串按逆序输出。

分析：设输入的字符串为“ABCDEFG”。建立两个字符型指针变量 p1 和 p2，并使 p1 指向字符串的第 0 个字符，p2 指向字符串中的最后一个字符。第一步，将 p1 和 p2 所指向的字符对换（即将 A 与 G 交换）。第二步，使 p1 指向前一个字符，p2 指向后一个字符，即执行 p1 ++ 和 p2 --。第三步，若 p1 的值小于 p2，则重复执行第一步；否则表明字符串中的字符已逆序，结束交换。程序如下：

```
# include < iostream. h >

char * flip(char * ptr)
{
    char * p1, * p2, temp;
    p1 = p2 = ptr;                          //A
    while(*p2 ++);                          //B
    p2 -= 2;                                //C
    while(p1 < p2){                         //D
        temp = * p2; * p2 -- = * p1;
        * p1 ++ = temp;
    }
    return ptr;
}

void main(void)
{
    char str[200];
    cout << "输入一个字符串:";
    cin. getline(str, 200);
    cout << str << '\n';
    cout << flip(str) << '\n';
}
```

执行程序时，若输入字符串“Computer Department.”，输出结果为：

```
. tnemtrapeD retupmoC
```

程序中的 A 行使 p1 和 p2 指向字符串的第 0 个字符位置。当 B 行的循环语句执行完后，p2 已指向字符串结束字符后面的一个字符位置。要使 p2 指向字符串的最后一个字符的位置，应使 p2 回退两个字符位置，C 行实现这一目的。D 行中的循环体，一方面实现 p1 所指向的字符与 p2 所指向的字符交换，另一方面完成 p1 ++ 和 p2 --，使 p1 指向前一个字符，p2 指向后一个字符。

也可以用递归函数实现使输入的字符串逆序输出。程序如下：

```
# include < iostream. h >

void p(char s[], int i)
{   if(s[i]! = 0)p(s, i+1);
    cout << s[i];
}
```

```
void main(void)
{
    char str[200];
    cout << "输入一个字符串:";
    cin.getline(str,200);
    cout << str << '\n';
    p(str,0);
    cout << '\n';
}
```

执行上面的程序,可得到同样的结果。

读者可自行分析上例中递归函数的实现过程。该程序比前面的程序要简短一些。

例 8.18 输入两个字符串,设计一程序,把这两个字符串拼成一个新的字符串,然后输出这三个字符串,字符拷贝和拼接的函数自己设计。

```
#include <iostream.h>

char* copy(char *to,char *from)
{   char *p=to;
    while(*to++=*from++);
    return p;
}

char *stringcat(char *to,char *from)
{   char *p=to;
    while (*to++);
    to--;
    while(*to++=*from++);
    return p;
}

void main(void)
{
    char s1[100],s2[100],s3[200];
    cout << "输入第一个字符串:";
    cin.getline(s1,100);
    cout << "输入第二个字符串:";
    cin.getline(s2,100);
    copy(s3,s1);
    cout << "s1=" << s1 << '\n';
    cout << "s2=" << s2 << '\n';
    cout << "拼接后的字符串为:" << stringcat(s3,s2) << '\n';
}
```

执行程序时,输入字符串"C++ Program"和"ming Score.",则输出的结果为:

```
s1 = C++ Program
s2 = ming Score.
拼接后的字符串为: C++ Programming Score.
```

函数 copy( )实现字符串的拷贝,而函数 stringcat( )实现两个字符串的拼接。读者亦可自行分析两个函数的实现过程。

*例 8.19　设计一程序,对函数返回的指针所指向的内存单元赋值。

```
# include < iostream.h >
int i;

int * f( )
{   return &i;}

void main(void)
{
     * f( ) = 200;                                  //A
    cout << i << '\t';
     * f( ) = 400;
    cout << i << '\n';
}
```

执行程序后,输出:

```
200    400
```

表达式"* f( ) = 200"中,函数调用运算符的优先级最高,而赋值运算符的优先级最低。执行该表达式的顺序为:先调用函数 f( ),返回一个指向全局变量 i 的指针,然后将 200 赋给该指针所指向的变量 i。必须说明,本例没有实用意义,只是说明在 C++ 中允许向函数返回的指针所指向的内存单元赋值。在某些应用中,使用这种赋值方式可简化程序。

注意,函数只能返回全局变量或静态变量的指针,不能返回局部变量的指针。例如:

```
int * f1( )
{   int i;
    …
    return &i;
}
```

因执行 return 后,系统已收回为变量 i 分配的存储空间,即函数执行完后,变量 i 已不存在,所以不能返回变量 i 的指针。

8.4.3　带参数的 main( )函数及命令行参数

在前面介绍的 main( )函数中,都没有使用参数。实际上,C++ 语言为了增加程序的灵活性和可适应性,允许 main( )函数带有两个或三个形参,其函数的一般原型为:

```
int main(int argc, char * argv[], char *eve[]);
```

或

```
int main(int argc, char ** argv, char **eve);
```

或

```
int main(int argc,char *argv[]);
```

其中,第一个参数为实际命令行所带的参数个数;第二个参数是一个指向字符串的指针数组,它的每一个元素依次指向该命令的一个参数;而第三个参数也是一个指向字符串的指针变量,它的每一个元素指向当前运行系统的环境变量。

例 8.20　设计一程序,显示命令行参数。

```
# include < iostream.h >

//ECHO.CPP
main(int argc,char * argv[])
{
    for(int i = 0;i < argc;i ++) cout << argv[i] << '\t';
    cout << '\n';
}
```

首先将该源程序存放到文件 ECHO.CPP 中,经编译和连接后,产生一个可执行文件 ECHO.EXE。在 DOS 的环境下,打入命令:

```
ECHO Apple Orange China.
```

则输出:

```
C: \ T \ ECHO.EXE Apple Orange China.
```

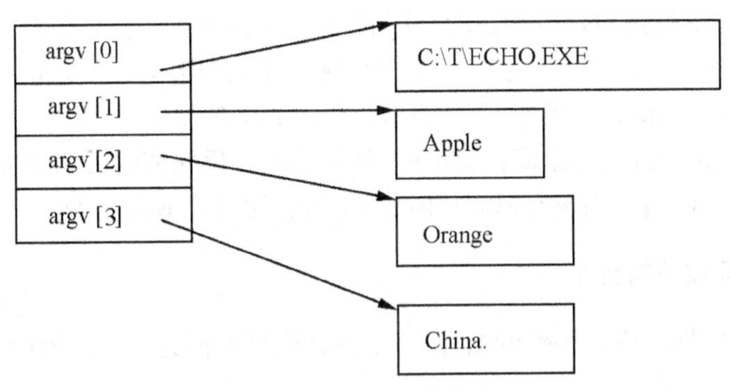

图 8-10　argv 的指向

打入命令中的"ECHO"、"Apple"、"Orange"、"China."作为 main( )函数的实参,因有四个参数,传递给 argc 的值为 4,在开始执行 main( )函数时,系统使 argv 中每一个元素依次指向这四个实参,如图 8-10 所示。主函数中的循环语句依次输出 argv[i]所指向的字符串。

例 8.21　设计一程序,输出环境变量。

```
//EXE8_22.cpp
# include < iostream.h >

void main(int argc,char *argv[],char *eve[])
{
  int i;
  for(i = 0;eve[i];i ++)
     cout << "eve[" << i << "] = " << eve[i] << '\n';
}
```

执行程序后,输出:

```
eve[0] = TMP = C:\WINDOWS\TEMP
eve[1] = TEMP = C:\WINDOWS\TEMP
eve[2] = PROMPT = $p$g
eve[3] = winbootdir = C:\WINDOWS
eve[4] = COMSPEC = C:\WINDOWS\COMMAND.COM
eve[5] = PATH = C:\WINDOWS;C:\WINDOWS\COMMAND;C:\UCDOS
eve[6] = windir = C:\WINDOWS
eve[7] = BLASTER = A220 I5 D1 T4
eve[8] = CMDLINE = a
```

环境变量的多少及其内容随不同的操作系统环境而变化。上面的程序在不同的系统上执行时,输出的结果是不同的。在一些特殊的应用场合,C++ 程序要用到操作系统提供的环境变量。有关环境变量的讨论已超出本书的范围,不作进一步讨论了。

C++ 提供的 main( )函数可有如下四种格式,其函数的原型为:

```
main(void);                   //不带任何参数
main(int);                    //带一个参数,所带的参数是没有意义的,几乎不用该格式
main(int,char **);            //带两个命令行参数,比较通用
main(int,char **,char **)     //带三个参数,在特殊场合下使用
```

main( )函数如果带有参数,各参数的顺序和类型必须符合以上的格式。通常其参数用 argc、argv、eve 分别表示参数的个数、指向参数的指针数组和指向环境变量的指针数组。因这三个变量属于 main( )函数的形参,当然也可以使用其他的变量名。

当没有定义 main( )函数的返回值类型时,系统约定其返回值的类型为 int 型,且只能返回一个整数或没有返回值。当没有返回值时,必须将它说明为 void 类型。

8.4.4 指向函数的指针

一个函数的入口地址称为函数的指针,一个指针变量的值为一个函数的入口地址时,称其为指向函数的指针变量。

对指向函数的指针变量,说明以下几点。

1. 定义指向函数的指针变量的格式为:

<类型标识符>(*<变量名>)(《参数表》);

其中,类型标识符是函数返回值的类型,《参数表》可以只有参数的类型说明。因括号运算符优先,“(*<变量名>)”表明是一个指针变量,而“(《参数表》)”表示是一个函数。所以,两者相结合,表示该变量名是一个指向函数的指针变量。例如:

```
float (*fp1)(void);
float *(*fp2)(float *,float **);
```

2. 函数名表示该函数的入口地址(在内存中的起始地址),可以将函数名赋给指向函数的指针变量。在不作强制类型转换时,只能将与指向函数的指针变量具有相同返回值和相同的参数表的函数名赋给指向函数的指针变量。换言之,指向函数的指针变量只能指向与该指针变量具有相同返回值类型和相同参数(个数及顺序一致)的任一函数。例如:

```
float f(float);
```

```
float  * f2(float * ,float **);
fp1 = f;                                          //错误
fp2 = f2;                                         //正确
```

3. 指向函数的指针变量除了可以进行赋值操作和关系运算外,通常进行其他操作是没有意义的。

4. 对指向函数的指针变量进行赋值后,可用该指针变量来调用函数。调用函数格式为:

(* <指针变量名>)(<实参表>)

或

<指针变量名>(<实参表>)

5. 指向函数的指针变量主要用作函数的参数。

例 8.22 设计一程序,完成两个操作数的加、减、乘、除四则运算。

```
# include < iostream.h >
# include < stdlib.h >

float add(float x,float y)
{
     cout << x << " + " << y << " = ";
     return x + y;
}

float sub(float x,float y)
{
     cout << x << " - " << y << " = ";
     return x - y;
}

float mul(float x,float y)
{
     cout << x << " * " << y << " = ";
     return x * y;
}

float dev(float x,float y)
{
     cout << x << "/" << y << " = ";
     return x/y;
}

void main(void)
{
     float a,b;
```

```
    char c;
    float(*p)(float,float);
    cout << "输入数据格式:操作数 1 运算符操作数 2 \n";
    cin >> a >> c >> b;
    switch(c){                                              //A
      case '+': p = add; break;
      case '-': p = sub; break;
      case '*': p = mul; break;
      case '/':  p = dev; break;
      default: cout << "输入数据的格式不对! \n"; exit(1);
    }
    cout << p(a,b) << '\n';                                 //B
}
```

执行程序时,若输入"45 + 55",则输出:

```
45 + 55 = 100
```

A 行的开关语句根据输入的运算符,将完成不同运算的函数指针赋给指针变量 p。B 行用指针变量调用函数。

例 8.23　已知一个一维数组的各个元素值,分别求出:数组的各个元素之和、最大元素值、下标为奇数的元素之和及各元素的平均值。

```
# include < iostream.h >
# include < stdlib.h >

float sum(float * p,int n)
{
    float sum = 0;
    for(int i = 0;i < n;i++)sum += *p++;
    return sum;
}

float max(float * p,int n)
{
    float m = *p++;
    for(int i = 1;i < n;i++){
        if(*p > m)  m = *p;
        p++;
    }
    return m;
}

float oddsum(float * p,int n)
{
    float sum = 0;
```

```
    for(int i = 1;i < n;i += 2){
        sum += *p++;
        p++;
    }
    return sum;
}

float ave(float *p,int n)
{   return sum(p,n)/n;}

void process(float *p,int n,float (*fp)(float *,int))
{   cout << fp(p,n) << '\n';}                              //A

void main(void)
{
    float x[] = {2.3,4.5,7.8,345.6,56.9,77,3.34,7.87,200};
    int n = sizeof(x)/sizeof(float);
    cout << n << "个元素之和是:";
    process(x,n,sum);
    cout << n << "个元素中的最大值是:";
    process(x,n,max);
    cout << "奇数下标元素之和:";
    process(x,n,oddsum);
    cout << n << "个元素的平均值是:";
    process(x,n,ave);
}
```

执行程序后,输出:

```
9 个元素之和是: 705.31
9 个元素中的最大值是: 345.6
奇数下标元素之和: 70.34
9 个元素的平均值是: 78.3678
```

程序中的函数 sum( )、max( )、oddsum( )、ave( )分别求出数组各元素之和、最大元素值、下标为奇数的元素之和、各元素的平均值。函数 process( )的作用是调用一个函数并输出该函数的返回值,它有三个参数: 第一个参数是指向数组的指针,第二个参数是数组中元素的个数,第三个参数是指向函数的指针。把指向函数的指针变量作为函数的形参时,其说明形式与定义指向函数的指针变量完全类同。如本例:

```
void process(float *p,int n,float(*fp)(float *,int));
```

即说明函数的类型、指针所指向函数的各个参数的类型。第一次调用 process( )时的实参为 x、n、sum。sum 是函数名,它的值为函数的入口地址,即把函数指针传给形参 fp。此时,A 行中的表达式"fp(p,n)"等同于"sum(p,n)",即调用了函数 sum(p,n),并输出该函数的返回值(所有元素之和)。第二次调用 process( )时的实参为 x、n、max。将函数 max 的入口地址传给形参 fp。此时,A 行中的表达式"fp(p,n)"等同于"max(p,n)",即调用了函数 max(p,n),并输出该函数的返回值(最大元素值)。第三、第四次调用 process( )的情况依次类推。

把指向函数的指针变量作为函数的参数,能在调用一个相同名的函数过程中执行功能不同的函数(由对应的实参确定),从而大大增加了程序设计的灵活性。本例中,四次调用 process( ),在执行该函数体时,调用了四个不同的函数:sum( )、max( )、oddsum( )、ave( )。

例 8.24 设计一程序,用梯形法求下列定积分的近似值:

$$\text{areal} = \int_{2}^{4}(1 + x^2)dx$$

$$\text{area2} = \int_{1}^{2.5}\frac{x}{(1 + x^2)}dx$$

$$\text{area3} = \int_{1}^{3}\frac{x + x^2}{1 + \sin x + x^2}dx$$

用梯形法求定积分的通用公式为:

$$\text{area} = \left[\frac{f(a) + f(b)}{2} + \sum_{i=1}^{i=n-1} f(a + i \times h)\right] \times h$$

其中,a 和 b 分别为积分的下限和上限,n 为积分区间的分隔数;h = (b - a)/n,h 为积分步长;f(x)为被积函数。为此,先编写一个求定积分的通用函数 jifen( ),它需要四个形参:指向被积函数的指针、积分的下限、积分的上限、积分区间的分隔数。程序如下:

```
# include < iostream.h >
# include < math.h >

float f1(float x)
{return (x + x * x)/(1 + sin(x) + x * x);}

float f2(float x)
{return(1 + x * x);}

float f3(float x)
{return x/(1 + x * x);}

float jifen(float ( * f)(float),float a,float b,int n)
{
    float y,h;
    int i;
    y = (f(a) + f(b))/2;
    h = (b - a)/n;
    for(i = 1;i < n;i ++)y += f(a + i * h);
    return(y * h);
}

main( )
{
```

```
    cout << "第一个积分值:" << jifen(f1,1,3,1000) << '\n';
    cout << "第二个积分值:" << jifen(f2,2,4,1000) << '\n';
    cout << "第三个积分值:" << jifen(f3,1,2.5,1000) << '\n';
}
```

执行程序后,输出:

```
第一个积分值: 1.98498
第二个积分值: 20.6667
第三个积分值: 0.643927
```

数组是同一类型数据的集合,当然其数据类型可以是指向函数的指针,由函数指针所组成的数组称为函数指针数组。其一维数组的定义形式为:

《存储类型》类型(* 数组名[数组大小])(《参数表》);

例如:

```
float ( * funarr[20])(float * ,int);
```

括号内的部分" * funarr[20]"优先,说明 funarr 是一个指针数组,"(float * ,int)"指明是函数,两者结合后,说明 funarr 是一个函数指针数组,函数的返回值为实型。当然,这种数组也可以是多维的,但用得较多的是一维函数指针数组。

* 例 8.25　设计一个简单的计算器程序。

用命令行带入三个参数:第一操作数、运算符和第二操作数。程序如下:

```
# include < iostream.h >
# include < stdlib.h >

int add(int x,int y)
{
  cout << x << " + " << y << " = ";
  return x + y;
}

int sub(int x,int y)
{
  cout << x << " - " << y << " = ";
  return x - y;
}

int mul(int x,int y)
{
  cout << x << " * " << y << " = ";
  return x * y;
}

int divi(int x,int y)
{
  cout << x << "/" << y << " = ";
```

```
    return x/y;
}

void OutResult(int a,int b,int (* f)(int,int))
{ cout << (* f)(a,b) << endl;}

void main(int argc,char * argv[])
{
    int( * fun[4])(int,int) = {add,sub,mul,divi};              //A
    int i;
    if(argc! = 4){
        cout << "Usage:command op1 op op2 < CR > example:\n";
        cout << "EX 34 * 25 < CR > \n";
        exit(1);
    }
    char op = argv[2][0];
    switch(op){                                                //B
    case '+':   i = 0;break;
    case '-':   i = 1;break;
    case '*':   i = 2;break;
    case '/':   i = 3;break;
    default:        cout << "Operater is error! \n";
                    exit(1);
    }
    OutResult(atoi(argv[1]),atoi(argv[3]),fun[i]);             //C
}
```

程序中的 A 行定义了一个函数指针数组 fun,它的四个元素分别指向实现加、减、乘、除的四个函数。B 行根据运算符确定数组 fun 的下标值。C 行把函数指针数组 fun 中元素作为实参,以实现由运算符确定的运算。

8.5 new 和 delete 运算符

8.5.1 new 和 delete 运算符的用法

在程序的执行过程中,希望根据输入的值或计算的值来确定一个数组的大小时,到目前为止,是无法实现的。例如:

```
int n;
cin >> n
float a[n];
```

C++ 不允许这样定义数组,因而编译器认为数组 a 无效。但

```
int n;
cin >> n
```

```
float * p;
p = new float[n];
```

是允许的，当执行到 new 运算符时，动态地分配一个有 n 个元素的实型数组，并使 p 指向该数组。这个数组的大小由 n 来确定，所以它是可变的。这种动态地分配内存空间的方法，不仅可提高程序的通用性，而且还有利于提高内存空间的利用率。

在 C++ 中，new 和 delete 运算符分别用于为指针变量动态分配内存空间和动态收回指针所指向的内存空间。使用 new 运算符为指针变量动态地分配内存空间，其格式为：

```
pointer = new type;
```

或

```
pointer = new type(value);
```

或

```
pointer = new type[<表达式>];
```

其中，pointer 是一个指针变量，type 通常要与 pointer 的类型一致。第一种格式的功能是：分配由类型 type 确定大小的一片连续的内存空间，并把所分配内存空间的起始地址送给 pointer。当分配不成功时，pointer 的值为 0。第二种格式除了完成第一种格式的功能外，将 value 的值作为所分配的内存空间的初始化值，对于这种格式，type 只能是基本数据类型。第三种格式是分配指定类型的数组空间。

delete 运算符用来将动态分配到的内存空间归还给系统，使用格式为：

```
delete pointer;
```

或

```
delete []pointer;
```

或

```
delete[<表达式>]pointer;
```

其中，pointer 的值应为由 new 分配的内存空间的起始地址。第一种格式是把 pointer 所指向的内存空间归还给系统；另两种格式都是把 pointer 所指向的一维数组的内存空间归还给系统。

例 8.26　设计一程序，实现动态内存空间分配。

```
#include <iostream.h>

void main(void)
{
   int   * p1;
   float * fp1, (* p)[10];
   char  * cp1;
   p1 = new int;                                    //A
   fp1 = new float(2.5);                            //B
   p = (float(*)[10])new float[10];                 //C
   cp1 = new char;                                  //D
    * cp1 = 'A';
   for(int i = 0;i < 10;i ++)( * p)[i] = (float)i;
   for(i = 0;i < 10;i ++){
```

```
        cout << "( * p)[" << i << "] = " << ( * p)[i] << '\t';
        if((i + 1) %5 == 0)cout << '\n';
    }
    * p1 = 25;
    cout << " * p1 = " << * p1 << '\n';
    cout << " * fp1 = " << * fp1 << '\n';
    cout << " * cp = " << * cp1 << '\n';
    delete p1;                                                    //E
    delete fp1;
    delete cp1;
    delete p;
}
```

执行程序后，输出：

```
(* p)[0] = 0  (* p)[1] = 1  (* p)[2] = 2  (* p)[3] = 3  (* p)[4] = 4
(* p)[5] = 5  (* p)[6] = 6  (* p)[7] = 7  (* p)[8] = 8  (* p)[9] = 9
* p1 = 25
* fp1 = 2.5
* cp = A
```

程序中的 A 行动态地分配一个存放一个整数的内存空间，并使 p1 指向该内存单元。B 行分配一个存放实数的内存空间，并将它初始化为 2.5。C 行分配了由 10 个元素组成的一维数组空间。E 行及其后的几行都是把用 new 运算符分配的内存空间归还给系统。

用 new 动态分配到的内存空间的内容是一些随机值，系统不对它们作任何初始化的工作。因此直接读取这些值通常是毫无意义的。只有对分配到的内存空间进行初始化后，才能读取这些值。

8.5.2 使用 new 和 delete 运算符应注意的事项

正确使用 new 和 delete 运算符极其重要，否则会造成各种意想不到的错误。要正确使用这两个运算符，应注意以下几点。

1. 用 new 运算符为指针变量所分配的存储空间，其初值是不确定的，所以在使用前要进行初始化。

2. 对于稍长的程序，用 new 运算符分配空间后，要判断其指针的值是否为 0。若 new 运算符运算的结果为 0，表示动态分配内存失败，这时应终止程序的执行，或进行出错处理。例如：

```
float   * p;
p = new float [1000];
if(p == 0){
    cout << "动态分配内存不成功，终止程序的执行！\n";
    exit(3);
}
```

3. 动态分配存放数组的内存空间，或为结构体分配内存空间时，不能在分配空间时进行初始化。例如：

```
int  * pi;
pi = new int [10](1,2,3,4,5,6,7,8,9);
```

是错误的。当定义了指向多维数组的指针变量时,可动态地为多维数组分配内存空间。若用 new 运算符计算的指针类型与赋值运算符左操作数类型不一致时,必须进行强制类型转换。例如:

```
float  ( * p1)[10],( * p2)[20];
p1 = new float[20];
```

因 p1 实际上是用于指向二维数组的指针,而 new 运算的结果为一维数组的指针,编译时认为是错误的。正确的方法应该是:

```
p1 = (float(*)[10])new float[10];            //进行强制类型转换
```

或

```
p1 = new float[1][10];                       //分配二维数组的内存空间
```

表示分配一个二维数组的存储空间,这个数组只有一行,每行有 10 个实数。并将所分配的二维数组的起始行的行地址赋给 p1。同理,

```
p2 = new float [10][20];
```

是正确的,系统分配一个二维数组存储空间,每一行有 20 个元素,共 10 行,使 p2 指向二维数组的第 0 行。而

```
int  * p3;
p3 = new int[10][20];
```

是错误的,正确的表示方法为:

```
p3 = (int *) new int[10][20];
```

或

```
p3 = new int[10 * 20];
```

同理,用 new 运算符可为更多维数组动态分配内存空间。

4. 用 new 运算符分配的内存空间的指针值必须保存起来,以便用 delete 运算符归还已动态分配的内存空间,否则会出现不可预测的错误。例如:

```
float  * fp,i;
fp = new float;
 * fp = 24.5;
fp = &i;
delete fp;
```

这里改变了 fp 的值,在调用 delete 时,fp 已不是指向动态分配的存储空间,在执行程序的过程中出错。

注意,在程序中用 new 动态分配内存空间后,若没有用 delete 释放相应的内存空间,程序执行结束后,这部分的内存空间将从系统中丢失;直到重新启动计算机,系统重新初始化时,系统才能利用这部分内存空间。所以用 delete 释放已动态分配到的内存空间是程序设计者的职责。

当动态分配了二维数组的存储空间后,在释放这部分存储空间时,要指明数组的行数。例如:

```
int ( * P)[100];
```

```
P = new int[30][100];
…
delete [30]P;                              //A
```

A 行将 P 所指向的二维数组空间都释放后，归还系统。但若把 A 行写为：

```
delete P;
```

这时仅释放二维数组的第 0 行所占用的存储空间。对于更多维数组的处理方法完全类同。

5. delete 运算符在释放动态分配的存储空间后，并不返回任何值。一旦释放了指针所指向的动态存储空间，不能再对其赋值。例如：

```
float  * p;
p = new float;
…
delete p;
* p = 5;                              //A
```

在 A 行中对 * p 的赋值是错误的，因为此时并不知道 p 指向何处。

8.6 引用和其他类型的指针

本节介绍引用、void 类型的指针和 const 类型的指针。

8.6.1 引用类型变量的说明及使用

C++ 中提供了一个与指针密切相关的特性——引用，引用是一种特殊的数据类型。定义引用类型变量，其本质是给一个已定义的变量起一个别名，系统不为引用类型变量分配内存空间，只是使得引用类型变量与其相关联的变量使用同一个内存空间。引用主要用于函数之间传递数据。

定义引用类型变量的一般格式为：

<类型> &<引用变量名> = <变量名>;

其中，变量名必须是一个已定义过的变量。例如：

```
int count;
int &refcount = count;
```

这里定义了一个引用类型变量 refcount，它是变量 count 的别名，并称 count 为 refcount 引用的变量或关联的变量。

例 8.27 引用类型变量的使用。

```
# include < iostream.h >

void main(void)
{
  int i, &refi = i;
  i = 100; refi += 100;
  cout << "refi = " << refi << '\n';
  refi * = 2;
  cout << "i = " << i << '\n';
```

```
}
```

执行程序后,输出:

```
refi = 200
i = 400
```

从该程序的输出可以看出,变量 refi 和 i 使用相同的内存空间。对 refi 的访问就是对 i 的访问。

对引用类型变量,须说明以下几点。

1. 定义引用类型变量时,必须将它初始化。为它初始化的变量类型必须与引用类型变量的类型相同。例如:

```
float x;
int &px = x;
```

由于 px 和 x 的类型不同,因此是错误的。

2. 引用类型变量的初始化值不能是常数。例如:

```
int &ref1 = 5;                    //错误
```

因 5 不是一个变量,所以是错误的。但如下的说明是正确的:

```
const   int   &ref2 = 5;
```

这种情况告诉系统,ref2 是常数 5 的引用。有关 const 定义的常量特性的说明,在本节的后面介绍。

3. 能说明为引用类型变量的引用,不能说明为引用类型数组。但引用数组中的某一个元素是可以的。例如:

```
int i, &refi1 = i;
int &ref5 = refi1;               //正确
int &ref6 = ref5;                //正确
int &refi2 = &refi1;             //错误
int &&re = &refi1;               //错误
int &ref = i;                    //正确
int a[10];
int &refa = a;                   //错误
int &refaa[10] = a;              //错误
int & * refa3 = a;               //错误
int &refa2 = a[2];               //正确
```

4. 可以用动态分配的内存空间来初始化一个引用变量。例如:

```
float &reff = * new float;
reff = 200;
cout << reff;
delete &reff;
```

用这种方法定义的引用类型变量 reff 是可以的。new 运算符的运算结果是一个指针,所以在其前面必须加一个“ * ”,这是因为对引用类型变量进行初始化的值是一个变量,而不是一个指针。另外,delete 运算符的操作数必须是一个指针,而不是变量名,所以用 delete 释放动态内存空间时,要在引用类型变量前加一个取地址运算符“&”。

5. 综合本书前面已介绍的内容,可以看出,C++ 中“&”有三种含义:按位与运算符“&”,

它是一个二元运算符;取地址运算符"&",它是一个一元运算符;引用运算符,用于定义引用类型变量。

8.6.2 引用和函数

在 C++ 中引入引用类型的主要目的是为了在函数的参数传递时提供方便。引用类型主要用作函数的参数或用作函数的返回值类型。

1. 引用类型变量作为函数的参数

当把函数的参数说明为引用类型时,把引用类型的实参称为引用传递。引用传递与地址传递类同,可作为函数的输入参数,也可作为函数的输出参数。使用引用类型的参数比使用指针类型的参数更能增加程序的可读性和编程的方便性。

例 8.28 设计一个程序,输入两个整数,使之交换后输出。

```
#include<iostream.h>

void swap1(int *p1,int *p2)
{
    int t;
    t=*p1; *p1=*p2; *p2=t;
}

void swap2(int &p1,int &p2)
{
    int t;
    t=p1; p1=p2; p2=t;
}

void main(void)
{
    int x,y;
    int a,b;
    cout<<"Input values of x and y:";
    cin>>x>>y;
    swap1(&x,&y);
    cout<<"Input values of a and b:";
    cin>>a>>b;
    swap2(a,b);
    cout<<"x="<<x<<"y="<<y<<'\n';
    cout<<"a="<<a<<"a="<<b<<'\n';
}
```

程序执行时,若输入 x 和 y 的值分别为 300 和 400,a 和 b 的值分别为 100 和 200,程序输出为:

```
x=400    y=300
```

```
a = 200    b = 100
```

函数 swap1( )与 swap2( )的功能完全相同,都是实现两个数的交换。对于引用类型的形参,其实参直接使用变量名;而对于指针类型的实参,实参必须是变量的地址。另外,在 swap1( )中要用到运算符"*"来取指针所指向的数据;而在 swap2( )中,直接使用引用类型的变量名。比较这两个函数可看出,使用引用类型的参数比使用指针类型的参数更加方便和直观。

*2. 函数的返回值为引用类型

当把函数的返回值定义为引用类型时,根据引用类型的定义,它所返回的值一定是某一个变量的别名。因此它相当于返回了一个变量,所以可对其返回值进行赋值操作。这一点类同于函数的返回值为指针类型。

例 8.29　函数返回值为引用类型。

```
#include <iostream.h>

int &f1(void)
{
    static int count;
    return ++count;
}

int index;
int &f2(void)
{   return index;}

void main(void)
{
    f1( ) = 100;                                    //A
    for(int i = 0;i < 5;i++)cout << f1( ) << "  ";  //B
    cout << '\n';
    int n;
    f2( ) = 100;                                    //C
    n = f2( );                                      //D
    cout << "n = " << n << '\n';
    f2( ) = 200;
    cout << "index = " << index << '\n';
}
```

执行程序后,输出:

```
101  102  103  104  105
n = 100
index = 200
```

函数 f1( )返回静态类型变量 count 的引用,而函数 f2( )返回全局变量 index 的引用。A 行中的"f1( ) = 100",因赋值运算符的优先级低于函数调用,为此先执行对函数 f1( )的调用。函数的返回值为 count 的引用,等同于 count 的一个别名,然后执行赋值运算,实际上是将 100 赋给 count。B 行中调用函数 f1( ),先使 count 的值加 1,然后返回 count 的引用,即取出 count 的值并输出。同理,C 行等同于把 100 赋给变量 index,D 行等同于将 index 的值 100 赋给变量 n。

注意,在主函数中不能直接使用局部变量 count 的值,但通过函数 f1( )可以对其赋值或使用其值;对于自动存储类型或寄存器类型的局部变量,函数不能返回这种变量的引用,因这种类型的变量在函数执行结束时就不存在了,所以对它的引用是无效的。

*8.6.3 void 型指针

在 C++ 中当指定函数的类型为 void 时,表示其没有返回值,或者说返回的值无效。当把指针变量定义为 void 类型时,表示可以指向任意类型的数据。void 型指针也称为无类型指针,可以把任意类型的指针值赋给它。但若将 void 型的指针值赋给其他类型的指针变量时,必须进行强制类型转换。例如:

```
int *ip, *ip1;
float *fp, *fp1;
void *p1, *p2;
ip = new int;
fp = new float;
p1 = ip;                                    //正确
p2 = p1;                                    //正确
ip1 = p1;                                   //错误,应写成:ip1 = (int *)p1;
fp1 = (float *)p2;                          //正确
```

void 类型指针的主要用途是编写通用的函数。下面通过一个例子来说明 void 类型指针的应用。

例 8.30　用 void 类型的指针编写一个通用的排序程序,可以分别对整数、实数、字符串等进行排序。

```
#include <iostream.h>

int ComInt(void *a, void *b)                       //比较两个整数
{   return *(int *)a - *(int *)b; }

int ComFloat(void *a, void *b)                     //比较两个实数
{   return *(float *)a - *(float *)b > 0?1: -1; }

void Sort(void *v, int n, int size, int(*Com)(void *, void *)) //排序
{
    int i,j,k;
    char *p, *q, t;
    for(i = 0;i < n - 1;i ++){
        p = (char *)v + i * size;               //求出第 i 个元素的指针值
        for(j = i + 1;j < n;j ++){
```

```
            q = (char * )v + j * size;                  //求出第 j 个元素的指针值
            if(Com(p,q) > 0)
                  for(k = 0;k < size;k ++){             //A
                      t = p[k];p[k] = q[k];q[k] = t;
                  }
        }
    }
}

void main(void)
{
    int vi[ ] = {23,44,32,66,15,25};
    float vf[ ] = {15.4,34.789,55.4,5.6,18.3,99.8,67.34};
    cout << "排序前的整数为:\n";
    for(int i = 0;i < sizeof(vi)/sizeof(int);i ++)
        cout << vi[i] << '\t';
    cout << '\n';
    Sort(vi,sizeof(vi)/sizeof(int),sizeof(int),ComInt);
    cout << "排序后的整数为:\n";
    for(i = 0;i < sizeof(vi)/sizeof(int);i ++)
        cout << vi[i] << '\t';
    cout << '\n';
    cout << "排序前的实数为:\n";
    for(i = 0;i < sizeof(vf)/sizeof(float);i ++)
        cout << vf[i] << '\t';
    cout << '\n';
    Sort(vf,sizeof(vf)/sizeof(float),sizeof(float),ComFloat);
    cout << "排序后的实数为:\n";
    for(i = 0;i < sizeof(vf)/sizeof(float);i ++)
        cout << vf[i] << '\t';
    cout << '\n';
}
```

执行程序后,输出:

```
排序前的整数为:
23  44  32  66  15  25
排序后的整数为:
15  23  25  32  44  66
排序前的实数为:
15.4  34.789  55.4  5.6  18.3  99.8  67.34
排序后的实数为:
5.6  15.4  18.3  34.789  55.4  67.34  99.8
```

函数 ComInt( )比较两个整数,其返回值为要比较的两个数之差,即 a 所指向的整数大于 b 所指向的整数时,返回值大于 0;当两个数相等时,返回值为 0;否则返回值小于 0。这里把两个参数定义为 void 类型的指针,是考虑到程序的通用性。因为在有些计算机中,一个整数用两个字节来表示,而在有些计算机中,一个整数用四个字节来表示。本函数可比较任意长度的整数。

函数 ComFloat( )比较两个实数,因两实数相减的结果转换成整数时有误差,所以不能直接返回两个实数之差。如 25.6 - 25.4 的值为 0.2,转换成整型时,其值为 0,不能表示 25.6 大于 25.4,所以只能使用条件表达式。

函数 Sort( )实现数据的排序。第一个参数指向要排序的数组,第二个参数为该数组中的元素个数,第三个参数指明数组中每一个元素占用的字节数,而第四个参数是用来比较数组中两个元素大小的函数指针。因该函数是一个通用的排序函数,计算数组中第 i 个元素的起始地址必须使用通用公式来计算:

```
p = (char * )v + i * size;
```

其中,v 是数组的起始地址,size 为每一个元素占用的字节数,则 p 为数组 v 中第 i 个元素的起始地址。A 行将 p 和 q 所指向的数组元素值进行交换。由于 Sort( )是一个通用的排序函数,并不知道数组元素的类型,只能认为一个元素由若干个字节组成,并逐个字节进行交换。

8.6.4 const 类型变量

当用 const 限制说明标识符时,表示所说明的数据类型为常量类型。可分为 const 型常量和 const 型指针。

1. 定义 const 型常量

可用 const 限制定义标识符常量。例如:

```
const int MaxLine = 1000;
const float Pi = 3.1415926;
```

用 const 定义的标识符常量时,一定要对其初始化。在说明时进行初始化是对这种常量置值的唯一方法,不能用赋值运算符对这种常量进行赋值。例如:

```
MaxLine = 35;                                   //错误
```

从使用的效果来说,用 const 定义的 const 型常量与用编译预处理指令 define 定义的符号常量是相同的。两者的区别如下。首先,用 define 指令定义的符号常量是在编译之前,由编译预处理程序来处理的;而定义的 const 型常量是由编译程序进行处理的,因此在调试程序的过程中,可用调试工具来查看 const 型常量,但不能查看用 define 定义的符号常量。其次,作用域不一样,用 const 定义的常量的作用域,与一般变量的作用域相同,也分为局部常量和全局常量;用 define 指令定义的符号常量,其作用域是从其定义开始,到整个文件结束之前均有效。

2. const 型指针

有三种不同的方法来说明 const 型指针,其作用和含义都是不同的。下面分别举例说明之。第一种形式是将 const 放在指针变量的类型之前。例如:

```
const int  * Pint;
flaot x,y;
const float  * Pf = &x;
```

这种形式定义的指针变量表示指针变量所指向的数据是一个常量。因此不能改变指针

变量所指向的数据值,但可以改变指针变量的值。例如:

```
*Pf = 25;                                   //错误
x = 200;                                    //正确
Pf = &y;                                    //正确
```

用这种形式定义的指针变量,在定义时可以赋初值,也可以不赋初值。

第二种形式是将 const 放在指针变量的"*"之后。例如:

```
int n,i;
int *const pn = &n;
```

这种形式定义的指针变量,表示指针变量的值是一个常量。因此不能改变这种指针变量的值,但可以改变指针变量所指向的数据值。例如:

```
*pn = 25;                                   //正确
 pn = &i;                                   //错误
```

用这种形式定义的指针变量,在定义时必须赋初值。

第三种形式是把一个 const 放在指针变量的类型之前,再把另一个 const 放在指针变量的"*"之后。例如:

```
int j,k;
const int *const pp = &j;
```

这种形式定义的指针变量,表示指针变量的值是一个常量,指针变量所指向的数据也是一个常量。因此不能改变指针变量的值,也不能改变指针变量所指向的数据值。例如:

```
*pp = 25;                                   //错误
 pp = &k;                                   //错误
```

用这种形式定义的指针变量,在定义时必须赋初值。

因引用类型的变量类同于指针类型的变量,所以这三种定义形式完全适用于引用类型的变量。

定义 const 类型指针的主要目的是提高程序的安全性。前面已经讲到,指针的正确使用是程序设计者的责任,因指针的应用非常灵活,编译程序无法检查指针类型变量是否完全正确使用。若说明为 const 型指针,当使用不当时,编译程序就可以作相应的语法检查了。

const 类型的指针主要用作函数的参数,以限制在函数体内不能修改指针变量的值,或不能修改指针所指向的数据值。在后面章节的例子中可以看到这方面的应用。

8.7 简单链表及其应用

8.7.1 链表概述

本节简单地介绍利用结构体和指针来实现链表处理的方法。所谓链表是指将若干个同类型的结构体类型数据(每一个结构体类型的数据称为一个结点)按一定的原则连接起来。每一个结点应包含两部分数据。一部分是描述某一实体所需要的实际数据。如描述一个人的通讯录,包括的数据可以是:姓名、工作单位、单位的电话号码、住宅的电话号码和邮编等。另一部分是结构体类型的指针,它指向下一个结点。将结点连接起来的原则是:前一个结点通过指针指向下一个结点,如图 8-11 所示。

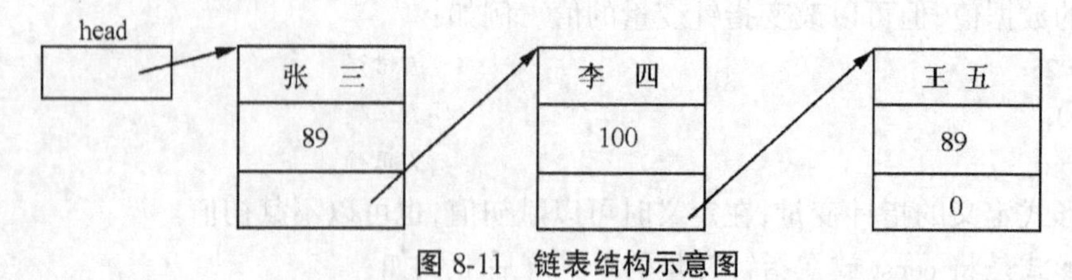

图 8-11 链表结构示意图

图 8-11 给出的简单链表中,每一个结点包含的数据有两个:姓名和成绩。每一个结点的指针域用来存放下一个结点的地址。head 称为链首指针,或简称为头指针。它指向链表中的第一个结点。每一个结点可以是用 new 运算符分配的动态内存空间,各个结点在内存中可以不连续。若要查找链表中的某一个结点(如姓名为“李四”的结点),必须从 head 所指向的第一个结点开始,逐个查找。首先看第一个结点上的姓名是否为“李四”,若是,则已找到;若不是,则通过第一个结点中的指针域,找到下一个结点(第二个结点),看其姓名是否为“李四”。若还不是,再通过这一结点的指针域,找到下一个结点,依次类推,直到找到满足条件的结点,或找到链表上的最后一个结点为止。

描述上述结点的数据结构为:

```
struct node {
    char name[20];
    int score;
    node * next;
};
```

其中,next 为指向这种结构体类型的指针,它存放指向下一个结点的地址。通常,程序设计者并不要具体知道下一个结点的地址值,而只要将用 new 为下一个结点分配的动态内存空间的起始地址存放在 next 中。

8.7.2 建立链表

对链表进行的基本操作包括:建立链表,把一个结点插入链表,从链表中查找到某一个结点,删除链表中的某一个结点,输出链表中的所有结点数据等。下面结合例子来说明这些操作的实现方法。为简单起见,设每一个结点上只包含一个整数。

例 8.31 链表的基本操作。

本例所做工作包括:建立一条无序链表,输出该链表上各结点的数据,删除链表上的某一个结点,再输出链表上的数据,释放无序链表各结点占用的内存空间,建立一条排序链表(升序排序),输出链表上的数据,最后释放链表上各结点占用的内存空间。

链表上结点的数据结构为:

```
struct node {
    int data;
    node * next;
};
```

1. 建立一条无序链表

建立无序链表的函数如下:

```
node * Create( )
```

```
{
    node  * p1,  * p2,  * head;
    int a;
    head = 0;                                                    //A
    cout << "产生一条无序链表,请输入数据,以 - 1 结束:";
    cin >> a;
    while( a! = - 1) {
        p1 = new node;                                           //B
        p1 -> data = a;                                          //C
        if( head = = 0) {
            head = p1; p2 = p1;                                  //D
        }
        else {
            p2 -> next = p1; p2 = p1;                            //E
        }
        cin >> a;
    }
    if (head) p2 -> next = 0;                                    //F
    return( head);
}
```

A 行首先将链表首指针 head 置为 0,表示当前为空链表。当输入的整数为 - 1 时,表示建立链表的过程结束。建立一条无序链表的过程如下:首先输入一个整数,建立一个新结点,然后将该结点插入链表尾。重复这两步,直到输入的整数为 - 1 时为止。B 行和 C 行完成建立一个新结点的工作,并使 p1 指向该新结点。把一个新结点插入链表尾时,有两种情况。若当前为空链表,即 head 的值为 0,这时应使 head 和 p2 指向新结点,D 行完成这一工作,插入过程如图 8-12 所示;否则把新结点插入链表尾。此时,p2 总是指向链表尾结点,只要先使 p2 所指向结点的 next 指针指向要插入的结点,再使 p2 指向链表尾结点,E 行完成此工作。注意,E 行中的两个语句的顺序不可交换,插入过程如图 8-13 所示。

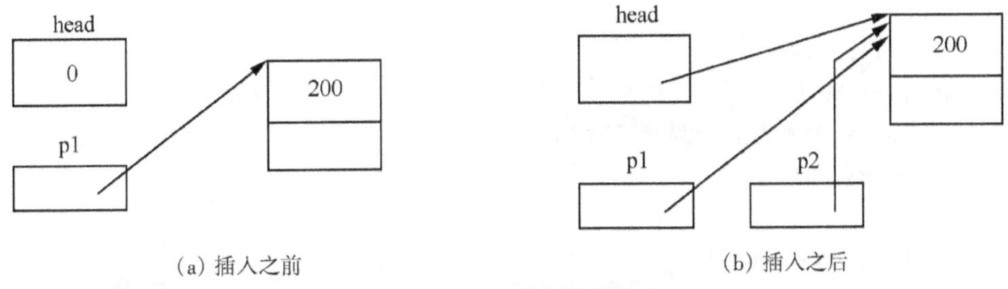

图 8-12　插入链首结点

当输入数据为 - 1 时,结束 while( )循环,执行 F 行,将 p2 所指向的链表尾结点的 next 赋为 0。注意,链表上最后一个结点的 next 赋为 0 是必不可少的,它表示链表的结束。

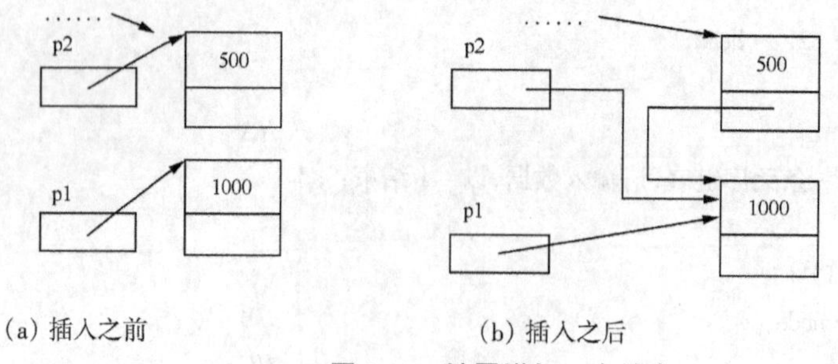

图 8-13　链尾增加一个结点

2. 输出链表上各个结点的值

这是一个历遍链表上的各个结点问题。实现这一功能的函数如下：

```
void Print(const node * head)
{
    const node *p;
    p = head;
    cout << "链表上各结点的数据为:\n";
    while(p! = NULL) {
        cout << p -> data << '\t';                    //A
        p = p -> next;                                //B
    }
    cout << '\n';
}
```

首先使指针变量 p 指向链表首结点。A 行输出 p 所指向结点上的数据，然后使 p 指向下一个结点(B 行)。重复执行 A、B 两行，直至链表尾为止。

3. 删除链表上具有指定值的一个结点

删除链表上某一个结点的步骤如下：首先找到要删除的结点，其次删除已找到的结点。实现该功能的函数如下：

```
node * Delete_one_node(node * head, int num)
{
    node * p1, * p2;
    if(head == NULL) {                                //A
        cout << "链表为空,无结点可删!\n";
        return(NULL);
    }
    if(head -> data == num){
        p1 = head;                                    //B
        head = head -> next;                          //C
        delete p1;                                    //D
        cout << "删除了一个结点!\n";
    }
    else {
        p2 = p1 = head;
```

```
        while(p2->data! = num&&p2->next! = NULL){          //G
            p1 = p2;                                        //E
            p2 = p2->next;                                  //F
        }
        if(p2->data == num){
            p1->next = p2->next;                            //H
            delete p2;                                      //I
            cout << "删除了一个结点!\n";
        }
        else cout << num << "链表上没有找到要删除的结点!\n";  //J
    }
    return(head);
}
```

程序中设置两个指针 p1 和 p2。查找时可分三种情况。一是链表为空链表,这时无结点可删,A 行完成这一功能。二是要删除的结点是链表的首结点。则先使 p1 指向第一个结点(B 行),使 head 指向第二个结点(C 行),然后删除 p1 所指向的结点(D 行)。三是要删除的结点不是链表首结点,则使 p1 指向前一个结点(E 行),使 p2 指向后一个结点(F 行),并判断 p2 所指向的结点是否为要查找的结点。G 行的循环语句完成链表上的查找工作。程序中有两个结束循环的条件。一是 p2 所指向的结点已是要查找的结点;二是 p2 已指向链表上的最后一个结点,且该结点不是要查找的结点。后者表明链表上没有要删除的结点,J 行指明这种情况。第一种结束 G 行的循环条件是要删除 p2 所指向的结点,首先要从链表上取下 p2 所指向的结点,H 行完成这一功能,然后删除 p2 所指向的结点(I 行)。

4. 释放链表的结点空间

完成释放链表的结点空间的函数如下:

```
void deletechain(node *h)
{
    node *p1;
    while(h){                                       //A
        p1 = h;                                     //B
        h = h->next;                                //C
        delete p1;                                  //D
    }
}
```

函数的参数 h 指向链表首指针。要释放链表,先依次从链表上取下一个结点,释放该结点占用的空间,直到链表上无结点可取为止。B 行和 C 行完成从链表上取下一个结点,并使 p1 指向要删除的结点,h 指向下一个结点(作为新的链表),然后删除 p1 所指向的结点(D 行)。重复这一过程(A 行),直到链表上没有结点为止。

5. 把一个结点插入链表

把一个结点插入链表时,仍保持链表上各个结点的升序关系。插入函数如下:

```
node *Insert(node *head,node *p)
{
```

```
    node * p1, * p2;
    if(head == 0) {
        head = p;                                   //A
        p -> next = 0;                              //B
        return(head);
    }
    if(head -> data >= p -> data){                  //C
        p -> next = head;                           //D
        head = p;                                   //E
        return(head);
    }
    p2 = p1 = head;
    while(p2 -> next&&p2 -> data < p -> data) {     //F
        p1 = p2; p2 = p2 -> next;
    }
    if(p2 -> data < p -> data){
        p2 -> next = p;                             //G
        p -> next = 0;                              //H
    }
    else{
        p -> next = p2;                             //I
        p1 -> next = p;                             //J
    }
    return(head);
}
```

函数的第一个参数 head 指向链表的第一个结点,第二个参数 p 指向要插入的结点。若 head 的值为 0,表明是空链表,使 head 指向该结点(A 行),并使链表尾指针置为 0(B 行)。若 p 所指向的结点插入链表首部(满足 C 行条件),这时将 head 所指向的链表接在 p 所指向的结点之后(D 行),并使 head 指向新的链表首部(E 行)。在一般情况下,从链表上找到插入位置,然后把新结点插入。F 行的循环语句实现查找过程。查找结束后分两种情况:第一种情况是当 p2 -> data < p -> data 时,p2 已指向链表上的最后一个结点,应将 p 所指向的结点插入链表尾,G 行和 H 行完成这一功能;第二种情况是将 p 所指向的结点插入 p1 和 p2 所指向的结点之间,I 行和 J 行完成这一功能。

6. 建立一条有序链表

建立一条有序链表的函数如下:

```
node * Create _ sort(void)
{
    node * p1, * head = 0;                          //A
    int a;
    cout <<"产生一条排序链表,请输入数据,以 -1 结束:";
    cin >> a;
    while(a! = -1) {
```

```
        p1 = new node;                              //B
        p1 -> data = a;                             //C
        head = Insert(head,p1);                     //D
        cin >> a;
    }
    return (head);
}
```

建立一条有序链表的过程可分为两步:首先建立一个新结点,B 行和 C 行完成建立新结点的功能。其次将新结点插入到链表中,D 行完成这一功能。A 行将 head 置初值为 0 是必要的,表明开始时链表为空。

完成链表处理,完整的程序如下:

```
#include <iostream.h>

struct node {
    int data;
    node *next;
};

node *Create(void)                              //产生一条无序链表
{
    node *p1, *p2, *head;
    int a;
    head = 0;
    cout << "产生一条无序链表,请输入数据,以 -1 结束:";
    cin >> a;
    while(a! = -1){
        p1 = new node;
        p1 -> data = a;
        if(head == 0) {                         //插入链表的首部
            head = p1;p2 = p1;
        }
        else{                                   //插入链表尾
            p2 -> next = p1;p2 = p1;
        }
        cin >> a;
    }
    if (head) p2 -> next = 0;
    return (head);
}

void Print(const node *head)                    //输出链表上各结点的数据
{
```

```
    const node * p;
    p = head;
    cout << "链表上各结点的数据为:\n";
    while(p! = 0) {
        cout << p -> data << '\t';
        p = p -> next;
    }
    cout << '\n';
}

node * Delete _ one _ node(node * head,int num)          //删除一个结点
{
    node *p1, *p2;
    if(head == 0) {
            cout << "链表为空,无结点可删! \n";
            return(0);
    }
    if(head -> data == num){                              //删除链表首结点
            p1 = head;
            head = head -> next;
            delete p1;
            cout << "删除了一个结点! \n";
    }
        else {
            p1 = head;
            p2 = head -> next;
            while(p2 -> data! = num&&p2 -> next! = 0){       //找到要删除的结点
                p1 = p2;
                p2 = p2 -> next;
            }
            if(p2 -> data == num){                            //删除已找到的结点
                p1 -> next = p2 -> next;
                delete p2;
                cout << "删除了一个结点! \n";
            }
            else cout << num << "链表上没有找到要删除的结点! \n";
        }
        return(head);
}

node * Insert(node * head,node * p)                          //将一个结点插入链表中
{
    node * p1, * p2;
```

```
    if(head == 0) {                                     //空链表,插入链表首部
        head = p;
        p -> next = 0;
        return (head);
    }
    if(head -> data >= p -> data) {                     //非空链表,插入链表首部
        p -> next = head;
        head = p;
        return(head);
    }
    p2 = p1 = head;
    while(p2 -> next&&p2 -> data < p -> data){          //找到要插入位置
        p1 = p2;p2 = p2 -> next;
    }
    if(p2 -> data < p -> data){                         //插入链表尾
        p2 -> next = p;p -> next = 0;
    }
    else{                                               //插入 p1 和 p2 所指向的结点之间
        p -> next = p2;p1 -> next = p;
    }
    return (head);
}

node * Create _ sort(void)                              //产生一条有序链表
{
    node * p1, * head = 0;
    int a;
    cout << "产生一条排序链表,请输入数据,以 - 1 结束:";
    cin >> a;
    while(a! = - 1) {
        p1 = new node;                                  //产生一个新结点
        p1 -> data = a;
        head = Insert(head,p1);                         //将新结点插入链表中
        cin >> a;
    }
    return (head);
}

void deletechain(node * h)                              //释放链表上各结点占用的内存空间
{
    node * p1;
    while(h){
        p1 = h;
```

```
            h = h -> next;
            delete p1;
        }
    }

void main(void)
{
    node * head;
    int num;
    head = Create( );                         //产生一条无序链表
    Print(head);                              //输出链表上的各结点值
    cout << "输入要删除结点上的整数:\n";
    cin >> num;
    head = Delete_one_node(head,num);         //删除链表上具有指定值的结点
    Print(head);                              //输出链表上的各结点值
    deletechain(head);                        //释放链表上各结点占用的内存空间
    head = Create_sort( );                    //产生一条有序链表
    Print(head);                              //输出链表上的各结点值
    deletechain(head);                        //释放链表上各结点占用的内存空间
}
```

最后要说明的是:对于初学者来说,要正确掌握指针变量的使用方法必须通过多编程多上机实践才行。使用指针变量来处理数据时,可以提高计算速度,使得程序的通用性更好,但用得不好,在程序执行期间可能会产生一些意想不到的错误。

8.8 类型定义

为了增加程序的可读性和可移植性,C++ 语言提供了产生新的类型标识符的功能。定义新类型标识符的一般格式为:

typedef <类型> <标识符 1>《,<标识符 2>…》;

其中,类型是标准的类型名(如 int、float 等),或是用户自定义的类型名(如结构体、共同体等),或是已定义的新类型标识符。经类型定义后,该标识符可以作为类型说明符或者作为强制类型转换的类型标识符来使用。例如:

```
typedef int LENGTH;                  //A
typedef char * STRING;               //B
typedef int VEC[50];                 //C
typedef struct node{                 //D
    char * word;
    int count;
    struct node * left, * right;
} TREENODE, * TREEPTR;
```

A 行指定用 LENGTH 代替 int(或者说,把 int 定义为 LENGTH)。可用 LENGTH 来说明变量。例如:

```
LENGTH  i,j;                         //等同于: int  i,j;
```

B 行指定用 STRING 代替 char *(或者说,把 char * 定义为 STRING)。可用 STRING 来说明变量。例如:

```
STRING  s1,s2;                       //等同于: char * s1, * s2;
```

C 行将 VEC 指定为包含 50 个元素的一维整型数组,可用 VEC 来说明变量。例如:

```
VEC  x,y;                            //等同于: int x[50],y[50];
```

D 行将 TREENODE 定义为结构体 node 类型,将 TREEPTR 定义为结构体 node 类型的指针。可用这两个类型名来定义变量。例如:

```
TREENODE  pp,p1[10];                 //等同于: node pp,p1[10];
TREEPTR  p;                          //等同于: node * p;
```

利用该方法也可以用来定义指向函数的指针。例如:

```
typedef int ( * PF)(void);
```

把 PF 定义为指向函数的指针。例如:

```
PF  f;                               //等同于: int( * f)(void);
```

定义新类型标识符的方法可归结为以下几个步骤。

(1) 先用定义变量的方法写出变量说明。例如,int (* f)(void)。

(2) 将变量名换为新的类型标识符。例如,int (* FP)(void)。

(3) 在前面加上 typedef。例如,typedef int (* FP)(void)。

(4) 用新类型标识符定义变量。例如,FP f1,f2。

例如,第一步,先定义结构体结构类型变量:

```
struct node {
    int x,y;
}v1,v2[20], * ps;
```

第二步,把变量名换为新的类型名:

```
struct node {
    int x,y;
}SV,SV2[20], * PS;
```

第三步,在其前面加上 typedef:

```
typedef struct node {
    int x,y;
}SV,SV2[20], * PS;
```

第四步,可用新的类型标识符定义变量:

```
SV s1,s2[10];                        //等同于: node s1,s2[10];
SV2 s3,s4[5];                        //等同于: node s3[20],s4[5][20];
PS p1,p2;                            //等同于: node * p1, * p2;
```

关于类型定义,须说明以下几点。

(1) typedef 只能定义类型标识符,不能定义变量。

(2) 用 typedef 定义新的类型标识符来说明变量可增加程序的可读性和可理解性,即根据类型名的英文字意可知道变量的用途。例如:

```
typedef int LENGTH,WIDTH,SIZE;
LENGTH l1,l2,l3;                     //变量 l1、l2、l3 表示长度
```

```
WIDTH w1,w2,w3;                    //变量 w1、w2、w3 表示宽度
SIZE s1,s2,s3;                     //变量 s1、s2、s3 表示大小
```

(3) typedef 只能对已存在的类型增加新的类型名,并不能定义新的类型。

练 习 题

1. 设有变量说明语句:

```
char * p1;
int * p2;
float * p3,x;
```

指出以下每一个语句的错误原因。

(1) cin >> p1;

(2) * p2 = 34567;

(3) p2 = p3;

(4) p3 = p1;

(5) p1 = &x;

2. 用指针作为函数的参数,设计一个实现两个参数交换的函数。输入三个实数,按升序排序后输出。

3. 定义一个二维的字符串数组,输入若干个字符串,按升序排序后输出。要求设计一个通用的排序函数,输入参数为字符串数组和要排序的字符串的个数。

4. 设计一个通用的插入排序函数,参数为指向实数的指针(指向一个已排好序的数组)和一个实数,将该实数插入到已排好序的数组中。主函数完成输入若干个实数,每输入一个实数,调用一次插入排序的函数完成数据的排序,最后输出已排好序的数据。

5. 设计一个函数,求字符串的长度(指向字符串的指针作为函数的参数)。在主函数中输入一个字符串,并输出该字符串及其长度。

6. 设计一个函数,将一个字符串拼接到一个字符串的尾部,拼接后构成一个新的字符串。主函数完成输入该字符串、输出该字符串和拼接后的新字符串的功能。

7. 设计一个函数,将一个字符串拷贝到另一个参数所指向的字符数组中。主函数完成输入一个字符串、输出拷贝后的字符串的功能。

8. 输入一个二维数组 A[6][6]。设计一个函数,用指向一维数组的指针变量和二维数组的行数作为函数的参数,求出平均值、最大元素值和最小元素值,并输出。

9. 设计一个用矩形法求积分的通用函数,被积函数的指针、积分的上限、积分的下限和积分区间的等分数作为函数的参数。分别求出下列定积分的值:

$$\int_1^2 \frac{dx}{2 + \sin x}, \int_2^3 \frac{dx}{2 - \cos x}, \int_2^4 \frac{(1 + x)dx}{1 + x^2}$$

积分区间的等分数分别为 1000、2000、3000。

10. 定义一个指向字符串的指针数组,用一个函数完成 n 个不等长字符串的输入,根据实际输入的字符串长度用 new 运算符分配存储空间,依次使指针数组中的元素指向每一个输入的字符串。设计一个完成 n 个字符串排序的函数(在排序的过程中,要求只交换指向字符串的指针值,不交换字符串)。在主函数中实现将排序后的字符串输出。

11. 输入一个字符串,串内有数字和非数字字符。例如:

abc2345　345rrf678　jfkld945

将其中连续的数字作为一个整数,依次存放到另一个整型数组 b 中。如对于上面的输入,将 2345 存放到 b[0]、345 放入 b[1]……统计出字符串中的整数个数,并输出这些整数。要求在主函数中完成输入和输出工作。设计一个函数,把指向字符串的指针和指向整数的指针作为函数的参数,并完成从字符串中依次提取出整数的工作。

12. 建立一条无序链表,每一个结点包含:学号、姓名、年龄和 C++ 成绩。由一个函数完成建立链表的工作,另一个函数完成输出链表上各结点值,一个函数完成释放链表结点占用的动态存储空间。

13. 建立一条有序链表,其他要求与上一题相同,按 C++ 成绩的升序排序。

14. 建立一条无序链表,每一个结点包含:学号、姓名、年龄、C++ 成绩、数学成绩和英语成绩。求出总分最高和最低的同学并输出。

15. 建立一条无序链表,用一个函数实现将这条链表构成一条新的逆序链表,即将链表头当链表尾,链表尾当链表头。输出这两条链表上各个结点的值。

*16. 设链表上的结点的数据结构为:

```
struct node{
    int data;
    node *left, *right;
};
```

构造一棵二叉树,结点上的指针 left 和 right 分别指向该结点的左子树和右子树。要求对任一结点,其左子树的所有结点上的数据 data 值均小于该结点的 data 值;其右子树的所有结点上的数据 data 值均大于该结点的 data 值。设输入的结点数据为:

24　36　12　8　13　25　77

构造一棵满足条件的二叉树。

面向对象的程序设计

第 9 章

类和对象

9.1 概　述

前面介绍的程序设计方法是用函数来实现对数据的操作,且往往把描述某一事物的数据与对数据进行操作的函数分开。这种方法的缺点是:当描述事物的数据结构发生变化时,处理这些数据结构的函数必须重新设计和调试,而在调试函数时,又有可能修改了不应修改的数据。在编写大的程序时,这给调试程序和程序的维护都带来很大的问题。由于把函数与要处理的数据分开,对数据结构或函数的任何不适当的修改都可能导致整个程序不能正确执行。

为了克服以上的缺点,当前均采用面向对象的程序设计方法,简称为 OOP。OOP 的基本要求是将描述某一类事物的数据与所有处理这些数据的函数都封装成一个整体。这样一来,可以将描述一个事物的数据隐藏起来,可以做到只有通过这一整体中的函数才能修改这一整体中的数据。数据结构的变化,仅影响封装在一起的函数。同样地,修改函数时仅影响封装在一起的数据。真正实现了封装在一起的函数和数据不受外界的影响。这种将数据与处理这些数据的函数封装成一个整体,就构成一个类。或者说,类是对一组性质相同事物的程序描述,它由描述该类事物的共同特性的数据和处理这些数据的函数组成。

类的封装性使类中的数据在类的外部是不可见的,外部只能通过公共的接口(类中的函数)与类中的数据发生联系。从而可以显著地提高程序模块的独立性和可维护性。

一个类可以派生出子类。子类可以从它的父类中部分或全部地继承各种行为(函数)或属性(数据),并增加新的行为和属性。类的封装性为类的继承提供了基础。

对象是类的一个实例,类在程序运行时被用作样板来建立对象。对象是动态产生和动态消亡的。对象之间的通信是通过系统提供的消息机制来实现的。系统或对象可把一个消息发送给一个指定的对象或某一类对象。接收到消息的对象通常必须处理所接收到的消息,对象对消息的处理是通过激活本对象内相应的函数来实现的,并根据所处理的情况返回适当的结果。

在第 1 章中,简单介绍了面向对象的程序设计。从程序设计的角度来看,面向对象的程序设计是通过为数据和代码建立分块的内存区域,以便进行高度模块化的一种程序设计方法,这些模块(已构成类)可以被用作样板,在需要(建立对象)时再建立其拷贝。根据该定义,一个对象占用计算机内存中的一个区域,这个区域相对独立。这种通过将不同的对象存放在不同的内存分块中的方法,在功能上实现了对象之间保持相对独立,即实现了对象的封装性。这种定义也说明了为对象分配的内存块中,不但存放描述对象的数据,而且也存放代码(函数),只有局部于对象中的代码(函数)才可以访问存放在该对象中的数据。这就明确地限定了对象所具有的功能,即在整个程序中所起的作用,实现了对象不受外部事件的影响,保证了属于对象的数据和代码不遭受破坏。换言之,在面向对象的程序设计中,对象是受保护的。

9.2 类

类是对某一事物的抽象描述,具体地讲,类是C++语言中的一种导出的数据类型,它既可包含描述事物的数据,又可包含处理这些数据的函数,类在程序运行时是被用作样板来建立对象的。所以要建立对象,首先必须定义类。

9.2.1 定义类

定义一个类的一般格式为:

```
class <类名>{
  《《private:》
      <成员表1>;》
  《《public:》
      <成员表2>;》
  《《protected:》
      <成员表3>;》
};
```

其中,关键字class指出是定义一个类;类名是程序设计者为所说明的类所起的名字,它要符合标识符的定义;成员表可以是数据说明或者是函数说明,这与结构体类型的说明是一样的;把一对花括号("{}")之间的内容称为类体。类中定义的数据和函数称为该类的成员;用关键字private限定的成员称为私有成员,对私有成员限定在该类的内部使用,即只允许该类中的成员函数存取私有的成员数据,对于私有的成员函数,只能被该类中的成员函数调用;用关键字public限定的成员称为公有成员,这种成员不仅允许该类中的成员函数存取公有成员数据,而且还允许该类之外的函数存取公有成员数据,公有成员函数不仅能被该类的成员函数调用,而且能被其他函数调用;而用关键字protected所限定的成员称为保护成员,它允许该类的成员函数存取保护成员数据,可调用保护成员函数,也允许该类的派生类的成员函数存取保护成员数据或调用保护成员函数,但其他函数不能存取该类的保护成员数据,也不能调用该类的保护成员函数。有关派生类定义,在后面介绍。

关键字private、public、protected的作用是限定成员的访问权限,这三个关键字在类体中使用的先后顺序无关紧要,并且每一个关键字在类体中可使用多次。当使用一个这样的关键字(如private)来限定成员的访问权限时,从紧跟该关键字后的第一个成员开始,到出现另一个限定访问权限的关键字之前的所有成员的访问权限都由该关键字确定。同样地,在定义一个类时,类体中定义成员的顺序无关紧要,可先定义成员数据,也可先定义成员函数,也可将成员数据夹在成员函数之间,还可将成员函数插在成员数据之间。建议将成员数据集中在类体的前面定义,成员函数集中在类体的后面定义。这样定义的类清晰易读。

例9.1 定义描述一个人的类。

分析:描述一个人的特征一般用姓名、性别、年龄来表示。我们用函数RegisterPerson( )

登录一个人的姓名、性别和年龄;用函数 GetName( )来获取一个人的姓名;用另外两个函数 GetAge ( )和 GetSex( )来分别获取一个人的年龄和性别。为此,可以将描述一个人的类定义为:

```
class  Person{
    private:
      char  Name[12];
      int  Age;
      char  Sex[4];
    public:
      void  RegisterPerson(const char * ,int ,const char * );
      void  GetName(char * );
      int  GetAge(void);
      void  GetSex(char * );
};
```

在类 Person 中,把成员数据 Name(姓名)、Age(年龄)和 Sex(性别)定义为私有成员,把四个函数定义为公有成员函数。在该类体中,当省略关键字 private 时,系统默认为所定义的成员数据为私有成员,即在类体中当没有明确地指定成员的访问权限时,系统约定这些成员为私有成员。所以类 Person 可以等同地写为:

```
class  Person {
      char  Name[12];
      int  Age;
      char  Sex[4];
    public:
      void  RegisterPerson(const char * ,int,const char* );
      void  GetName(char * );
      int  GetAge(void);
      void  GetSex(char * );
};
```

当把类 Person 按如下方式定义时,关键字 private 就不可省略了:

```
class  Person {
    public:                                              //A
        void  RegisterPerson(const char * ,int ,const char * );
        void  GetName(char *);
        int  GetAge(void);
        void  GetSex(char *);                            //B
    private:                                             //C
        char Name[12];
        int Age;
        char Sex[4];
};
```

在类体中,可以认为关键字 private、public 和 protected 都存在一个作用域,并且这三者的作用域是互斥的。这种关键字的作用域从该关键字开始到出现下一个限定关键字之前或类体结束之前结束，在其作用域内所定义的成员的访问权限，均由该关键字限定。如上面定义的类体中，public 的作用域从 A 行开始，到 B 行结束。private 的作用域从 C 行开始，到类体结束时结束。

在以上定义的类 Person 中，仅给出了成员函数的函数原型，并没有给出成员函数的函数定义。在使用这些成员函数前，必须先给出这些函数的定义。定义一个类的成员函数的一般格式为：

```
<type> <class_name>::<func_name>(<参数表>)
{…}                                                  //函数体
```

其中，type 是所定义函数的返回值的类型；class _ name 是类名；func _ name 是成员函数名；而运算符“::”称为作用域运算符，它指出 func _ name 是属于类 class _ name 的成员函数。

例 9.2　定义类 Person 的四个成员函数。

```
void  Person::RegisterPerson(const char *name,int age, const char *sex)
{
  strcpy(Name,name);
  Age = age;
  strcpy(Sex,sex);
}


void  Person::GetName(char *name)
{strcpy(name,Name);}


int  Person::GetAge(void)
{return(Age);}


void  Person::GetSex(char *sex)
{strcpy(sex,Sex);}
```

在定义一个类时，须注意如下几点。

(1) 类具有封装性，并且类只是定义了一种结构(样板)，所以类中的任何成员数据均不能使用关键字 extern、auto 或 register 限定其存储类型。

(2) 成员函数可以直接使用类中的任一成员，包括数据成员和函数成员，如上例中所示。

(3) 在定义类时，只是定义了一种导出的数据类型，并不为类分配存储空间，所以在定义类中的数据成员时，不能对其初始化。例如：

```
class Test {
  in  tx = 5,y = 6;                                  //错误
  extern float x;                                    //错误
  …
}
```

(4) 在定义一个类时，对其成员指定访问权限的原则是：若定义的成员限于该类的成员函数使用时，应指定其为私有的成员；若允许在类外使用成员时，应将其访问权限定义为公有的。

9.2.2 类和结构体类型

从类的定义格式可以看出,类与结构体类型是类同的,类的成员可以是数据成员或函数成员,结构体中的成员与此类似,并且在结构体中,也可以使用关键字 private、public 和 protected 限定其成员的访问权限。实际上,在 C++ 中,结构体类型只是类的一个特例。结构体类型与类的唯一的区别在于:在类中,其成员的缺省的存取权限是私有的;而在结构体类型中,其成员的缺省的存取权限是公有的。

类与结构体类型的作用基本相同,在何时定义结构体类型、何时定义类,目前有两种观点:一种观点是,在 C++ 中既然结构体类型是类的特例,且类具有更好的封装性,用类完全可以替代结构体,所以在程序设计中只需使用类而不必使用结构体类型;另一种观点是,仅需要描述数据结构时,使用结构体,而既要描述数据又要描述对数据进行处理的方法时,使用类。我们认为后一种观点较好。

例 9.3 定义一个三角形的结构体,结构体中包含成员函数。

```
# include < iostream.h >
# include < math.h >

struct tria{
    private:
        float  x,y,z;
        float  area;
    public:
        void Setsides(float a,float b,float c)
        {
          if(a + b > c && b + c > a && a + c > b){
              x = a; y = b; z = c;
              float t = (a + b + c)/2;
              area = sqrt(t * (t - a) * (t - b) * (t - c));
          }
          else
              x = y = z = area = 0;
        }
    void Print(void)
    {
        cout << "三角形的三条边长分别是: \n";
        cout << x << '\t' << y << '\t' << z << '\n';
        cout << "三角形的面积为:";
        cout << area << '\n';
    }
};

void main (void)
```

```
    {
        tria tr1;
        tr1.Setsides(3,4,5);                                    //A
        tr1.Print( );                                           //B
        tria tr2;
        tr2.Setsides(7,5,5);                                    //C
        tr2.Print( );
    }
```

执行程序后,输出:

```
三角形的三条边长分别是:
3  4  5
三角形的面积为:6
三角形的三条边长分别是:
7  5  5
三角形的面积为:12.4975
```

在结构体 tria 中定义了四个私有的数据成员 x、y、z 和 area,定义了两个公有的函数成员。A 行调用了结构体变量 tr1 的成员函数 Setsides( ),C 行调用了结构体变量 tr2 的成员函数 Setsides( )。调用成员函数的方法与使用结构体变量的成员数据的方法相同。

9.2.3 内联成员函数

当定义一个类时,其成员函数的函数体的定义也可以在定义类的类体中直接定义,即在类中直接定义成员函数。

例 9.4 在类体中直接定义成员函数的函数体。

```
class Person {
    private:
      char Name[12];
      int Age;
      char Sex[4];
    public:
      void RegisterPerson(const char * name,int age, const char * sex)
      {
        strcpy(Name,name);
        Age = age;
        strcpy(Sex,sex);
      }
      void GetName(char * name )
      {strcpy(name,Name); }
      int GetAge(void)
      {return(Age);}
      void GetSex(char * sex)
      {strcpy(sex,Sex);}
};
```

上述两种定义成员函数的函数体的方法，其使用效果相同。两者的区别在于：在定义类时，在类体中直接定义成员函数的函数体时，这种成员函数在编译时是作为内联函数来实现的，并称这种成员函数为内联成员函数；而在例 9.2 中定义的成员函数并不作为内联函数来实现。通常当函数的功能比较简单时，定义为内联成员函数；而当函数的实现比较复杂时，不使用内联成员函数。定义内联成员函数的另一种方法是，在类体中只是给出成员函数的函数原型说明，在类体外定义成员函数时，与定义一般的内联函数一样，在成员函数的定义前面加上关键字 inline。

例 9.5　将类 Person 中的成员函数定义为内联成员函数。

```
class Person {
    private:
      char Name[12];
      int Age;
      char Sex[4];
    public:
      void RegisterPerson(const char * name,int age, const char * sex)        //内联成员函数
      {
        strcpy(Name,name);
        Age = age;
        strcpy(Sex,sex);
      }
      void GetName(char * );
      int GetAge(void)                                                        //内联成员函数
      {return(Age);}
      void GetSex(char * sex)
      {strcpy(sex,Sex);}
};

inline void Person::GetName(char * name)                                      //内联成员函数
{strcpy(name,Name); }
```

在本例中，用两种方法将类 Person 的四个成员函数都定义为内联成员函数。用这两种方法定义的内联成员函数，在其作用和使用上都是完全一样的。

9.3 对　象

前已述及，只定义结构体的类型，而不定义结构体的变量，那么这种结构体的类型是没有任何实用意义的。同样地，类是用户定义的一种类型，程序设计者可以使用这种类型名来说明变量。具有类类型的变量称为对象，也把对象称为类的实例。对象的使用方法与结构体变量的使用方法相同。

9.3.1 对象的说明

对象与结构体变量一样，必须先定义后使用。说明对象的一般格式为：

```
《存储类型》class _ name object1《,object2…》;
```

其中,存储类型是指定对象的存储类型;class _ name 是一个已经定义过的类名;object1、object2 是为对象起的名字,对象名要符合标识符的定义。例如:

```
Person p1,p2;
```

说明了两个对象 p1 和 p2,它们均是类 Person 的对象。

注意,系统并不为类分配存储空间,如同不为结构体类型分配空间一样,当说明对象时,系统才为对象分配相应的存储空间。为对象分配存储空间的大小取决于在定义类时所定义的成员的类型和成员的多少。在程序执行时,通过为对象分配存储空间来创建对象。在创建对象时,类被用作样板,因此对象称为类的实例。表 9-1 给出了类 Person 的两个实例 p1 和 p2 的示意说明。

表 9-1 类 Person 的两个实例 p1 和 p2

对象 p1	对象 p2
p1.Name	p2.Name
p1.Age	p2.Age
p1.Sex	p2.Sex
p1.RegisterPerson( )	p2.RegisterPerson( )
p1.GetName( )	p2.GetName( )
p1.GetAge( )	p2.GetAge( )
p1.GetSex( )	p2.GetSex( )

不同对象占据内存中的不同区域,它们所保存的数据各不相同,但对成员数据进行操作的成员函数的程序代码均是一样的。如 p1.Name 和 p2.Name 的值可以是不同的,但 p1.GetName( )和 p2.GetName( )的代码是相同的。为了减少成员函数所占用的空间,在建立对象时,只为对象分配用于保存成员数据的内存空间,而成员函数的代码为该类的每一个对象所共享。通常,类中定义的成员函数的代码被放在计算机内存的一个公用区中,并供该类的所有对象共享。这是 C++ 实现对象的一种方法。逻辑上,我们仍将每一个对象理解为由独立的成员数据和各自的成员函数代码组成。

说明对象的方法与说明结构体变量的方法一样,也有三种:第一种是先定义类的类型,再说明对象;第二种方法是在定义类的同时说明对象;第三种方法是直接说明对象,而不定义类的类名。

例 9.6 用三种方法定义对象。

```
class A{
  public:
    int  r,t;
};

A  x,y;                                    //先定义类,再定义对象

class B{
    int  I,j;
  public:
    void  Setdata(int a, int b)
    {I = a;j = b;}
```

```
        void Print(void)
        {cout << I << '\t' << j << '\n';}
    }b1,b2;                                          //定义类的同时定义对象
    class {
        public :
          int c,d;
    } t1, t2 = {100,200};                            //C 不定义类的类名,直接定义对象
```

在定义结构体变量时,允许对它的成员数据进行初始化。在定义对象时,是否允许对它的成员数据进行初始化呢?当类中的成员数据的访问权限指定为公有的时,定义对象时允许对它的成员数据进行初始化。C 行为对象 t2 的成员数据 c 和 d 分别初始化为 100 和 200。当类中的成员数据的访问权限指定为私有的或保护的时,定义对象时不允许对它的成员数据进行初始化。例如:

```
B   b3 = {500,600};
```

这是不允许的。实际上,在结构体类型中说明结构体变量时,若把它的成员数据定义为私有的,同样也不允许对这种成员数据进行初始化。对对象中的成员数据进行初始化,通常采用定义构造函数或采用拷贝初始化构造函数的方法来实现。这两种函数在后面介绍。

9.3.2 对象的使用

由于结构体变量是对象的一个特例,所以对象的使用方法与结构体变量的使用方法也基本类同,但对于公有成员、私有成员及保护成员,在使用上是有差异的。下面通过一个例子来说明。

例 9.7 描述一个矩形对象,设置矩形的坐标,并输出其相应的坐标值。

分析:一个矩形可用左上角和右下角的两个坐标点来描述,左上角坐标用(left,top)来表示,右下角的坐标用(right,bottom)来描述。假定这四个数的取值均是大于 0 的正整数。程序如下:

```
# include < iostream.h >
# include < math.h >

class CRect{
    private:
        int left,top;
    public:
        int right,bottom;
        void setcoord(int,int,int,int);                  //设置坐标值函数
        void getcoord(int *L,int *R,int *T,int *B)       //取坐标值的函数
        {
            *L = left;  *R = right;
            *T = top;  *B = bottom;
        }
        void  Print(void)
        {   cout << "面积 = " << fabs(right - left) * fabs(bottom - top) << '\n';}
```

```
};

void CRect::setcoord(int L, int R, int T, B)
{
    left = L;  right = R;
    top = T;  bottom = B;
}

void main(void)
{
    CRect r , rr ;
    int a, b, c, d;
    r.setcoord(100, 300, 50, 200);
    cout  << "right = " << r.right << '\n';
    cout  << "bottom = " << r.bottom << '\n';
    r.getcoord(&a, &b, &c, &d);
    cout  << "left = " << a  << '\n';
    cout  << "top = " << c  << '\n';
    r.Print( );
    rr  = r ;                                            //A
    rr.Print( );
}
```

执行程序后,输出:

```
right = 300
bottom = 200
left = 100
top = 50
面积 = 30000
面积 = 30000
```

结合上例,有关对象的使用说明以下几点。

(1) 要用成员选择运算符"."来访问对象的成员。如上例中的 r.right 和 r.getcoord( )。当访问一个成员函数时,也称为向对象发送一个消息。用成员选择运算符".",只能访问对象的公有成员,而不能访问对象的私有成员或保护成员。例如:

```
a = r.left;
b =  r.top;
```

都是不允许的(产生编译错误),因成员 left 和 top 都是私有的成员。若要访问对象的私有的数据成员,只能通过对象的公有成员函数来获取。如上例中用成员函数 r.getcoord(&a, &b, &c, &d)来获取对象 r 的坐标值。

(2) 同类型的对象之间可以整体赋值。例如:

```
rr = r;
```

将对象 r 的所有成员依次赋给对象 rr 的成员。这种赋值与对象的成员的访问权限无关。

(3) 对象用作函数的参数时,属于赋值调用;函数可以返回一个对象。这与结构体变量作为函数的参数是完全相同的。

(4) 与结构类型的变量一样,可以定义类类型的指针、类类型的引用、对象数组、指向类类型的指针数组和指向一维或多维数组的指针变量。例如:

```
CRect a[10], *p, b, &pb = b, *pp[5],(*pa)[4];
```

定义 a 为对象数组,p 为指向对象的指针变量,pb 为对象 b 的引用,pp 为指向对象的指针数组,pa 为指向一维数组的指针变量。

(5) 一个类的对象可作为另一个类的成员。例如:

```
class A{
        …                                   //类 A 的类体定义
};

class B{
    A a1,a2;
    …
};
```

类 B 中定义了私有成员 a1、a2,这两个成员都是类 A 的对象。当类中的成员是对象时,不能指定这种对象的存储类型为 auto、register 或 extern。正如前面所说,类中的任何成员均不能指定为这三种存储类型。

9.3.3 类作用域、类类型的作用域和对象的作用域

在定义类时,用一对花括号将类体括起来的区域称为类的作用域。在类的作用域中说明的标识符仅在该类的类作用域内有效,即这种标识符的可见性在类的作用域之内。例如:

```
class D{
    public:
      int  I,l;
      void  Print(void) {cout << "I = " << I << '\n';}
};
I= 35;                                      //因 I 不可见,所以不能对其赋值
```

类的成员函数,不论是内联的还是非内联的,其函数名的作用域都是属于类的作用域,故都不能直接通过函数名来调用函数。例如:

```
Print( ) ;                                  //因成员函数不可见,所以不能直接调用
```

类的类型名的作用域与标识符的作用域相同,在函数定义之外定义的类,其类名的作用域为文件作用域;而在函数体内定义的类,其类名的作用域为块作用域。类的说明也分为引用性说明和定义性说明。在说明一个类时,没有给出类体而仅给出类名时,属于类的引用性说明。引用性说明的类不能用来建立对象,只能用来说明函数的形参、指针和引用。例如:

```
class CC ;
    CC C1;                                  //因类 CC 是引用性说明,故不能用来建立对象
class X{
    CC c3,c4;                               //A
    CC * pc;                                //B
    …
```

```
};
```

A 行在编译时给出语法错误,因类 CC 是引用性说明,不能定义类的成员对象。B 行是正确的,因成员 pc 是指向类的指针。

对象的作用域与前面介绍的变量的作用域完全相同,不作重复介绍了。

9.3.4 类的嵌套

在定义一个类时,在其类体中又包含了一个类的定义,称为类的嵌套。例如:

```
class Outer{
  public:
      class Inner{                          //A
          public:
              int x,y;
      };
      Inner c1,c2;                          //B
      float a,b;
};                                          //C
```

相对于类 Outer 而言,类 Inner 是嵌套类。可以把嵌套类看作是一种成员类。系统并不为嵌套类分配内存空间。B 行说明嵌套类的对象,在定义类 Outer 时,系统也不为嵌套类对象分配内存空间。只在定义类 Outer 的对象时,才为嵌套类的对象分配存储空间。嵌套类的类名的作用域从其定义开始,到其外层类的定义结束时结束,如例中的类名 Inner 的作用域从 A 行开始,到 C 行结束。

9.4 成员函数的重载

类中的成员函数与前面介绍的普通函数一样,成员函数可以带有缺省的参数,也可以重载成员函数。下面通过一个例子来说明之。

例 9.8 处理一个数组构成的线性表,动态产生线性表,并输出线性表中的数据。

分析:线性表用来存放若干个整数,用一个指针指向该线性表。线性表是动态产生的,最初通过成员函数初始化线性表的大小,当放入线性表中的数据大于线性表的大小时,自动扩大线性表。可以通过三个参数来描述一个线性表:整数类型的指针变量 List,它指向线性表;无符号整数 nMax,它指明线性表的长度(大小);无符号整数 nElem,它指出当前线性表中实际存放的整数个数。程序如下:

```
# include < iostream.h >

class ListClass {
        int * List;                         //指向线性表的指针
        unsigned nMax;                      //表的最大长度
        unsigned nElem;                     //表中当前的元素个数
    public:
        void Init(int n = 10)               //初始化指针表,最大长度的缺省值为 10
        { List = new int[n];                //动态分配线性表的空间
```

```
        nMax = n;
        nElem = 0;                          //空表
    }
    int Elem(int);
    int &Elem(unsigned n)
    {return List[n]; }                      //返回线性表中第 n 个元素的引用
    unsigned Elem(void)
    { return nElem; }                       //返回当前元素的个数
    unsigned Max(void)
    { return nMax;}                         //返回线性表的长度
    void Print(void);
    int GetElem(int i)                      //返回线性表中第 i 个元素的值
    {
        if((i >= 0)&& (i <= nElem)) return List[i];
        else return 0;
    }
    void Destroy(void) {delete [nMax ] List;}
                                            //收回线性表占用的存储空间
};

int ListClass::Elem(int elem)               //在线性表尾增加一个元素
{
    if (nElem < nMax) {                     //A
        List[nElem ++] = elem;
        return nElem;
    }
    else {                                  //B
        int * list ;
        list = new int[nMax + 1];
        for(int i = 0;i < nElem;i ++) list[i] = List[i];
        delete[nMax]List ;
        nMax ++ ;
        List = list;
        List[nElem ++] = elem;
        return nElem;
    }
}

void ListClass::Print(void)                 //输出线性表中的所有元素
{
    for (int i = 0;i < nElem;i ++)cout << List[i] << '\t';
    cout << '\n';
}
```

```
void main(void)
{
    ListClass list,list1;
    list.Init(10);
    list1.Init(20);
    for(int i = 0;i < 10;i ++)
        list1.Elem(i);
    cout << "线性表 list 的元素个数为：" << list.Elem( ) << '\n';
    cout << "线性表 list 长度为：" << list.Max( ) << '\n';
    cout << "线性表 list1 的元素个数为：" << list1.Elem( ) << '\n';
    cout << "线性表 list1 长度为：" << list1.Max( ) << '\n';
    list1.Print( );
    list1.Elem(3u) = 100;                                              //C
    cout << "现在线性表 list1 中的第三个值为：" << list1.Elem(3u) << '\n';   //D
    list1.Elem(20);
    list1.Elem(200);
    cout << "现在线性表 list1 中元素个数为：" << list1.Elem( ) << '\n';
    list1.Print( );
    cout << "线性表 list1 中的最后一个元素为：" << list1.GetElem(list1.Elem( ) - 1) << '\n';
    list.Destroy( );
    list1.Destroy( );
}
```

执行程序后，输出：

```
线性表 list 的元素个数为：0
线性表 list 长度为：10
线性表 list1 的元素个数为：10
线性表 list1 长度为：20
0  1  2  3  4  5  6  7  8  9
现在线性表 list1 中的第三个值为：100
现在线性表 list1 中元素个数为：12
0  1  2  100  4  5  6  7  8  9  20  200
线性表 list1 中的最后一个元素为：200
```

类 ListClass 中的成员函数 Init( )是一个具有缺省参数的函数，它的缺省值为 10。该函数的功能是初始化线性表，其参数是线性表的大小。

类 ListClass 中有三个重载了的公有成员函数。成员函数 int Elem(int)的功能是在线性表中增加一个元素，并返回线性表中当前的元素个数。A 行表示线性表不满，直接将输入参数加在线性表尾；B 行表示线性表满，这时要重新动态申请一个线性表存储空间，将 List 所指向的线性表中的元素值依次拷贝到 list 所指向的线性表中，再将输入参数加在线性表尾，并释放 List 所指向的线性表。最后使 List 指向新的线性表，并初始化 nMax 和 nElem 的值。成员函数 int &Elem(unsigned n)的功能是返回对线性表中第 n 个元素的引用，既可以实现对第 n 个元素的赋值（如程序中的 C 行，将对象 list1 中的线性表的第三个元素的值置为 100），又可能取得该元素的值(如程序中的 D 行)。成员函数 unsigned Elem(void)返回线性表中当前的元素个数。

最后对成员函数 Destroy( )的作用作进一步的说明。由于线性表是用运算符 new 动态地生成的,当对象 list 和 list1 结束其生存期时,系统可以自动地收回这两个对象所占用的存储空间,但系统不能自动地收回用运算符 new 动态分配的存储空间,所以该函数的作用是收回线性表已经占用的存储空间。

9.5 this 指针

用对象的成员函数来访问该对象的成员时,在成员函数的实现中,只要给出成员名就可实现对该对象成员的访问;但在成员函数之外要访问某对象中的某一个成员时,须指明访问哪一个对象的成员。实际上,当调用一个成员函数时,系统自动地向它传递一个隐含的参数,该参数是一个指向接受该函数调用的对象的指针,在成员函数的函数体中可直接使用关键字 this 来访问该指针。在成员函数的实现中,当访问该对象的某一个成员时,系统自动地使用了这个隐含的 this 指针。在定义成员函数的函数体时,均省略了 this 指针。如例 9.8 中的成员函数 int GetElem(int i),当使用 this 指针时,完整的程序段为:

```
int GetElem(int i)
{
    if((i >= 0)&&(i <= this -> nElem)) return this -> List[i];
        else return 0;
}
```

this 指针具有如下形式的缺省说明:

```
ListClass  * const  this;
```

即把该指针说明为 const 型指针,只允许在成员函数体内使用该指针,但不允许改变该指针的值。若允许用户修改该指针的值,就可能出现系统无法预测的错误。

从前面的例子可以看出,程序设计者通常不必关心该指针,它是由系统自动维护的。但在特殊的应用场合,程序设计者可能要用到该指针的值。例如,在处理线性表的类中,增加一个拷贝线性表的成员函数“CopyList( );”,它的原型为:

```
void  CopyList(ListClass);
```

该函数的定义为:

```
void  ListClass::CopyList(ListClass L)
{
        nMax = L.Max( );
        nElem = L.Elem( );
        if(List)  delete[ ]List;
        List = new int[nMax];                    //E
        for(int i = 0;i < nElem;i ++)            //F
            List[i] = L.GetElem(i);
}
```

当程序中出现:

```
ListClass m1;
m1.CopyList (list);
```

时,即实现了将对象 list 中的线性表拷贝到对象 m1 中。但出现如下拷贝时:

```
list.CopyList (list);
```

即出现同一对象中的线性表自己拷贝到自己的情况,执行 E 行时,因 List 指向当前的线性表,用 new 运算符为线性表动态分配存储空间,并将所分配存储空间的指针值赋给 List 时,线性表中的数据会全部丢失。F 行也不能正确实现数据的拷贝。为了防止这种情况的发生,该成员函数必须改写为:

```
void  ListClass::CopyList(ListClass L)
{
    if(&L! = this){                          //G
        nMax = L.Max( );
        nElem = L.Elem( );
        if(List) delete[ ]List;
        List = new int[nMax];
        for(int i = 0;i < nElem;i ++)
            List[i] = L.GetElem(i);
    }
}
```

当出现一个线性表自己拷贝到自己的情况时,G 行条件不成立,直接返回;否则,完成线性表的拷贝工作。

练 习 题

1. 定义一个描述复数的类,数据成员包括实部和虚部;成员函数包括:输出复数、置实部、置虚部。

2. 定义一个描述学生基本情况的类,数据成员包括姓名,学号,数学、英语、物理和C++成绩,成员函数包括输出数据、置姓名和学号、置四门课的成绩,求出总成绩和平均成绩。

3. 写出下面程序的运行结果:

```
# include < iostream.h >

class P{
    char c1,c2;
  public:
    void Set(char c)
    {c1 = 1 + (c2 = c);}
    unsigned WhereIs(void)
    {return(unsigned) this;}
    void Print(void)
    {cout << c1 << '\t' << c2 << '\n';}
};
```

```
void main(void)
{
    P  a, b;
    a.Set('A'); b.Set('B');
    a.Print( ); b.Print( );
    cout << "a is at " << a.WhereIs( ) << '\n';
    cout << "b is at " << b.WhereIs( ) << '\n';
}
```

4. 三维坐标中的一条直线可通过该直线的两端点的坐标(x1,y1,z1)和(x2,y2,z2)来描述。定义一个类,实现坐标数据的设置,输出端点的坐标和直线的长度。构成一个完整的程序,完成测试工作。

5. 下面是一个类的测试程序,给出类的定义,构成一个完整的程序。执行程序时的输出为:

输出结果: 200 - 60 = 140

主函数为:

```
void main(void)
{
    Test c;
    c.Init(200,60);
    c.Print( );
}
```

6. 把例9.8处理一个线性表中的整数改为字符,完成该例中类同的要求,动态产生线性表,并输出线性表中的数据。

7. 设一个类的定义如下:

```
class T{
        char  * p1, * p2;
    public:
        void Init(char * s1, char * s2);
        void Print( )
        {cout << "p1 = " << p1 << '\n' << "p2 = " << p2 << '\n';}
        void  CopyT(T &t);
        void  FreeT(void) ;
};
```

成员函数 Init(char * s1, char * s2)将 s1 和 s2 所指向的字符串分别送到 p1 和 p2 所指向的动态申请的内存空间中,函数 CopyT(T &t)将对象 t 中的两个字符串拷贝到当前的对象中, FreeT(void)释放 p1 和 p2 所指向的动态分配的内存空间。设计一个完整的程序,包括完成这三个函数的定义和测试工作。

第 10 章

构造函数和析构函数

本章讨论类的几个特殊的成员函数,它们涉及到对象的创建、对象的初始化、对象的拷贝初始化和对象的撤消等操作。

10.1 构造函数

在产生对象时,对对象的数据成员进行初始化的方法有三种:第一种是使用初始化数据列表的方法,第二种是通过构造函数实现初始化,第三种是通过对象的拷贝初始化函数来实现。

例 10.1 使用初始化数据列表的方法对新产生的对象初始化。

```
#include <iostream.h>

class C{
  public:
      int i;
      char * name;
      float num[2];
  };
C   c1 = {25,"张  三",{77.8,99.56}};                          //A

void main(void )
{
      cout << c1.i << '\t' << c1.name << '\t';
      cout << c1.num[0] << '\t' << c1.num[1] << '\n';
}
```

执行程序后,输出:

```
25  张  三  77.8  99.56
```

在 A 行产生对象 c1 时,完成对象数据成员的初始化。这种方法只能对类的公有数据成员初始化,而不能对私有的或保护的数据成员进行初始化。通常,产生对象时,对其数据成员进行初始化是通过构造函数来实现的,而不是使用初始化列表的方法来实现。构造函数是类的成员函数,系统约定构造函数名必须与类名相同。构造函数提供了初始化对象的一种简单的方法。

10.1.1 定义构造函数

在定义一个类时,可根据需要定义一个或多个构造函数(重载构造函数)。构造函数与类的成员函数一样，可以在类中定义函数体，也可在类外定义函数体。在类中定义构造函数的一般格式为：

```
ClassName ( <形参表> )
{…}                                    //函数体
```

在类外定义构造函数的一般格式为：

```
ClassName::ClassName ( <形参表 > )
{…}                                    //函数体
```

例 10.2　使用构造函数对新产生的对象初始化。

```
#include <iostream.h>

class C{
        int i;
    public:
        char * name;
    protected:
        float num[2];
    public:
        C(int a, char * s,float x,float y)
        {
          i = a;
          name = s;
          num[0] = x;num[1] = y;
        }
        void Print(void)
        {
          cout << i << '\t' << name << '\t';
          cout << num[0] << '\t' << num[1] << '\n';
        }
};

void main(void)
{
    C  c1(25,"张  三",77.8,99.56);                  //B
    c1.Print( );
}
```

执行程序后，输出：

```
25  张  三  77.8  99.56
```

从上例可以看出，在程序中并没有显式地调用构造函数 C( )，而在执行 B 行产生对象 c1 时，由系统自动完成调用类的构造函数 C( )。

对构造函数，须说明以下几点。

(1) 构造函数的函数名必须与类名相同。只有约定了构造函数名，系统在生成类的对象时，才能自动地调用类的构造函数。构造函数的主要作用是完成初始化对象的成员数据以及其他初始化工作。

(2) 因构造函数是由系统自动调用的,构造函数与其他成员函数不一样,在定义构造函数时,不能指定函数返回值的类型,也不能指定为 void 类型。

(3) 构造函数可以不带参数,也可以带若干个参数,也可以指定参数的缺省值。一个类可以定义一个构造函数,也可以定义若干个构造函数。当定义多个构造函数时,必须满足函数重载的原则,即所带的参数个数或参数的类型是不同的。这种情况属于构造函数的重载。

(4) 若定义的类要说明该类的对象时,构造函数必须是公有的成员函数。如果定义的类仅用于派生其他类时,则可将构造函数定义为保护的成员函数。

例 10.3　定义一个矩形类的构造函数。

```
class Rectangle{
    private:
      int Left, Right, Top, Bottom;
    public:
      Rectangle(int L, int R, int T, int B)
      {
        Left = L;  Right = R;
        Top = T;  Bottom = B;
      }
      Rectangle( )
      {
        Left = 0;    Right = 0;
        Top = 0;    Bottom = 0;
      }
      …                                        // 其他成员函数的定义
};
```

上例中定义了两个构造函数,一个不带参数,另一个带有四个参数。

10.1.2　构造函数和对象的初始化

当定义了类的构造函数后,在产生该类的一个对象时,系统根据定义对象时给出的参数自动调用对应的构造函数,完成对象的成员数据的初始化工作。由于构造函数属于类的成员函数,它对私有成员数据、保护的成员数据和公有的成员数据均能进行初始化。

例 10.4　自动调用构造函数来初始化对象。

```
//Ex10_4.h
# include < iostream.h >

class Rectangle{
  private:
    int Left, Right, Top, Bottom;
  public:
    Rectangle(int L, int R, int T, int B)
    {
```

```
        Left = L; Right = R;
        Top = T; Bottom = B;
        cout << "调用带参数的构造函数!\n";
    }
    Rectangle( )
    {
        Left  = 0;Right  = 0;
        Top = 0;Bottom  =  0;
        cout << "调用不带参数的构造函数!\n";
    }
    void Print(void)
    {
        cout << Left << '\t' << Right << '\t' << Top << '\t' << Bottom << '\n';
    }
};

//Ex10_4.cpp
#include "Ex10_4.h"

void main(void)
{
    Rectangle r1(100,200,300,400);                    //A
    r1.Print( );
    Rectangle r2, r3( );                              //B
    r2.Print( );
//  r3.Print( );                                      //C
}
```

执行程序后,输出:

```
调用带参数的构造函数!
100   200   300   400
调用不带参数的构造函数!
0   0   0   0
```

由程序的输出结果可以看出,在执行 A 行产生对象 r1 时,系统自动地调用了带参数的构造函数 r1.Rectangle(100,200,300,400),把对象名后括号中的参数作为调用构造函数的参数,完成对象 r1 的成员数据的初始化。执行 B 行产生对象 r2 时,系统自动地调用了不带参数的构造函数 r2.Rectangle( )。注意,B 行中在对象名 r2 后并没有给出一对括号。在定义对象时,在对象名后加上一对括号后,并不表示定义对象,更不表示要调用不带参数的构造函数。如 B 行中 r3( ),它表示 r3 是一个不带参数的函数,它的返回值为类 Rectangle 的对象。只有进行这种约定后,系统才能区分是对不带参数的函数的原型说明,还是定义对象。

例 10.5　产生全局对象、静态对象和局部对象。

```
//Ex10_5.h
#include <iostream.h>
```

```
class Rectangle{
    private:
        int Left,Right,Top,Bottom;
    public:
        Rectangle(int L,int R,int T,int B)
        {
            cout<<"调用带参数的构造函数(全局)!\n";
            Left = L; Right = R;
            Top = T; Bottom = B;
        }
        Rectangle(int L,int R,int T)
        {
            cout<<"调用带参数的构造函数(静态)!\n";
            Left = L; Right = R;
            Top = T; Bottom = 0;
        }
        Rectangle(int L,int R)
        {
            cout<<"调用带参数的构造函数(局部)!\n";
            Left = L; Right = R;
            Top = 0; Bottom = 0;
        }
        Rectangle( )
        {
            cout<<"调用不带参数的构造函数!\n";
            Left  = 0;Right = 0;
            Top = 0;Bottom = 0;
        }
        void Print(void)
        {   cout << Left << '\t' << Right << '\t' << Top << '\t' << Bottom << '\n';}
};

//Ex10_5.cpp
 # include "Ex10_5.h"
Rectangle r4(200,300,400,500);                                          //A
void f1(void)
{
    cout<<"进入函数 f1( ) \n";
    static Rectangle r5(200,200,500);                                   //B
    r5.Print( );
    Rectangle r6(100,100);                                              //C
    r6.Print( );
}
```

```
void main(void)
{
    cout << "进入主函数 main( ) \n";
    r4.Print( );
    f1( );
    Rectangle r1(100,200);                          //D
    r1.Print( );
    Rectangle r2;
    r2.Print( );
    f1( );
}
```

执行程序后,输出:

```
调用带参数的构造函数(全局)!
进入主函数 main( )
200  300  400  500
进入函数 f1( )
调用带参数的构造函数(静态)!
200  200  500  0
调用带参数的构造函数(局部)!
100  100  0  0
调用带参数的构造函数(局部)!
100  200  0  0
调用不带参数的构造函数!
0  0  0  0
进入函数 f1( )
200  200  500  0
调用带参数的构造函数(局部)!
100  100  0  0
```

根据程序的执行情况和输出结果可以看出,在 A 行中定义的全局对象 r4 的构造函数是在 main 函数执行之前被调用;在函数 f1 中,B 行中定义的静态对象 r5 是在首次调用函数 f1 并产生该对象时调用构造函数的,第二次调用函数 f1 时,不再重新产生对象 r5;C 行中定义的局部对象 r6,每次调用函数 f1 时,都要调用构造函数。

10.1.3 构造函数和 new 运算符

可以使用 new 运算符来动态地建立对象。用 new 运算符建立对象时,同样地也要自动调用构造函数,以便完成对象的成员数据初始化。下面用例子来说明用 new 运算符产生对象时调用构造函数的情况。

例 10.6 用 new 运算符建立对象时调用构造函数。

```
# include < iostream.h >

class D {
    int  x,y;
```

```
    public:
      D(int a,int b)
      {
          x = a;y = b;
          cout << "调用构造函数 D(int ,int )!\n";
      }
    D( )
    {   cout << "调用构造函数 D( )!\n";}
    void ShowXY( )
    {   cout  << "x = " <<  x  << '\t' << "y = " << y << '\n';}
};

void main(void)
{
  D * pd = new D(5,10);                               //A
  pd  -> ShowXY( );                                   //B
  D * p = new D;                                      //C
  p  -> ShowXY( );                                    //D 输出的值是不确定的
  delete pd;                                          //E
  delete p;                                           //F
}
```

执行程序后,输出:

```
调用构造函数 D(int,int)!
x = 5   y = 10
调用构造函数 D( )!
x = -842150451   y = -842150451
```

当用 new 运算符建立一个动态的对象时,new 运算符首先为类 D 的对象分配一个内存空间,然后自动地调用构造函数来初始化对象的成员数据,最后返回该动态对象的起始地址。和定义对象时的情况一样,对于 A 行中的表达式:

```
new  D(5,10)
```

new 运算符调用带参数的构造函数。B 行输出的成员 x 和 y 具有确定的值。而对于 C 行的表达式:

```
new   D
```

new 运算符调用不带参数的构造函数,故 D 行输出的成员 x 和 y 的值是不确定的。

注意,用 new 运算符产生的动态对象,在不再使用这种对象时,必须用 delete 运算符来释放对象所占用的存储空间。E 行和 F 行分别回收 pd 和 p 所指向的动态对象占用的内存空间。

10.1.4 缺省的构造函数

在定义类时,若没有定义类的构造函数,则编译器自动产生一个缺省的构造函数,其格式为:

```
className::className( ) { }
```

从定义格式可以看出,这是一个函数体为空的构造函数,即在产生对象时,尽管也调用缺省的构造函数,但函数什么事也不做。所以缺省的构造函数并不对所产生对象的数据成员赋初值;换言之,产生对象时尽管调用了缺省的构造函数,但新产生对象的数据成员的值是不确定的。

关于缺省的构造函数,说明以下几点。

(1) 在定义类时,若定义了类的构造函数,则编译器就不产生缺省的构造函数。

(2) 在类中,若定义了没有参数的构造函数或各参数均有缺省值的构造函数也称为缺省的构造函数,缺省的构造函数只能有一个。

(3) 要对对象的数据成员进行初始化时,必须定义构造函数。

(4) 产生对象时,系统必定要调用构造函数,所以任一对象的构造函数必须唯一。例如:

```
class E {
    int x,y;
  public:
    E(int a,int b)
     {x = a;y = b;}
     void P(void)
     {cout << x << '\t' << y << '\n';}
};
```

如果有说明:

```
E   e;
```

则是错误的,因产生对象 e 时,没有合适的构造函数可供调用。若要这样定义对象,必须有一个缺省的构造函数供产生对象 e 时调用。又如:

```
class Q {
    int x,y;
  public:
    Q(int a = 0,int b = 0)
    {x = a;y = b;}
    Q( ) { }
    void P(void)
    {cout << x << '\t' << y << '\n';}
};
```

如果有说明:

```
Q   q;
```

也是错误的。因在编译时,指出有两个缺省的构造函数,在产生对象 q 时,不知调用哪一个缺省的构造函数,产生了二义性。又如:

```
class R {
    int   x,y;
  public:
    R(int a,int b)
```

```
    {x = a;y = b;}
    R( ) {x = y = 0;}
};
```

如果有说明：

```
R  r( );
```

则编译器认为这不是定义对象 r,而是函数原型说明,即说明函数 r( )的返回值为类 R 类型。所以当定义的对象要调用缺省的构造函数时,在对象名后不能有括号。

10.2 析构函数

从前面介绍的情况可知,产生对象时系统要为对象分配存储空间;在对象结束其生命期或结束其作用域(静态存储类型的对象除外)时,系统要收回对象所占用的存储空间,即要撤消一个对象。此项工作是由析构函数来完成的。

10.2.1 定义析构函数

析构函数也是类的成员函数,定义析构函数的格式为：

```
ClassName:: ~ ClassName( )
{…}                                        //函数体
```

对于析构函数,须说明以下几点。

(1) 系统约定：析构函数名必须与类名相同,并在其前面加上字符"~",以便和构造函数名相区别。

(2) 析构函数不能带有任何参数,不能有返回值,函数名前也不能用关键字 void。换言之,析构函数是唯一的,析构函数不允许重载。

(3) 析构函数是在撤消对象时由系统自动调用的,它的作用是在撤消对象之前做好结束工作。在析构函数内要终止程序的执行时,不能使用库函数 exit,但可以使用函数 abort。这是因为 exit 函数要做终止程序前的结束工作,它又要调用析构函数,形成无休止的递归;而 abort 函数不做终止程序前的结束工作,直接终止程序的执行。

例 10.7　调用析构函数示例。

```
//Ex10_7.h
# include < iostream.h >

class  Q {
        int x,y;
   public:
      Q(int a = 0,int b = 0)
      {x = a;y = b;}
      void P(void)
      {cout << x << '\t' << y << '\n';}
      ~ Q( )
      {cout << "调用了析构函数!" << '\n';}
};
```

```
//Ex10_7.cpp
void main(void)
{
    Q q(50,100);
    q.P( );
    cout << "退出主函数!\n";
}
```

执行程序后,输出:

```
50  100
退出主函数!
调用了析构函数!
```

在程序的执行过程中,当遇到某一对象的生存期结束时,系统自动调用析构函数,然后再收回为对象所分配的存储空间。在上例中,对象 q 的生存期在遇到主函数 main 的"}"时结束,这时调用析构函数。

例 10.8　使用析构函数,收回动态分配的存储空间。

```
//Ex10_8.h
#include <iostream.h>
#include <string.h>

class String {
        char * Buffer;
public:
        String(char * s)
        {
            if(s) {
                Buffer = (char * ) new char[strlen(s) + 1];
                strcpy(Buffer,s);
            }
            else Buffer = 0;
        }
        ~String( )
        {if(Buffer)delete [ ]Buffer;}
        void ShowString( )
        {cout << "Buffer = " << Buffer << '\n';}
};

//Ex10_8.cpp
//#include "ex10_8.h"
void main(void)
{
    String s("教师!");
    s.ShowString( );
```

```
}
```

在构造函数中或在程序的执行过程中,使用 new 运算符为对象的某一个指针成员分配了动态申请的内存空间时,在类中必须定义一个析构函数,并在析构函数中使用 delete 运算符删除由 new 运算符分配的内存空间。如上面的程序中,在撤消对象时,调用 delete 运算符来收回为字符串所分配的存储空间。这是完全必要的,因为在撤消对象时,系统自动收回为对象所分配的存储空间,而不自动收回由 Buffer 所指向的动态申请的存储空间。

例 10.9　析构函数与 delete 运算符。

```
//Ex10_9.cpp
 # include "Ex10_7.h"

void main(void)
{
      Q  * Pobj = new Q(500,1000);
      Pobj  -> P( );
      delete Pobj;
      cout << "退出主函数!\n";
}
```

执行程序后,输出:

```
500   1000
调用了析构函数!
退出主函数!
```

当使用 delete 运算符删除一个由 new 运算符动态产生的对象时,它首先调用该对象的析构函数,然后再释放该对象所占用的内存空间。这与用 new 运算符建立动态对象的过程正好相反。

10.2.2 不同存储类型的对象调用构造函数及析构函数

通常在产生对象时调用构造函数,在撤消对象时调用析构函数。但对于不同存储类型的对象,调用构造函数与析构函数的情况有所不同。

1. 对于全局定义的对象(在函数外定义的对象),在程序开始执行时,调用构造函数;到程序结束时,调用析构函数。

2. 对于局部定义的对象(在函数内定义的对象),当程序执行到定义对象的地方时,调用构造函数;在退出对象的作用域时,调用析构函数。

3. 用 static 定义的局部对象,在首次到达对象的定义时调用构造函数;在程序结束时,调用析构函数。

4. 对于用 new 运算符动态生成的对象,在产生对象时调用构造函数,只有使用 delete 运算符来释放对象时,才调用析构函数。若不使用 delete 运算符来撤消动态生成的对象,程序结束时对象仍存在,并占用相应的存储空间,即系统不能自动地调用析构函数来撤消动态生成的对象。

10.2.3 用 delete 运算符撤消动态生成的对象数组

用 delete 运算符撤消单个对象与撤消对象数组时,其用法有所不同。下面举例加以说明。

例 10.10　用 delete 释放动态产生的对象数组。

```
//Ex10_10.cpp
#include"Ex10_7.h"

void main(void)
{
    Q * p1 = new Q[2];
    delete[]p1;                          //A
    cout << "退出主函数!\n";
}
```

执行程序后,输出:

调用了析构函数!
调用了析构函数!
退出主函数!

用 new 运算符来动态生成对象数组时,自动调用构造函数,而用 delete 运算符来释放 p1 所指向的对象数组所占用的存储空间时,在指针变量的前面必须加上[ ],如 A 行所示。若把 A 行改为:

```
delete p1 ;
```

则仅释放对象数组的第 0 个元素,即仅调用数组的第 0 个元素的析构函数,其他元素所占用的空间并不释放。在 VC++ 环境下,将产生运行错误。

10.2.4　缺省的析构函数

与缺省的构造函数一样,若在类的定义中没有显式地定义析构函数时,则编译器自动地产生一个缺省的析构函数,其格式为:

```
ClassName:: ~ClassName( ) { };
```

缺省的析构函数的函数体为空,即该缺省的析构函数什么也不执行。实际上,任何对象都有构造函数和析构函数。当定义类时,若没有定义构造函数或析构函数,则编译器自动产生缺省的构造函数和缺省的析构函数。当产生对象时,若不对数据成员进行初始化,可以不显式地定义构造函数。在撤消对象时,若不做任何结束工作,可以不显式地定义析构函数。但在撤消对象时,要释放对象的数据成员用 new 运算符分配的动态空间时,必须显式地定义析构函数。

10.3　实现类型转换和拷贝的构造函数

本节介绍实现强制类型转换的构造函数和实现对象成员拷贝的构造函数,并说明只有一个参数的构造函数的特殊性质。

10.3.1　实现类型转换的构造函数

下面通过举例来说明何时需要显式地使用实现类型转换的构造函数,何时使用隐含的实现类型转换的构造函数。

例 10.11　单个参数的构造函数。

```
# include < iostream.h >

class  Ex1{
      int x;
   public:
      Ex1(int a)
      {
          x = a;
          cout << "x = " << x << '\t' << "调用了构造函数!\n";
      }
    ~ Ex1( )
    {cout << "调用了析构函数!\n";}
};

void main(void)
{
     Ex1 x1(50);                                     //A
     Ex1 x2 = 100;                                   //B
     x2  =  200;                                     //C
     cout << "标志: \n";
}
```

执行程序后,输出:

```
50  调用了构造函数!
100  调用了构造函数!
200  调用了构造函数!
调用了析构函数!
标志:
调用了析构函数!
调用了析构函数!
```

程序中只定义了两个对象,却出现了调用三次构造函数、三次析构函数的情况。显然,执行 A 行时,要调用一次构造函数,输出第一行。执行 B 行时,也要调用一次构造函数,输出第二行。当构造函数只有一个数值参数时,则可以用语句

```
Ex1  x2 = 100;
```

代替语句

```
Ex1  x2(100);
```

注意,在这种情况下的等号是传递单个数值到构造函数的另一种方法,这是初始化对象而不是赋值。编译器将 B 行解释为:

```
Ex1  x2(100);
```

当执行 C 行语句

```
x2 = 200;
```

时,x2 应该接受一个 Ex1 类型的对象(同类型的对象之间可以赋值),这时编译器要调用构造函数将 200 转换为 Ex1 类型的对象,即产生一个临时的对象,并将该对象赋给 x2。为此,第三次调用构造函数,输出第三行。一旦完成了这种赋值,立即撤消该临时对象,即调用析构函数,输出第四行。后面三行的输出是显而易见的,请读者自行分析。

当构造函数只有一个参数时,才能像 C 行那样使用。当构造函数有多个参数时,必须通过构造函数进行强制类型转换。

例 10.12 用构造函数进行强制类型转换。

```
#include <iostream.h>

class Ex2{
    int  x,y;
  public:
      Ex2(int a,int b)
      {
          x = a;y = b;
          cout << "x = " << x << '\t' << "y = " << y << '\t' << "调用了构造函数!\n";
      }
      ~Ex2( )
      {cout << "调用了析构函数!\n";}
};

void main(void)
{
    Ex2  x1(50,100);
    x1 = Ex2(300,600);                //A
}
```

执行程序后,输出:

```
50  100  调用了构造函数!
300  600  调用了构造函数!
调用了析构函数!
调用了析构函数!
```

A 行中的表达式

```
Ex2(300,600)
```

的作用是调用类 Ex2 的构造函数,产生一个临时的对象,完成赋值后,立即撤消该临时的对象。用构造函数进行类型转换的一般格式为:

```
<ClassName>(a1,a2,…,an)
```

其作用是调用对应的带有 n 个参数的构造函数,产生一个临时的对象,用参数 a1,a2,……,an 初始化该临时的对象后,将该对象作为操作数参加运算。运算结束后,系统自动地撤消这个临时的对象。

10.3.2 完成拷贝功能的构造函数

完成拷贝功能的构造函数的一般格式为:

```
ClassName::ClassName(ClassName &c)
{…}                                    //函数体完成对应数据成员的赋值
```
构造函数的参数是该类类型的引用。显然,用这种构造函数来创建一个对象时,必须用一个已产生的同类型对象作为实参。

例 10.13　使用完成拷贝功能的构造函数。

```
#include<iostream.h>

class Test{
      int x,y;
   public:
      Test(int a,int b)
      {
          x=a;y=b;
          cout<<"调用了构造函数!\n";
      }
      Test(Test &t)                    //A
      {
          x=t.x;y=t.y;
          cout<<"调用了完成拷贝的构造函数!\n";
      }
      void Show( )
      {   cout<<"x="<<x<<'\t'<<"y="<<y<<'\n';}
};

void main(void)
{
     Test t1(10,10);
     Test t2=t1;                       //B
     Test t3(t1);                      //C
     t1.Show( );
     t2.Show( );
     t3.Show( );
}
```
执行程序后,输出:

```
调用了构造函数!
调用了完成拷贝的构造函数!
调用了完成拷贝的构造函数!
x=10    y=10
x=10    y=10
x=10    y=10
```
执行 B 行和 C 行时,分别输出对应的第二行和第三行。编译器自动将 B 行转换为:

```
Test t2(t1);
```

因此,B 行和 C 行都调用了完成拷贝的构造函数,初始化新产生的对象。

例 10.14　使用隐含的完成拷贝功能的构造函数。

```
# include < iostream.h >

class Test{
        int x,y;
    public:
      Test(int a,int b)
      {
        x = a;y = b;
        cout << "调用了构造函数!\n";
      }
      void Show( )
      {  cout <<  "x = " << x << '\t' << "y = " << y << '\n';}
    };

void main(void)
{
    Test t1(10,10);
    Test t2 = t1;                                    //B
    Test t3(t1);                                     //C
    t1.Show( );
    t2.Show( );
    t3.Show( );
}
```

执行程序后,输出:

```
调用了构造函数!
x = 10      y = 10
x = 10      y = 10
x = 10      y = 10
```

上例中,在类 Test 中并没有定义一个复制数据成员的构造函数,而是由编译器自动地生成一个隐含的完成拷贝功能的构造函数:

```
Test::Test(Test &t)
{x = t.x;   y = t.y;}
```

由编译器为每个类产生的这种隐含的完成拷贝功能的构造函数,依次完成类中对应成员数据的拷贝。但是在产生对象时仅只要拷贝同类型对象的部分成员数据时,或者类中的成员数据中使用 new 运算符动态地申请存储空间进行赋初值时,必须在类中显式地定义一个完成拷贝功能的构造函数,以便正确实现成员数据的复制。

例 10.15　定义完成拷贝功能的构造函数。

```
//Ex10_15.h
# include < iostream.h >
# include < string.h >
```

```
class String{
    char   * s;
  public:
     String(char  * p = 0)
     {
         if(p) {
            s = new char [strlen(p)+1];
            strcpy(s, p);
         }
         else s = 0;
     }
     String(String &p)                              //A
     {
         if(p.s){
                s = new char [strlen(p.s) + 1];
                strcpy(s, p.s);
         }
         else s = 0;
     }
     ~ String( )
     {     if(s)delete [] s;}
     void Show( )
     {     cout << "s =" << s << '\n';}
};

//Ex10_15.cpp
void main(void)
{
     String   s1("教师");
     String   s2(s1);                              //B
     s1.Show( );
     s2.Show( );
}
```

若把上面程序中 A 行开始的构造函数 String(String &p)删除后,再执行程序时,在执行程序期间要产生一个错误。当没有定义完成拷贝功能的构造函数时,编译器产生如下形式的构造函数:

```
String(String &p)
  {s = p.s ; }
```

在执行 B 行时,把对象 s1 中的数据成员 s 赋给 s2 中的 s 后,使得 s1 和 s2 中的成员 s 都指向同一个用于存放字符串"教师"的动态存储区。假定先撤消对象 s1,则调用 s1 的析构函数,释放了对象 s1 中的 s 所指向的动态存储区。而在撤消对象 s2 时,调用 s2 的析构函数来释放 s2 中 s 所指向的动态存储区时(该存储区已被释放),必然要产生一个运行错误。类似于这种应用时,必须在类中定义一个完成拷贝功能的构造函数。

例 10.16 同类型对象之间赋值出错。

```
//Ex10_16.cpp
#include "Ex10_15.h"

void main(void)
{
    String    s1("学生");
    String    s2("教师");
    s1.Show( );
    s2.Show( );
    s2 = s1;                              //A
}
```

在 A 行中进行同类型对象之间的赋值,从语法上来说,这种赋值是允许的。但执行程序时产生运行错误。同样地,在对象 s1 和 s2 的生存期结束时,要调用这两个对象的析构函数,把存放字符串"学生"的存储空间释放两次,这是一种严重的错误。类似于这种类型的对象之间的赋值,程序设计者必须定义自己的实现对象之间的赋值运算,即要重载运算符"="。实现方法在运算符重载这一章中介绍。

10.4 构造函数和对象成员

在定义一个新类时,可把一个已定义类的对象作为该类的成员。产生新定义类的对象时,须对它的对象成员进行初始化,且只能通过新类的构造函数来对它的所有成员数据初始化。对对象成员进行初始化,必须通过调用其对象成员的构造函数来实现。

例 10.17 初始化对象成员。

```
#include  <iostream.h>

class A{
        int x,y;
    public:
        A(int a,int b)
        { x = a;y = b;}
        void Show( )
        { cout << "x = " << x << '\t' << "y = " << y << '\n';}
};

class B{
        int Length,Width;
    public:
        B(int a,int b)
        { Length = a;Width = b;}
```

```
        void Show( )
        { cout << "Length = " << Length << '\t' << "Width = " << Width << '\n'; }
};

class C{
        int r, High;
        A   a1;                                                    //D
        B   b1;                                                    //E
    public:
        C(int a, int b, int c, int d, int e, int f):a1(e,f), b1(c,d)    //F
        { r = a; High = b; }
        void Show( )
        { cout << "r = " << r << '\t' << "High = " << High << '\n';
          a1.Show( );
          b1.Show( );
        }
};

void main(void)
{
    C   c1(25,35,45,55,65,100);                                    //G
    c1.Show( );
}
```

执行程序后,输出:

```
r = 25   High = 35
x = 65   y = 100
Length = 45   Width = 55
```

D 行定义了类 A 的对象 a1,E 行定义了类 B 的对象 b1。执行 G 行,产生类 C 的对象 c1 时,调用类 C 的构造函数,该构造函数在初始化对象 c1 时,又分别调用类 A 和类 B 的构造函数来初始化 c1 的对象成员 a1 和 b1。在类 C 的构造函数的参数中,e 和 f 作为类 A 的构造函数产生对象 a1 的初始化参数,c 和 d 作为类 B 的构造函数产生对象 b1 的初始化参数。F 行中的类 C 的构造函数:

```
C(int a, int b, int c, int d, int e, int f)
```

参数 a、b、c、d、e、f 是形参,而 F 行中

```
a1(e,f)
```

中的 e 和 f 是调用类 A 的构造函数的实参,这两个参数在类 C 的构造函数中的顺序是任意的,这由 a1(e,f)中的参数的名字确定使用构造函数 C()中的哪一个参数,而不管它是第几个形参。

在一个类的定义中,说明对象成员的一般格式为:

```
class   ClassName {
        ClassName1   c1;
        ClassName2   c2;
```

```
    …
    ClassNamen    cn;
  public:
    ClassName(args);
    …
};
```

其中,ClassName1、ClassName2……ClassNamen 是已经定义了的类名。为了初始化对象成员 c1、c2……cn,类 ClassName 的构造函数要调用这些对象成员所对应类的构造函数,则类 ClassName 的构造函数的形式为:

```
ClassName::ClassName(args):c1(args1),c2(args2),…,cn(agrsn)
{…}                                                  //对其他成员的初始化
```

把冒号后用逗号隔开的,对 c1、c2……cn 初始化的列表称为成员初始化列表,其中的参数表依次为调用相应成员所在类的构造函数时应提供的参数(实参)。这些参数通常来自于类 ClassName 的构造函数的形式参数"args"。初始化对象成员的参数(实参)可以是表达式。当然,也可以仅对部分对象成员进行初始化。

注意,在 args 中的形参必须带有类型说明,而在对象成员初始化列表中的每一个参数不要类型说明,并且均可为表达式。

对对象成员的构造函数的调用顺序取决于这些对象成员在类中说明的顺序,与它们在成员初始化列表中的顺序无关。

当建立类 ClassName 的对象时,先调用各个对象成员的构造函数,初始化相应的对象成员,然后才执行类 ClassName 的构造函数,初始化类 ClassName 中的其他成员。析构函数的调用顺序与构造函数正好相反。

例 10.18　说明构造函数与析构函数的调用顺序。

```
#include <iostream.h>

class Obj{
    int val;
  public:
    Obj( )
    {
        val = 0;
        cout << val << '\t' << "调用 Obj 缺省的构造函数!\n";
    }
    Obj(int i)
    {
        val  = i;
        cout << val << '\t' << "调用 Obj 的构造函数!\n";
    }
    ~Obj( )
    {  cout << "调用 Obj 的析构函数!\n";  }
};
```

```
class Con{
    Obj one,two;
    int data;
  public:
    Con( )
    {
        data = 0;
        cout << data << '\t' << "调用 Con 缺省的构造函数!\n";
    }
    Con(int i,int j,int k):two(i + j),one(k)
    {
        data = i;
        cout << data << '\t' << "调用 Con 的构造函数!\n";
    }
    ~ Con( )
    {  cout << "调用 Con 的析构函数!\n"; }
};

void main(void)
{  Con c(100,200,400);}
```

执行程序后,输出:

```
400   调用 Obj 的构造函数!
300   调用 Obj 的构造函数!
100   调用 Con 的构造函数!
调用 Con 的析构函数!
调用 Obj 的析构函数!
调用 Obj 的析构函数!
```

请读者自行分析程序的输出结果。

练 习 题

1. 构造函数和析构函数的作用是什么?为什么构造函数允许重载而析构函数不允许重载?

2. 定义一个描述复数的类,数据成员包括实部和虚部;成员函数包括输出复数以及构造函数完成数据的初始化。构成一个完整的程序,能测试数据与成员函数的正确性。

3. 定义一个描述学生基本情况的类,数据成员包括姓名,学号,数学、英语、物理和C++成绩;成员函数包括输出数据,构造函数可完成所有数据的初始化,修改每一个数据成员的函数,求出总成绩和平均成绩的函数。构成一个完整的程序,能测试数据与成员函数的正确性。

4. 写出下面程序的执行结果:

```
# include < iostream.h >
```

```
class A{
    int m;
    char  * p1, * p2;
  public:
    A(int n)
    { m = n;
      cout << "调用构造函数 A(int)\n";
    }
    A(double x)
    { if(x < 0) m = x - 0.5;else m = x + 0.5;
      cout << "调用构造函数 A(double)\n";
    }
    void Print( )
    { cout << "m = " << m << '\n'; }
    ~A( ){cout << " called ~A( )\n";}
};

void main(void)
{
    A  a(25), b( - 200.75);
    b.Print( );
    A  c(0);
    c = A(20);
}
```

5. 为习题 1 ~ 3 中的类定义拷贝初始化构造函数。

6. 设定义一个类：

```
class Array{
      int SizeI;                        //整型数组的大小
      int PointI;                       //整型数组中实际存放的元素个数
      int sizeR;                        //实型数组的大小
      int PointR;                       //实型数组中实际存放的元素个数
      int * pi;                         //指向整型数组,动态分配内存空间
      float * pr;                       //指向实型数组,动态分配内存空间
  public:
      Array(int si = 100, int sr = 200);
      void put(int n);                  //将 n 加入整型数组中
      void put(float x);                //将 x 加入实型数组中
      int Geti(int index);              //取整型数组中的第 index 个元素
      int Getr(int index);              //取实型数组中的第 index 个元素
      ~Array( );                        //析构函数
      void Print( ) ;                   //分别输出整型和实型数组中的所有元素
};
```

构成完整的程序,即完成该类成员函数的定义和测试程序的设计。构造函数 Array(int

si = 100, int sr = 200)中,si 和 sr 分别为整型数组和实型数组的大小。

7. 下面定义一个存放字符串的线性表的类:

```
class LinearStr{
    int Size;                          //字符串指针数组的大小
    int Point;                         //字符串指针数组中实际存放的元素个数
    char * * strp;                     //指向字符串指针数组的指针
  public:
    LinearStr(int n = 100)
    {
      if(n == 0) {
            Size = Point = 0;
            strp = 0;
      }
      else {
            Size = n;
            Point = 0;
            strp = new char * [n];
            for(int i = 0;i < n;i ++) strp[i] = 0;
      }
    }
    ~ LinearStr( )
    {
      for(int i;i < Point;i ++)
            if(strp[i]) delete [] strp[i];
    }
    …
};
```

参照例 9.8 处理一个线性表,补充成员函数和测试程序,构成一个完整的程序。

第 11 章

继承和派生类

从已有的对象类型出发建立一种新的对象类型，使它部分或全部地继承原对象的特点和功能，这是面向对象设计方法中的基本特性之一。继承不仅简化了程序设计方法，显著提高了软件的重用性，而且还使得软件更容易维护。派生则是继承的直接产物，它通过继承已有的一个或多个类来产生一个新的类，通过派生可以创建一种类族。本章讨论继承和派生方面的语法和特性。

11.1 继　承

11.1.1 基本概念

在定义一个类 A 时，若它使用了一个已定义类 B 的部分或全部成员，则称类 A 继承了类 B，并称类 B 为基类或父类，称类 A 为派生类或子类。一个派生类又可以作为另一个类的基类，一个基类可以派生出若干个派生类，这样就构成类树。

继承常用来表示类属关系，不能将继承理解为构成关系。当从已有的类中派生出新的类时，可以对派生类做以下几种变化：

(1) 全部或部分地继承基类的成员数据或成员函数；

(2) 增加新的成员变量；

(3) 增加新的成员函数；

(4) 重新定义已有的成员函数；

(5) 改变现有的成员属性。

在 C++ 中有两种继承：单一继承和多重继承。当一个派生类仅由一个基类派生时，称为单一继承；而当一个派生类由两个或更多个基类派生时，称为多重继承。

图 11-1(a)为单一继承，首先定义描述有关人员的公共特性，如姓名、年龄、身高、性别等构成一个基类“在校人员类”。在该基类的基础上，增加描述学生特性的信息，如学号、所学专业、学习的课程等，派生出“学生类”。同理，在“在校人员类”的基础上，增加描述职工特性的信息，如工资、工作部门、职工号、所教课程等，派生出“职工类”。注意，图中的箭头是从派生类指向基类。单一继承形成一棵倒挂的树。在这种继承方式中，派生类继承了基类的所有成员数据和成员函数，并在派生类中增加新的成员数据和成员函数。在图 11-1(b)中，分别定义了描述学生和职工特性的“学生类”和“职工类”，并把这两个类作为基类，派生出“在校人员类”。在该派生类中，可以增加也可以不增加成员数据和成员函数。

C++ 中派生类从父类中继承特性时，可在派生类中扩展它们，或者对其作些限制，也可改变或删除某一特性，还可对某些特性不作任何修改。所有这些变化可归结为两种基本的面向对象技术:特性(性质)约束,即对父类的特性加以限制或删除;特性扩展,即增加父类的特性。

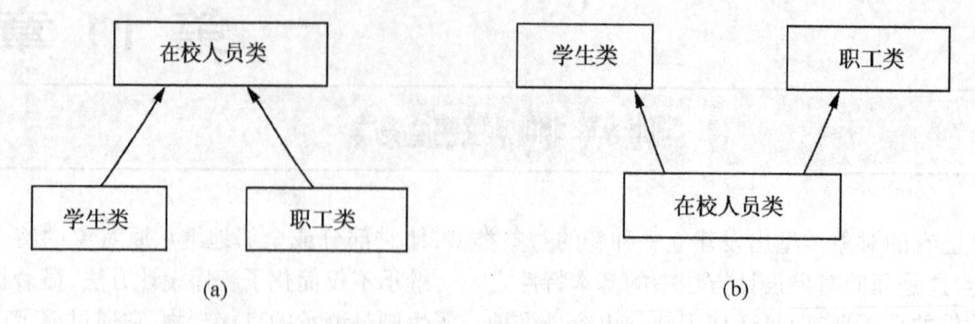

图 11-1　单一继承和多重继承

11.1.2　单一继承

从一个基类派生一个类的一般格式为:

```
class ClassName: < Access > BaseClassName
{
    private:
    …                        //私有成员说明
    public:
    …                        //公有成员说明
    protected:
    …                        //保护成员说明
};
```

其中,ClassName 为派生类的类名;BaseClassName 为已定义的基类的类名;Access 可有可无,用于规定基类中的成员在派生类中的访问权限,它可以是关键字 public、private 和 protected 三者之一。当 Access 省略时,对于类,系统约定为 private;而对于结构体而言,系统约定为 public。花括号中的部分是在派生类中新增加的成员数据或成员函数,这部分也可为空。

当 Access 为 public 时,称派生类为公有派生;当 Access 为 private 时,称派生类为私有派生;而当 Access 为 protected 时,称派生类为保护派生。派生时指定不同的访问权限,直接影响到基类中的成员在派生类中的访问权限。下面对这三种访问权限分别讨论之。

1. 公有派生

公有派生时,基类中所有成员在公有派生类中保持各个成员的访问权限。具体地说,基类中说明为 public 的成员,在派生类中仍保持为 public 的成员,在派生类中或在派生类外都可以直接使用这些成员。基类中说明为 private 的成员,属于基类私有的,在公有派生类中不能直接使用基类中的私有成员,必须通过该基类公有的或保护的成员函数来间接使用基类中的私有成员。对于基类中说明为 protected 的成员,可以在公有派生类中直接使用它们,其用法与公有成员完全一样。但在派生类之外,不可直接访问这种类型的成员,必须通过派生类的公有的或保护的成员函数或者基类的成员函数才能访问它。

例 11.1　公有派生。

```
# include < iostream. h >
```

```
class A {
      int x;
   protected:
      int y;
   public:
      int z;
       A(int a,int b,int c)
       {x = a;y = b;z = c;}
       void Setx(int a){x = a;}
       void Sety(int a){y = a;}
       int Getx( ){return x;}
       int Gety( ){return y;}
       void ShowB( )
       {cout << "x = " << x << '\t' << "y = " << y << '\t' << "z = " << z << '\n';}
};

class B:public A{
      int Length,Width;
   public:
      B(int a,int b,int c,int d,int e):A(a,b,c)                       //D
      {Length = d;Width = e;}
      void Show( )
      {cout << "Length = " << Length << '\t' << "Width = " << Width << '\n';
       cout << "x = " << Getx( ) << '\t' << "y = " << y << '\t' << "z = " << z << '\n';    //E
      }
      int Sum( )
      {return (Getx( ) + y + z + Length + Width);}                    //F
};

void main(void)
{
      B b1(1,2,3,4,5);
      b1.ShowB( );                                                    //G
      b1.Show( );
      cout << "Sum = " << b1.Sum( ) << '\n';
      cout << "y = " << b1.Gety( ) << '\t';
      cout << "z = " << b1.z << '\n';                                 //H
}
```

执行程序后,输出:

```
x = 1      y = 2      z = 3
Length = 4      Width = 5
x = 1      y = 2      z = 3
Sum = 15
```

```
y = 2     z = 3
```

D行“:”后的A(a,b,c)的作用是在派生类的构造函数中要调用基类的构造函数。初始化基类成员的一般方法在下一节中介绍。E行中直接使用了基类中的保护成员y和公有成员z。在派生类的成员函数中,不能直接使用基类的私有成员。若F行

```
return ( Getx( ) + y + z + Length + Width);
```

改为

```
return ( x + y + z + Length + Width);
```

则会出现编译错误。因x是基类的私有成员,在公有派生类中不能直接使用它,必须通过基类的公有成员函数Getx( )来获取x的值。主函数中的G行直接使用了基类中的公有成员函数ShowB( ),H行中直接使用了基类的公有成员z。

从程序中可以看到,当一个类从一个基类公有派生时,基类中的公有成员就如同派生类中定义的公有成员一样,在类外可以通过派生类的对象名与成员名一起来直接使用它。基类中的保护成员只能在派生类的成员函数中直接使用它,而在派生类之外不能直接使用它。对于基类而言,派生类也属于基类的“外部”,因此派生类中定义的成员函数也不能直接使用基类中的私有成员。如上面例子中的y,在派生类B中可以直接访问它,而在主函数中不能直接访问它。若在主函数中直接输出y:

```
cout << b1.y << '\n';
```

是不允许的,必须改写成:

```
cout << b1.Gety( ) << '\n';
```

2. 私有派生

对于私有派生类而言,其基类中公有成员和保护成员在派生类中均变为私有的,在派生类中仍可直接使用这些成员。在派生类之外均不可直接使用基类中的公有或私有成员,这些成员必须通过派生类中的公有成员函数来间接使用它们。同样地,对于基类中的私有成员,在派生类中不可直接使用,只能通过基类的公有或保护成员函数间接使用它们。当然在派生类之外,更是不能直接使用基类中的私有成员。

例11.2 私有派生。

```
# include < iostream.h >

class Base {
    int x;
  protected:
    int y;
  public:
    int z;
    Base(int a,int b,int c)
    {x = a;y = b;z = c;}
    void Setx(int a){x = a;}
    int Getx( ){return x;}
    int Gety( ) { return y;}
};
```

```
class Inh:private Base{
    int Length,Width;
  public:
    Inh(int a,int b,int c,int d,int e):Base(a,b,c)
    {Length = d;Width = e;}
    void Show( )
    {cout << "Length = " << Length << '\t' << "Width = " << Width << '\n';
     cout << "x = " << Getx( ) << '\t' << "y = " << y << '\t' << "z = " << z << '\n';          //E
    }
    int Sum(void)
    {   return ( Getx( ) + y + z + Length + Width); }                                        //F
};

void main(void)
{
    Inh b1(1,2,3,4,5);
    b1.Show( );
    cout << "Sum = " << b1.Sum( ) << '\n';
}
```

尽管基类中的成员函数Gety( )是公有的,但由于是私有派生,该函数成为派生类Inh中的私有成员函数。在主函数中企图使用如下语句输出对象b1的成员y的值是行不通的:

```
cout << "y = "  << b1.Gety( ) << '\t';
```

同理,基类中的公有成员z经私有派生后成为派生类的私有成员,在主函数中也不能直接输出b1的成员z的值:

```
cout << "z = " << b1.z << '\n';
```

用得最多的是公有派生,私有派生的方式用得比较少。而保护(protected)派生极少使用,这里不作介绍了。

综上所述,在派生类中,继承基类的访问权限可以概括为表11-1。

表11-1　公有和私有派生

派生方式	基类中的访问权限	基类成员在派生类中的访问权限	派生类之外的函数能否访问基类中的成员
public	public	public	可访问
public	protected	protected	不可访问
public	private	不可访问	不可访问
private	public	private	不可访问
private	protected	private	不可访问
private	private	不可访问	不可访问

3. 抽象类与保护的成员函数

若定义了一个类,该类只能用作基类来派生出新的类,而不能用作定义对象,该类称为抽象类。当对某些特殊的对象要进行很好地封装时,需要定义抽象类。当把一个类的构造函数或析构函数的访问权限定义为保护的时,这种类为抽象类。在定义这种类的对象时,在类的外面要调用该类的构造函数,因构造函数是私有的,所以这种调用是不允许的,即不能产生这种类的对象。同样地,当把类的析构函数的访问权限说明为保护的,且在撤消对象时也是在对象外调用析构函数,故这种调用也是不允许的。但当用抽象类作为基类来产生派生类时,在派生类中可调用其基类的保护成员,在产生派生类的对象和撤消派生类的对象时,是在派生类的构造函数中调用基类的构造函数,或者是在派生类析构函数中调用基类的析构函数,这种调用是允许的。因基类中的保护成员在派生类中可像公用成员一样使用。

当把类中的构造函数或析构函数说明为私有的时,所定义的类通常是没有任何实用意义的,一般情况下,不能用它来产生对象,也不能用它来产生派生类。

11.1.3 多重继承

用多个基类来派生一个类时,其一般格式为:

```
class 类名:<Access>类名 1,<Access>类名 2,…,<Access>类名 n
{
    private:
    …                                    //私有成员说明
    public:
    …                                    //公有成员说明
    protected:
    …                                    //保护的成员说明
};
```

其中,派生类“类名”继承了类名 1 ~ n 的所有成员数据和成员函数,每一个基类的类名前的 Access 用以限定该基类中的成员在派生类中的访问权限,其规则与单一继承的用法类同。同样地,Access 可以是三个关键字 public、private 和 protected 之一。从上述格式可以看出,很容易将单一继承推广到多重继承。

例 11.3 多重继承。

```
#include<iostream.h>

class A {                                //描述一个圆,(x,y)为圆心,r为半径
    float x,y,r;
  public:
    A(float a,float b,float c)
    {x=a;y=b;r=c;}
    void Setx(float a){x=a;}
    void Sety(float a){y=a;}
    void Setr(float a){r=a;}
    float Getx( ){return x;}
    float Gety( ){return x;}
    float Getr( ){return r;}
    float Area( ){return (r*r* 3.14159);}
};
```

```
class B {
    float High;
 public:
    B(float a)
    {High = a;}
    void SetHigh(float a){High = a;}
    float GetHigh( ){return High ;}
};

class C:public A,private B                          //描述一个圆柱体
{
    float Volume;                                   //圆柱体的体积
  public:
    C(float a,float b,float c,float d):A(a,b,c),B(d)         //D
    {
        Volume = Area( ) * GetHigh( );              //E
    };
    float GetVolume( ){return Volume;}
};

void main(void)
{
    A a1(6,8,9);
    B b1 = 23;
    C c1(1,2,3,4);
    cout << "x = " << a1.Getx( ) << '\t' << "y = " << a1.Gety( ) << '\n';
    cout << "r = " << a1.Getr( ) << '\t' << "AREA = " << a1.Area( ) << '\n';
    cout << "High = " << b1.GetHigh( ) << '\n';
    cout << "Volume = " << c1.GetVolume( ) << '\n';
}
```

在上例中,类 A 描述了一个圆,类 B 描述了高度。类 C 是由两个基类 A(公有派生)和 B(私有派生)派生而来的,它描述了一个圆柱体,包含了这两个类的所有成员,并增加了描述圆柱体体积的新成员 Volume。D 行中,派生类 C 的构造函数调用基类 A 和基类 B 的构造函数。由于类 A 和类 B 中的成员数据都是私有的,在类 C 的成员函数中不能直接使用这两个基类中的成员数据。因此在 E 行中只能使用基类的公有成员函数来间接地使用基类中的成员数据。

11.2 初始化基类成员

在基类中定义了基类的构造函数,并且在派生类中也定义了派生类的构造函数,那么在产生派生类的对象时,一方面系统要调用派生类的构造函数来初始化在派生类中新增加的成员数据,另一方面系统要调用基类的构造函数来初始化派生类中的基类成员。这种调用

基类的构造函数是由派生类的构造函数来确定的。为了初始化基类成员，派生类的构造函数的一般格式为：

```
ClassName::ClassName(args):Base1(args1),Base2(args2),…Basen(argsn)
{…}                                          //初始化派生类中的其他成员数据
```

其中，ClassName 是派生类的类名；Base1、Base2……Basen 是相应基类的类名（构造函数名）；args 是带有类型说明的形式参数表。而调用基类的构造函数中的参数表是实参表，实参表中的每一个参数可以是表达式，它们可以使用派生类构造函数中的形参，也可以使用其他的常量，实参只与派生类的构造函数中的参数名有关，而与派生类中参数的顺序无关。把冒号后列举的要调用基类构造函数的列表称为初始化成员列表。当初始化成员列表中的某一个基类的构造函数的实参表为空（无参数）时，则该基类的构造函数的调用可从初始化成员列表中删除。

当说明派生类对象时，系统首先调用各基类的构造函数，对基类成员进行初始化，然后执行派生类的构造函数。若某一个基类仍是派生类，则这种调用基类的构造函数的过程递归进行下去。当撤消派生类的对象时，析构函数的调用顺序正好与构造函数的顺序相反。

例 11.4　输出派生类中构造函数与析构函数的调用关系。

```
//Ex11_4.h
#include <iostream.h>

class Base1 {
    int x;
  public:
    Base1(int a)
    {
        x = a;
        cout << "调用基类 1 的构造函数!\n";
    }
    ~Base1( )
    {   cout << "调用基类 1 的析构函数!\n";}
};

class Base2 {
    int y;
  public:
    Base2(int a)
    {
        y = a;
        cout << "调用基类 2 的构造函数!\n";
    }
    ~Base2( )
    {   cout << "调用基类 2 的析构函数!\n";}
};
```

```
class Derived:public Base1, public Base2{
    int z;
  public:
    Derived(int a,int b):Base1(a),Base2(20)
    {
        z = b;
        cout << "调用派生类的构造函数!\n";
    }
    ~ Derived( )
    {   cout << "调用派生类的析构函数!\n";}
};

//Ex11 _ 4.cpp
void main(void)
{   Derived c(100,200); }
```

执行程序后,输出:

```
调用基类 1 的构造函数!
调用基类 2 的构造函数!
调用派生类的构造函数!
调用派生类的析构函数!
调用基类 2 的析构函数!
调用基类 1 的析构函数!
```

若派生类中包含对象成员,则在派生类的构造函数的初始化成员列表中不仅要列举要调用的基类的构造函数,而且要列举调用的对象成员的构造函数。

例 11.5　派生类中包含对象成员。

```
//Ex11 _ 4.cpp
# include "Ex11 _ 4.h"

class Der:public Base1, public Base2{
    int z;
    Base1 b1,b2;
  public:
    Der(int a,int b):Base1(a),Base2(20),b1(200),b2(a + b)
    {
        z = b;
        cout << "调用派生类的构造函数!\n";
    }
    ~ Der( )
    {
        cout << "调用派生类的析构函数!\n";
    }
};
```

```
void main(void)
{
    Der d(100,200);
}
```

执行程序后,输出:

```
调用基类 1 的构造函数!
调用基类 2 的构造函数!
调用基类 1 的构造函数!
调用基类 1 的构造函数!
调用派生类的构造函数!
调用派生类的析构函数!
调用基类 1 的析构函数!
调用基类 1 的析构函数!
调用基类 2 的析构函数!
调用基类 1 的析构函数!
```

根据输出的结果可以清楚地看出,在建立类 Der 的对象 d 时,先调用基类的构造函数,再调用对象成员的构造函数,最后执行派生类的构造函数。在有多个对象成员的情况下,调用这些对象成员的构造函数的顺序取决于它们在派生类中说明的顺序。

注意,在派生类的构造函数的初始化成员列表中,对对象成员的初始化必须使用对象名;而对基类成员的初始化,使用的是对应基类的构造函数名。

例 11.6　定义描述学生和职工的类,并实现测试和简单的输入/输出。

分析:不论是学生还是职工,均有如下描述信息:姓名、性别、出生年月,这可以定义一个基类。然后由基类定义一个学生的派生类,增加描述信息:所在班级、学号、专业、英语成绩和数学成绩。再由基类定义一个职工的派生类,增加描述信息:部门、职务、工资。这里对描述学生和职工基本情况作了简化,目的是缩短程序的长度。程序如下:

```
#include <iostream.h>
#include <string.h>

class Person {                                    //描述学生和职工的基类
    char * Name;                                  //姓名
    char Sex[4];                                  //性别
    int Year;                                     //出生年份
    unsigned char Month;                          //出生月份
    unsigned char Day;                            //出生日期
  public:
    Person(char * name, char * sex, int year,int month,int day)
    {
        Name = new char [strlen(name) + 1];
        strcpy(Name,name);
        Year = year;
        strcpy(Sex,sex);
        Month = (unsigned char )month;
```

```
        Day = (unsigned char )day;
    }
    Person( )                                          //缺省的构造函数
    {
        Name = NULL;
        strcpy(Sex," ");
        Year = 0;
        Month = 0;
        Day = 0;
    }
    ~Person( )                                         //析构函数
    {   if (Name) delete [ ] Name;}
    void SetName(char * );
    void SetSex(char * );
    void SetDate(int,int,int);
    char * GetName( ){return Name;}                    //获取名字
    char * GetSex( ) {return (char * )Sex;}            //获取性别
    void GetDate(int * ,int * ,int * );
    void ShowPerson( );
};

void Person::SetName(char * name)                      //置名字
{
    if (Name) delete [] Name;
    Name = new char [strlen(name) + 1];
    strcpy(Name,name);
}

void Person::SetSex(char * sex)                        //置性别
{   strcpy(Sex,sex);}

void Person::SetDate(int year,int month,int day)       //置出生日期
{
    Year = year;
    Month = (unsigned char)month;
    Day = (unsigned char) day;
}

void Person::GetDate(int * year,int * month,int * day) //取出生日期
{
    * year = Year;
    * month = Month;
    * day  =  Day;
```

```
}
void Person::ShowPerson( )                                        //输出描述人的基本信息
{
    cout << "姓名:" << GetName( ) << '\t' << "性别:" << GetSex( ) << '\n';
    int year, month, day;
    GetDate(&year, &month, &day);
    cout << "出生年份:" << year << '\t' << "月份:" << month << '\t' << "日期:" << day << '\n';
}

class Student: public Person{                                     //定义学生的派生类
    char * Class;                                                 //班级
    long  No;                                                     //学号
    char * Speciality;                                            //专业
    int English;                                                  //英语成绩
    int Math;                                                     //数学成绩
  public:
    Student(char * , char * , int, int, int, char * , long, char * , int, int);
    ~Student( )
    {
        if (Class) delete [] Class;
        if(Speciality) delete [] Speciality;
    }
    Student( )
    {
        Class = NULL;
        No = 0;
        Speciality = NULL;
        English = 0;
        Math = 0;
    }
    void SetClass( char * );
    void SetNo( long);
    void SetSpeciality( char * );
    void setScore( int, int);
    char * GetClass( ){return Class;}                            //取班级号
    long GetNo( ){return No;}                                    //取学号
    char * GetSpeciality( ){return Speciality;}                  //取专业名称
    void GetScore( int * x, int * y)                             //取两门课的成绩
    { * x = English; * y = Math;}
    void ShowStudent( );
};

Student::Student( char * name, char * sex, int year, int month,   //学生类的构造函数
```

```
    int day, char * clas, long no, char * spe, int english,
    int math): Person(name, sex, year, month, day)
{
    Class = new char [strlen(clas) + 1];
    strcpy(Class, clas);                                //班级
    No = no;                                            //学号
    Speciality = new char [strlen(spe) + 1];
    strcpy(Speciality, spe);                            //专业
    English = english;                                  //英语成绩
    Math = math;
}

void Student::SetClass(char * cla)                      //置班级名称
{
    if (Class) delete [ ]Class;
    Class = new char [strlen(cla) + 1];
    strcpy(Class, cla);                                 //班级名称
}

void Student::SetNo(long no)                            //置学号
{   No = no; }

void Student::SetSpeciality(char * spe)                 //置专业名称
{
    if (Speciality) delete [ ] Speciality;
    Speciality = new char [strlen(spe) + 1];
    strcpy(Speciality, spe);                            //专业名称
}

void Student::setScore(int eng, int math)               //置成绩
{
    English = eng;
    Math = math;
}

void Student::ShowStudent( )                            //输出学生的信息
{
    ShowPerson( );
    cout << "班级:" << GetClass( ) << '\t' << "学号:" << GetNo( ) << '\n';
    int e, m;
    GetScore(&e, &m);
    cout << "专业:" << GetSpeciality( ) << '\t' << "英语:" << e << '\t'
         << "数学:" << m << '\n';
```

```
}

class Employee:public Person{                                   //派生职工类
    char * Depart;                                              //部门
    char * Job;                                                 //职务
    int Salary;                                                 //工资
  public:
    Employee(char * ,char * ,int,int,int,char * ,char * ,int);
    Employee( )
    {
        Depart = NULL;
        Job = NULL;
        Salary = 0;
    }
    ~ Employee( )
    {
        if (Depart) delete [] Depart;
        if (Job) delete [] Job;
    }
    void SetDepart(char * );
    void SetJob(char * );
    void SetSalary(int s){Salary = s;}                          //置工资
    char * GetDepart( ){return Depart;}                         //取部门
    char * GetJob( ){return Job;}                               //取职务
    int GetSalary( ){return Salary;}                            //取工资
    void ShowEmployee( );
};

Employee::Employee (char * name,char * sex,int year,int month,
                    int day,char * depart,char * job,
                    int salary):Person(name,sex,year,month,day)
{
    Depart = new char [strlen(depart) + 1];                     //部门
    strcpy(Depart,depart);
    Job = new char [strlen(job) + 1];
    strcpy(Job,job);
    Salary = salary;
}

void Employee::SetDepart(char * depart)
{
    if (Depart) delete []Depart;
    Depart = new char [strlen(depart) + 1];
```

```
    strcpy(Depart,depart);
}

void Employee::SetJob(char * job)
{
    if (Job) delete [] Job;
    Job = new char [strlen(job) + 1];
    strcpy(Job,job);
}

void Employee::ShowEmployee( )                              //输出职工信息
{
    ShowPerson( );
    cout << "部门:" << GetDepart( ) << '\t' << "职务:" << GetJob( ) << '\t';
    cout << "工资:" << GetSalarry( ) << '\n';
}

void main(void)
{
    Person p1("李  明","男",1962,10,25);
    p1.ShowPerson( );
    Person p2(" "," ",0,2,28);
    p2.ShowPerson( );
    p2.SetName("张  三");
    p2.ShowPerson( );
    char * name = p2.GetName( );
    cout << "Name:" << name << '\n';
    Student s1("王英明","男",1971,5,6,"981012",9800031,"计算机",90,95);
    s1.ShowStudent( );
    Employee e1("李  四","男",1979,3,15,"计算机系","讲师",1000);
    e1.ShowEmployee( );
    {
        Employee e2[3];
        int i,year,month,day,salarry;
        char name[30],sex[4],depart[40],job[40];
        for(i = 0;i < 2;i ++){
            cout << "输入职工姓名:";
            cin >> name;
            cout << "输入性别:";
            cin >> sex;
            cout << "输入出生年、月、日:";
            cin >> year >> month >> day;
            cout << "输入部门:";
```

```
            cin >>  depart;
            cout  << "输入职务:";
            cin >> job;
            cout << "输入工资:";
            cin >> salarry;
            e2[i].SetName(name);
            e2[i].SetSex(sex);
            e2[i].SetDate(year,month,day);
            e2[i].SetDepart(depart);
            e2[i].SetJob(job);
            e2[i].SetSalarry(salarry);
        }
        for(i = 0;i < 2;i ++ ) e2[i].ShowEmployee( );
    }
}
```

该程序较长,但程序结构简单,并且在程序中均作了注解说明,读者可自行分析程序。

从本例可以看出,对于编写一些比较小的或比较简单的程序时,用面向对象的程序设计方法,反而可能会觉得程序显得复杂和冗长。但在编写较为复杂的程序时,其优越性就会充分体现出来。

另外,从本例也可以看出,继承性可以重复使用已经编写好的程序代码和已设计好的数据结构,从而防止程序代码和数据结构的重复设计和编写。继承的另一个好处是能使得程序更容易理解和维护,这是因为描述一个抽象事物的有关程序代码及数据结构都集中在一个类中,而不是分散在整个程序中;加上类有很好的封装性,对一个属于类的私有成员数据的修改,不会影响任何其他类或对象。

11.3 冲突、支配规则和赋值兼容性

11.3.1 冲突

若一个公有的派生类是由两个或多个基类派生,当基类中成员的访问权限为 public,且不同基类中的成员具有相同的名字时,出现了重名的情况。这时在派生类使用到基类中的同名的成员时,出现了不唯一性,这种情况称为冲突。

例 11.7 程序中含有冲突示例。

```
# include < iostream.h >

class A{
    public:
        int x;
        void Show( ){cout << "x = " << x << '\n';}
        A(int a){x = a;}
        A( ){}
```

```
};

class B{
  public:
    int x;
    void Show( ){cout << "x = " << x << '\n';}
    B(int a){x = a;}
    B( ){ }
};

class C:public A,public B{
    int y;
  public:
    void Setx(int a){ x = a;}                    //D
    void Sety(int b){y = b;}
    int Gety( ) {return y;}
};

void main(void)
{
    C c1;
    c1.Show( );                                  //E
}
```

D行派生类C中访问由基类继承来的变量x时,编译器无法确定是要访问属于基类A中的x还是属于基类B中的x,即出现编译错误。同样地,E行中调用成员函数Show( )时,也是无法确定是要调用从类A中继承来的成员函数Show( ),还是调用从类B中继承来的成员函数Show( ),这也导致编译错误。

解决这种冲突的方法有三种:第一种是使得各基类中的成员名各不相同,显然,这不是好的解决办法;第二种是只适合于成员数据,在各个基类中,均把成员数据的访问权限说明为私有的,并在相应的基类中提供成员函数来对这些成员数据进行操作;第三种是使用作用域运算符来限定所访问成员是属于哪一个基类的。作用域运算符的一般格式为:

类名::成员名

其中,类名可以是任一基类或派生类的类名,成员名只能是成员数据名(变量名)或成员函数名。

例11.8 用作用域运算符来确定所访问的成员。

```
# include < iostream.h >

class A{
  public:
    int x;
    void Show( ){cout << "x = " << x << '\n';}
    A(int a){x = a;}
```

```
        A( ){ }
    };

    class B{
      public:
        int x;
        void Show( ){cout << "x = " << x << '\n';}
        B(int a){x = a;}
        B( ){ }
    };

    class C:public A,public B{
        int y;
      public:
        void SetAx(int a){ A::x = a;}                    //对类 A 中 x 置值
        void SetBx(int a){ B::x = a;}                    //对类 B 中 x 置值
        void Sety(int b){y = b;}
        int Gety( ){return y;}
    };

    void main(void)
    {
        C c1;
        c1.SetAx(35);
        c1.SetBx(100);
        c1.Sety(300);
        c1.A::Show( );                                   //调用类 A 中的成员函数
        c1.B::Show( );                                   //调用类 B 中的成员函数
        cout << "y = " << c1.Gety( ) << '\n';
    }
```

当把派生类作为基类,又派生出新的派生类时,这种限定作用域的运算符不能嵌套使用,如下形式的使用方式是不允许的:

```
ClassName1::ClassName2::…::EleName
```

即限定作用域的运算符只能直接限定其成员。

例 11.9　多重继承中的冲突。

```
# include < iostream.h >

class A{
  public:
    int x;
    void Show( ){cout << "x = " << x << '\n';}
};
```

```
class B{
  public:
    int x;
    void Show( ){cout << "x = " << x << '\n';}
};

class C:public A,public B{
    int y;
  public:
    void SetAx(int a){ A::x = a;}
    void SetBx(int a){ B::x = a;}
    void Sety(int b){y = b;}
    int Gety( ){return y;}
};

class D:public C{
    int z;
  public:
    void Setz(int a){z = a;}
    int Getz( ) {return z;}
};

void main(void)
{
    D d1;
    d1.SetAx(35);
    d1.SetBx(100);
    d1.Sety(300);
    d1.C::A::Show( );                    //E
    d1.C::B::Show( );                    //F
    d1.Setz(500);
    cout << "y = " << d1.Gety( ) << '\n';
    cout << "z = " << d1.Getz( ) << '\n';
}
```

在编译时,指出 E 行和 F 行语法错,因作用域运算符不能连续使用。其解决办法是在类 C 中增加成员函数:

```
void ShowA( ){ cout << "x = " << A::x << '\n'; }
void ShowB( ){ cout << "x = " << B::x << '\n'; }
```

将 E 行和 F 行改为如下形式即可:

```
d1.ShowA( );
d1.ShowB( );
```

11.3.2 支配规则

在 C++ 中,允许派生类中新增加的成员名与其基类的成员名相同,这种同名并不产生冲突。当没有使用作用域运算符时,则派生类中定义的成员名优先于基类中的成员名,这种优先关系称为支配规则。

例 11.10 支配规则示例。

```
#include<iostream.h>

class A{
  public:
    int x;
    void Show( ){cout<<"x="<<x<<'\n';}
};

class B{
  public:
    int y;
    void Show( ){cout<<"y="<<y<<'\n';}
};

class C:public A,public B{
  public:
    int y;
};

void main(void)
{
    C c1;
    c1.x=100;
    c1.y=200;                          //给派生类中的 y 赋值
    c1.B::y=300;                       //给基类 B 中的 y 赋值
    c1.A::Show( );
    c1.B::Show( );                     //用作用域运算符限定调用的函数
    cout<<"y="<<c1.y<<'\n';            //输出派生类中的 y 值
    cout<<"y="<<c1.B::y<<'\n';         //输出基类 B 中的 y 值
}
```

当派生的成员名与基类的成员名同名时,在派生类中或在派生类外要使用基类中的这种成员名时,仍要使用作用域运算符。如上例中,在主函数中使用 B 类中的变量 y 时,应写成 B::y。

11.3.3 基类和对象成员

任一基类在派生类中只能继承一次,否则会造成成员名的冲突。例如:

```
class A{
  public: float x;
  …
};

class B:public A,public A{
  …
};
```

这时在派生类 B 中包含了两个继承来的成员 x,在使用时会产生冲突。为了避免这种冲突,C++ 中规定同一基类只能继承一次。上面定义的派生类 B 在语法上是错误的。

若在 B 类中,确实要有两个类 A 的成员,则可用类 A 的两个对象作为类 B 的成员。例如:

```
class B{
    A a1,a2;                          //或 A a[2];
      …
  };
```

把一个类作为派生类的基类或把一个类的对象作为一个类的成员,从程序的执行效果上看是相同的,但在使用上是有区别的:在派生类中可直接使用基类的成员(访问权限允许的话),但要使用对象成员的成员时,必须在对象名后加上成员运算符"."和成员名。

例 11.11　基类成员与对象成员在使用上的差别。

```
#include <iostream.h>

class A{
  public:
    int x;
    A(int a=0) { x=a;}
};

class B{
  public:
    int y;
    B(int a=0) { y=a;}
};

class C:public A{
    int z;
    B b1;
  public:
    C(int a,int b,int m):A(a),b1(b)
    { z=m; }
    void Show( )
    {
```

```
            cout << "x = " << x << '\t';            //直接使用成员名
            cout << "y = " << b1.y << '\t';         //不能直接使用对象的成员名 y
            cout << "x = " << z << '\n';
        }
};

void main(void)
{
    C c1(100,200,300);
    c1.Show( );
}
```

11.3.4 赋值兼容规则

在同类型的对象之间可以相互赋值,那么派生类的对象与其基类的对象之间能否互相赋值呢？这就是要讨论的赋值兼容规则。简单地说,对于公有派生类来说,可以将派生类的对象赋给其基类的对象,反之是不允许的。例如:

```
class A{
  public:
    int x;
    …
};

class B{
  public:
    int y;
    …
};

class C:public A,public B{
  public:
    int y;
    …
};
C c1,c2,c3;
A   a1, * pa1;
B   b1, * pb1;
```

赋值兼容与限制可归结为以下四点。

(1) 派生类的对象可以赋给基类的对象,系统是将派生类对象中从对应基类中继承来的成员赋给基类对象。例如:

```
a1 = c1;
```

将 c1 中从类 A 中继承来的对应成员(如 x 等)分别赋给 a1 的对应成员。又如

```
b1 = c1;
```

将 c1 中从类 B 中继承来的对应成员(如 y 等)分别赋给 b1 的对应成员。

(2) 不能将基类的对象赋给派生类对象。例如:

```
c2 = a1; c3 = b1;
```

这是不允许的。

(3) 可以将一个派生类对象的地址赋给基类的指针变量。例如:

```
pa1 = &c2; pb1 = &c3;
```

(4) 派生类对象可以初始化基类的引用。例如:

```
B &rb = c1;
```

注意,在后两种情况下,使用基类的指针或引用时,只能访问从相应基类中继承来的成员,而不允许访问其他基类的成员或在派生类中增加的成员。

11.4 虚基类

在 C++ 中,假定已定义了一个公共的基类 A,类 B 由类 A 公有派生,类 C 也由类 A 公有派生,而类 D 是由类 B 和类 C 共同公有派生。显然在类 D 中包含了类 A 的两个拷贝(实例)。这种同一个公共的基类在派生类中产生多个拷贝不仅多占用了存储空间,而且可能会造成多个拷贝中的数据不一致。

例 11.12　一个公共的基类在派生类中产生两个拷贝。

```
#include <iostream.h>

class A{
  public:
    int x;
    A(int a=0) { x=a;}
};

class B:public A{
  public:
    int y;
    B(int a=0, int b=0):A(b) { y=a;}
    void PB( ) { cout<<"x="<<x<<'\t'<<"y="<<y<<'\n'; }
};

class C:public A{
  public:
    int z;
    C(int a=0,int b=0):A(b)
    { z=a; }
    void PC( ) { cout<<"x="<<x<<'\t'<<"z="<<z<<'\n'; }
};
```

```
class D:public B,public C {
  public:
    int m;
    D(int a, int b,int d,int e,int f):B(a,b),C(d,e)
    { m=f; }
    void Print(void)
    { PB( );
      PC( );
      cout << "m = " << m << '\n';
    }
};

void main(void)
{
    D d1(100,200,300,400,500);
    d1.Print( );
}
```

执行程序后,输出:

```
x = 200    y = 100
x = 400    z = 300
m = 500
```

根据输出的结果可以清楚地看出,在类 D 中包含了公共基类 A 的两个不同的拷贝(实例)。这种派生关系产生的类体系如图 11-2 所示。

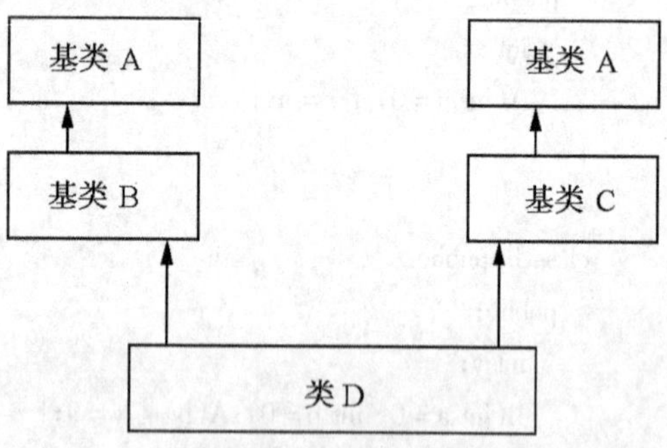

图 11-2 派生类中包含同一基类的两个拷贝

例 11.13 派生类中包含同一基类的两个拷贝,产生使用上的冲突。

```
# include < iostream.h >

class A{
  public:
    int x;
    A(int a = 0) { x = a;}
};

class B:public A{
  public:
    int y;
    B(int a = 0, int b = 0):A(b) { y = a;}
};

class C:public A{
  public:
    int z;
```

```
    C(int a = 0, int b = 0):A(b)
    { z = a; }
};

class D:public B,public C {
  public:
    int m;
    D(int a,int b,int d,int e,int f):B(a,b),C(d,e)
    { m = f; }
    void Print(void)
    {
      cout << x << '\t' << y << '\n';                //E
      cout << x << '\t' << z << '\n';                //F
      cout << m << '\t';
    }
};

void main(void)
{
    D d1(100,200,300,400,500);
    d1.Print( );
}
```

编译器认为E行和F行有错,因无法确定成员x是从类B中继承来的,还是从类C中继承来的,产生了冲突。可使用作用域运算符来限定成员属于类B或类C,用B::x代替E行中的x,用C::x代替F行中的x,上面的程序就可以正确编译执行了。

在多重派生的过程中,若欲使公共的基类在派生类中只有一个拷贝,则可以将这种基类说明为虚基类。在派生类的定义中,只要在基类的类名前加上关键字virtual,就可以将基类说明为虚基类。其一般格式为:

```
class ClassName:virtual < access > ClassName
{…};
```

或

```
class ClassName: < access > virtual ClassName
{…};
```

其中,关键字virtual可放在访问权限之前,也可以放在访问权限之后,并且该关键字只对紧随其后的基类名起作用。

例11.14　定义虚基类,使派生类中只有基类的一个拷贝。

```
#include < iostream.h >

class A{
  public:
    int x;
    A(int a = 0) { x = a;}                              //F
```

```
};

class B:virtual public A{
  public:
    int y;
    B(int a, int b ):A(b) { y = a;}
    void PB( )
    { cout << "x = " << x << '\t' << "y = " << y << '\n'; }
};

class C:public virtual A{
  public:
    int z;
    C(int a,int b):A(b)
    { z = a; }
    void PC( )
    { cout << "x = " << x << '\t' << "z = " << z << '\n'; }
};

class D: public B,public C {
  public:
    int m;
    D(int a,int b,int d,int e,int f):B(a,b),C(d,e)          //G
    { m = f; }
    void Print(void)
    {
      PB( );
      PC( );
      cout << "m = " << m << '\n';
    }
};

void main(void)
{
    D d1(100,200,300,400,500);
    d1.Print( );
    d1.x = 400;
    d1.Print( );
}
```

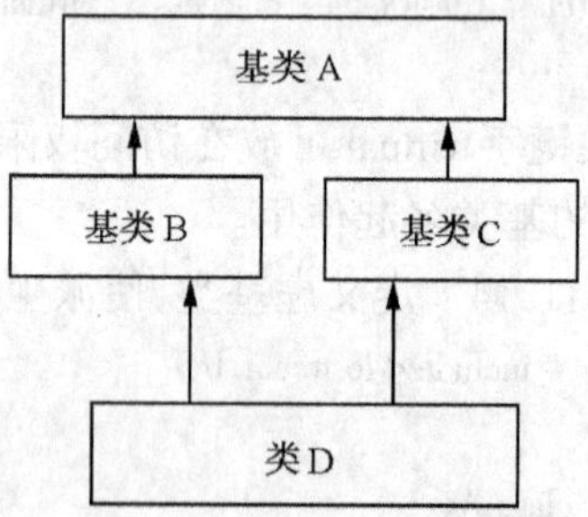

本例中定义的派生关系，产生的类体系如图 11-3 所示。

图 11-3　派生类中包含同一基类的两个拷贝

执行以上程序后，输出：

```
x = 0      y = 100
x = 0      z = 300
m = 500
x = 400      y = 100
x = 400      z = 300
m = 500
```

从程序的输出可以看出两点：首先是在派生类D的对象d1中只有基类A的一个拷贝，当改变成员x的值时，由基类B和C中的成员函数输出的x的值是相同的；其次是x的初值为0。虽然在G行，类D的构造函数分别调用了其基类B和C的构造函数，类B和类C的构造函数又分别调用了类A的构造函数，而成员x的值仍为0。这是因为调用虚基类的构造函数的方法与调用一般基类的构造函数的方法是不同的。由虚基类经过一次或多次派生出来的派生类，在其每一个派生类的构造函数的成员初始化列表中必须给出对虚基类的构造函数的调用；如果未列出，则调用虚基类的缺省的构造函数。在这种情况下，在虚基类的定义中必须有缺省的构造函数。

类D的构造函数尽管分别调用了其基类B和C的构造函数，由于虚基类A在类D中只有一个拷贝，所以编译器无法确定应该由类B的构造函数还是应该由类C的构造函数来调用类A的构造函数。在这种情况下，编译器约定，在执行类B和类C的构造函数时都不调用虚基类A的构造函数，而是在类D的构造函数中直接调用虚基类A的缺省的构造函数。由F行可知，该构造函数将x的值置为0，所以输出x的初值为0。若将F行改为

```
A(int a) { x = a;}                                    //F
```

重新编译该程序时，将指出G行有错，无法调用类A的缺省的构造函数；若将G行改为

```
D(int a, int b,int d,int e,int f):B(a,b),C(d,e),A(1000)        //G
```

即在类D的构造函数的初始化成员列表中增加调用虚基类A的构造函数，则将类D中的x成员的初值置为1000。

必须再次强调，用虚基类进行多重派生时，若虚基类没有缺省的构造函数，则在派生的每一个派生类的构造函数的初始化成员列表中都必须有对虚基类构造函数的调用。例如，设有虚基类V，类E由虚基类V派生，类F也由虚基类V派生，类G由基类E和F共同派生，类H由基类G和虚基类V共同派生，则类E、F、G和H的所有构造函数的初始化成员列表中都必须列出对虚基类V的构造函数的调用。

练　习　题

1. 把定义直角坐标系上的一个点的类作为基类，派生出描述一条直线的类（两点坐标确定一直线），再派生出三角形类（三点坐标确定一个三角形）。要求成员函数能求出两点间的距离、三角形的周长和面积等。设计一个测试程序，并构成完整的程序。

2. 阅读下面程序，写出执行结果：

```
#include < iostream.h >

class A{
   public:
```

```
        int i;
        void print( ) {cout << i << " inside A \n";}
    };

    class B:public A{
      public:
        void print( ) {cout << i << " inside B \n";}
    };

    class C:private A{
      public:
        C( ) { A::i = 10; }
        int i;
        void print( )
        { cout << i << " inside C \n";
          cout << i << " inside A:: i \n";
        }
    };

    void main(void)
    {
        A  a;
        A * pa = &a;
        B  b, * pb;
        C  c, * pc;
        c.i = 1 + (b.i = 1 + (a.i = 1));
        pa -> print( );
        pb = &b;
        pb -> print( );
        pc = &c;
        pc -> print( );
    }
```

3. 在定义派生类的过程中如何对基类的数据成员进行初始化?

4. 在派生类中能否直接访问基类中的私有成员? 在派生类中如何实现访问基类中的私有成员?

5. 在多重继承中,在哪些情况下会出现冲突? 如何消除冲突?

6. 阅读下面程序,写出执行结果:

```
# include < iostream.h >

class A{
        int i,j;
    public:
```

```
    A(int a,int b) { i = a;j = b;}
    void add(int x,int y)
    {i += x; j += y;}
    void print( ) {cout << "i = " << i << '\t' << "j = " << j << '\n';}
};

class B:public A{
    int x,y;
  public:
    B(int a,int b,int c,int d):A(a,b)
    { x = c;y = d;}
    void ad(int a,int b)
    {x+= a; y+= b; add( - a, - b); }
    void p( ) { A::print( ); }
    void print( ) {cout << "x = " << x << '\t' << "y = " << y << '\n';}
};

void main(void)
{
    A a(100,200);
    a.print( );
    B b(200,300,400,500);
    b.ad(50,60);
    b.A::print( );
    b.print( );
    b.p;
}
```

7. 设计一个大学的类系统,大学中有学生、教师、干部和工人。学生的任务是学习;教师的任务是上课和科研;干部的任务是管理;工人的任务是定额生产产品。提取共性作为基类,并派生出满足要求的各个类及每一个类上的必要操作。设计一个完整的程序。

8. 设计一个描述儿童、成人和老人的类系统,儿童分为学龄前和学龄期儿童,成人有工作,老人已经退休。提取共性作为基类,并派生出满足要求的各个类及每一个类上的必要操作。设计一个完整的程序。

第 12 章

类的其他特性

本章介绍类的友元函数、虚函数、静态成员、const 对象和 volatile 对象以及指向类成员的指针。

12.1　友元函数

从前面章节可知，当把类中的成员的访问权限定义为私有的或保护的时，在类的外面，只能通过该类的成员函数来访问这些成员，这是由类的封装性所确定的。这种用法往往觉得不够方便，若把类的成员的访问权限均定义为公有的访问权限时，又损害了面向对象的封装性。为此，在 C++ 中提供了友元函数，允许在类外访问类中的任何成员（私有的、保护的或公有的成员）。

12.1.1　友元函数的说明及使用

在定义一个类时，若在类中用关键字 friend 修饰函数，则该函数就成为该类的友元函数，它可以访问该类中的所有成员。说明一个友元函数的一般格式为：

```
friend <type> FuncName(<args>);
```

例 12.1　用友元函数的方法求圆柱体的体积。

```
#include <iostream.h>
const float PI = 3.1415926;

class A{
    float r ;
    float h;
  public:
    A(float a,float b){r = a; h = b;}
    float Getr( ){return r;}
    float Geth( ){return h;}
    friend float Volum(A &);
};

float Volum( A &a)
{return PI * a.r * a.r * a.h;}                    //A

void main(void)
```

```
{
    A a1(25,40),a2(10,40);
    cout << "圆柱体 1 的体积为:" << Volum(a1) << '\n';
    cout << "圆柱体 2 的体积为:" << PI * a2.Getr( )
         * a2.Getr( ) * a2.Geth( ) << '\n';
}
```

本例中把函数 Volum( )定义为类 A 的友元函数,在类 A 中给出了友元函数的原型说明,而在定义函数 Volum( )时并不像定义成员函数那样,在函数名前要加上作用域运算符::。从例中可以看出,计算圆柱体 1 的体积时,只要调用一次友元函数,而在求圆柱体 2 的体积时,调用三次 a2 的成员函数。前者的运行效率比后者要高一些。

有关友元函数的使用,须说明以下几点。

1. 友元函数不是类的成员函数

友元函数并不是对应类的成员函数,它不带有 this 指针,因此必须将对象名或对象的引用作为友元函数的参数,并在函数体中使用运算符“.”来访问对象的成员。如上例 A 行中用 a.r 来访问对象 a 的私有成员。友元函数与一般函数的不同点在于:友元函数必须在类的定义中说明,其函数体可在类内定义,也可在类外定义;它可以访问该类中的所有成员(公有的、私有的和保护的),而一般函数只能访问类中的公有成员。

2. 在类中对友元函数指定访问权限无效

正因为友元函数不是类的成员函数,所以它不受类中访问权限关键字的限制,可以把它放在类的私有部分、公有部分或保护部分,其作用都是一样的。换言之,在类中对友元函数指定访问权限是不起作用的。

3. 友元函数的作用域

由于友元函数不是对应类的成员函数,所以它的作用域与成员函数不一样。友元函数的作用域与一般函数的作用域相同。如上例中的友元函数具有文件作用域,可在程序中的任何位置调用它。

4. 使用友元函数的目的是提高程序的运行效率

使用友元函数可减少函数的调用次数,当然也就提高了程序的运行效率,这一点可从上面的例子中明显看出。

5. 谨慎使用友元函数

由于友元函数破坏了类的封装性,它的使用一直是 C++ 程序设计领域中一个有争论的问题。一些程序设计人员认为友元函数是危险的,有可能造成对程序的破坏,并影响程序的可读性、可维护性和类的封装性,因此在程序中不应该使用友元函数。另一些程序设计人员则认为,友元函数是一种有用的技术,如果正确使用,则对程序不会造成破坏,是安全的。我们认为,应该谨慎使用友元函数,在许多场合下,它是一种方便使用类中私有成员或保护成员的工具,但如果操作失误,则是非常危险的。通常使用友元函数来取对象中的成员数据值,而不修改对象中的成员值,则肯定是安全的。

12.1.2 成员函数用作友元

一个类可以定义若干个友元函数,可以将一个类的任一个成员函数说明为另一个类的友元函数,以便通过该成员函数访问另一个类中的成员,亦可以将一个类中的所有成员函数都说明为另一个类的友元函数。下面分别用例子来说明把成员函数定义为友元函数的方法。

例 12.2　将一个类的成员函数用作另一个类的友元函数。

```
#include <iostream.h>

class B;                                          //D

class A{
      float x ,y;
   public:
      A(float a,float b){x = a; y = b;}
      float Getx( ){return x;}
      float Gety( ){return y;}
      void Setxy(B &);                            //E
};

class B{
      float c,d;
   public:
      B(float a,float b) {c = a;d = b;}
      float Getc( ){return c;}
      float Getd( ){return d;}
      friend void A::Setxy(B &);                  //F
};

void A::Setxy(B &b)
{   x = b.c;y = b.d;}                             //G

void main(void)
{
      A   a1(25,40);
      B   b1(55,66);
      cout << "a1.x = " << a1.Getx( ) << '\t' << "a1.y = " << a1.Gety( ) << '\n';
      cout << "b1.c = " << b1.Getc( ) << '\t' << "b1.d = " << b1.Getd( ) << '\n';
      a1.Setxy(b1);
      cout << "a1.x = " << a1.Getx( ) << '\t' << "a1.y = " << a1.Gety( ) << '\n';
}
```

执行程序后,输出:

```
a1.x = 25      a1.y = 40
b1.c = 55      b1.d = 66
a1.x = 55      a1.y = 66
```

在E行说明函数Setxy( )的参数为类B的引用,因类B的定义在类A的定义之后才给出,D行是对类B作引用性说明。F行把类A中的成员函数Setxy( )说明为类B中的友元函数,因此在其函数体内可以使用类B中的私有成员b.c和b.d。

要将类C的一个成员函数(包括构造函数和析构函数)说明为类D的友元函数时,其一般格式为:

```
class D ;                          //对类D作引用性说明

class C{
    …                              //类C的成员定义
  public:
    void fun(D &);                 //A
};

class D{
    …
    friend void C::fun(D &);       //B
};

void C::fun (D &d)                 //E
{…}                                //函数体
```

把类C的成员函数fun( )定义为类D的友元函数。在A行只能给出函数的原型说明,不能给出函数体,因类D还没有定义。B行定义友元函数,E行开始定义成员函数。用作友元函数fun( )的参数可以是类D的引用、类D的对象或指向类D的指针。

要将一个类M中的所有成员函数都说明成另一个类N的友元时,则不必在类N中一一列出M类的成员函数为友元,可简化为:

```
class N{
    …                              //成员定义
    friend calss M;                //说明类M是类N的友元
};

class M{
    …                              //成员定义
};
```

在类M中的所有成员函数可以使用类N中的全部成员,称类M为类N的友元。注意,友元关系是不传递的。例如,说明类A是类B的友元,类B是类C的友元时,类A并不是类C的友元。这种友元关系也不具有交换性,即说明类A为类B的友元时,类B并不一定是类A的友元。同样地,友元关系是不继承的。因友元函数不是类的成员函数,当然不存在继承关系。如函数f( )是类K的友元,类K派生出类L,函数f( )并不是类L的友元,除非在类L中作了特殊说明。

例12.3　把类作为友元。

```
# include < iostream.h >
```

```
class F{
  private:
    friend void MakeObj(void);
    friend class F2;
    friend void main(void);
    int var;
    F( ){var = 500;}                        //私有的构造函数
  public:
    int GetVar( ){return var;}
};

F * GlobalF;

void MakeObj(void)
{
    GlobalF = new F;
    GlobalF -> var = 1000;
}

class F2{
  private:
    int var2;
  public:
    F2(F * x){ var2 = x -> var;}
    int GetVar2( ){return var2;}
};

void main(void )
{
    int x,y;
    F f;
    F2 f2(&f);
    x = f.GetVar( );
    cout << "x = " << x << '\t';
    y = f2.GetVar2( );
    cout << "y = " << y << '\n';
    MakeObj( );
    cout << "GlobalF -> var = " << GlobalF -> var << '\n';
    delete GlobalF;
}
```

执行程序后,输出:

```
x = 500      y = 500
GlobalF -> var = 1000
```

在上例中，将类 F2 作为类 F 的友元，使得类 F2 中的任一成员函数均可使用类 F 中的所有成员，并将函数 MakeObj( )和主函数 main( )也作为类 F 的友元。

由于把类 F 的构造函数说明为私有的，所以在主函数 main( )中产生类 F 的对象 f 时，若 main( )不是类 F 的友元，则不允许访问类 F 的私有构造函数。换言之，在这种情况下只有类 F 的友元函数才能产生类 F 的对象。在函数 MakeObj( )中用 new 运算符为类 F 的对象申请一个动态的存储空间，并将其私有的成员赋值为 1000。

在类 F2 的构造函数中，将类 F 的私有成员 var 的值作为类 F2 私有成员 var2 的初值。也只有将类 F2 作为类 F 的友元时，才能取到类 F 的私有成员。

12.2 虚函数

多态性是实现 OOP 的关键技术之一。它常用虚函数或重载技术来实现。利用多态性实现技术，可以调用同一个函数名的函数，但实现完全不同的功能。

在 C++ 中，将多态性分为两种：编译时的多态性和运行时的多态性。编译时的多态性是通过函数的重载或运算符的重载来实现的。函数的重载根据函数调用时，给出的不同类型的实参或不同的实参个数，在程序执行前就可确定应该调用哪一个函数；对于运算符的重载，根据不同的运算对象在编译时就可确定执行哪一种运算，运算符的重载方法在下一章中介绍。运行时的多态性是指在程序执行之前，根据函数名和参数无法确定应该调用哪一个函数，必须在程序的执行过程中，根据具体的执行情况来动态地确定。这种多态性是通过类的继承关系和虚函数来实现的，主要用来实现一些通用程序的设计。

12.2.1 虚函数的定义和使用

为实现某一种功能而假设的虚拟函数称为虚函数，虚函数只能是一个类中的成员函数，并且不能是静态的成员函数(下一节中介绍)。定义一个虚函数的一般格式为：

```
virtual <type> FuncName(<ArgList>);
```

其中，关键字 virtual 指明该成员函数为虚函数。一旦把某一个类的成员函数定义为虚函数，由该类所派生出来的所有派生类中，该函数均保持虚函数的特性。当在派生类中定义了一个与该虚函数同名的成员函数，并且该成员函数的参数个数、参数的类型以及函数的返回值类型都与基类中的同名的虚函数一样，则无论是否使用关键字 virtual 修饰该成员函数，它都成为一个虚函数。换言之，在派生类中重新定义基类中的虚函数时，可以不用关键字 virtual 来修饰该成员函数。

例 12.4 使用虚函数。

```
#include <iostream.h>

class A{
  protected:
    int x;
  public:
    A(){x = 1000;}
    virtual void print()
```

```
        {cout << "x = " << x << '\t';}
};

class B:public A{
    private:
        int y;
    public:
        B( ) { y = 2000;}
        void print( )                              //E
        {cout << "y = " << y << '\t';}
};

class C:public A{
        int z;
    public:
        C( ){z = 3000;}
        void print( )                              //F
        {cout << "z = " << z << '\n';}
};

void main(void )
{
        A   a, * pa;
        B   b;
        C   c;
        a.print( );
        b.print( );
        c.print( );
        pa = &a;
        pa -> print( );
        pa = &b;
        pa -> print( );
        pa = &c;
        pa -> print( );
}
```

执行该程序后,输出:

```
x = 1000      y = 2000      z = 3000
x = 1000      y = 2000      z = 3000
```

第一行的输出是明显的,通过调用三个不同对象的成员函数,分别输出 x、y、z 的值。因在编译时,根据对象名就可以确定要调用哪一个成员函数,这是编译时的多态性。而后一行的输出是将三个不同类型的对象起始地址赋给基类的指针变量 pa,这在 C++ 中是允许的,即可以将由基类所派生出来的派生类对象的地址赋给基类类型的指针变量。当基类指针指向不同的对象时，尽管调用的形式完全相同，但却是调用不同对象中的虚函数。因此输出了不同的结果，这是运行时的多态性。

关于虚函数，须说明以下几点。

(1) 当在基类中把成员函数定义为虚函数后，在其派生类中定义的虚函数必须与基类中的虚函数同名，参数的类型、顺序、参数的个数必须一一对应，函数的返回的类型也相同。若函数名相同，但参数的个数不同或者参数的类型不同时，则属于函数的重载，而不是虚函数。若函数名不同，显然这是不同的成员函数。如上例中均使用相同的函数原形：

```
void print( );
```

(2) 实现这种动态的多态性时，必须使用基类类型的指针变量，使该指针指向不同派生类的对象，并通过调用指针所指向的虚函数才能实现动态的多态性。

(3) 虚函数必须是类的一个成员函数，不能是友元函数，也不能是静态的成员函数。

(4) 在派生类中没有重新定义虚函数时，与一般的成员函数一样，当调用这种派生类对象的虚函数时，则调用其基类中的虚函数。

(5) 可把析构函数定义为虚函数，但是不能将构造函数定义为虚函数。通常在释放基类中和其派生类中的动态申请的存储空间时，也要把析构函数定义为虚函数，以便实现撤消对象时的多态性。

(6) 虚函数与一般的成员函数相比较，调用时的执行速度要慢一些。为了实现多态性，在每一个派生类中均要保存相应虚函数的入口地址表，函数的调用机制也是间接实现的。因此除了要编写一些通用的程序并一定要使用虚函数才能完成其功能要求外，通常不必使用虚函数。

* 例 12.5　成员函数调用虚函数。

```
# include < iostream.h >

class A{
  public:
    virtual void fun1( )
    {
      cout << "A::fun1" << '\t';
      fun2( );
    }
    void fun2( )
    {
      cout << "A::fun2" << '\t';
      fun3( );
    }
    virtual void fun3( )
    {
      cout << "A::fun3" << '\t';
      fun4( );
    }
    virtual void fun4( )
```

```
        {
            cout << "A::fun4" << '\t';
            fun5( );
        }
        void fun5( )
        { cout << "A::fun5" << '\n'; }
};

class B: public A{
  public:
        void fun3( )
        {
            cout << "B::fun3" << '\t';
            fun4( );
        }
        void fun4( )
        {
            cout << "B::fun4" << '\t';
            fun5( );
        }
        void fun5( )
        { cout << "B::fun5" << '\n';}
};

void main(void )
{
        B   b;
        b.fun1( );                              //E
        A   a;
        a.fun1( );
}
```

执行程序后,输出:

```
A::fun1      A::fun2      B::fun3      B::fun4      B::fun5
A::fun1      A::fun2      A::fun3      A::fun4      A::fun5
```

第二行的输出较直观,而第一行的输出较难理解。在一个基类或其派生类的成员函数中可以调用该类中的虚函数,但对于虚函数的调用,必须针对具体情况进行分析。在调用成员函数时,都带有 this 指针。我们使用 this 指针来分析 E 行的调用关系。b.fun1( )首先调用基类中的 fun1( ),fun1( )又调用 fun2( )。在 A 类中的 fun2( )可用 this 指针改写为如下等同的形式:

```
void A::fun2( )
{
    cout << "A::fun2" << '\t';
```

```
        this -> fun3();
    }
```
在执行 E 行时,this 指针指向对象 b,所以 A::fun2( )要调用 B::fun3( ),而不是调用 A::fun3( )。其他的调用关系,请读者自行分析。

例 12.6 在构造函数中调用虚函数。

```
#include <iostream.h>

class A{
  public:
    virtual void fun( )
    {cout << "A::fun" << '\t'; }
    A( ){ fun( ); }
};

class B:public A{
  public:
    B( ) { fun( ); }
    void fun( ){ cout << "B::fun" << '\t'; }
    void g( )   { fun( ); }
};

class C:public B{
  public:
    C( ) { fun( ); }
    void fun( )
    {cout << "C::fun" << '\n';}
};

void main(void )
{
    C c;                                  //D
    c.g( );
}
```
执行程序后,输出:

```
A::fun          B::fun          C::fun
C::fun
```
第一行的输出并不是:

```
C::fun          C::fun          C::fun
```
这是因为在构造函数中调用虚函数时,只调用自己类中定义的函数(若自己类中没有定义,则调用基类中定义的函数),而不是调用派生类中重新定义的虚函数。执行 D 行产生对象 c 时,首先要执行 A 类的构造函数,调用 A 类中定义的虚函数 fun( );然后执行 B 类的构造函数,调用 B 类中定义的虚函数 fun( );最后调用 C 类的构造函数。

12.2.2 纯虚函数

由一个基类派生出来的类体系中,使用虚函数可对类体系中的任一子类提供一个统一的接口,即用相同的方法来对同一类体系中任一子类的对象进行各种操作,并可把接口与实现两者分开,建立基础类库。在 VC++ 的基础类库中正是使用了这种技术。在定义一个基类时,会遇到这样的情况:无法定义基类中虚函数的具体实现,其实现完全依赖于其不同的派生类。这时,可把基类中的虚函数定义为纯虚函数。定义纯虚函数的一般格式为:

```
virtual <type> FuncName(<ArgList>) = 0;
```

有关纯虚函数的使用,须说明以下几点。

(1) 在定义纯虚函数时,不能定义虚函数的实现部分。

(2) 把函数名赋于 0,本质上是将指向函数体的指针值赋为初值 0。所以与定义空函数不一样,空函数的函数体为空,即调用该函数时,不执行任何动作。在没有重新定义纯虚函数之前,是不能调用这种函数的。

(3) 把至少包含一个纯虚函数的类称为抽象类。这种类只能作为派生类的基类,不能用来说明这种类的对象。其理由很明显:因为虚函数没有实现部分,所以不能产生对象。但可以定义指向抽象类的指针,即指向这种基类的指针。当用这种基类指针指向其派生类的对象时,必须在派生类中重载纯虚函数,否则会产生程序的运行错误。如前面的例 12.4 可改写为:

```
#include<iostream.h>

class A{
  protected:
    int x;
  public:
    A( ){x = 1000;}
    virtual void print( ) = 0;
};

class B:public A{
  private:
    int y;
  public:
    B( ){ y = 2000;}
    void print( ){cout << "y = " << y << '\n';}
};

class C:public A{
    int z;
  public:
    C( ){z = 3000;}
    void print( ){cout << "z = " << z << '\n';}
```

```
};

void main(void )
{
    A * pa;
    B b;
    C c;
    pa = &b;
    pa -> print( );
    pa = &c;
    pa -> print( );
}
```

执行该程序后,输出:

```
y = 2000
z = 3000
```

如果在主函数中增加说明:

```
A   a;
```

因为抽象类 A 不能产生对象,编译时将给出错误信息。而在主函数中增加说明:

```
A * pp;
pp -> print( );
```

也要产生运行错误,因为 pp 的值是不确定的。

(4) 在以抽象类作为基类的派生类中必须有纯虚函数的实现部分,即必须有重载纯虚函数的函数体。否则,这样的派生类也是不能产生对象的。

综上所述,可把纯虚函数归结为:抽象类的唯一用途是为派生类提供基类,纯虚函数的作用是作为派生类中的成员函数的基础,并实现动态多态性。

下面通过两个例子来说明抽象类的简单应用。

例 12.7　建立一个双向链表,要完成插入一个结点、删除一个结点、查找某一个结点操作,并输出链表上的各个结点值。为了简化结点上包含的信息,设结点只包含一个整数。

分析:因链表的插入、删除、查找等操作都是相同的,只是结点上包含的信息随不同的应用有所不同,所以可把实现链表操作部分设计成通用的程序。一个结点的数据结构用两个类来表示,如图 12-1 所示。类 IntObj 的成员数据描述结点信息,成员函数完成两个结点的比较,输出结点上的数据等。类 Node 的成员数据中,包括要构成双向链表时,指向后一个结点的后向指针 Next,指向前一个结点的前向指针 Prev,指向描述结点数据的指针 Info。另外定义一个类 List,把它作为类 Node 的友元,它的成员数据包括指向链表的首指针 Head,指向链尾的指针 Tail,成员函数实现链表的各种操作,如插入一个结点,删除一个结点等。由于类 List 是类 Node 的友元,因此它的成员函数可以访问 Node 的所有成员。

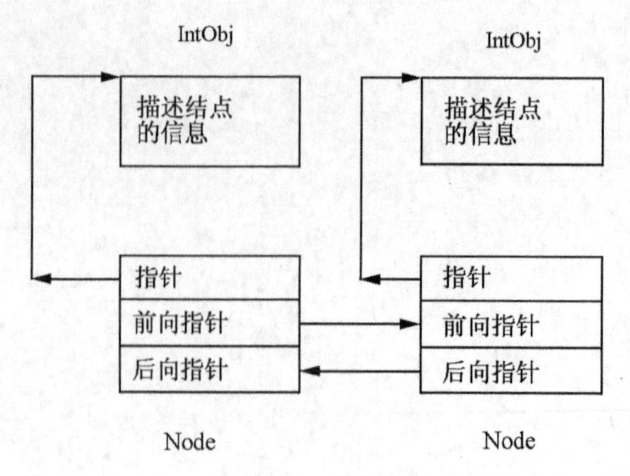

图 12-1 链表结构

在以下的程序中,把实现链表操作的通用部分存放在头文件 Ex12 _ 7.h 中,把非通用部分的程序放在 Ex12 _ 7.cpp 中。

```
//Ex12_7.h
#include<iostream.h>
#include<string.h>

class Object{                                    //定义一个抽象类,用于派生描述结点信息的类
  public:
    Object(){}
    virtual int IsEqual(Object &)=0;             //实现两个结点数据的比较
    virtual void Show()=0;                       //输出一个结点上的数据
    virtual ~Object(){};
};

class Node{                                      //结点类
  private:
    Object * Info;                               //指向描述结点的数据域
    Node * Prev, * Next;                         //用于构成链表的前、后向指针
  public:
    Node(){ Info=0; Prev=0; Next=0;}
    Node(Node &node)                             //完成拷贝功能的构造函数
    {
        Info=node.Info;
        Prev=node.Prev;
        Next=node.Next;
    }
    void FillInfo(Object * obj){Info=obj;}       //使 Info 指向数据域
    friend class List;                           //定义友元类
};
```

```
class List{                                   //实现双向链表操作的类
    Node * Head, * Tail;                      //链表首和链表尾指针
  public:
    List( ){Head = Tail = 0;}                 //置为空链表
    ~List( ){DeleteList( );}                  //释放链表占用的存储空间
    void AddNode(Node * );                    //在链表尾加一个结点
    Node * DeleteNode(Node * );               //删除链表中的一个指定的结点
    Node * LookUp(Object &);                  //在链表中查找一个指定的结点
    void ShowList( );                         //输出整条链表上的数据
    void DeleteList( );                       //删除整条链表
};

void List::AddNode(Node * node)
{
    if(Head == 0){                            //条件成立时,为空链表
        Head = Tail = node;                   //使链表首和链表尾指针都指向该结点
        node -> Next = node -> Prev = 0;      //指该结点的前、后向指针置为空
    }
    else {                                    //链表不为空,将该结点加入链表尾
        Tail -> Next = node;                  //使原链表尾结点的后向指针指向该结点
        node -> Prev = Tail;                  //使该结点的前向指针指向原链表尾结点
        Tail = node;                          //使 Tail 指向新的链表尾结点
        node -> Next = 0;
    }
}

Node * List::DeleteNode(Node * node)          //删除指定的结点
{
    if( node == Head )                        //两者相等,表示删除链表首结点
        if(node == Tail)                      //两者相等,表示链表上只有一个结点
            Head = Tail = 0;
        else {                                //删除链表首结点
            Head = node -> Next;
            Head -> Prev = 0;
        }
    else {                                    //删除的结点不是链表上的首结点
        node -> Prev -> Next = node -> Next;
                                              //从后向链指针上取下该结点
        if(node!= Tail ) node -> Next -> Prev = node -> Prev;
        else Tail = node -> Prev ;            //要删除的结点为链表尾结点
    }
    node -> Prev = node -> Next = 0;          //将已删除结点的前、后向指针置为空
    return( node);
```

```
}

Node * List::LookUp(Object &obj)                //从链表上查找一个结点
{
    Node * pn = Head;
    while(pn) {
        if(pn -> Info -> IsEqual(obj)) return pn;   //找到要查找的结点
        pn = pn -> Next;
    }
    return 0;                                   //链表上没有要找的结点
}

void List::ShowList( )                          //输出链表上各结点的数据值
{
    Node * p = Head;
    while(p) {
        p -> Info -> Show( );
        p = p -> Next;
    }
}

void List::DeleteList( )                        //删除整条链表
{
    Node * p, * q;
    p = Head;
    while (p) {
        delete p -> Info;                       //释放描述结点数据的动态空间
        q = p;
        p = p -> Next;
        delete q;                               //释放 Node 占用的动态空间
    }
}

//Ex12_7.cpp
class IntObj:public Object{                     //由抽象类派生出描述结点数据的类
    int data;
  public:
    IntObj(int x = 0) {data = x;}
    void SetData(int x){ data = x; }
    int IsEqual(Object &);
    void Show( ){cout << "Data = " << data << '\t';}   //重新定义虚函数
};
```

```
int IntObj::IsEqual(Object &obj)                      //重新定义比较两个结点是否相等的虚函数
{
    IntObj &temp = (IntObj &) obj;
    return (data == temp.data);                       //相等返回 1,否则返回 0
}

void main(void )
{
    IntObj  * p;
    Node  * pn, * pt, node;
    List list;
    for (int i = 1;i < 5;i ++) {                 //建立包含四个结点的双向链表
        p = new IntObj(i +100);                  //动态建立一个 IntObj 类的对象
        pn = new Node;                           //建立一个新结点
        pn  -> FillInfo(p);                      //填写结点的数据域
        list.AddNode(pn);                        //将新结点加入链表尾
    }
    list.ShowList( );                            //输出链表上各结点的数据值
    cout << "\n";
    IntObj da;
    da.SetData(102);                             //给要查找的结点置数据值
    pn = list.LookUp(da);                        //从链表上查找指定的结点
    if (pn) pt = list.DeleteNode(pn);            //若找到,则从链表上删除该结点
    list.ShowList( );                            //输出已删除结点后的链表
    cout << '\n';
    if (pn) list.AddNode(pt);                    //将该结点加入链表尾
    list.ShowList( );                            //输出已增加一个结点后的链表
    cout << '\n';
}
```

执行该程序后,输出:

```
data = 101      data = 102      data = 103      data = 104
data = 101      data = 103      data = 104
data = 101      data = 103      data = 104      data = 102
```

该例子只提供了双向链表的基本操作:把一个结点加到链表尾,删除链表上的一个结点,从链表上查找一个指定的结点,显示整个链表和删除整个链表。

例中的类 IntObj 是由抽象类 Object 派生而来的,可以根据实际数据结构的需要来定义从基类中继承来的虚函数 IsEqual( )和 Show( )的具体实现。在上例中,链表上的结点只有一个整数,所以只要判断两个结点上的整数是否相同。由抽象类 Object 派生出来的不同的派生类均可重新定义这两个纯虚函数,这样就可以实现对不同类的对象使用相同的接口实现不同的操作。在程序中加入注解,说明了每一个函数的功能及主要语句的作用。为此不对每一个函数作进一步的说明。下面举例说明一个结点的数据为字符串的双向链表,也是由抽象类 Object 派生出来的。

例 12.8 处理字符串的双向链表。

分析：设每一个结点上的数据是一个指向字符串的指针。链表的基本操作与例 12.7 完全相同，故只要包含头文件 Ex12_7.h 即可。新做工作是从抽象类 Object 派生出描述结点数据的类 StrObj，根据结点数据的特点，增加构造函数和析构函数，重新定义比较两结点是否相等的虚函数和输出结点上数据的虚函数，根据需要再设计相应的主函数。程序如下：

```
//Ex12_8.cpp
#include "Ex12_7.h"

class StrObj:public Object{                    //由抽象类派生出结点指向字符串的类
    char * Str;                                 //指向一个字符串的指针
  public:
    StrObj( ) {Str = 0;}
    StrObj(char * );
    ~StrObj( );
    void SetStr(char * );
    int IsEqual(Object &);                      //重新定义虚函数
    void Show( )
    {cout << "String = " << Str << '\n';}       //重新定义虚函数
};

StrObj::StrObj(char * s)
{
    Str = new char[strlen(s) + 1];
    strcpy(Str,s);
}

StrObj:: ~StrObj( )
{   if (Str) delete [] Str;}

void StrObj::SetStr(char * s )                  //重新设置字符串
{
    if(Str) delete [] Str;
    Str = new char[strlen(s) + 1];
    strcpy(Str,s);
}

int StrObj::IsEqual(Object &obj)               //判断两个字符串是否相同
{
    StrObj &temp = (StrObj &) obj;
    return (strcmp(Str,temp.Str) == 0);
}
```

```
void main(void )
{
    StrObj  * p;
    Node  * pn, * pt, node;
    List list;
    char s[200];
    for (int i = 0;i < 5;i ++) {
        cout << "Input String:\n";
        cin.getline(s,200);                  //输入一行字符串
        p = new StrObj(s);
        pn = new Node;                       //动态产生一个新结点
        pn  -> FillInfo(p);
        list.AddNode(pn);                    //把新结点加入链表中
    }
    list.ShowList( );
    cout << '\n';
    StrObj da;
    cout << "Input a String:";
    cin.getline(s,200);
    da.SetStr(s);
    pn = list.LookUp(da);                    //从链表上查找一个结点
    if (pn) pt = list.DeleteNode(pn);        //删除已找到的结点
    list.ShowList( );
    cout << '\n';
    if (pn) list.AddNode(pt);
    list.ShowList( );
}
```

比较以上两个程序可以看出：无论抽象类 Object 的派生类的数据结构如何变化，类 Node 和类 List 均不要作任何修改，充分体现了 OOP 技术所支持的代码重用性。使用虚函数可以实现通用程序的设计。

12.3 静态成员

在定义一个类时，实际上是定义了一种数据类型，编译程序并不为数据类型分配存储空间。只有在说明类的对象时，才依次为对象的每一个成员分配存储空间，并把对象占用的存储空间作为一个整体来看待。通常，每当说明一个对象时，把该类中的有关成员拷贝到该对象中，即同一类的不同对象，其成员之间是互相独立的。当我们将类的某一个数据成员的存储类型指定为静态类型时，则由该类所产生的所有对象均共享为静态成员所分配的一个存储空间。换言之，在说明对象时，并不为静态类型的成员分配空间。

12.3.1 静态数据成员

在类定义中，用关键字 static 修饰的成员数据称为静态成员数据。

例 12.9　静态成员数据的说明与使用。

```
#include < iostream.h >

class A{
    int i,j;
    static int x,y;
  public:
    A(int a = 0,int b = 0,int c = 0, int d = 0)
    { i = a;j = b;x = c;y = d;}
    void Show( )
    {
        cout << "i = " << i << '\t' << "j = " << j << '\t';
        cout << "x = " << x << '\t' << "y = " << y << '\n';
    }
};
int A::x = 0;                                   //D
int A::y = 0;                                   //E
void main(void )
{
    A a(2,3,4,5);
    a.Show( );
    A b(100,200,300,400);
    b.Show( );
    a.Show( );
}
```

类 A 中的成员 x 和 y 是静态成员数据。

执行程序后,输出:

```
i = 2      j = 3      x = 4      y = 5
i = 100    j = 200    x = 300    y = 300
i = 2      j = 3      x = 300    y = 400
```

首先输出对象 a 的成员数据,然后产生对象 b,并输出 b 的成员数据,由于产生对象 b 时改变了静态成员 x 和 y 的值,所以接着输出对象 a 的成员时,其 x 和 y 的值与对象 b 的 x 和 y 的值相同,这说明同一个类的不同对象的静态成员数据使用相同的存储空间。

有关静态成员数据的使用,须说明以下几点。

(1) 类的静态成员数据是静态分配存储空间的,而其他成员是动态分配存储空间的(全局变量除外)。当类中没有定义静态成员数据时,在程序执行期间遇到说明类的对象时,才为对象的所有成员依次分配存储空间,这种存储空间的分配是动态的;而当类中定义了静态成员数据时,在编译时,就要为类的静态成员数据分配存储空间。

(2) 必须在文件作用域中,对静态成员数据作一次且只能作一次定义性说明。由于类是一种数据结构,所以在定义类时,不为类分配存储空间,这种说明属于引用性的说明。只有遇到定义性说明时,编译程序才能为静态成员数据分配存储空间。如上例中 D 行和 E 行就是对静态成员数据 x 和 y 的定义性说明。正因为静态成员数据在定义性说明时已分配了存储空间，所以通过静态成员数据名前加上类名和作用域运算符，可直接使用静态成员数据。例如：

```
#include < iostream.h >

class A{
    int i,j;
  public:                                      //D
    static int x;
  public:
    A(int a = 0,int b = 0)
    { i = a;j = b;}
    void Show( )
    {
        cout << "i = " << i << '\t' << "j = " << j << '\n';
        cout << "x = " << x << '\n';
    }
};

int A::x;                                      //F

void main(void )
{cout << "A::x = " << A::x << '\n';}             //G
```

程序中的 G 行直接输出了类 A 的静态成员数据 x 的值。

执行程序后，输出：

```
A::x = 0
```

在 C++ 中，静态变量缺省的初值为 0，所以静态成员数据总有唯一的初值。当然，在对静态成员数据作定义性的说明时，也可以指定一个初值。如上例中的 F 行可改为：

```
int A::x = 500;
```

则将 x 的初值置为 500。这种置初值不受静态成员数据的访问权限的限制。将 D 行删除时，仍可将 F 行改为：

```
int A::x  =  500;
```

(3) 静态成员数据具有全局变量和局部变量的一些特性。静态成员数据与全局变量一样都是静态分配存储空间的，但全局变量在程序中的任何位置都可以访问它，而静态成员数据受到访问权限的约束。如将上例中的 D 行删去，则在主函数中就不能输出 A::x 的值。

(4) 为了保持静态成员数据取值的一致性，通常在构造函数中不给静态成员数据置初值，而是在对静态成员数据的定义性说明时指定初值。

例 12.10　利用静态成员数据作为产生对象的计数器。

```
#include < iostream.h >

class A{
```

```
        int i;
        static int count;
    public:
        A(int a = 0)
        {
            i = a;  count ++ ;
            cout << "Number of Objects = " << count << '\n';
        }
        ~ A( )
        {
            count - - ;
            cout << "Number of Objects = " << count << '\n';
        }
        void SetData(int a ){i = a;}
        void Show( )
        {
            cout << "i = " << i << '\n';
            cout << "count = " << count << '\n';
        }
};

int A::count;

void main(void )
{
    A a1(100);
    {A b[2];}
}
```

执行程序后,输出:

```
Number of Objects = 1
Number of Objects = 2
Number of Objects = 3
Number of Objects = 2
Number of Objects = 1
Number of Objects = 0
```

读者可自行分析程序输出的结果。

12.3.2 静态成员函数

与静态的成员数据一样,可以将类的成员函数定义为静态的成员函数。其方法也是使用关键字 static 来修饰成员函数。

例 12.11 定义和使用静态的成员函数。

```
# include < iostream.h >
```

```
class A{
    int i;
    static int count;
  public:
    A(int a = 0)
    {
        i = a; count ++ ;
        cout << "Number of Objects = " << count << '\n';
    }
    ~ A( )
    {
        count -- ;
        cout << "Number of Objects = " << count << '\n';
    }
    static void SetData(int,A &);
    static void Show(A &r)
    {
        cout << "i = " << r.i << '\n';
        cout << "count = " << count << '\n';
    }
};

void A::SetData(int a,A &r)
{r.i = a;}

int A::count;

void main(void )
{
    A a1(100);
    A::Show(a1);
    A::SetData(300, a1);
    A::Show(a1);
    {A b[2];}
}
```

结合上例,对静态成员函数的用法说明以下几点。

(1) 与静态成员数据一样,在类外的程序代码中,通过类名加上作用域操作符,可直接调用静态成员函数。如本例中的 A::Show(a1)。

(2) 静态成员函数只能直接使用本类的静态成员数据或静态成员函数,但不能直接使用非静态的成员数据。这是因为静态成员函数可被其他程序代码直接调用,所以它不包含对象地址的 this 指针。当在静态成员函数中直接使用非静态成员时,系统无法确定是属于哪一个类的对象成员。如本例中函数 Show(A &r),为了显示对象的非静态的成员数据,必须将要显示的对象作为函数的参数。

(3) 静态成员函数的实现部分在类定义之外定义时,其前面不能加修饰词 static,这是由于关键字 static 不是数据类型的组成部分。

(4) 不能把静态成员函数定义为虚函数。静态成员函数也是在编译时分配存储空间的,所以在程序的执行过程中不能提供多态性。

(5) 可将静态成员函数定义为内联的(inline),其定义方法与非静态成员函数完全相同。

(6) 因 C++ 在产生类的对象时,为了减少对象所占用的存储空间,将同一类的所有对象的成员函数只保存一个拷贝,在对象中是通过指向函数的指针来实现成员函数的调用。为此,在一般情况下定义静态函数并不能获得好处,在使用上还没有非静态成员函数方便,通常没有必要定义静态成员函数。只有在一些特殊的应用场合,才使用静态成员函数。

*12.4 const、volatile 对象和成员函数

可以用关键字 const 和 volatile 来修饰类的成员函数和对象。当用这两个关键字修饰成员函数时,const 和 volatile 对类的成员函数具有特定的语义,用 const 修饰的对象只能访问该类中用 const 修饰的成员函数,而不能访问其他成员函数。用 volatile 修饰的对象,只能访问该类中用 volatile 修饰的成员函数,而不能访问其他成员函数。当希望成员函数只能引用成员数据的值,而不允许修改成员数据的值时,可用关键词 const 修饰成员函数。一旦在用 const 修饰的成员函数中出现修改成员数据的值时,将导致编译错误。

12.4.1 const 和 volatile 成员函数

在成员函数的前面加上关键字 const,表示该函数返回一个常量,其值不可改变。这里讲的 const 成员函数是指将 const 放在参数表之后、函数体之前,其一般格式为:

```
<type> FuncName(<args>) const ;
```

表示该函数的 this 指针所指向的对象是一个常量,即规定了 const 成员函数不能修改对象的数据成员,在函数体内只能调用 const 成员函数,不能调用其他成员函数。

用 volatile 修饰一个成员函数时,其一般格式为:

```
<type> FuncName(<args>) volatile;
```

表示成员函数具有一个易变的 this 指针,调用该函数时,编译程序把属于此类的所有的成员数据都看作是易变的变量,编译器不要对该函数作优化工作。因此这种成员函数的执行速度要慢一些,但可保证易变变量的值是正确的。

也可以用这两个关键字同时修饰一个成员函数,其格式为:

```
<type> FuncName(<args>) const volatile;
```

这两个关键字的顺序是无关紧要的,其语义是限定成员函数在其函数体内不能修改成员数据的值,同时也不要优化该函数,在函数体内把对象的成员数据作为易变变量来处理。

由于关键字 const 和 volatile 属于数据类型的组成部分,因此若在类定义之外定义 const 成员函数或 volatile 成员函数时,则必须用这两个关键字修饰,否则编译器认为是重载函数,而不是定义 const 成员函数或 volatile 成员函数。

12.4.2 const 和 volatile 对象

说明 const 或 volatile 对象的方法与说明一般变量的方法相同。说明 const 对象的一般格式为：

```
const ClassName ObjName;
```

表示对象 ObjName 的数据成员均是常量,不能改变其成员数据的值。它可以通过成员运算符“.”来访问 const 成员函数,但不能访问其他的成员函数。

说明 volatile 对象的一般格式为：

```
volatile ClassName Obj;
```

表示对象 Obj 中成员数据都是易变的,它只能访问 volatile 成员函数,不能访问其他的成员函数。

例 12.12 用 const、volatile 修饰的成员函数和对象。

```
#include <iostream.h>

class A{
    int i,j;
  public:
    A(int a = 0,int b = 0){i = a;j = b;}
    void SetData(int a,int b ){i = a;j = b;}
    int Geti( ) const { return i;}
    void Show( ) volatile;
    void GetData(int *a, int *b) const volatile { *a = i; *b = j;}
};

void A::Show( ) volatile
{cout << "i = " << i << '\t' << "j = " << j << '\n';}

void main(void )
{
    A a1(100,200);
    const A b1(50,60);
    volatile A c1(200,300);
    a1.Show( );
    cout << "b1.i = " << b1.Geti( ) << '\n';
    c1.Show( );
}
```

上例中,对象 a1 可以调用它的任一成员函数,对象 b1 只能调用成员函数 Geti( ) 和 GetData( )。例如：

```
b1.SetData(500,100);
```

是不允许的。对象 c1 只能调用成员函数 Show( ) 和 GetData( )。

实际上,要说明为 volatile 对象和 volatile 成员函数的情况是很少的,只有编写系统程序时或涉及中断处理程序时才有可能使用。而 const 对象和 const 成员函数则经常使用。const 对象主要用在函数的参数中。

例 12.13　一个简单的字符串类。

```
#include<iostream.h>
#include<string.h>

class String{
    int Length;
    char * Str;                                    //指向一个字符串
  public:
    String( ){Length = 0; Str = 0;}
    String(const String &);
    String(const char *);
    char * IsInString(char) const;
    void SetString(char * s)                       //设置新的字符串
    {
        if (Str) delete [ ] Str;
        Str = new char[strlen(s) + 1];
        strcpy(Str,s);
        Length = strlen(s);
    }
    char * GetString( ) const { return Str;}       //取字符串
    int GetLength( ) const {return Length;}        //返回字符串的长度
    void Show( ) const                             //输出字符串
    {
        if(Str) cout << "String = " << Str << '\n';
        else   cout << "String is Empty!\n";
    }
    ~String( ) {if (Str) delete [] Str;}
};

String::String(const String &s)                    //拷贝初始化构造函数
{
    Length = s.Length;
    if(s.Str) {
        Str = new char[strlen(s.Str) + 1];
        strcpy(Str,s.Str);
    }
    else Str = 0;
}

String::String(const char * s)
```

```
{
    Length = strlen(s);
    if( * s) {
        Str =  new char[strlen(s) + 1];
        strcpy(Str,s);
    }
    else Str = 0;
}
char * String::IsInString(char c) const
{
    char * cp = Str;
    while ( * cp)
        if( * cp == c) return cp;else cp ++ ;
    return 0;
}

void main(void )
{
    String s1("I am a student");
    String s2;
    char * s = "You are a student too!";
    char * sp, * sp1;
    s1.Show( );
    s2.Show( );
    s2.SetString(s);
    s2.Show( );
    sp = s1.IsInString('s');
    cout << "sp = " << sp << endl;
    sp1 = s2.GetString( );
    cout << "sp1 = " << sp1 << endl;
}
```

执行程序后,输出:

```
String = I am a student
String = You are a student too!
String is Empty!
Sp = student
Sp1 = You are a student too!
```

程序中成员函数 IsInString(char c)的功能是,判断对象中的字符串中是否包含字符 c,若包含,则返回指向该字符的指针,否则返回空。其他函数的功能都比较简单,不作出说明了。

在上例中,当成员函数不修改对象的成员数据时,都定义为 const 成员函数,这样做的好处是:当在成员函数中发生了误操作,出现修改成员数据时,编译系统将给出错误信息。另外,将构造函数 String(const String &s)的形参定义为常数型对象的引用,将防止在该构造函数中修改对象 s 中的成员数据。

*12.5 指向类成员的指针

在 C++ 中可以定义一种特殊的指针，它指向类中的成员函数或类中的成员数据，并可通过这样的指针来使用类中的成员数据或调用类中的成员函数。下面分别讨论之。

12.5.1 指向类中成员数据的指针变量

定义一个指向类中成员数据的指针变量的一般格式为：

```
<type> ClassName:: * PointName;
```

其中，type 是指针 PointName 所指向数据的类型，它必须是类 ClassName 中某一成员数据的类型。下面结合实例来说明这种指针的用法及应注意的事项。

例 12.14 使用类的成员数据的指针来访问成员数据。

```
#include <iostream.h>

class S{
    int x;
  public:
    float y,z;
    float a;
  public:
    S( ){x = y = z = a = 0;}
    S(float b,float c,float d,float e)
    {x = b;y = c;z = d;a = e;}
    float Getx( ) {return x;}
    void Setyza(float b,float c,float d)
    {y = b;z = c;a = d;}
};

void main(void)
{
    S s1(100,200,300,400), * ps;
    float S:: * mptr;
    ps = &s1;
    mptr = &S::y;
    cout << "ps -> y = " << ps -> y << '\t';
    cout << "ps -> y = " << ps -> * mptr << '\t';
    cout << "ps -> y = " << s1. * mptr << endl;
    mptr = &S::a;
    cout << "ps -> a = " << ps -> a << '\t';
    cout << "ps -> a = " << ps -> * mptr << '\t';
    cout << "ps -> a = " << s1. * mptr << endl;
```

}

程序执行后,输出:

```
ps ->y=200  ps ->y=200  ps ->y=200
ps ->a=400  ps ->a=400  ps ->a=400
```

根据上例,对指向类中成员数据的指针变量的使用方法说明以下几点。

(1) 指向类中成员数据的指针变量不是类中的成员,应在类外定义。

(2) 与指向类中成员数据的指针变量同类型的任一成员数据,可将其地址赋给该指针变量,赋值的一般格式为:

```
PointName=&ClassName::member;
```

即将类中指定成员的地址赋给指针变量。其中,ClassName 是已定义的类名,member 是数据成员名。显然,编译系统并不为类名分配存储空间,也就没有一个绝对地址。所以这种赋值,是取该成员相对于该类的所在对象的偏移量,即相对地址(距离开始位置的字节数)。对类中的任一成员,其偏移量是一个常数,如上例中

```
mptr=&S::y;
```

表示将成员数据 y 的相对起始地址赋给指针变量 mptr。

(3) 用这种指针访问成员数据时,必须指明是使用哪一个对象的数据成员。当与对象结合使用时,其用法为:

```
ObjectName.*PointName
```

其中,ObjectName 为对象名。例如:

```
s1.*mptr
```

当与指向对象的指针变量结合使用时,其用法为:

```
ObjectPoint ->* PointName
```

其中,ObjectPoint 为指向对象的指针变量。例如:

```
ps ->*mptr
```

因这种指针变量的值是一个相对地址,不是指向某一个对象中的成员数据的绝对地址,所以不能单独使用这种指针变量来访问成员数据。如上例中在主函数中增加语句

```
cout<< *mptr;
```

是不允许的。

(4) 由于这种指针变量并不是类的成员,所以使用它只能访问对象的公有成员数据。若要访问对象的私有成员数据,必须通过成员函数来实现。

12.5.2 指向类中成员函数的指针变量

定义一个指向类中成员函数的指针变量的一般格式为:

```
<type> (ClassName::*PointName)(<ArgsList>);
```

其中,PointName 是指向类中成员函数的指针变量;ClassName 是已定义的类名;type 是通过函数指针 PointName 调用类中的成员函数时所返回值的数据类型,它必须与类 ClassName 中某一成员函数的返回值的类型相一致; <ArgsList> 是函数的形式参数表。

在使用这种指向成员函数的指针前,应先对其赋值,其方法与用指向类中成员数据的指针的方法类同,即

```
PointName=ClassName::FuncName;
```

同样地,只是将指定成员函数的相对地址赋给指向成员函数的指针。

例 12.15　使用成员函数的指针变量。

```
# include< iostream.h>

class S{
    int x,y;
  public:
    S(float a=0,float b=0)
    {x=a;y=b;}
    float Getx( ) {return x;}
    float Gety( ) {return y;}
    float Setx(float a){ x=a;return x;}
    float Sety(float a) {y=a;return y;}
};

void main(void )
{
    S s1(100,400), * ps;
    float (S:: * mptr1)( );
    float (S:: * mptr2)(float);
    ps=&s1;
    mptr1=S::Getx;
    cout<<"ps::x="<<ps ->Getx( )<<'\t';
    cout<<"ps::x="<<(ps -> * mptr1)( )<<'\t';
    cout<<"ps::x="<<(s1.* mptr1)( )<<endl;
    mptr1=S::Gety;
    cout<<"ps::y="<<ps->Gety( )<<'\t';
    cout<<"ps::y="<<(ps-> * mptr1)( )<<'\t';
    cout<<"ps::y="<<(s1.* mptr1)( )<<endl;
    mptr2=S::Setx;
    (ps-> * mptr2)(1000);
    cout<<"ps::x="<<ps->Getx( )<<endl;
}
```

执行程序后,输出:

```
ps::x=200      ps::x=200      ps::x=200
ps::y=400      ps::y=400      ps::y=400
ps::x=1000
```

结合上例,对指向成员函数的指针变量的使用方法说明以下几点。

(1) 指向类中成员函数的指针变量不是类中的成员,这种指针变量应在类外定义。

(2) 不能将任一成员函数的地址赋给指向成员函数的指针变量,只有成员函数的参数个数、参数类型、参数的顺序和函数的类型均与这种指针变量相同时,才能将成员函数的地址赋给该变量。如上例中:

```
mptr1 = S::Getx;
```
和
```
mptr1 = S::Gety;
```
都是允许的。但
```
mptr1 = S::Setx;
```
是错误的,虽然有相同的返回值,但函数的参数表是不同的。

(3) 使用这种指针变量来调用成员函数时,必须指明调用哪一个对象的成员函数,这种指针变量是不能单独使用的。与对象结合使用时,其用法为:
```
(ObjectName. * PointName)(<实参表>);
```
其中,ObjectName 为对象名。例如:
```
(s1. * mptr1)( );
```
与指向对象的指针变量结合使用时,其用法为:
```
(ObjectPoint -> * PointName)(<实参表>)
```
其中,ObjectPoint 为指向对象的指针变量。例如:
```
(ps -> * mptr1)( );
```
(4) 由于这种指针变量不是类的成员,所以用它只能调用公有的成员函数。若要访问类中的私有成员函数,必须通过类中的其他公有成员函数。

(5) 当一个成员函数的指针指向一个虚函数,且通过指向对象的基类指针或对象的引用来访问该成员函数指针时,同样地产生运行时的多态性。

(6) 当用这种指针指向静态成员函数时,可直接使用类名而不要列举对象名。这是由静态成员函数的特性确定的。下面的例子说明了指向静态成员函数的指针变量的用法。

例 12.16 用指向成员函数的指针调用静态成员函数。
```
#include <iostream.h>

class S{
      int x;
      static int y;
   public:
      S(float a = 0,float b = 0)
      {x = a;y = b;}
      static float Gety( ) {return y;}
      static float Getx(S &a) {return a.x;}
};

int S::y = 0;

void main(void )
{
      S s1(100,400), * ps;
      float ( * mptr1)( );
      float ( * mptr2)(S &);
```

```
    ps = &s1;
    mptr2 = S::Getx;
    cout << "s1.x = " << S::Getx(s1) << '\t';
    cout << "s1.x = " << mptr2(s1) << endl;
    mptr1 = S::Gety;
    cout << "s1.y = " << S::Gety( ) << '\t';
    cout << "s1.y = " << mptr1( ) << endl;
}
```

执行程序后,输出:

```
s1.x = 100    s1.x = 100
s1.y = 400    s1.y = 400
```

说明指向静态成员函数的指针变量的方法与说明指向一般函数指针变量的方法类同。如上例中

```
float (* mptr1)( );
float (* mptr2)(S &);
```

因静态成员函数不论是否产生对象,其绝对地址已经确定。所以将静态成员的地址赋给这种指针变量时,须加类名和作用域运算符。如例中

```
mptr2 = S::Getx;
```

由于这种赋值已将函数的绝对地址赋给了指针变量,所以用这种指针调用静态成员函数时,可以直接通过指针变量调用静态成员函数。如例中

```
mptr2(s1)
```

从指针变量的定义和调用方法可以看出,可用这种指针变量调用具有相同返回值和相同参数的一般函数,也可以用这种指针变量调用任意类中具有相同返回值和相同参数的静态成员函数。

练　习　题

1. 分析使用友元函数的利弊。
2. 说明友元函数和友元类的区别和作用?
3. 虚函数的主要用途是什么?
4. 静态的数据成员与一般的数据成员有何区别?
5. 静态的成员函数与一般的成员函数有何区别?如何调用静态成员函数?
6. 写出以下程序的运行结果:

```
# include < iostream.h >

class A{
    int a,b;
    static int c;
  public:
    A(int x) { a = x;}
    void f1(float x)
```

```
    {b = a * x; }
    static void setc(int x) { c = x;}
    int f2( );
    { return a + b + c;}
};

int A::c = 100;

void main(void)
{
    A a1(1000),a2(2000);
    a1.f1(0.25);
    a2.f1(0.55);
    A::setc(400);
    cout << "a1 =" << a1.f2( ) << '\n' << "a2 =" << a2.f2( ) << '\n';
}
```

7. 建立一条双向无序链表,结点数据包括：姓名、地址和工资。

8. 建立一条双向有序链表,结点数据包括：姓名、地址和工资。按工资从小到大的顺序排序。

9. 指向类中数据成员的指针变量与一般的指针变量有何不同?

10. 指向类中成员函数的指针变量与一般的指向函数的指针变量有何不同?

第 13 章

运算符重载

在非面向对象的程序设计语言中,所有的运算符都已预先定义了它们的用法及意义,并且这种用法是不允许用户改变的。在 C++ 中,允许程序设计者重新定义已有的运算符,并能按用户规定要求去完成特定的操作,这就是运算符的重载。运算符的重载从另一个方面体现了 OOP 技术的多态性,且同一运算符根据不同的运算对象可以完成不同的操作。

13.1 运算符重载

对于面向对象的程序设计来说,运算符的重载可以完成两个对象之间的复杂操作,如两个对象间的加法、减法等。这种运算对于用户来说应该是透明的。运算符重载的原理是:一个运算符只是一个具有特定意义的符号,只要我们告诉编译程序在什么情况下如何去完成特定的操作,而这种操作的本质是通过特定的函数来实现的。

13.1.1 重载运算符

为了重载运算符,必须定义一个函数,并告诉编译器,遇到该重载运算符时调用该函数,由这个函数来完成该运算符应该完成的操作。这种函数称为运算符重载函数,它通常是类的成员函数或者是友元函数。运算符的操作数通常也应为对象。

定义运算符重载函数的一般格式为:

```
<type> ClassName::operator @(<Arg>)
{…}                                                    //函数体
```

其中,type 为函数返回值的类型;ClassName 为运算符重载函数所在的类名;@为要重载的运算符;<Arg>为函数的形参表;operator 是关键字,它与其后的一个运算符一起构成函数名。由于运算符重载函数的函数名是以特殊的关键字开始的,编译器很容易与其他的函数名区分开来。

例 13.1 定义一个复数类,重载"+"和"-"运算符,使这两个运算符能直接完成复数的加法和减法运算。

```
# include <iostream.h>

class Complex{
    float Real, Image;
  public:
    Complex(float r = 0,float i = 0){Real = r;Image = i;}
    float GetR( ) {return Real;}
```

```
    float GetI( ){return Image;}
    void Show( )
    {   cout << "Real = " << Real << '\t' << "Image = " << Image << '\n';}
    Complex operator +(Complex &);                    //重载运算符 +
    Complex operator +(float);                        //重载运算符 +
    void operator += (Complex &);                     //重载运算符 +=
    void operator = (Complex &);                      //重载运算符 =
};

Complex Complex::operator +( Complex &c)
{
    Complex t;
    t.Real = Real + c.Real;
    t.Image = Image + c.Image;
    return t;
}

Complex Complex::operator +(float s)
{
    Complex t;
    t.Real = Real + s;
    t.Image = Image;
    return t;
}

void Complex::operator += (Complex &c)
{
    Real = Real + c.Real;
    Image = Image + c.Image;
}

void Complex::operator = (Complex &c)
{
    Real = c.Real;
    Image = c.Image;
}

void main(void)
{
    Complex c1(25,50),c2,c3(100,200);
    Complex c,c4(200,400);
    c1.Show( );
    c2 = c1;
```

```
        c2.Show( );
        c = c1 +c3;
        c.Show( );
        c + = c1;
        c.Show( );
        c4 + = c1+c2;                                    //A
        c4.Show( );
        c4 = c4  +  200;                                 //B
        c4.Show();
    }
```

执行程序后,输出:

```
Real = 25     Image = 50
Real = 25     Image = 50
Real = 125    Image = 250
Real = 150    Image = 300
Real = 250    Image = 500
Real = 450    Image = 500
```

在上例中重载了运算符"+"、"="、"+=",可以实现复数的加法、复数的赋值、复数与实数的加法。其中,对运算符"+"作了两次重载,一个用于实现两个复数的加法,另一个用于实现一个复数与一个实数的加法。从例中可以看出,当重载一个运算符时,必须定义该运算符要完成的具体操作。本质上,运算符的重载也是函数的重载,不同之处在于系统约定了重载运算符的函数名。

从上例也可以看出,经重载后的运算符的使用方法与普通的运算符一样方便。实际上,实现运算符重载,并对相应成员函数的调用是由系统自动完成的。如 A 行中的表达式:

```
c4 + = c1 +c2
```

编译器首先将 c1 +c2 解释为:

```
c1.operator +(c2)
```

再将该表达式解释为:

```
c4.operator + = (c1.operator + (c2))
```

由 c1.operator + (c2)成员函数求出复数 c1 + c2 的值,并返回一个计算结果 t,然后再由成员函数 c4.operator + = (t),完成复数 c4 + t 的运算,并将运算结果赋给 c4。

对于运算符的重载,必须说明以下几点。

(1) 运算符重载函数的函数名必须为 operator,后跟一个合法的运算符。运算符重载后,遇到这种运算符的运算,实际上是调用了一个运算符重载函数来实现的,在调用函数时,将右操作数作为函数的实参。

(2) 当用成员函数实现运算符的重载时,运算符重载函数的参数个数为 0 个或 1 个。对于只有一个操作数的运算符,在重载这种运算符时,通常不能有参数;而对于有两个操作数的运算符,只能带有一个参数。运算符的左操作数一定是对象,右操作数作为调用运算符重载函数的参数,参数可以是对象、对象的引用,或其他类型的参数。在 C++ 中不允许重载有三个操作数的运算符。

(3) 在 C++ 中,现将允许重载的运算符列于表 13-1 中。

表 13-1　C++ 中允许重载的操作符

+	-	*	/	%	^	&	|
~	!	,	=	<	>	<=	>=
++	--	<<	>>	==	!=	&&	||
+=	-=	*=	/=	%=	^=	&=	|=
<<=	>>=	[ ]	( )	->	-> *	new	delete

(4) 在 C++ 中不允许重载的运算符列于表 13-2 中。在表中简要说明了不允许重载的原因。

表 13-2　C++ 中不允许重载的运算符

运算符	运算符的含义	不允许重载的原因
? :	三目运算符	在 C++ 中没有定义一个三目运算符的语法
.	成员操作符	为保证成员操作符对成员访问的安全性,故不允许重载
*	成员指针操作符	同上
::	作用域操作符	因该操作符左边的操作数是一个类型名,而不是一个表达式
sizeof	求字节数操作符	其操作数是一个类型名,而不是一个表达式

(5) 只能对 C++ 中已定义了的运算符进行重载,而且当重载一个运算符时,该运算符的优先级和结合律是不能改变的。

13.1.2　一元运算符的重载

前面的例子说明了二元运算符的重载方法,对于所有二元运算符的重载方法都是类同的。下面说明一元运算符的重载方法。用成员函数实现一元运算符重载的一般格式为:

```
< type > ClassName::operator < 单目运算符 > ( )
{…}                                         //函数体
```

但对于"++"和"--"一元运算符,存在前置和后置的问题,在定义运算符重载函数时必须有所区分,以便编译器根据这种区分来调用不同的运算符重载函数。"++"和"--"运算符的重载的方法是类同的,下面仅以"++"运算符的重载为例来说明其实现的方法。

"++"为前置运算时,它的运算符重载函数的一般格式为:

```
< type >    ClassName::operator ++ ( )
{…}                                         //函数体
```

"++"为后置运算时,它的运算符重载函数的一般格式为:

```
< type >    ClassName::operator ++ (int)
{…}                                         //函数体
```

其中,type 是函数返回值的类型,它可以是类的对象或是基本类型,也可以是任一导出数据类型。由于是用运算符重载函数来实现"++"运算的,所以这里的"++"或"--"是广义上的增量或减量运算符。在后置运算重载函数中的参数 int 仅是用作区分的,并没有其他实际意义,可以给一个变量名,也可以不给出变量名。

例 13.2　用一个类来描述人民币币值,用两个数据成员分别存放元和分。重载"++"运算符,实现对象的加 1 运算。

```
#include <iostream.h>
#include <math.h>

class Money{
    float Dollars;                              //元
    float Cents;                                //分
  public:
    Money( ){ Dollars = Cents = 0;}
    Money(float,float);
    Money(float);
    Money operator ++ ( );
    Money operator ++ (int);
    float GetAmount(float * );
    ~Money( ){ }
    void Show( ){cout << Dollars << '\t' << Cents << '\n';}
};

Money::Money(float n)                           //初始化值中整数部分为元,小数部分为分
{
    float Frac,num;
    Frac = modff(n,&num);                       //A
    Cents = Frac *100;
    Dollars = num;
}

Money::Money(float d,float c)                   //d 为元,c 为分
{
    float sum,dd,cc;
    sum = d + c/100;
    cc = modff(sum,&dd);
    Dollars = dd;
    Cents = cc * 100;
}

Money Money::operator ++ ( )                    //前置 ++
{
    Cents ++ ;
    if(Cents >= 100){
        Dollars ++ ;
        Cents -= 100;
    }
```

```
        return * this                                //B
    }

    Money Money::operator ++ (int)                   //后置 ++
    {
        Money t =* this                              //C
        Cents ++
        if(Cents >= 100){
            Dollars ++ ;
            Cents -= 100;
        }
        return t;                                    //D
    }

    float Money::GetAmount(float * n)                //参数返回元,return 返回分
    {
        * n = Dollars;
        return Cents;
    }

    void main(void)
    {
        Money m1(25,50),m2(105.7),m3(1002.25,200.35);
        Money c,d;
        float el,f1,e2,f2;
        m1.Show( );
        c = ++ m1;
        d = m1 ++ ;
        c.Show( );d.Show( );
        c = ++ m2;
        d = m2 ++ ;
        c.Show( );d.Show( );
        el = m2.GetAmount(&f1);
        e2 = m3.GetAmount(&f2);
        cout << f1 + f2 << "元" << '\t' << e1 + e2 << "分" << '\n';
    }
```

执行程序后,输出:

```
25  50
25    51
105    70.9997
105    70.9997
1109 元   97.3476 分
```

在上例中,定义了一个用于描述人民币币值的类 Money,类中定义了元(Dollars)和分

(Cents)。当对这种对象进行"++"运算时,认为是人民币的分加1的运算。分加1时,存在进位的问题。程序中的A行调用了数学库中的函数 modff(n,&num),该函数的功能是将实数n分解成整数和小数两部分,并返回小数值部分,将整数部分的值送到num所指向的单元中。

实现前置"++"运算时,应将加1后的对象值作为返回值,即要返回当前对象值。这时必须使用指向当前对象的指针this,在B行返回 * this的值。实现后置"++"运算时,应返回当前对象的值,然后完成加1运算。程序中的C行将当前对象的值保存在临时对象t中,当前对象完成加1后,在D行返回对象t的值。

用成员函数实现运算符的重载时,运算符的左操作数为当前对象,并且要用到隐含的this指针。运算符重载函数不能定义为静态的成员函数,因为静态的成员函数中没有this指针。

13.1.3 友元运算符

实现运算符重载的方法有两种:用类的成员函数来实现和通过类的友元函数来实现。后者简称为友元运算符。

重载一元运算符的友元函数的一般格式为:

```
<type> operator @(X &obj)
{…}                                            //函数体
```

其中,"@"为一元运算符,X为类名,obj是对象名,运算符重载函数是类X的友元。对于"++"、"--"一元运算符来说,参数只能是类X的引用,而对于"-"一元运算符来说,参数可为引用,也可为对象。

重载二元运算符的友元函数的一般格式为:

```
<type> operator @(参数1说明,参数2说明)
{…}                                            //函数体
```

其中,"@"为二元运算符,两个参数中至少有一个是类X的对象,该函数是类X的友元。

例13.3 用友元运算符实现复数的运算,包括二元运算符"+"、一元运算符"-",用成员函数实现"+="运算。

```
#include <iostream.h>

class Complex{
        float Real, Image;
    public:
        Complex(float r = 0,float i = 0){Real = r;Image = i;}
        float GetR( ){return Real;}
        float GetI( ){return Real;}
        void Show( )
        {cout << "Real = " << Real << '\t' << "Image = " << Image << '\n';}
        friend Complex operator + (Complex &,Complex &);
        friend Complex operator + (Complex,float);
        friend Complex operator - (Complex);
```

```
        void operator  += (Complex &);
}

Complex operator + (Complex &c1,Complex &c2);
{
    Complex t;
    t.Real = c1.Real + c2.Real;
    t.Image = c1.Image + c2.Image;
    return t;
}

Complex operator + (Complex c1,float s);
{
    Complex t;
    t.Real = c1.Real + s;
    t.Image = c1.Image;
    return t;
}

Complex operator - (Complex c);
{    return Complex( - c.Real, - c.Image);}                           //A

void Complex::operator += (Complex &c)
{
    Real = Real + c.Real;
    Image = Image + c.Image;
}

void main(void)
{
    Complex c1(25,50),c2,c3(100,200);
    Complex c,c4(200,400),c5;
    c1.Show( );
    c2 = c1;
    c2.Show( );
    c = c1 + c3;
    c.Show( );
    c += c1;
    c.Show( );
    c4 += c1 + c2                                                      //B
    c4.Show( );
    c4 = c4 + 200;
    C4.Show( );
```

```
    c5 =- c4;
    c5.Show( );
}
```

执行程序后,输出:

```
Real = 25     Image = 50
Real = 25     Image = 50
Real = 125    Image = 250
Real = 150    Image = 300
Real = 250    Image = 500
Real = 450    Image = 500
Real = -450   Image = -500
```

程序中的 A 行产生一个临时对象,并返回该临时对象的值。从上例中可以看出,用两种方法实现运算符的重载,对于运算符的使用而言,两者的用法是相同的,但编译器所做的处理是不同的。对于 B 行中的表达式:

```
c4 += c1 + c2
```

编译器先将 c1 + c2 变换成对友元函数的调用:

```
operator + (c1,c2)
```

然后将" += "运算变换成对成员函数的调用:

```
c4.operator += (operator + (c1,c2))
```

13.1.4 转换函数

转换函数(又称为类型转换函数)是类中定义的一个成员函数,其一般格式为:

```
ClassName::operator < type > ( )
{…}                                                              //函数体
```

其中,ClassName 是类名;type 是要转换后的一种数据类型,它可以是基本的数据类型,也可以是导出的数据类型;operator 与 type 一起构成转换函数名。该函数不能带有参数,也不能指定返回值类型,它的返回值的类型是 type。转换函数的作用是将对象内的成员数据转换成 type 类型的数据。

例 13.4　定义一个类,类中包含元、角、分,要把这三个数变成一个等价的实数。

```
# include < iostream.h >

class Complex{
     int yuan,jiao,fen;
   public:
     Complex(int y = 0,int j = 0,int f = 0)
     {yuan = y;jiao = j;fen = f;}
     operator float( );
     float GetDollar( );
};

float Complex::GetDollar( )
```

```
{
    float amount;
    amount = yuan * 100.0 + jiao * 10.0 + fen;
    amount/ = 100;
    return amount;
}

Complex::operator float( )                                    //A
{
    float amount;
    amount = yuan * 100.0 + jiao * 10.0 + fen;
    amount/ = 100;
    return amount;
}

void main(void)
{
    Complex d1(25,50,70),d3(100,200,55);
    float s1,s2,s3,s4;
    s1 = d1;s2 = d3;                                          //B
    s3 = d1.GetDollar( );
    s4 = d3.GetDollar( );
    cout << "s1 = " << s1 << '\t' << "s2 = " << s2 << '\n';
    cout << "s3 = " << s3 << '\t' << "s4 = " << s4 << '\n';
    float s5,s6;
    s5 = float (s1);                                          //C
    s6 = (float) s1;                                          //D
    cout << "s5 = " << s5 << '\t' << "s6 = " << s6 << '\n';
}
```

执行程序后,输出:

```
s1 = 30.7        s2 = 120.55
s3 = 30.7        s4 = 120.55
s5 = 30.7        s6 =  30.7
```

程序中的A行定义了一个转换函数,将对象中的三个数据成员元、角、分转换成实数,并返回实数值。B行中表达式 s2 = d3,由编译器将其变换为对转换函数的调用:

s2 = d3.operator float ( )

通过调用转换函数,将对象 d3 中的数据成员转换成实数后赋给变量 s2。C行中的表达式 s5 = float (s1),编译器将其变换为对转换函数的调用:

s5 = s1.operator float ( )

同理,D行中的表达式也调用了转换函数:

s6 = s1.operator float ( )

将转换后的结果赋给实型变量 s6。

注意,转换函数只能是成员函数,不能是友元函数。转换函数的操作数是对象。转换函数可以被派生类继承,也可以被说明为虚函数。在一个类中可以定义多个转换函数。

从转换函数的定义可以看出,任何一个成员转换函数,均可以用一个成员函数来实现。如上例中的转换函数可被以下的成员函数所代替:

```
float Complex::trans( )
{
    float amount;
    amount = yuan * 100.0 + jiao * 10.0  + fen;
    amount / = 100;
    return amount;
}
```

对于 C 行中的表达式 s5 = float(s1),使用上面的成员函数实现数据变换时,应表示为:

```
s5 = s1.trans( )
```

显然,比较这两者的使用方法,转换函数比一般的成员函数要简洁一些。

13.1.5 赋值运算符和赋值运算符重载

在相同类型的对象之间是可以直接相互赋值的,在前面的程序例子中已多次使用。但当对象的成员中使用了动态的数据类型时,就不能直接相互赋值,否则在程序的执行期间会出现运行错误。

例 13.5 对象间的直接赋值导致程序的运行错误。

```
# include < iostream.h >
# include < string.h >

class A{
    char * ps;
  public:
    A( ){ ps = 0;}
    A(char * s )
    {
        ps  = new char [strlen(s) + 1];
        strcpy(ps,s);
    }
    ~ A( ){ if (ps) delete[] ps;}
    char * GetS( ) {return ps;}
};

void main(void)
{
    A s1("China!"),s2("Computer!");
    cout << "s1 = " << s1.GetS( ) << '\t';
    cout << "s2 = " << s2.GetS( ) << '\n';
    s1 = s2;                                                    //B
```

```
    cout << "s1 = " << s1.GetS( ) << '\t';
    cout << "s2 = " << s2.GetS( ) << '\n';
    char c;
    cin >> c;                                              //C
}
```

该程序在执行到 C 行,在没有输入一个字符时仍能正确执行,程序的输出是:

```
s1 = China!            s2 = Computer!
s1 = Computer!         s2 = Computer!
```

但到程序结束时,出现运行错误！这是因为执行 B 行的赋值语句

```
s1 = s2;
```

后,使 s1 和 s2 中的 ps 均指向同一个字符串"Computer!"。同时,为字符串"China!"动态申请的空间已无法收回。在程序结束时,假定析构函数首先撤消对象 s1,收回了 ps 所指向字符串占用的空间,而在析构函数撤消对象 s2,要收回其 ps 所指向字符串占用的空间,该空间已不存在,即出现两次收回同一个存储空间的情况,因而出现了运行错误。所以当类中的成员占用动态的存储空间时,必须重载“=”运算符。在上例的类 A 中应增加如下的赋值运算符重载函数:

```
A & operator = (A &b)
{
    if(ps)delete[ ] ps;
    if(b.ps) {
        ps = new char [ strlen(b.ps) + 1];
        strcpy(ps, b.ps);
    }
    else ps = 0;
    return * this;
}
```

13.2　几个特殊运算符的重载

上一节中介绍了一般运算符的重载方法,也介绍了“++”和“--”运算符的重载方法,为了区分“++”是前置还是后置运算,重载运算符的方法有所不同。对于有特殊要求的运算符的重载方法与一般运算符的重载方法也有所不同。这些特殊运算符除了“++”和“--”外,还包括下标运算符、函数调用运算符、成员存取运算符、new 运算符、delete 运算符。本节分别讨论这些运算符的重载方法。

13.2.1　“++”和“--”运算符

用成员函数重载这两个运算符的方法已在上一节中作了介绍,本节介绍用友元函数重载这两个运算符的方法。由于这两个运算符的重载方法完全类同,下面以“++”运算符为例说明之。

用友元函数来实现“++”运算符的重载时,前置“++”运算符重载的一般格式为:

```
<type> operater ++ (ClassName &);
```

其中,参数是要实现“ ++ ”运算的对象。后置“ ++ ”运算符重载的一般格式为:

```
< type > operater ++ (ClassName &, int);
```

其中,第一个参数是要实现“ ++ ”运算的对象;而第二个参数除了用于区分是后置运算外,并没有其他意义,故其参数名可有可无。

例 13.6　用友元函数实现“ ++ ”运算符的重载。

```
# include < iostream.h >

class ThreeD{
    float x,y,z;
  public:
    ThreeD(float a = 0,float b = 0, float c = 0){x = a;y = b;z = c;}
    ThreeD operator + (ThreeD & t)
    {
        ThreeD temp;
        temp.x = x + t.x;
        temp.y = y + t.y;
        temp.z = z + t.z;
        return temp;
    }
    friend ThreeD & operator ++ (ThreeD &);
    friend ThreeD operator ++ (ThreeD & ,int);
    ~ ThreeD( ){ }
    void Show( ){cout << "x = " << x << '\t' << "y = " << y << '\t' << "z = " << z << '\n';}
};

ThreeD & operator ++ (ThreeD & t)
{
    t.x ++ ;
    t.y ++ ;
    t.z ++ ;
    return t;
}

ThreeD operator ++ (ThreeD &t, int)
{
    ThreeD temp = t;
    t.x ++ ;
    t.y ++ ;
    t.z ++ ;
    return temp;
}
```

```
void main(void)
{
    ThreeD m1(25,50,100),m2(1,2,3),m3;
    m1.Show( );
    ++ m1;
    m1.Show( );
    m2 ++ ;
    m2.Show( );
    m3 = ++ m1 + m2 ++ ;
    m3.Show( );
}
```

执行程序后,输出:

```
x = 25   y = 50   z = 100
x = 26   y = 51   z = 101
x = 2    y = 3    z = 4
x = 29   y = 55   z = 106
```

程序中定义的类 ThreeD 描述一个空间点的三维坐标,对对象执行“ ++ ”运算,即对该点坐标的三个分量(x,y,z)分别完成加 1 运算。

＊13.2.2 下标运算符

在 C++ 中使用数组元素时,系统并不作下标是否越界的检查,可以通过重载下标运算符来实现这种检查或完成更广义的操作。

重载下标运算符的一般格式为:

```
< type > ClassName::operator [ ](< arg >)
{…}                                        //函数体
```

其中,type 是函数返回值的类型;< arg > 是参数,该参数指定了下标值。对于下标运算符的重载,要注意以下几点:

(1) 下标运算符只能由类的成员函数来实现,不能使用友元函数来实现;

(2) 左操作数必须是对象;

(3) 下标运算符重载函数只能是非静态的成员函数,有且仅有一个参数。

例 13.7　使用重载下标运算符来实现下标越界检查。

```
# include < iostream.h >
# include < string.h >
# include < stdlib.h >

class Array{
    int len;
    float * arp;
  public:
    Array(int n = 0);
    ~ Array( )
```

```
    { if (arp) delete [] arp; }
    int GetLen( ) const
    { return len;}
    void SetLen(int l)
    {
        if(l>0) {
            if (arp) delete [] arp;
            arp = new float[l];
            memset(arp,0,sizeof(float) * l);                    //A
            len = l;
        }
    }
    float & operator [](int index);
};

Array::Array(int n)
{
    if(n>0){
        arp = new float[n];
        memset(arp,0,sizeof(float) * n);
        len = n;
    }
    else {
        len = 0;
        arp = 0;
    }
}

float & Array::operator [](int index)
{
    if ( index >= len||index < 0){
        cout << "\nError:下标" << index << "出界!" << '\n';
        exit(2);
    }
    return arp[index];
}

void main(void )
{
    Array m1(10),m2(3);
    int i;
    for(i=0;i<10;i++) m1[i]=i;
    for(i=1;i<11;i++)                                           //B
```

```
        cout << m1[i] << '\t';                              //C
    cout << '\n';
    m2[2] = 26;
    cout << "m2[2] = " << m2[2] << '\n';
}
```

程序中 A 行调用一个库函数,将所分配的存储空间均置为 0。operator [ ]函数查看其下标是否出界,若不出界,则返回数组中相应元素的引用;否则输出出错信息,并终止程序的执行。这是示意性的出错处理方法,实际处理时,应根据具体的应用要求而作不同的处理。在 C 行中,当要输出 m1[10]值时,因下标出界而终止程序的执行。若把 B 行中的 11 改为 10 时,程序则能正确执行。

尽管下标运算符分为两部分:一个左方括号和一个右方括号,但系统认为是一个二元运算符,当表达式中出现"[ ]"运算符时,第一个操作数在"["的左边,并且该操作数总是一个类的对象;而另一个操作数总是位于"["的左边,该操作数实际上可以是由 operator[ ]所处理的任意类型,函数的返回值也可以是由 operator [ ]函数处理后的任意类型数据。由于该函数只能有一个参数,故只能对一维数组进行下标重载处理。对于多维数组,其处理方法有两种:一种是将多维数组作为一维数组来处理;另一种方法是通过重载函数调用运算符来处理。

*例 13.8　先建立一张职工工资表,输出职工工资表。然后输入一个要修改工资的职工姓名,输入新的工资后,再一次输出工资表。

分析:定义描述一个人的基本信息的类 Person,数据成员包括姓名、年龄和性别。再定义一个类 SalaryTab,它的一个成员指向职工基本信息表,一个成员指向职工工资表,一个成员指出表的长度,另一个成员指出表中实有的职工数。再增加相应的成员函数就可达到题目要求。程序如下:

```
# include < iostream.h >
# include < string.h >
# include < stdio.h >

class Person{                                    //定义描述一个职工基本信息的类
    char * Name;                                 //姓名
    int Age;                                     //年龄
    char Sex;                                    //性别,'0'为男,其他值为女
  public:
    Person(char * name,int age, char sex);
    Person(Person & p);
    Person( )
    {Name = 0; Age = 0;Sex = 0;}
    ~ Person( )
    { if (Name) delete [ ] Name; }
    void SetName(char * name)                    //修改职工的名字
    {
        if (Name) delete [ ] Name;
        Name = new char [strlen(name)+1];
```

```
        strcpy(Name,name);
    }
    void SetAge(int age) {Age = age;}                    //修改职工的年龄
    void SetSex(char sex)                                //修改职工的性别
    {   Sex = sex; }
    char * GetName( )  {return Name;}                    //取职工的名字
    int GetAge( )  {return Age;}
    char GetSex( )  {return Sex;}
    Person & operator = (Person &p)                      //重载运算符 =
    {
        if (Name) delete [] Name;
        Name = new char[strlen(p.Name) + 1];
        strcpy(Name,p.Name);
        Age = p.Age;
        Sex = p.Sex;
        return * this;
    }
    operator char * ( )  {return Name;}                  //转换函数
    operator char ( )  {return Sex;}                     //转换函数
    operator int( )  {return Age;}                       //转换函数
    void Show( );
};

Person::Person(char * name,int age, char sex)            //定义构造函数
{
    Name = new char [strlen(name) + 1];
    strcpy(Name,name);
    Age = age;
    Sex = sex;
}

Person::Person(Person & p)                               //定义构造函数
{
    if (p.Name ){
        Name = new char [strlen(p.Name) + 1];
        strcpy(Name,p.Name);
        Age = p.Age;
        Sex = p.Sex;
    }
    else {
        Name = 0;
        Age = 0;
        Sex = 0;
```

```
    }
}

void Person::Show( )                                //输出一个职工的基本信息
{
    cout <<"姓名:"<< Name << '\t' <<"年龄:"<< Age << '\t'
         <<"性别:"<<(Sex = = '0'?"男":"女") << '\n';
}

class SalaryTab{                                    //定义职工表类
    Person  * Staff;                                //指向职工表
    float  * Salary;                                //指向工资表
    int nMax, nElem;                                //表的长度和实际表目数
  public:
    SalaryTab(int n = 100)                          //缺省的表长为 100
    {
        if (n > 0){
            Staff = new Person[n];
            Salary = new float[n];
            nMax = n;
            nElem = 0;
        }
        else {
            Staff  = 0;
            Salary = 0;
            nMax = 0;
            nElem = 0;
        }
    }
    float & operator [ ](Person &);                 //重载下标运算符
    void PrintTab( );
    ~ SalaryTab( )                                  //析构函数
    {
        if (nMax){
            delete [nMax] Staff;
            delete [nMax]Salary;
        }
    }
};
void SalaryTab::PrintTab( )                         //输出职工工资表
{
    Person   * p = Staff;
```

```
    cout << "序号\t姓名\t年龄\t性别\t工资\n";
    for(int i = 0;i < nElem;i ++)
    {
        cout << i + 1 << '\t' << (char *)Staff[i] << '\t' << (int)Staff[i]
             << '\t' << (((char )Staff[i] == '0')?"男":"女") << '\t' << Salary[i] << '\n';
        p ++ ;
    }
}

float & SalaryTab::operator [ ](Person & per)              //重载下标运算符
{
    float l= - 1;
    for(int i = 0;i < nElem;i ++ )
        if(strcmp((char *)per,(char *) Staff[i])) == 0)
            return Salary[i];                               //职工表中找到了这个职工
    if(nElem == nMax ) return (l);                          //职工表已满
    Staff[i] = per;                                         //把新职工加入职工表
    Salary[i] = 0;
    nElem ++ ;
    return Salary[i];
}

void main(void)
{
    SalaryTab tab;
    Person per;
    char name[80],sex;
    int age;
    float salary;
    cout << "输入数据:\n";
    for (int j = 0;j < 3;j ++ ) {
        cout << "输入姓名:";
        cin.getline(name,80);
        cout << "输入年龄:";
        cin >> age;
        cout << "输入性别:0 为男,1 为女:";
        cin >> sex;
        cout << "输入工资:";
        cin >> salary;
        per.SetName(name);
        per.SetAge(age);
        per.SetSex(sex);
        tab[per] = salary;
```

```
        cin.getline(name,80);
    }
    cout << "\n        工资表\n";
    tab.PrintTab( );
    cout << "输入要修改职工工资的姓名:";
    cin.getline(name,80);
    per.SetName(name);
    cout << "现在的工资 = " << tab[per] << "\n";
    cout << "输入新的工资:";
    cin >> salary;
    tab[per] = salary;
    tab.PrintTab( );
}
```

为了简化程序,在程序中并没有全部用到已定义的成员函数。程序中下标运算符重载函数的参数是对象,它的功能是:首先根据对象 per 中的职工姓名查找职工表,若表中有该职工,则返回该职工的工资;若职工表中没有该职工且职工表不满时,则将该职工加入到职工表中,并返回 0;否则返回 -1。简言之,该函数的返回值大于 0 时,表示职工表中有该职工;返回值为 0 时,表示将该新职工加入职工表;返回值为 -1 时,表示职工表满,不能把新职工加入职工表。程序中其他函数的功能都比较简单,并且在程序中均作了功能说明,读者可自己分析。

从上例中可以看出,重载下标运算符的主要意义在于扩大了数组下标的概念,这里的下标表达式(函数的参数)是一个类的对象。同样地,若把下标参数说明为一个指向字符串的指针时,而调用重载下标运算符时的实参可为一个文件名,通过该文件名,就可以像使用普通变量那样对文件进行操作了。

*13.2.3 函数调用运算符

在 C++ 中,把函数名后的括号( )称为函数调用运算符。函数调用运算符也可以像其他运算符一样进行重载。重载函数调用运算符的格式为:

```
<type>   ClassName::operater ( )(<ArgList>)
{…}                                          //函数体
```

其中,<ArgList>是参数表,与通常的函数一样,可以带有 0 个或多个参数,但不能带有缺省的参数。

例 13.9 通过重载函数调用运算符,完成两维数组下标的合法性检查。

```
#include <iostream.h>
#include <string.h>
#include <stdlib.h>
const int cor1 = 10;
const int cor2 = 10;

class Array{
    float arr[cor1][cor2];
```

```
  public:
    Array( )
    {memset(arr,0,sizeof(float) * cor1 * cor2);}          //数组元素均置为0
    ~ Array( ){ }
    void operator ( )(int i,int j,float f);
    float GetElem(int i,int j);
};

void Array::operator ( )(int i,int j,float f)
{
    if(i >= 0 && i < cor1 && j >= 0 && j < cor2)
        arr[i][j] = f;
    else{
        cout << "下标出界!\n";
        exit(2);
    }
}

float Array::GetElem(int i,int j)
{
    if(i < 0 || j < 0 || i > = cor1 || j >= cor2){
        cout << "下标出界!\n";
        exit(3);
    }
    return arr[i][j];
}

void main(void )
{
    Array a;
    int i,j;
    for(i = 0;i < 10;i ++)
        for(j = 0;j < 10;j ++)
            a(i,j,(float)i * j);                                     //A
    cout << '\n';
    for(i = 0;i < 10;i ++){
      cout << '\n';
      for(j = 0;j < 10;j ++) {
        cout << "a[" << i << "," << j << "] = " << a.GetElem(i,j) << '\t';     //B
        if((j + 1) % 5 == 0)cout << '\n';
      }
    }
    cout << '\n';
```

}

在程序中，A 行调用函数 a(i,j,(float) i * j)，即调用了函数运算符重载函数 a.operator() (i,j,(float) i * j),它将 i * j 的值赋给对象 a 中的成员 arr[i][j],并完成下标的合法性检查工作,若下标出界,则终止程序的执行。B 行中成员函数 GetElem(i,j)获取对象 a 中的成员 arr[i][j]的值。

函数运算符重载函数的左操作数一定是对象。对更多维数组的下标是否出界的检查方法与两维数组类同。

*13.2.4 成员选择运算符

成员选择运算符 -> 在 C++ 中也允许重载,但这种重载通常并没有实际意义,这里不作详细介绍。

*13.2.5 new 和 delete 运算符

new 和 delete 运算符分别用于动态申请存储空间和释放存储空间,这两个运算符使用起来相当方便,但对于一些特殊的应用场合,仍希望重载 new 和 delete 运算符,如希望将某一个对象存储在特定的存储空间中,并对删除对象的存储空间进行控制等。

重载 new 运算符的一般格式为:

```
void * CalssName::operator new (size_t size, <ArgList>)
{…}                                                    //函数体
```

其中,返回值是一个任意类型的指针(void *),第一个参数的类型必须是 size_t。在C++ 中 size_t 定义为:

```
type unsigned int size_t
```

即是一个无符号的整数类型,它表示要求分配存储空间的字节数,在头文件 stddef.h、mem.h、alloc.h、stdlib.h 中均有这种类型的定义,在重载 new 运算符时,可以包含这几个头文件中的任意一个。其余的参数可有可无,由实际应用的需要而定。通常,new 重载后,它的功能仍是分配 size 个字节的存储空间,并返回所分配空间的首地址。当然,这种重载是通过一个成员函数来实现的,在函数体内可做任何事情。

重载 delete 运算符的一般格式为:

```
void CalssName::operator delete (void * p, <size_t size>)
{…}                                                    //函数体
```

即该函数没有任何返回值，它至少要有一个参数，这个参数是一个任意类型的指针(void *),通常是用运算符 new 返回的指针;第二个参数是任选的,若有第二个参数,它的类型必须是 size_t。delete 重载后,它的功能仍是收回 p 所指向的存储空间。

有关这两个运算符的重载,说明以下三点。

(1) 重载运算符 new 和 delete 的函数必须是成员函数,不能是友元函数。

(2) 重载运算符 new 和 delete 的函数总是静态的成员函数。在 operator new 和 operator delete 的定义中,不管是否使用了关键字 static,编译程序总是将这两个重载的函数看成是静态的成员函数。

(3) operator new 和 operator delete 函数不能是虚函数。

例 13.10　重载 new 和 delete 运算符。

```
#include<iostream.h>

class C{
      float x,y;
   public:
      void Show( )
      {  cout<<"x="<<x<<'\t'<<"y="<<y<<'\n';}
      void * operator new(size_t s)                     //A
      {
            void * p=new char[s];
            cout<<"调用函数 new(size_t s),分配空间为:"<<s<<'\n';
            return p;
      }
      void * operator new(size_t s,float a,float b)     //B
      {
            C * p=(C *) new char [s];                    //调用 C++ 中预定义的 new
            p ->x=a;
            p ->y=b;
            cout<<"调用函数 new(size_t s,float a,float b),分配空间为:"<<s<<'\n';
            return p;
      }
      void operator delete (void * p)                    //C
      {
            delete (p);                                  //调用 C++ 中预定义的 delete
            cout<<"调用函数 delete(void * p)\n";
      }
};

void main(void)
{
      C *p1 , *p2;
      p1=new C;                                          //调用 C::operator new(size_t)
      p1 ->Show( );
      p2=new(10,50)C;                                    //调用 C::operator new(size_t,float,float)
      p2 ->Show( );
      delete p1;                                         //调用 C::operator delete (void * p)
      delete p2;                                         //调用 C::operator delete (void * p)
      p1=(C *)::new C;                                   //调用 C++ 中预定义的 new
      p1 ->Show( );
      ::delete p1;                                       //调用 C++ 中预定义的 delete
}
```

执行程序后,输出:

```
调用函数 new(size_t s),分配空间为:8
x=-4.31602e+008   y=-4.31602e+008
```

```
调用函数 new(size_t s,float a,float b),分配空间为:8
x = 10    y = 50
调用函数 delete(void * p)
调用函数 delete(void * p)
x = -4.31602e+008    y = -4.31602e+008
```

其中,第 2 行和第 7 行的输出值是随机的,因动态分配的存储空间没有赋初值。

从上例可以看出,执行重载运算符 new 时,第一个参数是由系统自动提供的,它根据给定的类型自动计算出该类型的字节数,并作为要分配的字节数。如例中的语句:

```
p1 = new C;
```

编译器先调用 A 行中定义的 new 重载函数:

```
operator new(sizeof (C));
```

然后调用类 C 的缺省的构造函数,并将返回值赋给 p1。对于主函数中的语句:

```
p2 = new(10,50)C;
```

先处理表达式 new(10,50)C。同样地,调用 B 行中定义的 new 重载函数:

```
operator new(sizeof(sizeof(C),10,50));
```

完成初始化后,将返回值赋给 p2。

在执行主函数中的表达式 delete p2 时,调用 C 行中定义的重载运算符 delete,并将 p2 作为函数的参数。

一旦在类中重载了这两个运算符,凡涉及到该类的动态内存空间的分配和释放,系统优先调用重载后的运算符。若希望使用 C++ 预定义的 new 和 delete 运算符,则在其前面要加上作用域运算符“::”。

在重载 new 运算符和 delete 运算符时,为了动态地分配和回收内存空间,仍要用到 C++ 中预定义的 new 和 delete 运算符,或者使用预定义函数 calloc( )动态分配存储空间和 free( )释放内存空间。

对于初学者,在没有完全理解如何重载这两个运算符之前,最好不要随便重载这两个运算符。一旦理解不正确,很容易出现运行错误。

最后需要说明的是,用友元函数实现的运算符重载,不会被派生类继承。用类的成员函数定义的转换函数和重载的运算符绝大多数都可以由派生类继承,在派生类中定义的转换函数和重载运算符函数将隐藏基类中定义的这些函数。成员函数 operator=( )比较特殊,除了它不能被派生类继承外,也不能将它说明为虚函数。其他类运算符和转换函数可以说明为虚函数,这种重载运算符的虚函数在派生类中被重新定义后,调用时和一般的虚函数一样产生多态性的行为。

赋值运算符 operator=( )不能被派生类继承的原因是,派生类的赋值语义除包含有基类的赋值语义之外,还增加有新的赋值语义(如增加新的成员)。由于派生类的赋值语义与基类中定义的赋值语义不一样,所以派生类不能继承基类中的赋值运算符 operator=( )。

13.3 字符串类

前面介绍的运算符重载的例子都比较简单,我们把定义一个字符串类作为重载运算符的综合应用。在C++中,系统提供的字符串处理能力比较弱,都是通过字符处理函数来实现的,并且不能直接对字符串进行加法、减法,字符串的拼接,字符串之间的相互赋值等操作。通过运用C++提供的运算符重载机制,可以提供对字符串的直接操作能力,使得对字符串的操作与对一般数据的操作一样方便。

在定义的字符串类中,重载"="运算符,以实现字符串的直接赋值;重载"+"运算符,以实现两个字符串拼接;重载"<"、">"、"=="运算符,以实现两个字符串之间的直接比较;同时也要定义一些转换函数,以便提供使用上的方便。当然,如果需要的话,还可以重载"+="等运算符。

例 13.11　实现字符串直接操作的字符串类。

```
//Ex13_11.h
#include <iostream.h>
#include <string.h>

class String{
  protected:
    int Length;                                     //字符串的长度
    char * Sp;                                      //指向字符串的指针
  public:
    String( ){Sp = 0;Length = 0;}                   //缺省的构造函数
    String(const String &);                         //以对象作为参数
    String(const char * s)                          //以一个字符串常量作为参数
    {
        Length = strlen(s);
        Sp = new char[Length + 1];
        strcpy(Sp,s);
    }
    ~String( )
    {if(Sp) delete [] Sp;}
    const char * IsIn(const char ) const;
    int IsSubStr(const char * ) const;
    void Show( )                                    //输出字符串
    {cout << Sp << '\n';}
    int GetLen( ){return Length;}                   //取字符串的长度
    char * GetString( ){return Sp;}                 //取字符串
    operator const char * ( ) const                 //转换函数
    {return (const char * ) Sp; }
    String & operator =(String &);
    friend String operator + (const String &,const String &);
    friend String operator - (const String &,const char * );
    int operator < (const String &) const;
    int operator > (const String &) const;
    int operator == (const String &) const;
};
```

```
String::String(const String &s)                        //参数为对象的构造函数
{
    Length = s.Length;
    if(s.Sp) {
        Sp = new char [Length + 1];
        strcpy(Sp,s.Sp);
    }
    else Sp = 0;
}

const char * String::IsIn(const char c) const          //A  字符c是否在字符串中
{
    char * p = Sp;
    while( * p)
        if( * p ++ = = c) return -- p;                 //字符c在字符串中
    return 0;                                          //字符c不在字符串中
}

int String::IsSubStr(const char * s) const             //s所指向的字符串是否为类中字符串的子串
{
    if(strstr(Sp,s)) return 1;                         //B
    else return 0;
}

String operator + (const String &s1,const String &s2)  //两个字符串相拼接
{
    String t;
    t.Length = s1.Length + s2.Length ;
    t.Sp = new char [t.Length + 1];
    strcpy(t.Sp,s1.Sp);
    strcat(t.Sp,s2.Sp);
    return t;
}

String operator - (const String &s1,const char * s2)   //C  见后面的说明
{
    String t;
    char * p1 = s1.Sp, *p2;
    int i = 0, len = strlen(s2);
    if(p2 = strstr(s1.Sp,s2)){
        t.Length = s1.Length - len ;
        t.Sp = new char[t.Length + 1];
        while(p1 <  p2)
            t.Sp[i ++ ] = * p1++ ;
        p1 += len;
```

```
        while(t.Sp[i++] = * p1++);
    }
    else {
        t.Length = s1.Length;
        t.Sp = new char [t.Length + 1];
        strcpy(t.Sp,s1.Sp);
    }
    return t;
}

int String::operator < (const String &s) const          //实现小于比较
{
    if(strcmp(Sp,s.Sp) < 0 ) return 1;
    else return 0;
}

int String::operator > (const String &s) const
{
    if(strcmp(Sp,s.Sp) > 0) return 1;
    else return 0;
}

int String::operator == (const String &s) const
{
    if(strcmp(Sp,s.Sp) == 0) return 1;
    else return 0;
}

String & String::operator = (String &s)
{
    if (Sp) delete []Sp;
    Length = s.Length;
    if (s.Sp) {
        Sp = new char [Length + 1];
        strcpy(Sp,s.Sp);
    }
    else Sp = 0;
    return * this;
}

//Ex13_11.cpp
void main(void )
{
    String s1("C++ 程序设计 "),s2,s3("学生学习 ");
    String s,s5;
```

```
    char * str = "students study C++  programming! ";
    s1.Show( );
    s2 = s1;                        //对象赋值
    s2.Show( );
    s = s3 + s2;                    //字符串拼接
    s.Show( );
    s5 = s - s1;                    //从 s 中删除 s1 中的字符串
    s5.Show( );
    String s6(str);
    s6.Show( );
}
```

执行程序后,输出:

```
C++ 程序设计
C++ 程序设计
学生学习 C++ 程序设计
学生学习
students study C++  programming!
```

对于程序中功能简单的函数,在程序中已作了注解,不作进一步的说明。下面对较难理解的函数作必要的说明。

A 行中的成员函数 IsIn(const char c)判断字符 c 是否包含在对象中的字符串中,若包含该字符,则返回指向包含字符的指针;若不包含,则返回 0(空指针)。

在 B 行中用到了一个字符串操作函数 strstr( )。该函数的原型在头文件 string.h 中的说明为:

```
char * strstr(const char * s1, const char * s2);
```

其功能是测试字符串 s2 是否是字符串 s1 的子串。若是,则返回字符串 s2 在 s1 中第一个字符的开始位置(字符型指针);否则,返回一个空指针。

C 行中函数 operator - (String &s1, char * s2)重载了"-"运算符,若 s2 所指向的字符串包含在对象 s1 中的字符串中时,则从 s1 中的字符串中删除包含 s2 所指向的字符串,并将删除后的字符串构成新的对象作为返回值。如设 s1 中的字符串为"STRING is ABCD",s2 所指向的字符串为"ABC",则运算后的字符串为"STRING is D"。若对象 s1 中不包含 s2 所指向的字符串,则运算的结果仍为 s1,返回 s1 的拷贝 t。

例 13.12　字符串操作演示程序。

```
//Ex13_12.cpp
# include "Ex13_11.h

class Str:public String {
  public:
    Str operator + (Str &s)
    {
        Str t;
        t.Length = Length + s.Length ;
        t.Sp = new char [t.Length + 1];
```

```
            strcpy(t.Sp,Sp);
            strcat(t.Sp,s.Sp);
            return t;
        }
        Str(char * s):String(s){ }
        Str(Str &s):String(s){ }
        Str( ):String( ) { }
        Str operator = (Str &s)
        {
            if(Sp) delete [] Sp;
            Length = s.Length;
            if (s.Sp) {
                Sp = new char [Length + 1];
                strcpy(Sp,s.Sp);
            }
            else Sp = 0;
            return * this;
        }
    };

    void main(void)
    {
        Str s1("C++ 程序设计 "),s2("学生学习 "),s;
        Str s3(s2),s5;
        s1.Show( );
        s5 = s1;                                            //对象赋值
        s3.Show( );
        cout << "s2 = " << s2 << '\n';                      //A
        s = s3 + s1;                                        //字符串拼接
        s.Show( );
        cout << "p = " << s1.IsIn('+') << '\n';
    }
```

在头文件 Ex13 _ 11.h 的类 String 中,虽然用成员函数重载了“ = ”运算符,由于在派生类中不能继承,在派生类 Str 中必须重载“ = ”运算符。在类 String 中,用友元函数重载了“ + ”运算符,因不能被 Str 所继承,在 Str 中重载了“ + ”运算符。A 行中用到了从基类中继承过来的转换函数。

当对象参与运算时,C++ 编译器首先查看该运算符是否为用成员函数重载的运算符,若是,则调用相应的函数来实现这种运算;若不成立,C++ 编译器试图将运算符作为友元运算符;若仍不成立,C++ 编译器试图用类中定义的转换函数将对象转换为其他类型的操作数进行运算;若仍不成立,则 C++ 编译器将给出错误信息。

练　习　题

1.什么是运算符重载?

2.用成员函数实现运算符重载与用友元函数实现运算符重载,在定义和使用上有什么不同?

3.C++ 中的所有运算符是否都可以重载? 凡是能用成员函数重载的运算符是否均能用友元函数实现重载?

4.转换函数的作用是什么?

5.定义一个复数类,通过重载运算符:=、+=、-=、+、-、*、/、==、!=,直接实现两个复数之间的各种运算。编写一个完整的程序(包括测试各种运算符的程序部分)。

6.定义一个学生类,数据成员包括:姓名,学号,C++、数学和物理的成绩。重载运算符“<<”和“>>”,实现学生类对象的直接输入和输出。增加转换函数,实现姓名和总成绩的转换。设计一个完整的程序,验证成员函数和重载运算符的正确性。

7.定义描述平面上一个点的类 point,重载“++”和“--”运算符,并区分这两种运算符的前置和后置运算。构成一个完整的程序。

8.定义一个指向字符串的指针数组,重载下标运算符,实现下标是否出界的检查。

9.通过重载函数调用运算符,完成三维数组下标的合法性检查。三维数组的类型可为整型或实型。

10.完善字符串类,增加以下运算符的重载:+=、-=、==、!=。在主函数中侧重检查重载运算符的正确性。

第 14 章

输入/输出流类库

输入/输出(Input/Output,简称 I/O)是指程序与计算机的外部设备之间进行信息交换。输出操作将一个对象转换为一个字符序列,输出到某一个地方;输入操作从某一个地方接收一个字符序列,然后将其转换为对象所要求的格式赋给对象。接收输出数据的地方称为目的,输入数据来自的地方称为源。输入/输出操作可以看成是字符序列在源和目的之间对象的流动。因此,将执行这个输入/输出操作的类体系称为流类,提供这个流类实现的系统称为流类库。C++ 提供了功能强大的流类库。本章主要介绍流类库提供的格式化输入/输出和文件的输入/输出。

14.1 概　　述

在 C++ 中,没有专门的输入/输出语句,为了方便用户灵活地实现输入/输出,C++ 提供了两套输入/输出方法:一套是为了与 C 语言保持兼容,提供了与 C 语言兼容的输入/输出库函数。在 C++ 程序中不提倡使用这种库函数来实现输入/输出。另一套是功能强大的输入/输出流类库。为了保持 C++ 面向对象编程的特色,建议在 C++ 程序中使用输入/输出流类库。

14.1.1 流(Stream)

C++ 语言的输入/输出系统向程序设计者提供一个统一的接口,使得程序的设计尽量与所访问的具体设备无关,在程序员与被使用的设备之间提供了一个抽象的界面——流。

当前为计算机配备的输入/输出设备各式各样,对不同的输入/输出设备,其输入/输出的操作方式不同。为了简化这种因设备而异的操作方式,C++ 提供了逻辑设备的概念。对任一逻辑设备而言,基本的操作只有两种:从逻辑设备上读取数据,将数据写入逻辑设备。用户很容易掌握这种逻辑设备的简单操作方式。而将逻辑设备的操作转换成具体设备的输入/输出操作由流自动完成。从用户使用逻辑设备的角度而言,所有逻辑设备的行为是相同的,接口是一致的。用户用同一个写操作的成员函数可以实现对一个磁盘文件的写操作,也可以实现将输出信息送向显示器显示,还可实现将输出信息送打印机打印。

C++ 提供了两种类型的流:文本流和二进制流。文本流是一串 ASCII 字符。如源程序文件和文本文件(如文字处理软件产生的数据文件)都是文本流,这种文本流可以直接输出到显示器或送到打印机上打印。二进制流是将数据以二进制形式存放的,这种流在数据传输时不需作任何变换。

使用流类库来完成输入/输出,比使用传统语言中的库函数至少有两个方面的优点:首先是流具有严格的类型检查机制,可减少因使用不当而引起的程序错误;另一方面,流是面向对象的，可以利用类的继承性和多态性，给用户提供统一的接口，因而使用较少的成员函数就能实现更多的功能。

14.1.2 文件

流是 C++ 对所有的外部设备的逻辑抽象，而文件则是 C++ 对具体设备的抽象。如一个源程序可作为一个文件，一个描述类的数据结构、一个可执行程序、一台显示器、一台打印机等都可看作为一个文件。把设备看作文件，用户只要掌握使用文件的方法，就可以使用具有不同特性的设备。对于流，其使用行为是相同的，而不同文件可能具有不同的行为，即允许执行不同的操作。如对于磁盘文件，可以将数据写入文件中，也可以将数据从文件中取出；而对于打印机文件，只能将数据写入文件，而不能从打印机文件中读取数据。

14.1.3 缓冲

系统在主存中开辟一个专用的区域用来临时存放输入/输出信息，如先将源输入的信息送到该区域，然后从该区域中取出数据。系统在主存中开辟的这种区域称为缓冲区。

输入/输出流可以是缓冲的，也可以是非缓冲的。对于非缓冲流，一旦数据送入流中，立即进行处理；而对于缓冲流，只有当缓冲区满时，或当前送入的数据为新的一行字符时，系统才对流中的数据进行处理(称为刷新)。引入缓冲的目的主要是为了提高系统的效率，因为输入/输出设备的速度要比 CPU 慢得多，频繁地与外设交换信息必将占用大量的 CPU 时间，从而降低程序的运行速度。使用缓冲后，CPU 只要从缓冲区中取数据或者把数据写入缓冲区，而不要等待设备具体输入/输出操作的完成。通常情况下使用缓冲流，但对于某些特殊场合，也可使用非缓冲流。

14.2 C++ 的基本流类体系

在前面的程序中，基本上都包含了头文件“iostream.h”，该头文件说明了 C++ 语言中的一个基本的流类体系，为 C++ 程序设计中的输入/输出提供了强有力的支持。

14.2.1 基本流类体系

C++ 中的流类库由几个进行输入/输出操作的基类和几个支持特定种类的源和目的的输入/输出操作的类组成。图 14-1 给出了 C++ 中输入/输出的基本流类体系。

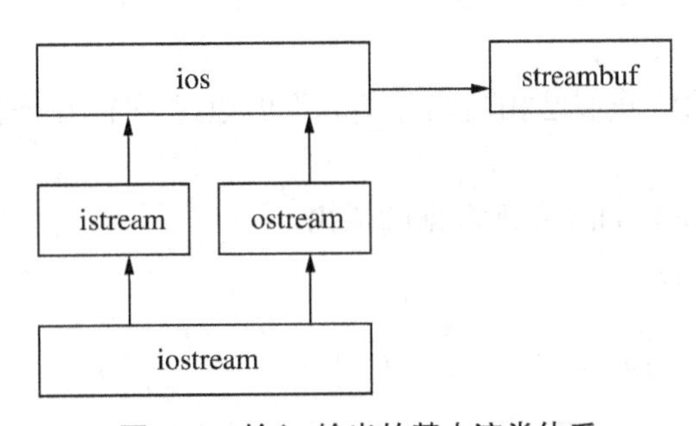

图 14-1 输入/输出的基本流类体系

该流类体系在头文件“iostream.h”中作了说明。类 ios 为所有其他流类的基类，其他流类均由该类派生出来；streambuf 不是 ios 类的派生类，只是在类 ios 中有一个指针成员，它指向类 streambuf 的一个对象。类 streambuf 的作用是管理一个流的缓冲区。通常，只用到类 ios、istream、ostream 和 iostream 中所提供的公共接口来进行输入/输出操作。类 ios 是类istream 和 ostream 的虚基类，它提供了对流进行格式化输入/输出操作和错误处理的成员函数。类 istream 和 ostream 均是类 ios 的公有派生类，前者提供完成输入操作的成员函数，而后者提供完成输出操作的成员函数。类 iostream 是由类 istream 和 ostream 公有派生的，该类并没有提供新的成员函数，只是将类 istream 和 ostream 组合在一起，以支持一个流，既可完成输入操作，又可完成输出操作。

14.2.2 预定义的标准流与提取和插入运算符

在 C++ 的输入/输出流类库中定义了四个流：cin、cout、cerr 和 clog。由类 istream 公有派生出类 istream _ withassign，cin 是类 istream _ withassign 的对象。由类 ostream 公有派生出类 ostream_ withassign，cout，cerr 和 clog 都是类 ostream _ withassign 的对象。需要了解派生细节的读者可参看“istream.h”、“ostream.h”和“iostream.h”头文件。这四个对象流称为标准流。一旦用户程序中包含了头文件“iostream.h”，编译器调用相应的构造函数，产生这四个标准流，用户在程序中就可以直接使用这四个对象流了。

流是一个抽象的概念，当进行实际的输入/输出操作时，必须将流和一种具体的物理设备联系起来。流 cin 和 cout 分别称为标准输入流和标准输出流。在缺省的情况下，前者所联系的设备为键盘，实现从键盘输入数据；而后者所联系的设备为显示器，实现将信息输出到显示器上显示。流 cerr 和 clog 称为标准错误信息输出流(简称为输出流)，在缺省的情况下，两者都对应于显示器。这四个标准流中，除了 cerr 为非缓冲流外，其余的三个流均为缓冲流。

标准流通过重载“ >> ”和“ << ”运算符，执行输入/输出操作。执行输入操作可看作从流中提取一个字符序列，因此将“ >> ”运算符称为提取运算符。输出操作看作向流中插入一个字符序列，因此将“ << ”运算符称为插入运算符。cin 使用提取运算符“ >> ”实现数据的输入，其余三个标准流使用插入运算符“ << ”实现数据的输出。

用这四个标准流进行输入/输出时，系统自动地完成数据类型的转换。对于输入流，要将输入的字符序列形式的数据变换成计算机内部形式的数据(二进制数或 ASCII)后，再赋给变量，变换后的格式由变量的类型确定。对于输出流，将要输出的数据变换成字符串形式后，送到输出流(文件)中。

对于 cin 和 cout 的用法我们已相当熟悉了。下面通过一个例子来说明另外两个流的使用方法。

例 14.1　使用流 cerr 和 clog 实现数据的输出。

```
# include < iostream.h >
void   main(void)
{
    cerr << "输入 i 的值：";
    int i;
```

```
    cin >> i;
    clog << "i * i = " << i * i << '\n';
}
```

在上例中,可用 cout 代替 cerr 和 clog,作用完全相同。作为输出提示信息或显示输出结果来说,这三个输出流的用法相同。不同之处在于:流 cout 允许输出重定向(有关输入/输出的重定向,请参看有关操作系统的书),而 cerr 和 clog 不允许输出重定向。通常,将程序中提示输入数据的信息用流 clog 来实现,提示错误信息用流 cerr 来实现,而输出的结果数据用流 cout 来实现。

14.2.3 流的格式控制

前面介绍的标准输入/输出流的使用,仍有许多不足之处。例如,为一个整型变量输入数据时,输入的数只能是十进制、八进制或十六进制数;输出数据时,只能用十进制数输出,不能按八进制或十六进制输出一个整数;在制表输出数据时,不能指定每一个输出的数据占用的宽度(占用的字符个数)。这些都属于流的格式控制。格式化输入/输出仅适用于输入/输出的文本流,二进制输入/输出流是不能指定输入/输出格式的。C++ 标准的输入/输出流提供了许多格式控制,限于篇幅,本书只介绍常用的格式控制方法。

1. 预定义的格式控制函数

C++ 提供了 13 个预定义的格式控制函数,可直接用于控制输入/输出数据的格式。表 14-1 列出了格式控制函数,并简要地说明了格式控制函数的功能及适用于输入/输出流类的情况。

表 14-1　C++ 中预定义的格式控制函数

格式控制函数名	功　　能	适用于输入、输出流
dec	设置为十进制	I/O
hex	设置为十六进制	I/O
oct	设置为八进制	I/O
ws	提取空白字符	I
endl	插入一个换行符	O
flush	刷新流	O
resetioflags(long)	取消指定的标志	I/O
setioflags(long)	设置指定的标志	I/O
setfill(int)	设置填充字符	O
setprecision(int)	设置实数的精度	O
setw(int)	设置宽度	O
ends	插入一个表示字符串结束的 NULL 字符	

这些预定义的格式控制函数均在头文件“iomanip.h”中作了定义,因此当要使用这些格式控制函数时,必须在程序中包含该头文件。

例 14.2　使用格式控制函数实现指定域宽和数制。

```
# include < iostream.h >
# include < iomanip.h >

void main(void)
{
    int a = 256, b = 128;
    cout << setw(8) << a << "b = " << b << '\n';           //A
    cout << hex << a << "b = " << dec << b << '\n';        //B
}
```

A 行指定输出 a 的域宽为 8，b 按缺省的域宽输出。B 行指定 a 按十六进制输出，b 按十进制输出。

应当说明的是，setw 设置的域宽仅对其后的一次插入起作用；而 hex、dec、oct 的设置是互斥的，一旦设置后一直延续到下一次设置数制时均有效。

2. 使用缓冲区

除 cerr 是非缓冲流外，cin、cout 和 clog 都是缓冲流。对于缓冲的输出流来说，仅当输出缓冲区满时，才将缓冲区中的信息输出。对于输入缓冲区，仅当输入一行后，才开始从缓冲区中取数据。当希望把输出信息送到缓冲区后立即输出时，必须强制刷新输出流，告诉系统，立即将缓冲区中的输出信息送到与流相联系的设备上输出。刷新输出流可用函数 flush 来实现。

例 14.3　输出的信息在显示器上不显示。

```
# include < iostream.h >
# include < iomanip.h >

void main(void )
{
    double   num = -234567987;
    cout << "num = " << num << '\n';
    cout << setprecision(10) << "num = " << num << '\n';    //A
    int   * p;
    * p = 34567;                                            //B
    cout << * p << '\n';                                    //C
    delete   p;                                             //D
}
```

执行这个程序时，产生运行错误，显示器上只显示出错信息，用 cout 输出的信息都在缓冲区中，并没有送到显示器上显示。显然 B 行中的赋值是不对的，执行 D 行时出现运行错误。为了将缓冲区中的信息显示出来，只要将 A 行改为

```
cout << setprecision(10) << "num = " << num << flush;
```

当执行到 flush 时，无条件地将缓冲区中的输出信息送显示器显示。

3. 流的错误处理

在输入/输出过程中，C++ 输入/输出流类一旦发现操作错误，就将发生的错误记录下来，

程序设计者可使用 C++ 提供的错误检测功能,检测发生错误的原因和性质。在类 ios 中说明了一个名为 io _ state 公有枚举类型,它的定义为

```
enum io _ state{
    goodbit = 0x00,                    //输入/输出操作正常
    eofbit = 0x01,                     //已到达文件尾
    failbit = 0x02,                    //输入/输出操作出错
    badbit = 0x04                      //非法输入/输出操作
};
```

其中,状态为 goodbit 时,表示当前流的输入/输出正常;状态为 eofbit 时,表示从输入流中取数据时,已到达文件尾,流中已无数据可取;状态为 failbit 时,表示输入/输出过程中出现了错误,如输入的应是一个整数,而在流中却是一个字符或字符串;状态为 badbit 时,表示出现了非法的输入/输出操作,如向只能读的文件中写数据,或从只能写的文件中读取数据。

每当发生一次输入/输出操作错误时,系统根据当前这次输入/输出的实际情况,设置状态位。程序设计者可以使用类 ios 中提供的几个成员函数来读取状态,并根据状态是否正常作出相应的处理。这些成员函数是:

```
int  ios::rdstate() const { return state; }
int  ios::bad() const { return state & badbit; }
void ios::clear(int _ i = 0){ state = _ i; }
int  ios::eof() const { return state & eofbit; }
int  ios::fail() const { return state & (badbit | failbit); }
int  ios::good() const { return state = = 0; }
```

函数 rdstate 读取输入/输出状态字;当状态字的 badbit 位为 1 时,函数 bad 返回值为非零值(4),否则返回值为 0;函数 clear 用来清除流中的错误,参数的缺省值为 0;函数 eof 用来判断是否到达文件的尾,若到达文件尾,则返回非零值,否则返回 0;当流出现输入/输出操作错误或非法的输入/输出操作时,函数 fail 返回非零值,否则返回 0;当流输入/输出操作正常时,函数 good 返回 0,否则返回 1。若要清除状态字中的某一个状态位,则可使用如下形式的 clear:

```
cin.clear(cin.rdstate()& ~ios::badbit);
```

则将流中的非法输入/输出操作位置为 0;若要将输入流中的非法输入/输出操作位置为 1,则为:

```
cin.clear(cin.rdstate()|ios::badbit);
```

通常,在进行一次输入/输出操作后,程序都要检测是否发生了输入/输出错误。一旦发生了输入/输出错误,在对错误作出处理后,必须使用函数 clear 来清除流中的错误,以便接着进行输入/输出操作。

注意,不适当的输入/输出检测可能导致程序不能正常运行。

例 14.4 输入不正确的数据时,导致程序出错。

```
#include <iostream.h>

void  main(void )
{
    int i,s;
```

```
    cout << "输入一个整数：";
    cin >> i;
    s = cin.rdstate();                                  //A
    cout << "s = " << s << '\n';
    while(s){
        cin.clear();                                    //B
        cout << "非法的输入,重新输入一个整数：";
        cin >> i;                                       //C
        s = cin.rdstate();
    }
    cout << "num = " << i << '\n';
}
```

该程序检测输入的数据是否为整数,若不是,则要求重新输入。在程序运行时,输入一个字符或一个字符串将导致程序的死循环。因为从输入流中提取整数值时,发现是字符或字符串,则不从缓冲区中提取字符,仅设置非法输入/输出操作错误。A 行得到的 s 值为 2。尽管在 while 循环中清除了错误状态位(B 行),但并没有清除输入流中仍在缓冲区中的字符或字符串。执行 C 行时,又从缓冲区提取整数,发现是字符或字符串,则不提取字符仅置错误状态标志。这必然导致输入流不能正常工作,而产生死循环。

例 14.5　输入不正确的数据时,取完缓冲区中的字符。

```
# include < iostream.h >

void main(void)
{
    int   i,s;
    char str[80];
    cout << "输入一个整数：";
    cin >> i;
    s = cin.rdstate();
    cout << "s = " << s << '\n';
    while(s){
        cin.clear();
        cin.getline(str,80);                 //取完缓冲区中的字符或字符串
        cout << "非法的输入,重新输入一个整数：";
        cin >> i;
        s = cin.rdstate();
    }
    cout << "num = " << i << '\n';
}
```

当出现输入/输出错误时,通过读入一个字符串来取出输入流缓冲区中的所有字符或字符串,接着给出提示信息后重新输入。该程序在执行期间,输入不正确的数据时,程序均能正确执行。

14.3　标准设备的输入/输出

在第3章中介绍了数据的基本输入/输出方法，在前一节中介绍了按指定的数制进行输入/输出和利用格式控制函数实现格式控制输出。实际上C++的输入/输出流提供了多种输入/输出手段，以适应各种程序设计的需要。本节集中介绍使用标准输入/输出流时要注意的问题以及实现输入/输出的各种成员函数的使用方法。

数据的输入/输出可以分为三大类：字符类、字符串类和数值（整数、实数和双精度数）类。每一类又可以分为多种类型，如长整型、短整型、有符号型和无符号型等。不同类型数据的输入是由类istream通过多次重载“>>”运算符来实现的。不同类型数据的输出是由类ostream通过多次重载“<<”运算符来实现的。

14.3.1　不同类型数据的输入

在C++中，允许用户自行定义类istream的对象，但只要程序中包含头文件“iostream.h”，系统自动为该程序产生输入流cin和输出流cout。通常用户只要利用流cin就可完成不同类型数据的输入。下面通过示例来说明使用cin时要注意的事项。

例14.6　使用cin的示例。

```
# include < iostream.h >

void  main(void )
{
     int  i,j;
     cout << "输入一个整数(十进制): ";
     cin >> i;                                    //提取十进制数
     cout << "输入一个整数(十六进制): ";
     cin >> hex >> j;                             //提取十六进制数
     cout << "i = " << hex << i << '\n';
     cout << "j = " << oct << j << '\n';
}
```

程序执行时，设输入的两个数为256和ff。可以在一行内输入也可以分为两行输入，程序都能正确执行。但当输入“r　ff”时，程序的输出为：

```
i = 0
j = 31376764
```

显然，当输入的数据格式与要提取的数据格式不一致时，程序肯定输出错误的结果。在使用cin输入数据时，要注意以下几点。

(1) cin是缓冲流，把用户输入的数据送到缓冲区中，仅当输入一行的结束符（Enter键）时，才开始进行提取数据的处理，只有把输入缓冲区中的数据提取完后，才开始要求新的输入。如上面的两个输入数，在一行内输入或在两行内输入，均可正确提取。

(2) 输入数据时，在缺省的情况下，把空格作为数据之间的分格符，在输入的数据之间可以用一个或多个空格分开。例如：

```
char  c1,c2,str1[80];
cin >> c1 >> c2 >> str1;
```

则输入给变量 c1 和 c2 的字符不能是空格，输入给 str1 的字符串中也不能包含空格。

(3) 输入的数据类型必须与对应要提取的数据类型(变量类型)一致，否则会出现错误。这种错误只是在流的状态标志字中置位，并不终止程序的执行。若程序中没有相应的出错处理程序，则导致计算结果不正确。如上例中当输入

```
r  ff
```

在为变量 i 提取值时，遇到字符 r，认为输入的整数已结束，把 0 赋给变量 i，而输入流中的字符 r 仍没有处理。当从输入流中为变量 j 提取数据时，仍提取到字符 r，导致赋给变量 j 的值不正确。

(4) 在输入数据时，换行符(Enter 键)起两方面的作用：一方面告诉系统，已输入到缓冲区中的数据可以进行提取操作了；另一方面，从输入流中提取数据时，它也作为空格字符处理。例如：

```
int  i,j,k;
cin >> i >> j >> k;
```

当输入的数据为：

```
1    3    6 <Enter 键>
```

或分三行输入：

```
1 <Enter 键>
3 <Enter 键>
6 <Enter 键>
```

都是将 1、3、6 分别赋给变量 i、j、k。两者的效果相同。

14.3.2 输入操作的成员函数

当希望把输入的空格也作为一个字符赋给字符变量或者把所要输入的包含空格的字符串赋给字符数组时，显然采用前面的输入方法已很难解决。解决这种问题的方法是利用类 istream 中的成员函数。常用的输入字符或字符串的成员函数有：

```
int   istream::get();                                            //A
istream&   istream::get(char &);                                 //B
istream&   istream::get(unsigned char &);                        //C
istream&   istream::get(signed char &);                          //D
istream&   istream::get(char *, int, char = '\n');               //E
istream&   istream::get(unsigned char *, int, char = '\n');      //F
istream&   istream::get(signed char *, int, char = '\n');        //G
istream&   istream::getline(char *, int, char = '\n');           //H
istream&   istream::getline(unsigned char *, int, char = '\n');  //I
istream&   istream::getline(signed char *, int, char = '\n');    //J
```

A 行的函数从输入流中提取一个字符，并将所提取的字符作为返回值。B、C、D 行的三个函数的功能是相同的，都是从输入流中提取一个字符，并将提取的字符赋给输入参数的字符变量。E、F、G 行的三个函数的功能是相同的，都是从输入流中提取一个字符串，并将提取的字

符串赋给第一个输入参数(指向字符串的指针)所指向的存储区;第二个参数为至多提取的字符个数(指定值为 n 时,至多提取 n-1 个字符,尾部增加一个字符串结束符);第三个参数为结束字符,缺省值为换行符。当给出该字符时,依次从输入流中提取字符,当遇到该结束字符时,则结束提取字符的工作。H、I、J 行的三个函数的功能相同,均从输入流中提取一个输入行,把输入行作为一个字符串送到第一个参数所指向的存储区。三个参数的作用与前三个函数相同。

这些函数可以从输入流中提取任何字符,包括空格字符。

例 14.7　读取字符和字符串。

```
#include <iostream.h>

void   main(void)
{
      char   c1,c2,c3;
      char str1[80],str2[100];
      cout << "输入三个字符:";
      c1 = cin.get();
      cin.get(c2);
      cin.get(c3);
      cin.get();                                          //A
      cout << "输入第一行字符串:";
      cin.get(str1,80);
      cin.get();                                          //B
      cout << "输入第二行字符串:";
      cin.getline(str2,80);                               //D
      cout << "c1 = " << c1 << '\t' << "c2 = " << c2 << '\t' << "c3 = " << c3 << '\n';
      cout << "str1 = " << str1 << "\nstr2 = " << str2;
}
```

执行程序时,依次输入

```
abc <Enter 键>
computer part. <Enter 键>
operater   systems <Enter 键>
```

则程序的输出为

```
c1 = a   c2 = b   c3 = c
str1 = computer part.
str2 = operater   systems
```

使用以上成员函数时要注意以下两点。

(1) 用 get 函数提取字符或字符串时,要单独提取换行符。如程序中的 A 行和 B 行都是从输入流中提取换行符。否则,当输入"abc <Enter 键>"后,分别将这三个字符赋给三个字符变量,换行符仍在缓冲区中。当执行 cin.get(str1,80)时,因缓冲区不空,仍从缓冲区中提取数据,提取时遇到换行符,则结束提取字符串。这时将空串赋给 str1。由于换行符仍在输入流的缓冲区中,执行语句 cin.getline(str2,80)时,提取时又遇到换行符,又将空串赋给 str2。

当使用其他的字符作为输入的结束字符时,也要作类似的处理。

(2) 用 getline 函数提取字符串时,当实际提取的字符个数小于第二个参数指定的字符个数时,则将输入流中的表示字符串结束的字符也提取出来,但不保存它。

除上面列出的常用的成员函数外,另外还有如下两个成员函数:

```
istream&  istream::ignore(int = 1,int = EOF);
int  istream::gcount() const { return x_gcount; }
```

函数 ignore 从输入流中提取由第一个参数所规定的字符个数,其缺省值为 1;第二个参数为要提取的结束字符,对提取的字符不保存,不作处理,这里包括把指定的结束字符从缓冲区中提取出来。其作用是空读输入流中的若干个字符。第二个参数的缺省值为文件结束标志,EOF 在头文件"iostream.h"中定义为 -1。若从键盘上输入时,应按【Ctrl】+【Z】键。

函数 gcount 返回最近一次提取的字符个数。

例 14.8 使用函数 gcount 和 ignore。

```
#include <iostream.h>

void  main(void)
{
    char c1, str1[100];
    int num;
    cout << "输入一个字符:";
    cin.get(c1);
    cin.ignore(80,'\n');                              //A
    cout << "输入第一行字符串:";
    cin.getline(str1,80);
    num = cin.gcount();
    cout << "c1 = " << c1 << '\n';
    cout << "str1 = " << str1 << '\n';
    cout << "num = " << num << '\n';
}
```

A 行把输入行中的其余字符取空,以便后面的输入从新的一行开始。程序执行时,若输入以下两行:

```
abcd  Abort
computer depart.
```

则输出结果如下:

```
c1 = a
str1 = computer depart.
num = 17
```

14.3.3 不同类型数据的输出

不同类型数据的输出是通过类 ostream 的对象使用重载运算符"<<"进行插入操作来实现的。C++ 有标准输出流 cout、cerr 和 clog。通常情况下,使用这三个标准输出流可完成各种类型的数据输出。用户也可以自己定义输出流。

标准输出流输出整数时，缺省的设置为：数制为十进制、域宽为0、数字右对齐、以空格填充。输出实数时，缺省的设置为：精度为六位小数、浮点输出、域宽为0、数字右对齐、以空格填充。当输出的实数的整数部分超过七位或有效数字在小数点右边第四位之后时，则转换为科学计数法输出。输出字符或字符串时，缺省的设置为：域宽为0、字符右对齐、以空格填充。域宽为0的含义是按数据的实际占用的字符位数输出，在输出的数据之间没有空格。

前面已多次使用标准输出流，这里不再举例说明了。

14.3.4 输出字符的成员函数

在类 ostream 中定义了几个成员函数，用户可以使用这些成员函数来输出字符。部分成员函数如下：

```
ostream&  ostream::put(char);
ostream&  ostream::put(unsigned char);
ostream&  ostream::put(signed char);
ostream&  ostream::flush();
```

前三个成员函数的功能是相同的，其参数是要输出的字符。例如：

```
int  i=96;
cout.put((char)i);
```

成员函数 flush 刷新一个输出流。例如：

```
cout.flush();
```

对于标准输出流，通常只有 cout 和 clog 需要调用 flush 来强制刷新输出流的缓冲区。

14.3.5 重载提取和插入运算符

在 C++ 中允许用户重载运算符“<<”和“>>”，以便用户利用标准的输入/输出流来输入/输出自行定义的数据类型，实现对象的输入和输出。在重载这两个运算符时，在用户自定义的类中，将重载这两个运算符的函数说明为该类的友元函数。

重载提取运算符的一般格式为：

```
friend  istream& operator>>(istream  &,ClassName &);
```

函数的返回值必须是对类 istream 的引用，这是为了在 cin 中可以连续使用“>>”运算符。函数的第一个参数也必须是类 istream 的引用，它将作为运算符的左操作数；第二个参数为用户自定义类的引用，并作为运算符的右操作数。

重载插入运算符的一般格式为：

```
friend  ostream& operator<<(ostream  &,ClassName &);
```

函数的返回值必须是对类 ostream 的引用，这是为了在 cout 中可以连续使用“<<”运算符。第一个参数也必须是类 ostream 的引用，它将作为“<<”运算符的左操作数；第二个参数为用户自定义类的引用(也可以是类的对象)，并作为“<<”运算符的右操作数。

例 14.9 重载提取和插入运算符，实现对象的输入和输出。

```
#include<iostream.h>
class Money{
    int Dollar,Cents;
  public:
```

```
    friend  ostream& operator << (ostream&, Money&);
    friend  istream& operator >> (istream&, Money&);
    Money(int m = 0, int c = 0){ Dollar = m; Cents = c; }
};

ostream& operator << (ostream& os, Money& m)
{
    os << "¥" << m.Dollar << "元" << '\t' << m.Cents << "分" << '\n';
    return os;
}

istream& operator >> (istream& is, Money& m)
{
    is >> m.Dollar >> m.Cents;
    return is;
}

void  main(void)
{
    Money  m1(200,55), m2;
    cout << "输入两个整数元、分(int int ):";
    cin >> m2;                                          //A
    cout << m1 << m2;                                   //B
}
```

执行程序时,若输入数据为:

125 56

则程序的输出为:

¥200元 55分

¥125元 56分

经重载提取和插入运算符后,实现了对象的直接输入和输出。对于A行中表达式cin >> m2,编译器将其变换为:

m2.operator >> (cin,m2)

通过调用重载运算符函数来实现对象m2的各个成员的输入。对于B行中的表达式cout << m1,编译器将其变换为:

m1.operator << (cout,m1)

从该例可以看出,不管如何重载"<<"和">>"运算符,要实现数据的输入和输出,在重载运算符的函数体内,还是要通过cin和cout来完成数据的输入和输出。

14.4 文件流

在C++中,"文件"有两种含义,一种是指一个具体的外部设备,如可以把打印机看作一个文件,也可以把显示器看作一个文件;另一种是指一个磁盘文件。本节讨论磁盘文件的建立、打开、读写和关闭等操作。

14.4.1 C++ 文件概述

文件是一组有序的数据集合。文件通常存放在磁盘上，每一个文件有一个文件名。文件名通常由字母开头的字母数字序列所组成。在不同的计算机系统中文件名的组成规则是不同的。

在 C ++ 语言中，根据组成文件实体的数据格式，可将文件分为两种：一种是二进制文件，它包含了二进制数据；另一种是文本文件(也称为 ASCII 码文件)，它由字符序列组成。

使用文件的方法基本上是统一的，首先打开一个文件，然后从文件中读取数据或将数据写入到文件中。当以某一种形式的数据写入到一个文件后，再从该文件中读取数据时，只有按写入的方式依次读取数据，读取的数据才是正确的，否则读取的数据是不正确的。换言之，从文件中读取数据的类型是否正确，系统是无法检查的。由读写文件的数据类型不正确造成的错误，C ++ 编译程序是不管的，程序设计者必须保证从文件中依次取出的数据与原先写入的数据类型一致。最后，当不再使用文件时，要关闭该文件。

C++ 通过对标准输入/输出流类的进一步扩展，提供了很强的文件处理能力，使得程序设计者在建立和使用文件时，就像使用 cin 和 cout 一样方便。

14.4.2 C++ 的文件流类体系

C++ 在头文件“fstream.h”中定义了 C++ 的文件流类体系，其体系结构如图 14-2 所示。当程序中使用文件时，要包含头文件“fstream.h”。

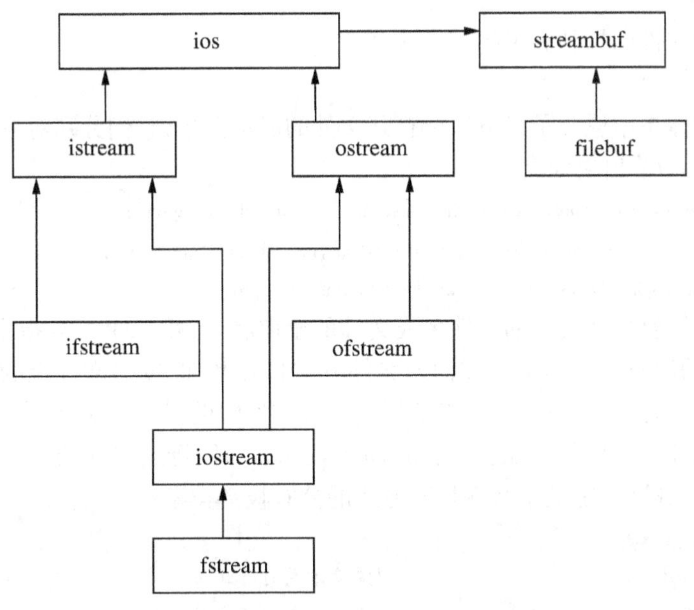

图 14-2　C++ 预定义的文件流类体系

在文件流类体系中，类 filebuf 用于管理文件的缓冲区，应用程序中一般不涉及该类。类 ofstream 由类 ostream 公有派生而来，它实现把数据写入到文件中的各种操作。类 ifstream 由类istream公有派生而来，它支持从输入文件中提取数据的各种操作。类 iostream 由类 istream

和类 ostream 公有派生而来,实现数据的输入和输出。类 fstream 由类 iostream 公有派生而来,它提供从文件中提取数据或把数据写入文件的各种操作。

14.4.3 文件的打开与关闭

在 C++ 中,对文件的操作与对键盘和显示器的输入/输出不一样,并没有预定义的文件流类供直接使用。要使用一个文件流时,必须在程序中先打开一个文件,其目的是将一个文件流类与某一个磁盘文件联系起来;其后,使用文件流类提供的成员函数,将数据写入到文件中或从文件中读取数据;当不再使用该文件流时,关闭已打开的文件,将该磁盘文件与文件流类已建立的关系脱离。C++ 中使用文件的方法可概括为以下几点。

(1) 说明一个文件流对象。它只能是类 ifstream、ofstream 或 fstream 的对象。例如:

```
ifstream   infile;
ofstream   outfile;
fstream   iofile;
```

(2) 使用文件流类的成员函数或者构造函数,打开一个文件。打开文件的作用是在文件流对象与要使用的文件名之间建立联系。例如:

```
infile.open("myfile1.txt");
outfile.open("myfile2.txt");
```

(3) 使用提取运算符、插入运算符或成员函数对文件进行读写操作。例如:

```
infile >> ch;
```

(4) 使用完文件后,使用成员函数关闭文件。例如:

```
infile.close();
```

下面先讨论文件的打开和关闭。

1. 打开文件

在文件流类体系中说明了以下三个打开文件的成员函数,它们分别对应于输入文件流、输出文件流和输入/输出文件流:

```
void   ifstream::open(const char *, int = ios::in, int = filebuf::openprot);
void   ofstream::open(const char *, int = ios::out, int = filebuf::openprot);
void   fstream::open(const char *, int, int = filebuf::openprot);
```

其中第一个参数为要打开文件的文件名或文件的全路径名;第二个参数指定打开文件的方式,输入文件流的缺省值 ios::in 为按输入文件方式打开文件,输出文件流的缺省值 ios::out 为按输出文件方式打开文件;第三个参数指定打开文件时的保护方式,该参数与具体的操作系统有关,一般情况下只要使用缺省值 filebuf::openprot,而不要给出实参。

在头文件"ios.h"中,定义了文件打开方式的公有枚举类型:

```
enum open_mode {
    in = 0x01,                    //按读方式打开文件
    out = 0x02,                   //按写方式打开文件
    ate = 0x04,                   //打开文件时,将指针移到文件的末尾
    app = 0x08,                   //按增补方式打开文件
    trunc = 0x10,                 //将文件的长度截为0,并清除文件原有内容
    nocreate = 0x20,              //打开已存在的文件
```

```
    noreplace = 0x40,              //A
    binary = 0x80                  //打开二进制文件
};
```

显然,每一种打开方式是以一个二进位来表示的,所以可以用运算符“|”(二进制按位或)将允许的几种打开方式组合起来使用。

以 in 方式打开的文件,只能从文件中读取数据。以 out 方式打开的文件,只能将数据写入文件中。单独用该方式打开文件时,若文件不存在,则产生一个空文件;若文件存在,则先删除文件的内容,使其成为一个空文件(相当于先删除该文件,再产生一个空文件)。ate 方式不能单独使用,要与 in、out 或 noreplace 同时使用。例如,out | ate,其作用是在文件打开时,将文件指针移到文件的结尾处,文件中原来的内容不变,向文件中写入的数据增加到文件中。app 是以写方式打开文件,当文件存在时,它等同于 out | ate;而当文件不存在时,它等同于 out。以 trunc 方式打开文件时,若单独使用,则与 out 打开文件相同。以 nocreate 方式打开文件时,若文件不存在时,则打开文件的操作失败,即打开不成功。通常这种方式不单独使用,它总是与读或写方式同时使用,但它不能与 noreplace 同时使用。noreplace 通常用来创建一个新文件,这种方式也不单独使用,总是与写方式同时使用。若与 ate 或 app 同时使用时,也可以打开一个已存在的文件。不以 binary 方式打开的文件,都是文本文件,只有明确指定以 binary 方式打开的文件,才是二进制文件,它总是与读或写方式同时使用。

根据上面介绍的打开文件方式,并结合上面打开文件的三个成员函数的原型可知,ifstream的成员函数 open 缺省的打开方式为读文件方式;ofstream 的成员函数 open 缺省的打开方式为写文件方式;fstream 的成员函数 open 没有缺省的打开方式,在使用该成员函数打开文件时,必须指明打开文件的方式。例如:

```
fstream  file;
file.open("myfile.txt",ios::in|ios::out);
```

表示以输入/输出方式打开文本文件 myfile.txt。

以上三个文件流类中都重载了相应的构造函数:

```
ifstream::ifstream (const char *,int = ios::in,int = filebuf::openprot);
ofstream::ofstream (const char *,int = ios::out,int = filebuf::openprot);
fstream::fstream (const char *,int,int = filebuf::openprot);
```

由构造函数的原型可知,它们所带的参数与各自的成员函数 open 所带的参数完全相同。因此,在说明这三种文件流类的对象时,通过调用各自的构造函数,也能打开文件。例如:

```
ifstream  f1("file.dat");
ofstream  f2("fileo.txt");
fstream  f3("file2.dat",ios::in);
```

以上三个语句调用各自的构造函数,分别以读方式打开磁盘文件 file.dat,以写方式打开文件 fileo.txt 和以读方式打开文件 file2.dat。因此,

```
ifstream  f1("file.dat");
```

的作用等同于以下两个语句:

```
ifstream  f1;
f1.open("file.dat");
```

通常,不论是调用成员函数 open 来打开文件,还是用构造函数来打开文件,打开后都要

判断打开是否成功。若打开成功，则文件流对象值为非零值；否则其值为 0。为此，打开文件的格式为：

```
ifstream  f1("file.dat");
if (! f1) {
    cout << "不能打开输入文件：" << "file.dat" << '\n';
    exit(1);
}
```

或

```
    char  filename[256];
    cout << "输入文件名：";
    cin >> filename;
    ifstream  f5;
    f5.open(filename,ios::in|ios::nocreate);
    if (! f5)  {
      cout << "不能打开输入文件：" << filename << '\n';
      exit(1);
    }
```

注意，打开输入文件时，若指定 ios::nocreate，则文件不存在时打开失败；否则若文件不存在，仍产生一个空的输入文件。

2. 关闭文件

打开文件后，对文件进行的读或写操作做完后，应该调用文件流的成员函数来关闭相应的文件。尽管在程序执行结束时，或在撤消文件流的对象时，由系统自动关闭仍打开的文件，但在用完文件后，仍应立即关闭相应的文件。理由如下：首先，当打开一个文件时，系统要为打开的文件分配一定的资源，如缓冲区等，在关闭文件时，系统就收回了该文件所占用的相应资源；第二，一个文件流类的对象在任何时候只能与一个文件建立联系，通过关闭文件，就可使得一个文件流类的对象与多个文件建立联系；第三，在任何操作系统下执行 C++ 程序时，允许同时打开的文件数是限定的。例如，在 UNIX 操作系统下允许同时打开的文件数为 64 个。

与打开文件相对应，这三个文件流类各有一个关闭文件的成员函数：

```
void ifstream::close();
void oftream::close();
void fstream::close();
```

这三个成员函数都没有参数，用法完全相同。例如：

```
ifstream  infile("f1.dat");
…
inflile.close();                              //关闭文件 f1.dat
```

关闭文件时，系统把与该文件相关联的内存缓冲区中的数据写到文件中，收回与该文件相关的内存空间，把文件名与文件对象之间建立的关联断开。

应该说明的是，当一个文件流类的对象通过打开文件函数，建立起文件名与该对象间的联系后，就可以对文件进行读或写操作，而一旦关闭文件后，文件流对象与文件名之间所建立的联系就断开了，不能再对该文件进行读或写操作。如果要再次使用该文件，必须重新打开它。

14.4.4 文本文件的使用

文件流类 ifstream、ofstream 和 fstream 并没有直接定义文件操作的成员函数，对文件的操作是通过调用其基类 ios、istream、ostream 中说明的成员函数来实现的。采用这种方式的明显好处是，对文件的基本操作与标准输入/输出流的使用方式相同，可通过提取运算符“ >> ”和插入运算符“ << ”来读写文件。

例 14.10　使用构造函数打开文件，并把源程序文件拷贝到目的文件中。

分析：先打开源文件和目的文件，依次从源文件中读取一个字节，并把所读取的字节写入目的文件中，直到把源文件中的所有字节读写完为止。程序如下：

```
#include <iostream.h>
#include <fstream.h>
#include  <stdlib.h>

void  main(void )
{
    char  filename1[256],filename2[256];
    cout << "输入源文件名：";
    cin >> filename1;
    cout << "输入目的文件名：";
    cin >> filename2;
    ifstream infile(filename1,ios::in|ios::nocreate);          //按文本文件方式打开
    ofstream outfile(filename2);                                //按文本文件方式打开
    if (!  infile ) {
        cout << "不能打开输入文件：" << filename1 << '\n';
        exit(1);
    }
    if (!  outfile ) {
        cout << "不能打开目的文件：" << filename2 << '\n';
        exit(2);
    }
    infile.unsetf(ios::skipws);                                 //A
    char ch;
    while (infile >> ch)                                        //B
        outfile << ch;                                          //C
    infile.close();
    outfile.close();
}
```

程序首先要求输入源程序文件名和目的文件名，然后把源程序文件中的内容依次拷贝到目的文件中。A 行设置为不要跳过文件中的空格。在缺省的情况下，提取运算符是跳过空格的，而文件的拷贝必须连同空格一起拷贝。从上例可以看出，对于文本文件的读写与标

准输入/输出流 cin 和 cout 的用法是相同的。

B 行依次从源文件中取一个字符,C 行将取到的字符写到目的文件中。当到达源文件的结束位置时(无数据可取),infile >> ch 的返回值为 0,结束循环;否则其返回值不为 0,继续循环。

实际上,该程序能正确拷贝任意类型的文件,在拷贝二进制文件时,只要逐个字节拷贝(每一个字节作为一个字符来处理)即可。

例 14.11　使用构造函数打开文件,使用成员函数来实现文件的拷贝。

```
# include < iostream.h >
# include < fstream.h >
# include < stdlib.h >

void  main(void )
{
    char  filename1[256],filename2[256];
    cout << "输入源文件名:";
    cin >> filename1;
    cout << "输入目的文件名:";
    cin >> filename2;
    ifstream  infile(filename1,ios::in|ios::nocreate);
    ofstream  outfile(filename2);
    if (! infile ) {
        cout << "不能打开输入文件:" << filename1 << '\n';
        exit(1);
    }
    if (! outfile ) {
        cout << "不能打开目的文件:" << filename2 << '\n';
        exit(2);
    }
    char ch;
    while (infile.get(ch))                                //C
        outfile.put(ch);                                  //D
    infile.close();
    outfile.close();
}
```

在该程序中没有例 14.10 中的语句:

```
infile.unsetf(ios::skipws);
```

应用成员函数读取字符时是不跳过空格的。C 行中的 infile.get(ch),完成从源文件中取出一个字符到 ch 中,D 行将 ch 中的字符写到目的文件中。当到达源文件结束位置时,infile.get(ch)的返回值为 0,否则返回值不为 0。当到达源文件结束位置时,结束拷贝。

这个程序也能实现任意类型文件的拷贝。

例 14.12　使用成员函数打开文件,并实现文件的拷贝。

```
# include < iostream. h >
# include < fstream. h >
# include < stdlib. h >

void  main(void)
{
    char  filename1[256],filename2[256];
    char  buff[300];
    cout << "输入源文件名：";
    cin >> filename1;
    cout << "输入目的文件名：";
    cin >> filename2;
    fstream  infile,outfile;
    infile.open(filename1,ios::in| ios::nocreate);
    outfile.open(filename2,ios::out);
    if (!infile ) {
        cout << "不能打开输入文件：" << filename1 << '\n';
        exit(1);
    }
    if (!outfile ) {
        cout << "不能打开目的文件：" << filename2 << '\n';
        exit(2);
    }
    while (infile.getline(buff,300))                    //D
        outfile << buff << '\n';                        //F
    infile.close();
    outfile.close();
}
```

D 行中的 infile.getline(buff,300)从源文件中读取一行字符,F 行将读取的一行字符写到目的文件中。同样地,到达源文件结束位置时,infile.getline 的返回值为 0,表明拷贝结束;否则返回值不为 0,表示要继续拷贝。F 行中插入字符'\n'是必要的,因 D 行从源文件中读取一行时,换行符取出来后,并不放入 buff 中,所以写入目的文件中时,要加入一个换行符。

该程序只能实现文本文件的拷贝,不能实现二进制文件的拷贝。在拷贝文本文件时,效率要比前两个程序高一些,这是因为前两个程序都是逐个字符拷贝的,而该程序是逐行拷贝的。

例 14.13　设文本文件 data.txt 中有若干个实数,每一个实数之间用空格或换行符隔开。求出文件中的这些实数的平均值。

分析：各设一个计数器和累加器,每从文件中读取一个实数时,计数器加 1,并把该数加到累加器中,直到把文件中的数据读完为止。把累加器的值除以计数器的值,得到平均值。程序如下：

```
# include < iostream. h >
# include < fstream. h >
# include < stdlib. h >
```

```
void   main(void)
{
    ifstream   infile("data.txt",ios::in| ios::nocreate);
    if (! infile ) {
        cout << "不能打开输入文件:\n";
        exit(1);
    }
    float   sum = 0,temp;
    int count = 0;
    while (infile >> temp){                                    //依次读一个实数
        sum + = temp;
        count ++ ;
    }
    cout << "平均值 = " << sum/count << '\t' << "count = " << count << '\n';
    infile.close();
}
```

设文件 data.txt 的内容为:

```
24   56.9   33.7   45.6
88   99.8   20   50
```

执行程序后的输出为:

```
平均值 = 52.25      count = 8
```

14.4.5 二进制文件的使用

打开文本文件后,对文件进行读/写的方法与标准输入/输出流 cin 和 cout 的使用方法相同。对于二进制文件的输入/输出,要通过文件流的成员函数来实现。

1. 文件的读写操作

二进制文件的读操作通过成员函数 read 来实现,文件的写操作通过成员函数 write 来实现。在流类 istream 和 ostream 中分别重载了这两个函数:

```
istream&   istream::read(char * ,int);
istream&   istream::read(unsigned char * , int);
istream&   istream::read(signed char * , int);
ostream&   istream::write(const char * ,int);
ostream&   istream::write(const unsigned char * ,int);
ostream&   istream::write(const signed char * ,int);
```

前三个成员函数的功能基本上是相同的,将由第二个参数所指定的字节数读到由第一个字符型指针所指向的存储单元中。后三个成员函数的功能基本上是相同的,第一个参数指出要写到文件中字节串的起始地址,第二个参数指出要写入的字节数。

上述函数主要用于读写二进制数据文件。在读写二进制的数据文件时,不要作任何数据类型的变换,可直接进行数据传送。

从文件中读取数据时,通常并不知道文件中有多少个数据,而当文件结束时,就不能再从数据文件中读取数据。为了便于程序判断是否已读到文件的结束位置,C++ 在类 ios 中专门提供了一个测试文件是否结束的成员函数:

```
int   ios::eof();
```

当到达文件的结束位置时,该函数返回非零值;否则返回值为 0。

例 14.14　产生一个二进制数据文件,将 1 ~ 500 之间的所有偶数写入文件 data.dat 中。

```
# include < fstream.h >
# include < stdlib.h >

void   main(void )
{
    ofstream   outfile("data.dat",ios::out | ios::binary);              //A
    if (!outfile ) {
        cout << "不能打开目的文件 data.dat \n";
        exit(1);
    }
    int   i;
    for(i = 2;i < 500;i += 2)
        outfile.write((char *)&i,sizeof(int));                            //B
    outfile.close();
}
```

A 行指定按二进制方式打开目的文件 data.dat。在 B 行,必须将整数的地址强制转换成字符指针,因为该函数的第一个参数为字符型指针。从二进制数据文件中读取非字符类型的数据(如整型、实型或导出数据类型)时,均要作类似的强制转换。

例 14.15　从例 14.14 中产生的数据文件 data.dat 中读取二进制数据,并在显示器上按每行 10 个数的形式显示。

```
# include < fstream.h >
# include < stdlib.h >

void   main(void )
{
    ifstream   infile("data.dat",ios::in|ios::binary|ios::nocreate);    //A
    if (!infile) {
        cout << "不能打开目的文件 data.dat \n";
        exit(1);
    }
    int   i,a[250];
    infile.read((char * )a,sizeof(int) * 249);                           //B
    for(i = 0;i < 249;i ++){
        cout << a[i] << '\t';
        if((i + 1) %10  == 0) cout << '\n';
    }
    cout << '\n';
```

```
    infile.close();
}
```

A 行指定按输入文件方式打开二进制文件 data.dat。当知道文件中整数的个数时,可以一次把文件中的所有数据全部读出,如 B 行中一次从文件 data.dat 中读取 249 个整数。

例 14.16　把 0 ~ 90°的 sin 函数值写到二进制文件 SIN.BIN 中。

```
#include <fstream.h>
#include <math.h>
#include <stdlib.h>

void main (void )
{
    fstream   f1("SIN.BIN",ios::out|ios::binary);
    int i;
    if(!f1){
        cout << "不能产生输出文件 SIN.BIN \n";
        exit(1);
    }
    double s[91];
    for (i = 0;i <= 90;i ++) s[i] = sin(i * 3.1415926/180);
    for (i = 0;i <= 90;i ++) cout << s[i] << '\n';
    f1.write((char *)s,sizeof(double) * 91);          //一次写入 91 个实数
    f1.close();
}
```

使用读写二进制数据的成员函数,由于一次读写的字节数可以很大,这样可减少文件的输入/输出次数,从而提高了对文件进行操作的速度。

例 14.17　使用成员函数 read 和 write 来实现文件的拷贝。

```
#include <fstream.h>
#include <stdlib.h>

void  main(void)
{
    char   filename1[256],filename2[256];
    char   buff[4096];
    cout << "输入源文件名:";
    cin >> filename1;
    cout << "输入目的文件名:";
    cin >> filename2;
    fstream   infile,outfile;
    infile.open(filename1,ios::in|ios::binary|ios::nocreate);
    outfile.open(filename2,ios::out|ios::binary);
    if (!infile ) {
        cout << "不能打开输入文件:" << filename1 << '\n';
```

```
        exit(1);
    }
    if (!outfile ) {
        cout << "不能打开目的文件:" << filename2 << '\n';
        exit(2);
    }
    int n;
    while (!infile.eof()){                          //文件不结束,继续循环
        infile.read(buff,4096);                     //一次读 4096 个字节
        n = infile.gcount();                        //取实际读的字节数
        outfile.write(buff,n);                      //按实际读的字节数写入文件
    }
    infile.close();
    outfile.close();
}
```

该程序可以实现任意文件类型的拷贝,包括文本文件、数据文件或执行文件等。在 while 循环中,使用函数 eof 来判断是否已到达文件的结尾。由于从源文件中最后一次读取的数据不一定正好是 4096 个字节,所以使用函数 gcount 来获得实际读入的字节数,并按实际读的字节数写到目的文件中。

2. 随机访问文件的函数

前面介绍的文件读写操作,都是依次按存放在文件中信息的先后顺序来进行读写的。在打开文件时,系统为打开的文件建立一个长整数变量(设变量名为 point),它的初值为 0。文件的内容可以看成是由若干个有序的字节所组成,依次给每一个字节从 0 开始顺序编号。当从文件中读取 n 个字节时,则系统修改 point 的值为 point += n。每一次从文件中读取数据时,均从第 point 个字节开始读取,读完后修改 point 的值。显然,可以将 point 的值看成是指向文件内容的一个指针,它指向每一次开始读取数据的开始位置。每一次把数据写入文件时,都要修改 point 的值,使它指向文件尾,如图 14-3 所示。图 14-3(a)假定在文件操作期间的某一时刻 point 指向文件内容的位置,在从文件中读取 n 个字节后,指针后移 n 个字节,如图 14-3(b)所示。

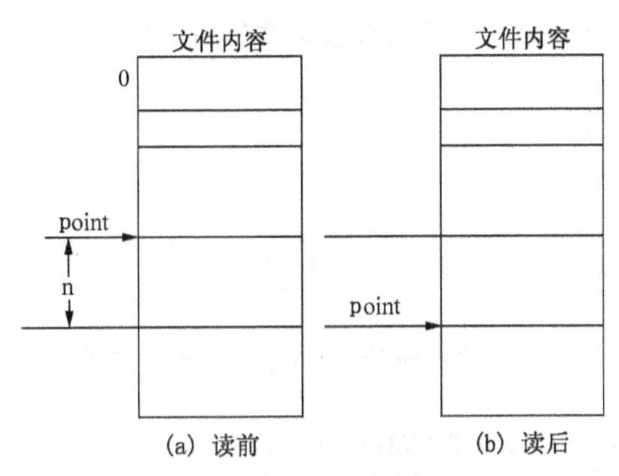

图 14-3　文件指针移动示意图

在 C++ 中也允许从文件中的任何位置开始进行读或写数据,这种读写称为文件的随机访问。在文件流类的基类中定义了几个支持文件随机访问的成员函数,它们是:

```
istream& istream::seekg(streampos);
istream& istream::seekg(streamoff,ios::seek_dir);
streampos istream::tellg();
ostream& ostream::seekp(streampos);
ostream& ostream::seekp(streamoff,ios::seek_dir);
streampos ostream::tellp( );
```

其中,streampos 和 streamoff 等同于类型 long,而 seek_dir 在类 ios 中定义为一个公有的枚举类型:

```
enum seek_dir {
    beg = 0,                    //文件开始处作为参考点
    cur = 1,                    //文件当前位置作为参考点
    end = 2                     //文件结束处作为参考点
};
```

函数名中的 g 是 get 的缩写,表示要移动输入流文件的指针;而 p 是 put 的缩写,表示要移动输出流文件的指针。四个 seek 函数都是用来移动文件流中的文件指针位置。函数 seekg(streampos)和 seekp(streampos)都是将文件指针移动到由参数所指定的字节处。函数 seekg(streamoff,ios::seek_dir)和 seekp(streamoff, ios::seek_dir)是根据第二个参数的值来确定移动文件指针的方向。其值若为 ios::beg,则将第一个参数值作为文件指针的值;若为 ios::cur,则将文件指针的当前值加上第一个参数值的和作为文件指针的值;若为 ios::end,则将文件尾的字节编号值加上第一个参数值的和作为文件指针的值。设按输入方式打开了二进制文件流对象 f,移动文件指针的例子为:

```
f.seekg(-50,ios::cur);          //当前文件指针值前移 50 个字节
f.seekg(50,ios::cur);           //当前文件指针值后移 50 个字节
f.seekg(-50,ios::end);          //若文件尾的编号为 5000,则文件指针移到 4950 处
```

注意,在移动文件指针时,必须保证移动后的指针值大于等于 0 且小于等于文件尾字节编号,否则将导致接着的读/写数据不正确。

函数 tellg 和 tellp 分别返回输入文件流和输出文件流的当前文件指针值。

例 14.18　产生一个 5~1000 之间的奇数文件(二进制文件),将文件中的第 20~29 之间的数依次读出并输出。

```
# include <fstream.h>
# include <stdlib.h>

void  main(void)
{
    ofstream  outfile("data.dat",ios::out|ios::binary);  //按输出方式打开文件
    if (!outfile) {
        cout << "不能打开目的文件 data.dat \n";
        exit(1);
    }
```

```
    int  i;
    for(i = 5;i < 1000;i += 2 )
        outfile.write((char * )&i,sizeof(int));              //将奇数写入文件
    outfile.close();                                         //关闭文件
    ifstream  f1("data.dat",ios::in| ios::binary);           //按输入方式重新打开文件
    if (!f1) {
        cout << "不能打开目的文件 data.dat \n";
        exit(1);
    }
    int x;
    f1.seekg(20 * sizeof(int));                              //将文件指针移到第 20 个整数的位置
    for(i = 0;i < 10;i ++){
        f1.read((char  * )&x,sizeof(int));                   //依次读出第 20 ~ 29 个奇数
        cout << x << '\t';
    }
    f1.close();
}
```

随机文件的读写实际上是通过两步来实现的：第一步是将文件指针移到要开始读写的位置；第二步再用前面已介绍的文件读写函数进行读或写操作。

下面再举几个使用以上函数的例子，假定已成功地打开了输入流对象 infile 和输出流对象 outfile：

```
infile.seekg( - 100,ios::cur);          //文件指针从当前位置前移 100 个字节
infile.seekg(100,ios::cur);             //文件指针从当前位置后移 100 个字节
outfile.seek( - 100,ios::end);          //文件指针从文件尾开始向前移 100 个字节
infile.seekg(500);                      //文件指针移到第 500 个字节处
```

注：当文件指针值按从大到小的顺序移动，称为前移；反之则称为后移。

练　习　题

1. 标准流 cerr 和 clog 的作用是什么？这两个流有何异同？

2. 设计一个程序，实现整数的八进制、十进制、十六进制的输入和输出，并实现实数的指数格式和定点数格式的输入和输出。

3. 设计一个程序，实现整数、实数、字符和字符串的输入和输出，当输入的数据不正确时，要进行流的错误处理，要求重新输入数据，直到输入正确为止。

4. 重载提取和插入运算符，实现对象的输入和输出。

5. 编写产生一个文本文件的程序(依次接收输入行，并将输入行送到输出文件中)。要求使用成员函数实现文件的打开和关闭。

6. 设计一个通用的实现二进制文件的拷贝程序。源程序文件名和目的文件名均从键盘输入，且可包含文件的相对路径名或全路径名。要求使用构造函数打开文件。

注：当输入的一个文件名为“test \abc.exe”时，要将该文件名转换为“test \\abc.exe”或“test/abc.exe”(因为 C++ 把字符“\”作为一个转义字符，而操作系统将它作为分隔符)。

7. 求出 2～1000 之间的所有素数,将求出的素数分别送到文本文件 prime.txt 和二进制文件 prime.dat 中。送到文本文件中的结果,要求以表格形式输出,每一行输出五个素数,每一个数占用 10 个字符宽度。

8. 用编辑程序产生一个包含若干个实数的文本文件。编写一个程序,从该文本文件中依次读取每一个数据,求出这批数据的平均值和实数的个数。

9. 把从键盘上输入的 4×4 矩阵(二维数组)送到二进制文件 data.dat 中,然后从该数据文件中读数据,并送至 4×4 矩阵中。将该矩阵转置后,输出到文本文件 data.txt 中。

10. 对于第 7 题中产生的二进制文件 prime.dat,输出其中第 20～30 个素数。要求通过移动文件的指针来实现文件的随机存取。

第 15 章

MFC 程序设计基础

本章简要介绍 MFC 程序设计的基础知识，利用 MFC 提供的工具设计应用程序界面的方法，使用 VC++ 提供的编程向导(AppWizard)生成应用程序的基本框架，并用类向导(ClassWizard)建立应用程序的消息处理机制。由于 MFC 比较复杂，本章结合几个实例，说明应用程序边框、文档边框和视图之间的关系，菜单设计的方法，键盘输入事件和鼠标事件的处理方法。

15.1 Windows 和 MFC 编程

VC++ 编程方法可分为两种：一种是非 Windows 编程，另一种是 Windows 编程。前面章节介绍的均为非 Windows 编程。Windows 编程方法又可分为两种：一种是直接调用 Windows 提供的 Win32 API(应用程序接口)函数开发 Windows 应用程序；另一种是使用 VC++ 提供的 MFC(Microsoft Foundation Class，微软基础类)，它为开发应用程序者提供了大量的类和代码支持，使用集成环境中的编程向导可以很容易地生成应用程序的基本框架，并用类向导建立应用程序的消息处理机制，在此基础上设计出满足应用需求的完整的应用程序。

15.1.1 MFC 类的层次结构

1987 年微软公司推出 Windows，为应用程序设计者提供了 Win16 API，在此基础上推出了 Windows GUI(图形用户界面)，然后采用面向对象技术对接口进行包装。1992 年推出应用程序框架产品 AFX(Application Frameworks)，并在 AFX 的基础上进一步发展为 MFC 产品。

MFC 类的层次结构如图 15-1 所示。

CObject 类是 MFC 提供的绝大多数类的基类。该类完成动态空间的分配与回收，支持一般的诊断、出错信息处理和文档串行化等。在头文件“afx.h”中给出了 CObject 类的定义。为了便于了解有关 MFC 类的定义，对两种函数的原型说明作简单介绍：

```
void * PASCAL operator new(size_t nSize);
BOOL IsSerializable() const;
```

在函数名前的 PASCAL 表示函数的参数按 PASCAL 语言规定的格式入栈，这种格式可提高传递函数参数的效率。BOOL 是整数类型，表示函数的返回值只能为 1(表示逻辑真)或 0(表示逻辑假)。

CCmdTarget 类主要负责将系统事件和窗口事件发送给响应这些事件的对象，完成消息发送、等待光标、派遣(调度)等工作，实现应用程序的对象之间协调运行。

CWinThread 类为线程类，它完成对线程的控制，包括产生线程、终止线程、运行线程、挂起线程等。

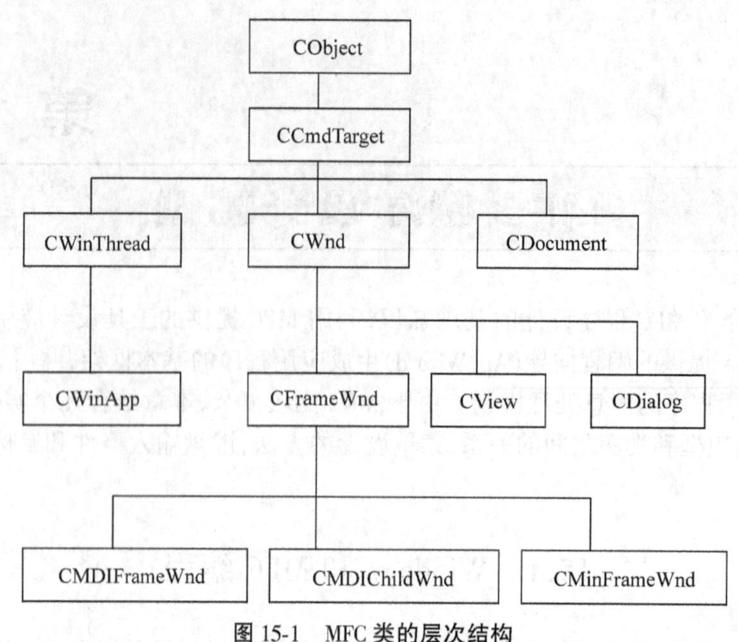

图 15-1 MFC 类的层次结构

CWinApp 类是应用程序的主线程类，它由 CWinThread 类派生。任何一个 MFC 应用程序只能有一个 CWinApp 类的对象。

CWnd 类是窗口类，该类及其派生类的对象均为窗口。每一个窗口都能接收和处理窗口事件。

CFrameWnd 类是一个边框窗口类，它包含标题栏、系统菜单、边框、最小/最大化按钮和一个视图窗口。

CMDIFrameWnd 类是多文档边框窗口类，它的对象是多文档界面图文框窗口。

CMDIChildWnd 类是多文档子窗口类，应用程序产生多个文档窗口时，每一个文档窗口均为该类的一个对象。

CMinFrameWnd 类是一种简化的较单一的文本框式的图文框窗口类。

CView 类是一个视图类，它为应用程序的用户与 Windows 之间提供了一个输入/输出的接口。主要负责接收来自键盘或鼠标的输入，允许用户对数据的观察或打印。一个视图类对象总是与文档对象相关联，一个文档类可关联多个视图对象(对同一个文档作不同的视图处理)，而一个视图对象只能与一个文档对象相关联。

CDialog 类为对话框类。该类主要用作输入/输出的一种界面。

CDocument 类为文档类。要对文档进行处理时，必须创建文档类或该类的派生类对象。文档类包含了应用程序在运行期间所用到的数据。视图类是数据的图示形式，只有通过文档类的对象才能对数据进行修改或处理。

15.1.2 VC++ 集成环境产生的项目类型

在 VC++ 集成环境下，选择“File”菜单中的“New...”命令，即会弹出一个如图 15-2 所示的对话框。该对话框列出了 VC++ 集成环境可产生的所有不同类型的项目。

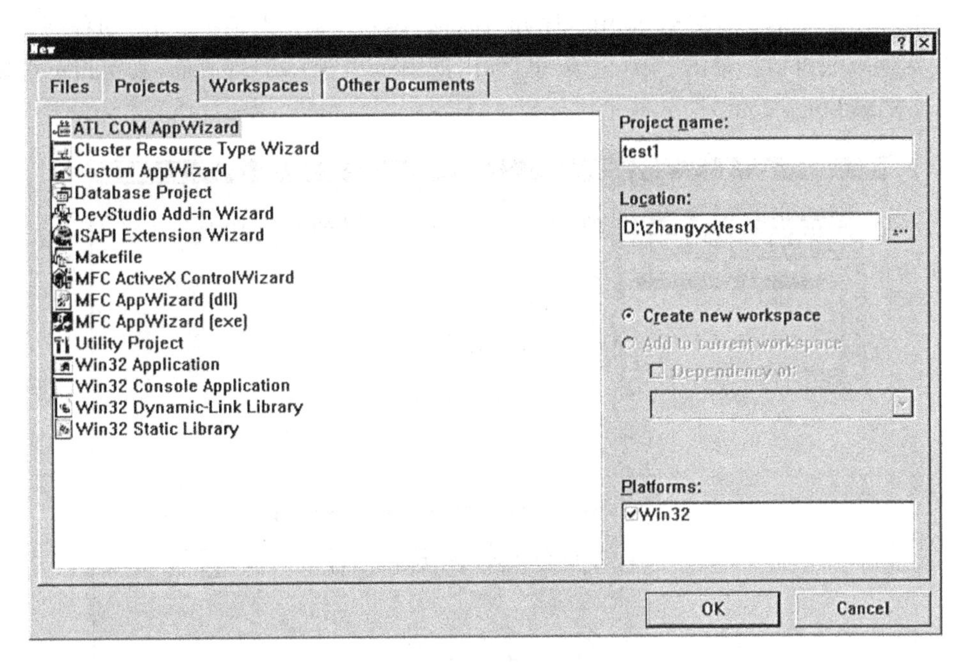

图 15-2　项目标签

每一种类型的项目含义为："ATL COM AppWizard"为 ATL(活动模板库)应用程序项目；"Cluster Resource Type Wizard"为收集资源类型项目；"Custom AppWizard"为用户自定义应用程序项目；"Database Project"为数据库项目；"DevStudio Add-in Wizard"为自动化宏项目；"ISAPI Extension Wizard"为 Internet 服务器扩展项目；"Makefile"为 Makefile 项目；"MFC ActiveX Control Wizard"为 ActiveX 控件程序项目；"MFC AppWizard(dll)"为 MFC 动态连接库项目；"MFC AppWizard(exe)"为 MFC 可执行程序项目；"Utility Project"为实用程序项目；"Win32 Application"为 Win32 应用程序项目，使用 Win32 API 进行程序设计的项目；"Win32 Console Application"为非窗口界面的控制台应用程序项目；最后两个为产生动态/静态连接库项目。

15.1.3　应用程序向导 AppWizard

使用应用程序向导可生成应用程序的框架，并生成与类向导相兼容的应用程序源文件、资源文件和头文件等。生成应用程序框架的步骤如下：

(1) 进入 VC++ 集成环境，选择"File"菜单中的"New…"命令，产生如图 15-2 所示的对话框。

(2) 若项目标签"Projects"不起作用，则用鼠标左键单击项目标签"Projects"。为叙述简单起见，本章中凡是讲"单击"，均是指"用鼠标左键单击"。单击"MFC AppWizard(exe)"，表示要产生一个 MFC 应用程序项目，如图 15-2 所示。指定项目文件名所在的目录(文件夹)位置，并在项目文件名"Project name"编辑框中输入项目文件名。设输入的项目文件名为 test1。选中"Create new workspace"复选按钮，指明要产生一个新的工作区。目标平台"Platforms"取缺省值"Win32"。若单击"OK"按钮，则产生如图 15-3 所示的选择应用程序结构的对话框。

(3) 该对话框用来指定产生应用程序的类型，确定是否要文档/视图支持，选择使用哪一国家的语言。有三种应用程序的类型可供选择，分别为"Signle document"(单文档)应用程序、“Multiple documents”(多文档)应用程序和“Dialog based”(基于对话框)的应用程序。选择多文档,其他取缺省值。单击“Next > ”按钮,弹出如图 15-4 所示的对话框,其窗口的标题为“MFC AppWizard-Step 2 of 6”。

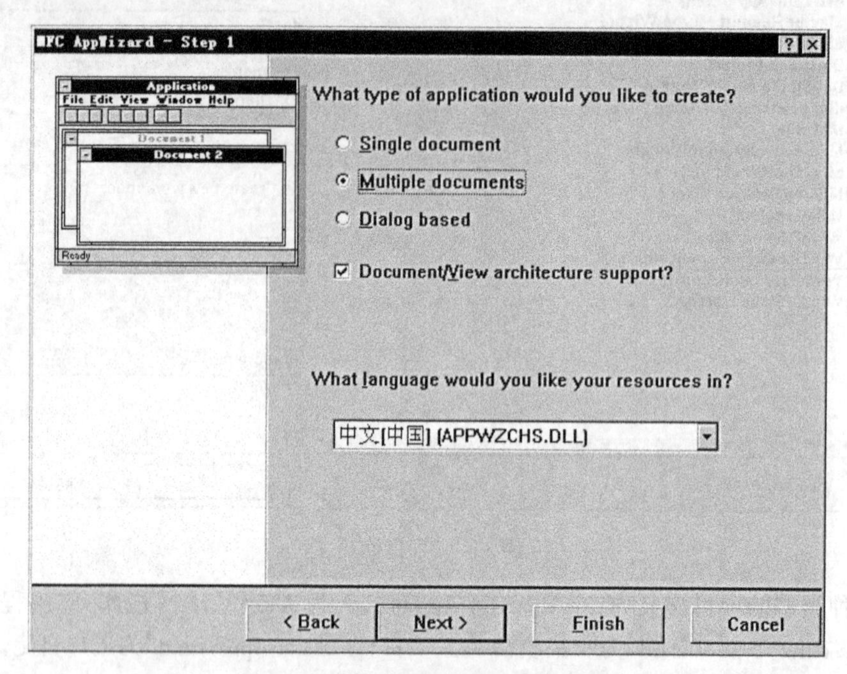

图 15-3　选择应用程序结构的对话框

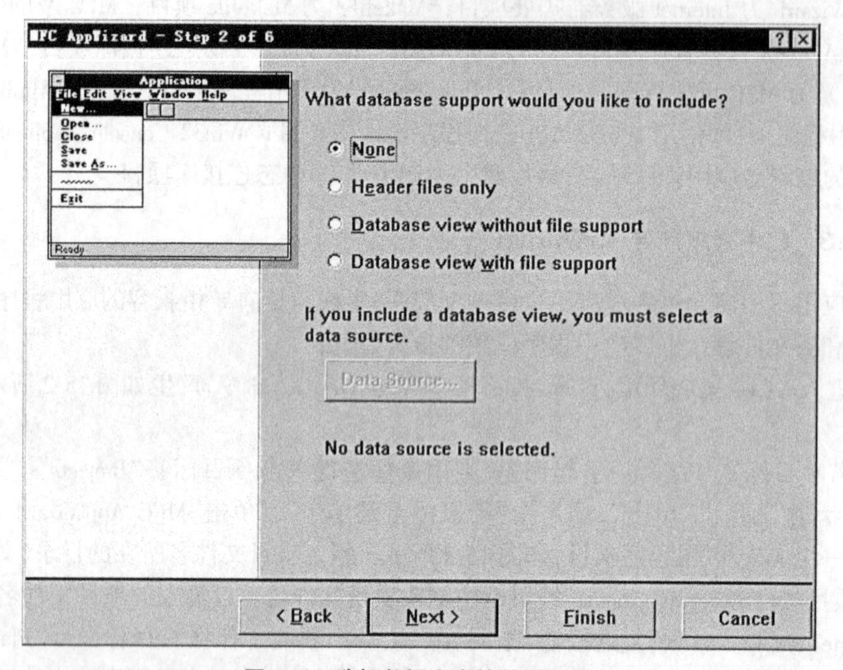

图 15-4　选择数据库支持的对话框

(4) 该对话框用来指定应用程序所需要的数据库支持。其中“None”表示不支持 ODBC 库;“Header files only”表示仅包含数据库的头文件,但不产生与数据库相关的类;“Database

view without file support”表示要包含数据库的头文件,并创建数据库视图(记录视图),但不支持数据库文件;“Database view with file support”表示包含数据库的头文件,并创建数据库视图(记录视图),支持数据库文件。选择“None”,并单击“Next > ”按钮,则产生如图 15-5 所示的对话框,其窗口的标题为“MFC AppWizard-Step 3 of 6”。

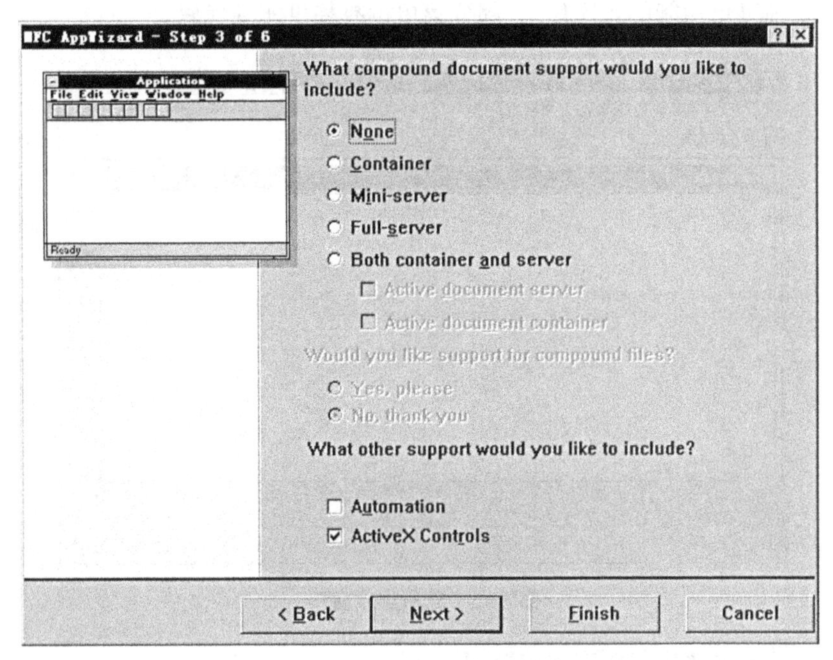

图 15-5 复合文档支持对话框

(5) 该对话框用来指定复合文档支持,是否包含 ActiveX 控件等。其中“None”表示不支持链接和嵌入的对象;“Container”表示应用程序包含被链接和嵌入的对象;“Mini-server”表示应用程序只支持嵌入的对象;“Full-server”表示应用程序提供全部服务,应用程序可独立运行,对象可包含在复合文档中。选择“None”,其他取缺省值,单击“Next > ”按钮,产生一个窗口标题为“MFC AppWizard-Step 4 of 6”的对话框,自己上机操作,对话框图略。

(6) 该对话框用来指定应用程序的界面特性,工具条的格式,及在文件列表中要保存的文件个数。取缺省值,单击“Next > ”按钮,产生一个窗口标题为“MFC AppWizard-Step 5 of 6”的对话框,对话框图略。

(7) 该对话框用来指定项目的风格,源程序中是否包含注解和连接方式。项目的风格可以是 MFC 风格或 Windows 浏览器风格。通常希望在源程序中产生注解,以便根据注解加入相应的程序代码。可指定使用静态或动态连接库,当应用程序中既有 MFC 程序代码,又有非 MFC 程序代码时,使用静态连接;否则使用动态连接。取缺省值,单击“Next > ”按钮,产生一个窗口标题为“MFC AppWizard-Step 6 of 6”的对话框,对话框图略。

(8) 该对话框列出了编程向导所产生的类名、头文件及源程序文件。单击“Next > ”按钮,产生一个窗口标题为“New Project Information”的对话框,对话框图略。

(9) 该对话框列出了编程向导根据用户指定的需求所产生的头文件和源程序文件的概要说明。单击“OK”按钮,编程向导则根据用户的要求产生相应的应用程序源文件。在以上的每一步中,若选择“ < Back”按钮,则返回前一步,即返回到前一个对话框;若选择“Cancel”

按钮,则取消前面所做的工作;若选择"Finish"按钮,则按缺省的方式产生应用程序的框架。

经过以上步骤后,编程向导已产生一个完整的应用程序框架。对这个工程项目文件进行编译和连接,产生一个可执行程序。运行该应用程序时,在显示器上产生一个如图 15-6 所示的应用程序窗口。该窗口包含了标题栏、菜单条、工具条和状态栏。菜单条中的部分菜单已提供了实现菜单功能的程序代码,部分菜单没有提供实现代码。

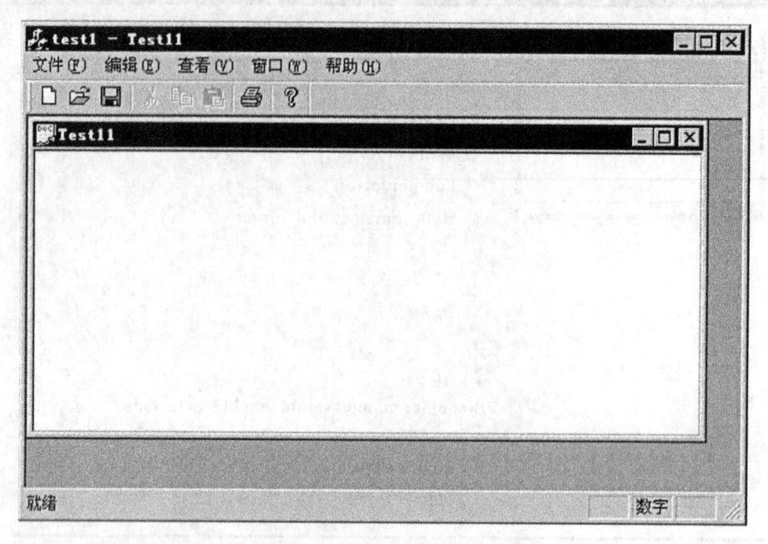

图 15-6 应用程序窗口

15.1.4 应用程序类和源文件的结构

应用程序向导为工程文件 test1 生成了六个类。

(1) 文档类 CTest1Doc,它由类 CDocument 派生出来,在文件 CTest1Doc.h 中给出该类的定义,该类的成员函数的实现部分(成员函数的框架)在 CTest1Doc.cpp 中给出。该类的数据成员通常为应用程序所用到的数据,包括准备存入数据文件中的数据或从文件中取出的数据,成员函数主要完成对该类中的数据进行加工处理。为此要根据实际应用程序的需要,在该类中增加相应的数据成员和成员函数。

(2) 视图类 CTest1View,它由类 CView 派生出来,在文件 CTest1View.h 中定义了该类,在 CTest1View.cpp 中给出该类的成员函数的实现框架。视图类根据应用程序的需求,完成文档中数据的显示,以及接收用户输入并解释用户输入。

(3) 应用程序窗口类 CMainFrame,它由类 CMDIFrameWnd 派生出来,在文件 MainFrm.h 中定义了该类,在 MainFrm.cpp 中给出该类的成员函数的实现框架。该类用于管理应用程序窗口,显示标题栏、工具条、状态栏、控制菜单。该窗口是所有多文档子窗口的容器。

(4) 多文档子窗口类 CChildFrame,它由类 CMDIChildWnd 派生出来,在文件 ChildFrm.h 中定义了该类,在 ChildFrm.cpp 中给出该类的成员函数的实现框架。该类管理打开的文档。每一个文档类及其对应的视图类都有一个单独的 MDI 子窗口。

(5) 应用程序类 CTest1App,它由类 CWinApp 派生出来,在文件 Test1.h 中定义了该类,在 Test1.cpp 中给出该类的成员函数的实现框架。该类用于控制应用程序的所有对象(文档、视图、文档子窗口),并完成应用程序的初始化工作,以及程序结束时的收尾工作。

Test1.h 是一个主要的头文件,Test1.cpp 是一个主要的应用程序文件。

用 MFC 向导产生的每一个应用程序必定有一个 CWinApp 的实例对象 theApp,由它来创建和管理文档、视图、应用程序窗口等。

(6) 对话框类 CAboutDlg,它由类 CDialog 派生出来,类的定义和实现都在文件 Test1.cpp 中给出。它用于产生和管理应用程序版本的对话框。

应用程序向导除了生成以上六个类所对应的五个".cpp"文件和五个".h"文件外,还生成以下程序文件:

(1) Resource.h,定义应用程序所用到的所有资源符号(宏)。

(2) StdAfx.h 和 StdAfx.cpp,用于生成预编译的头文件 Test1.pch 和预编译类型文件 StdAfx.obj。StdAfx.h 包含了系统头文件和本项目常用的但很少改动的头文件。StdAfx.cpp 通常仅包含头文件 StdAfx.h 。

(3) Test1.clw,是应用程序向导生成的数据库文件。

(4) Test1.rc,是一个包含资源描述信息的资源文件,可用 Developer Studio 的资源编辑器直接编辑该文件中的资源。

(5) Res \Test1.rc2,包含 Developer Studio 资源编辑器不能直接编辑的资源。

(6) Res \Test1Doc.ico,是应用程序的 MDI 窗口的图标文件。

(7) Res \Toolbar.bmp,是应用程序窗口中的工具栏的位图文件。

(8) Res \Test1.ico,是应用程序的图标文件。

(9) ReadMe.txt,该文件简单地说明由应用程序向导所生成的各个文件的作用与用途。

(10) Test1.dsp,是一个项目文件,它包含了项目级的信息。

在编辑或阅读程序文件时,要注意以下几点:

(1) 凡是注解为"TODO:"的地方,均为可加入相应的应用程序代码的开始位置。

(2) 如下形式部分不能修改:

```
//{{AFX_MSG_MAP(CTestm1App)
ON_COMMAND(ID_APP_ABOUT, OnAppAbout)
// NOTE-the ClassWizard will add and remove mapping macros here.
//    DO NOT EDIT what you see in these blocks of generated code!
//}}AFX_MSG_MAP
```

即以"//{{AFX_…"开头的行,到以"//}}AFX_…"结束的行之间的部分,不能改动。其内容不是注解行,而是由 MFC 编译预处理程序要作特殊处理的部分。这部分内容是由类向导根据应用程序的生成过程自动增加或删除相应的宏。

(3) 以下形式是编译预处理的宏,不能修改:

```
BEGIN_MESSAGE…
…
END_MESSAGE…
```

用 BEGIN_…和 END_…括起来的部分是消息变换(映射)的宏,其内容不能修改,它由类向导根据应用程序的需求增加或删除相应的宏。

15.1.5 应用程序运行过程分析

应用程序的初始化、运行和结束工作都是由应用程序类的实例(对象)来控制完成的。

对于非 Windows 应用程序，均有一个 main 函数；而对于 Windows 应用程序，均有一个 WinMain 函数。因对任一个 MFC 应用程序，WinMain 函数要完成的工作均是相同的。因此，该函数不要程序设计者编写，而由 MFC 类库自动提供。

用编程向导产生的应用程序的执行过程为：首先调用构造函数，创建全局应用程序对象 theApp；进入 WinMain 函数，调用 theApp 的两个成员函数 InitApplication 和 InitInstance，完成初始化工作；调用成员函数 Run，执行应用程序的消息循环，即重复执行接收消息并转发消息的工作；结束程序时，调用成员函数 ExitInstance，完成终止应用程序的收尾工作。其他工作均由事件（消息）来驱动。

1. 成员函数 InitInstance

对任一 MFC 应用程序，InitInstance 函数的结构框架是相同的，完成的主要工作也是相同的。工程项目 Test1 中的 InitInstance 函数的程序代码为：

```
BOOL CTest1App::InitInstance()
{
  AfxEnableControlContainer();

  //Standard initialization
  //If you are not using these features and wish to reduce the size
  //  of your final executable, you should remove from the following
  //  the specific initialization routines you do not need.
#ifdef _AFXDLL
  Enable3dControls();                 //Call this when using MFC in a shared DLL
#else
  Enable3dControlsStatic();           //Call this when linking to MFC statically
#endif
  //Change the registry key under which our settings are stored.
  //TODO: You should modify this string to be something appropriate
  //such as the name of your company or organization.
  SetRegistryKey(_T("Local AppWizard-Generated Applications"));
  LoadStdProfileSettings();           //Load standard INI file options (including MRU)
  //Register the application's document templates.
  //Document templates serve as the connection between documents, frame windows and views.
  CMultiDocTemplate* pDocTemplate;
  pDocTemplate = new CMultiDocTemplate(
       IDR_TESTM1TYPE,
       RUNTIME_CLASS(CTestm1Doc),
       RUNTIME_CLASS(CChildFrame),        //custom MDI child frame
       RUNTIME_CLASS(CTestm1View));
  AddDocTemplate(pDocTemplate);
  //create main MDI Frame window
  CMainFrame* pMainFrame = new CMainFrame;
  if(!pMainFrame->LoadFrame(IDR_MAINFRAME))
       return FALSE;
```

```
    m_pMainWnd = pMainFrame;
    //Parse command line for standard shell commands, DDE, file open
    CCommandLineInfo cmdInfo;
    ParseCommandLine(cmdInfo);
    //Dispatch commands specified on the command line
    if(!ProcessShellCommand(cmdInfo))
        return FALSE;
    //The main window has been initialized, so show and update it.
    pMainFrame->ShowWindow(m_nCmdShow);
    pMainFrame->UpdateWindow();
    return TRUE;
}
```

InitInstance 函数主要完成以下五个方面的任务：

(1) 确定以何种方式使能 3D 控制。

确定以动态方式或静态方式调用 MFC 类库。这部分的代码为：

```
#ifdef _AFXDLL
    Enable3dControls();             //Call this when using MFC in a shared DLL
#else
    Enable3dControlsStatic();       //Call this when linking to MFC statically
#endif
```

(2) 完成应用程序的注册并装入标准 INI 文件选项，程序代码为：

```
SetRegistryKey(_T("Local AppWizard-Generated Applications"));
LoadStdProfileSettings();
```

使用全局函数 SetRegistryKey 和宏_T 更改注册键，保存应用程序的设置。并从 INI 文件中装入标准的文件选项和 Windows 注册信息，包括注册表的 Most Recently Used 列表框。

(3) 创建并注册文档模板，程序代码为：

```
CMultiDocTemplate* pDocTemplate;
pDocTemplate = new CMultiDocTemplate(
    IDR_TESTM1TYPE,                     //资源号
    RUNTIME_CLASS(CTestm1Doc),          //文档窗口
    RUNTIME_CLASS(CChildFrame),         //custom MDI child frame,边框窗口
    RUNTIME_CLASS(CTestm1View));        //视图窗口
AddDocTemplate(pDocTemplate);
```

文档模板提供了将 MFC 应用程序的文档、视图和边框窗口结合在一起的框架结构，通过创建文档模板后，指针 pDocTemplate 将把应用程序的文档、视图和边框窗口对象连接在一起。其中宏 RUNTIME_CLASS 的每一次调用都返回指定类的信息(指向 CRuntimeClass 结构的指针)。

每当创建模板后，必须用成员函数 AddDocTemplate 来注册文档模板的对象，实现文档模板与应用程序的关联。

(4) 创建应用程序的主边框窗口，程序代码为：

```
CMainFrame* pMainFrame = new CMainFrame;          //创建对象
```

```
    if(!pMainFrame->LoadFrame(IDR_MAINFRAME))       //资源号
        return FALSE;                               //调用成员函数创建主边框窗口
    m_pMainWnd = pMainFrame;
```

只有产生了一个边框窗口后,才能产生文档边框窗口和视图窗口。这两个窗口都是主边框窗口的子窗口。

(5) 处理命令行并使窗口可见,程序代码为:

```
    CCommandLineInfo cmdInfo;                       //定义命令行对象
    ParseCommandLine(cmdInfo);                      //分析命令行信息,并规范化参数
    if(!ProcessShellCommand(cmdInfo))               //执行命令行指定的缺省操作
        return FALSE;
    pMainFrame->ShowWindow(m_nCmdShow);             //显示窗口
    pMainFrame->UpdateWindow();                     //更新窗口
```

窗口被产生并经初始化后,窗口仍不可见,只有调用成员函数 ShowWindow 和 UpdateWindow 后,才能使窗口在屏幕上显示出来。

2. 成员函数 Run 和 OnIdle

WinMain 在完成初始化后,调用 CWinApp 的成员函数 Run 处理消息循环。当 Run 检查到消息队列为空时,将调用 CWinApp 的成员函数 OnIdle 进行空闲时的后台处理工作。若消息队列为空并且没有后台工作要处理时,则应用程序一直处于等待状态,一直等到有事件发生时为止。

15.1.6 窗口类

MFC 中的窗口均是由 CWnd 类派生的。Windows 的窗口是通过窗口句柄(用一个无符号整数来标识)来控制和管理的,MFC 中的窗口本质上是在 Windows 窗口的基础上进行封装和派生的,应用程序很少用到窗口句柄,但 MFC 仍要通过窗口句柄来控制和管理窗口,为此,在产生窗口对象时,总是将窗口句柄存放在成员变量 m_hWnd 中。

CWnd 类派生的主要窗口类有以下几种:

- CFrameWnd,它是 SDI 主边框窗口,形成单个文档及其视图的边框。
- CMDIFrameWnd,它是 MDI 应用程序的主边框窗口,所有的文档窗口都是它的子窗口,也把它称为所有文档窗口的容器。
- CMDIChildWnd,它是 MDI 子窗口,每一个文档及其视图都有一个 MDI 子窗口,与主边框窗口共享菜单。
- CView,视图窗口,它位于 SDI 主边框窗口或 MDI 子窗口的客户区中,它是主边框窗口的子窗口。

15.2 文档与视图结构

主边框窗口、文档、视图是 MFC 应用程序的最主要的对象,只有弄清这三者之间的关系,才能在应用程序的框架结构上根据程序设计的需要修改程序代码。通常,文档对象管理应用程序的数据,文档类中的程序代码要完成定义和操纵应用程序的数据;视图对象显示文档数据,管理文档与用户之间的交互,视图类中的程序代码要完成数据的显示,并解释用户

输入;主边框窗口对象包含并管理视图。

15.2.1 窗口

任一个窗口可分为两部分:一个是窗口的边框,另一个是边框里面的内容。Windows 系统自动管理窗口的移动、改变窗口的大小、关闭窗口、窗口最大化/最小化等工作,程序设计者只要完成管理边框里面的内容。

在 MFC 中,窗口的边框由边框窗口类负责管理,而窗口中的内容由视图类负责管理。视图窗口是边框窗口的子窗口,用户与文档间的交互以及所有的绘制工作都发生在视图窗口的客户区内。边框窗口在视图窗口周围提供一个可见的边框、一个标题栏、菜单条、控制按钮,边框窗口的内容形成窗口的客户区,并被其子窗口(视图窗口)完全占有。

每一个应用程序有一个主边框窗口,主边框窗口通常含有标题栏、菜单条。每一个文档都有一个对应的文档边框窗口,它是主边框窗口的子窗口,一个文档边框窗口至少含有一个相关联的视图窗口,该视图窗口用来显示文档数据。

SDI 应用程序有一个从 CFrameWnd 派生的边框窗口,它既是主边框窗口,又是文档的边框窗口,其客户区是视图窗口。MDI 应用程序有一个从 CMDIFrameWnd 派生的主边框窗口,而文档的边框窗口是主边框窗口的子窗口,由 CMDIChildWnd 派生而来。视图窗口是文档边框窗口的子窗口,文档窗口的客户区是视图窗口。

边框窗口管理菜单、工具条、状态栏等用户界面对象的更新。边框窗口可以跟踪当前活动的视图,对于 SDI 边框窗口只有一个视图;而对于 MDI 边框窗口含有多个视图。当前视图就是最近使用的视图,只有当前视图才能接收用户的键盘或鼠标操作。

15.2.2 文档与视图结构

文档对象的主要任务是管理应用程序的数据。通常按如下方法使用文档类:

(1) 从 CDocument 类派生出满足应用程序需求的各种不同类型的文档类,每一种类型对应于一种文档;

(2) 在文档类中添加用于存放文档数据的数据成员;

(3) 在文档类中重载 CDocument 的成员函数 Serialize,实现文档数据的文件操作(从文件中读取数据或将数据写入文件中);

(4) 根据应用程序的需要,可以重载 CDocument 的其他成员函数或增加新的成员函数。

视图对象可通过 GetDocument 函数来获取指向相关联文档对象的指针,并通过该指针来访问文档的数据成员和成员函数。

视图对象以图形方式显示文档数据,接收用户的键盘或鼠标输入,并将用户的输入解释为对文档的操作。通常按如下方法使用视图类:

(1) 修改成员函数 OnDraw,通过指向相关联文档的指针来获取文档对象中的数据,并将数据送视图窗口中显示;

(2) 将 Windows 消息与用户界面联系起来,将用户输入事件与视图类中的消息处理函数联系起来;

(3) 修改相关的消息处理函数,解释用户输入事件;

(4) 在 CView 的派生类中重载 CView 的其他成员函数或增加新的成员函数,如重载初始化成员函数、更新成员函数等,以满足应用程序的需求。

在 MFC 中,窗口、文档、视图、应用程序对象之间具有以下关系:文档对象中含有与其关联的各视图对象的列表,有指向文档模板对象的指针;视图对象中含有指向相关联文档对象的指针,视图窗口是文档边框窗口的子窗口;文档边框窗口含有指向当前活动视图对象的指针;应用程序对象中含有文档模板对象的一个列表;文档模板对象含有已打开文档对象的一个列表;Windows 管理所有已打开的窗口,并发送消息给这些窗口;在同一应用程序中的任何对象中,可通过全局函数 AfxGetApp 获得指向应用程序对象的指针。这些关系是在文档和视图对象的创建过程中建立起来的。一个对象要访问另一个对象中的成员时,通过调用相关的函数来实现。表 15-1 给出了源对象访问目的对象的方式。

表 15-1　MFC 各对象之间的访问方式

源对象	目的对象	调用的函数	说明
文档	视图	GetFirstViewPosition	获取第一个视图的位置
文档	视图	GetNextView	获取下一个视图的位置
文档	文档模板对象	GetDocTemplate	获取文档模板对象的指针
视图	文档对象	GetDocument	获取文档对象的指针
视图	文档边框窗口对象	GetParentFrame	获取文档边框窗口对象的指针
文档边框窗口	当前视图对象	GetActiveView	获取当前视图对象
文档边框窗口	当前文档对象	GetActiveDocument	获取当前活动的文档对象
MDI 主边框窗口	当前活动的 MDI 子窗口	MDIGetActive	获取当前活动的 MDI 子窗口

15.2.3　消息与命令的处理

事件驱动是指每当发生一个事件时,系统产生一个消息,并将该消息发送给处理该消息的窗口对象。若该窗口对象中已定义了该消息的处理函数,则由系统自动调用该函数来处理该消息。每一个消息有一个消息标识(一个无符号整数,用宏名来表示),使用类向导建立起消息标识与消息处理函数间的映射关系。通常还要用一个数据来表示消息的内容,这部分内容随消息的不同而变化,并将消息数据作为参数传递给消息处理函数。

MFC 编程的主要任务之一是设计消息处理函数。通常消息处理函数是通过 ClassWizard 来创建的,并产生消息处理函数的框架,程序设计者的任务是根据应用程序的需求在消息处理函数的框架内,增加相应的程序代码。

MFC 中将消息分为三类:标准 Windows 消息、控件通知消息和命令消息。

1. 标准 Windows 消息

除 WM_COMMAND 以外,所有以 WM_开头的消息都是标准的 Windows 消息。这类消息具有两个特点:首先必须由窗口和视图对象处理这类消息;其次,均有缺省的消息处理函数,在 CWnd 类中预定义了缺省的消息处理函数(见头文件 afxwin.h)。

MFC 类库中对消息的处理有统一的格式。例如,字符消息的处理函数的原型为:

```
afx_msg void OnChar(UINT nChar, UINT nRepCnt, UINT nFlags);
```

消息处理函数名均由"On"和消息名"Char"组成。关键字 afx_msg 用于区分消息处理函数与其他的成员函数。消息处理函数是通过消息映射来实现的，而消息映射依赖于标准的编译预处理宏，与 C++ 的编译器无关。经编译预处理后，将删除关键字 afx _ msg。

应用程序要处理的标准 Windows 消息有：字符输入消息、鼠标消息、重画消息、滚动消息等。下面分别加以介绍。

(1) 字符消息 WM _ CHAR。

每当按下键盘上的一个键时，产生一个 WM _ CHAR 消息，处理该消息的成员函数的格式为：

```
afx _ msg void OnChar(UINT nChar, UINT nRepCnt, UINT nFlags);
```

其中 nChar 为所按下字符的代码值(ASCII 码)，nRepCnt 为重复次数(通常为 1)，nFlags 表示扫描码、先前键状态、转换状态等，其含义见表 15-2。

表 15-2　nFlags 各字段的含义

位	含　　义
0 ~ 7	扫描码
8	若同时按下扩展键(功能键或小键盘上的键)为 1，否则为 0
9 ~ 10	未用
11 ~ 12	Windows 内部使用
13	若同时按下【Alt】键则为 1，否则为 0
14	先前键的状态，若消息发送前键处于按下状态，则为 1，否则为 0
15	指明键转换状态，若键已松开，则为 1，否则为 0

实际上，当按下键盘上某一数字或字符键时，系统产生 WM _ KEYDOWN 消息；松开一个键时产生 WM _ KEYUP 消息；这两个消息经组合后产生 WM _ CHAR 消息；当按下【Alt】键时产生 WM _ SYSTEMDOWN 消息；松开【Alt】键时产生 WM _ SYSTEMUP 消息。可为每一个消息建立一个消息处理函数。

(2) 鼠标消息。

鼠标消息有：WM _ LBUTTONDOWN(按下鼠标左键)，WM _ LBUTTONUP(松开鼠标左键)，WM _ RBUTTONDOWN(按下鼠标右键)，WM _ RBUTTONUP(松开鼠标右键)，WM _ MOUSEMOVE(拖动鼠标)，WM _ LBUTTONDBLCLK(双击鼠标左键)。处理鼠标消息的成员函数的原型类同。例如，处理鼠标左键弹起的消息处理函数的原型为：

```
afx _ msg void OnLButtonUp(UINT nFlags, CPoint point);
```

其中，CPoint 的定义为：

```
typedef struct targCPoint{
  short x,y;
}CPoint;
```

即鼠标事件发生时，point 给出了鼠标在窗口中的坐标(x，y)，坐标原点是窗口的左上角。nFlags 中的一位表示一个状态，其值与含义见表 15-3。例如，nFlags & MK _ LBUTTON 的值为 1 时，表示按下鼠标左键。

表 15-3 nFlags 中位屏蔽的含义

位屏蔽	含义
MK _ CONTROL	按下【Ctrl】键为 1,否则为 0
MK _ SHIFT	按下【Shift】键为 1,否则为 0
MK _ LBUTTON	按下鼠标左键为 1,否则为 0
MK _ MBUTTON	按下鼠标中键为 1,否则为 0
MK _ RBUTTON	按下鼠标右键为 1,否则为 0

(3) 重画消息 WM _ PAINT。

当窗口的大小发生变化、窗口内容发生变化、窗口间的层叠关系发生变化或调用成员函数 UpdateWindow 或 RedrawWindow 时,系统将产生 WM _ PAINT 消息,表示要重新绘制窗口的内容。该消息处理函数的原型为:

```
afx _ msg void OnPaint();
```

该函数的处理过程为:首先调用 BeginPaint 函数,将窗口更新的区域置为 NULL,封锁接着的 WM _ PAINT 消息;然后,根据文档类中的数据绘制图形;最后,调用 EndPaint 函数结束绘制过程。

(4) 滚动消息 WM _ HSCROLL 和 WM _ VSCROLL。

水平滚动的消息为 WM _ HSCROLL,垂直滚动消息为 WM _ VSCROLL。消息处理函数的原型为:

```
afx _ msg void OnHScroll(UINT nSBCode, UINT nPos, CScrollBar * pScrollBar);
afx _ msg void OnVScroll(UINT nSBCode, UINT nPos, CScrollBar * pScrollBar);
```

其中 nSBCode 用于区分向左(上)或向右(下)滚动一行、向左(上)或向右(下)滚动一页;nPos 仅当要滚动到指定的位置时,其值才有意义(当前位置);pScrollBar 指向滚动条控件。

2. 控件通知消息

控件通知消息属于命令消息中的一类,包括控件产生的消息和子窗口传送给父窗口的命令消息 WM _ COMMAND。例如,当用户改变编辑控件的中文本时,它向父窗口发送一条已改变文本内容的控件通知消息。用户单击按钮控件时,是作为命令消息来处理的,而不是作为控件通知消息来处理的。控件通知消息由窗口和视图对象来处理。

3. 命令消息

用户选择菜单项、工具栏按钮、单击按钮时所产生的消息称为命令消息。每一个命令消息都要定义一个命令 ID,MFC 类库已预定义了某些命令的 ID(见 afxres.h),一般命令的 ID 由编程人员自行定义,定义的方法在后面的例子中给出。

注意,命令消息都没有缺省的消息处理函数,这类消息处理函数都没有参数,也没有返回值。

在 MFC 中,消息的发送与接收过程为:每当产生一个消息时,由 CWinApp 的成员函数 Run 检索到该消息,并将该消息发送给相应的窗口对象,经消息映射后自动调用相匹配的消息处理函数。

在 MFC 中,消息映射是通过宏来实现的。为了标识这种特殊的映射,用 BEGIN _ MESSAGE _ MAP 和 END _ MESSAGE _ MAP 把消息映射括起来。消息映射的格式为:

```
ON_COMMAND(ID, FunName)
```

其中第一个参数为消息标识,第二个参数为处理该消息的函数名,即要在该消息与消息处理函数名之间建立起映射关系。例如,工程文件 Test1 中建立的消息映射为:

```
BEGIN_MESSAGE_MAP(CCh1001App, CWinApp)
  //{{AFX_MSG_MAP(CCh1001App)
  ON_COMMAND(ID_APP_ABOUT, OnAppAbout)
  //NOTE-the ClassWizard will add and remove mapping macros here.
  //    DO NOT EDIT what you see in these blocks of generated code!
  //}}AFX_MSG_MAP
  //Standard file based document commands
  ON_COMMAND(ID_FILE_NEW,CWinApp::OnFileNew)
  ON_COMMAND(ID_FILE_OPEN, CWinApp::OnFileOpen)
  //Standard print setup command
  ON_COMMAND(ID_FILE_PRINT_SETUP,CWinApp::OnFilePrintSetup)
END_MESSAGE_MAP( )
```

注意,在消息映射的宏后,没有分号;这部分内容不能随便修改;对于消息映射中的“//{{AFX_MSG_MAP(CCh1001App)”和“//}}AFX_MSG_MAP”是将映射条目括起来,ClassWizard 要用到这种标记,绝不能删除这种标记。表 15-4 中给出了在 MFC 中消息映射的宏。表中 ON_WM_XXXX 表示以 ON_WM_开头的所有消息名,ON_XXXX 的含义类同。

表 15-4 消息映射宏

宏 格 式	消 息 类 型
ON_WM_XXXX	预定义的 Windows 消息
ON_COMMAND	命令
ON_UPDATE_COMMAND_UI	更新命令
ON_XXXX	控件通知
ON_MESSAGE	用户自己定义的消息
ON_REGISTERED_MESSAGE	已注册的 Windows 消息
ON_COMMAND_RANGE	命令 ID 范围(处理指定范围内的命令)
ON_UPDATE_COMMAND_RANGE	更新命令 ID 范围
ON_CONTROL_RANGE	控件 ID 范围

15.3 MFC 的数组类

MFC 提供了八个数组类,它们均是由类 CObject 公有派生的。CArray 为动态模板类数组,CByteArray 为动态的字节数组,CDWordArray 为双字动态数组,CObArray 为类指针动态数组,CPtrArray 为指针动态数组,CStringArray 为字符串动态数组,CUIntArray 为无符号整数动态数组,CWordArray 为字动态数组。

在头文件 afxcoll.h 中给出了这八个数组类的定义,在文件 afxcoll.inl 中给出了相关成员函数的实现。每一个数组类均有数据成员：m _ pData 是一个指向数组的指针；m _ nSize 为数组中的实际元素个数；m _ nMaxSize 为数组的大小；m _ nGrowBy 为动态增大数组时的增量，缺省值为 1。这些数组类基本上可满足多数应用的需求。其成员函数也是类同的，在表 15-5 中给出了 CObArray 类常用的成员函数，在后面的例子中要用到这个数组类。

表 15-5　CObArray 类提供的常用成员函数

成员函数名	功　能
int GetSize( )	返回数组的大小(以 1 开始)
int GetUpperBound( )	返回数组的上界(以 0 开始)
void SetSize(int nNew, int nGrowBy = -1)	设置数组的大小
void FreeExtra( )	释放多余的空间
void RemoveAll( )	释放所有的数组空间
CObject * GetAt(int nIndex)	取第 nIndex 元素的指针
void SetAt(int nIndex, CObject * newElement)	对第 nIndex 元素置值
CObject * * GetData()	取数组中数据
int Add(CObject * newElement)	增加一个新元素
void InsertAt(int nIndex, CObject * newEle)	在第 nIndex 位置插入一个元素
void RemoveAt(int nIndex, int nCount = 1)	删除第 nIndex 元素

15.4　鼠标使用实例

本节用一个实例来说明如何设计一个应用程序，使用鼠标在视图上画出若干条折线。

15.4.1　创建应用程序的基本框架

用 MFC AppWizard 创建应用程序的基本框架，设输入的项目名为 ch1001，在弹出的对话框中选择“Single document”，生成 SDI 应用程序，单击“Finish”按钮，生成应用程序源文件的基本框架。

15.4.2　处理视图类

画折线的过程规定为：按下鼠标左键，确定画一条线的开始点；仍按下鼠标左键，并拖动鼠标时，在开始点与鼠标当前位置点之间画一条红色的虚线(过渡线)；当松开鼠标左键时，确定了画线的终点，则在开始点与终点之间画出一条红色的实线。

首先要在视图类中增加数据成员，即在文件 Ch1001View.h 的类 CCh1001View 中增加：

```
int m_nDraw;                    //1 为画线状态,0 为非画线状态
HCURSOR m_hCursor;              //光标句柄,视图窗口内为十字形,否则为箭头
CPoint  m_posOld;               //当前鼠标位置(画线的终点坐标)
CPoint  m_posOrigin;            //鼠标开始位置(画线的开始点坐标)
```

应用程序要知道当前是否处于画图状态，用 m _ nDraw 来表示这种状态。在产生窗口

时,缺省的光标形状为箭头,而在画图时必须使用十字形状的光标,以便精确定位。为此,须用 m _ hCursor 来保存画图时所用十字光标的句柄。

在 VC++ 集成环境下,编辑 ch1001View.h 文件的最快捷的方法是单击项目文件中的"ClassView"标签,打开文件夹 ch1001 classes,然后双击 CCh1001View 类名,则在编辑窗口中自动打开文件 ch1001View.h。按如下形式加入数据成员(黑体字部分):

```
class CCh1001View: public CView
{
  protected: //create from serialization only
  CCh1001View( );
  DECLARE _ DYNCREATE(CCh1001View)
  //Attributes
  //add new members
  int m _ nDraw;
  HCURSOR m _ hCursor;
  CPoint   m _ posOld;
  CPoint   m _ posOrigin;
  ...
}
```

在类 CCh1001View 的构造函数中完成对新增加的数据成员初始化。打开工程文件窗口中的文件夹 CCh1001View,双击 CCh1001View 函数,则打开 ch1001View.cpp 文件,增加如下黑体字部分。

```
CCh1001View::CCh1001View()
{
    //TODO: add construction code here
    m _ nDraw  = 0;                                                   //A
    m _ hCursor = AfxGetApp( ) -> LoadStandardCursor (IDC _ CROSS);   //B
}
```

开始时处于不画线状态,为此将 m _ nDraw 置为 0。B 行代码产生一个十字光标,并保存该光标的句柄赋给 m _ hCursor,以便画图时使用该光标。注意,AfxGetApp 返回指向应用程序对象的一个指针,并通过该指针调用其成员函数得到一种标准的十字形光标图形对象。在 windows.h 文件中定义了 11 种标准光标的宏,表 15-6 给出了光标宏名所代表的光标形状。

表 15-6　标准的光标形状

光标宏	光标的形状
IDC _ ARROW	缺省的箭头光标
IDC _ CROSS	十字形光标
IDC _ WAIT	沙漏形光标
IDC _ IBEAM	垂直 I 形光标
IDC _ UPARROW	垂直箭头光标

光标宏	光标的形状
IDC_SIZE	装入方框光标,右下角带有一个较小的方框
IDC_SIZEALL	四向箭头光标,常用于缩放窗口
IDC_ICON	空图标光标
IDC_SIZENWSE	指向左上角和右下角的双向箭头光标
IDC_SIZENSW	指向左下角和右上角的双向箭头光标
IDC_SIZEWE	水平双向箭头光标
IDC_SIZENS	垂直双向箭头光标

根据画线过程,要增加按下鼠标左键、移动鼠标、松开鼠标左键的鼠标消息处理函数。增加一个鼠标消息处理函数可分成两步完成:首先利用 ClassWizard 向导映射鼠标消息,生成消息处理函数的框架;然后修改消息处理函数。生成消息处理函数的框架的步骤为:

(1) 选择"View"菜单中的"ClassWizard"命令。

(2) 在弹出的"MFC ClassWizard"对话框中选择"Message Maps"标签,表示要进行消息映射。

(3) 从"Class name"下拉式列表框中选择类名"CCh1001View"(参见图 15-7),表示将鼠标消息映射到视图类中。

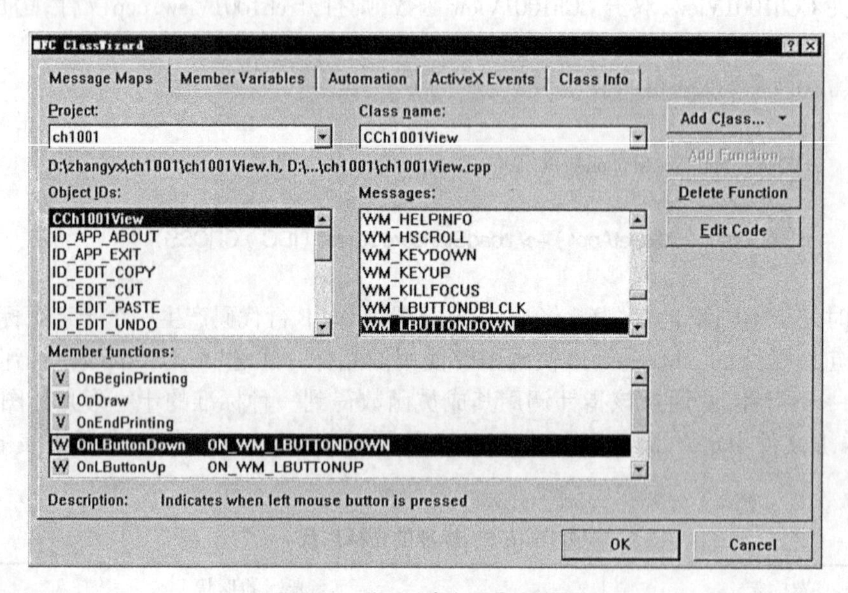

图 15-7 "MFC 类向导"对话框

(4) 在"Object IDs"选择框中选择(单击)视图对象"CCh1001View",表示在视图对象中增加消息处理函数。

(5) 在"Messages"选择框中,选择要映射的鼠标消息 WM_LBUTTONDOWN,并双击该消息,系统产生了该消息处理函数的框架。也可以单击消息 WM_LBUTTONDOWN,然后单击"Add Function"按钮,在弹出的对话框中单击"OK"按钮。

(6) 重复第(5)步操作,分别映射鼠标消息 WM_LBUTTONUP 和 WM_MOUSEMOVE,为这两个消息建立消息处理函数。

经以上处理后,MFC 在文件 ch1001View.h 的类 CCh1001View 中增加了三个鼠标事件的处理函数,在如下的程序片段中用黑体字标出。

```
class CCh1001View: public CView
{
    ...
    afx_msg void OnLButtonDown(UINT nFlags, CPoint point);
    afx_msg void OnMouseMove(UINT nFlags, CPoint point);
    afx_msg void OnLButtonUp(UINT nFlags, CPoint point);
    ...
};
```

在文件 ch1001View.cpp 中,增加了以下黑体字标出的三行消息映射宏:

```
BEGIN_MESSAGE_MAP(CCh1001View, CView)
    //{{AFX_MSG_MAP(CCh1001View)
    ON_WM_LBUTTONDOWN()
    ON_WM_MOUSEMOVE()
    ON_WM_LBUTTONUP()
    //}}AFX_MSG_MAP
    ...
```

也在文件 ch1001View.cpp 中增加了三个消息处理函数的框架,下面给出了处理按下鼠标左键的消息处理函数:

```
void CCh1001View::OnLButtonDown(UINT nFlags, CPoint point)
{
    //TODO: Add your message handler code here and/or call default
    CView::OnLButtonDown(nFlags, point);
}
```

根据画图的要求来增加消息处理代码,在函数 OnLButtonDown 中要将当前鼠标点作为画线的开始坐标,也作为终点坐标。置开始画线标志,并将该函数修改为:

```
void CCh1001View::OnLButtonDown(UINT nFlags, CPoint point)
{
        //TODO: Add your message handler code here and/or call default
        m_posOld = point;                //当前点作为结束点
        m_posOrigin = point;             //当前点作为开始点
        SetCapture();                    //CWnd的成员函数,捕获鼠标
        m_nDraw = 1;                     //开始画线,置标志
        RECT theRect;
        GetClientRect(&theRect);         //CWnd的成员函数
        ClientToScreen(&theRect);        //CWnd的成员函数
        ClipCursor(&theRect);            //Windows API函数
        CView::OnLButtonDown(nFlags, point);
}
```

成员函数 SetCapture 的作用是捕获鼠标，表示将要开始连续跟踪移动鼠标的消息。若要释放对鼠标的捕获，并恢复正常的输入，可调用函数 ReleaseCapture。成员函数 GetClientRect 获取视图窗口客户区的坐标。数据类型 RECT 的定义为：

```
typedef struct tagRECT{
    int left, top, right, bottom;
}RECT;
```

它定义了左上角点和右下角点的坐标，即定义了一个窗口的矩形区域。GetClientRect 函数将视图窗口的左上角点和右下角点的坐标保存到 theRect 中，函数 ClientToScreen 将客户区的坐标变换为屏幕坐标，最后调用 Windows API 函数 ClipCursor 将光标限定在窗口的客户区域内，即视图窗口内。因 ClipCursor 使用的参数为屏幕坐标，前两个函数的调用是为调用该函数服务的。

修改处理鼠标移动事件的消息处理函数 OnMouseMove。在鼠标移动期间，系统连续产生鼠标移动事件。对每一个鼠标移动事件，要先将点 m_posOrigin 与点 m_posOld 之间已画的虚线删除，并在点 m_posOrigin 与鼠标当前位置 point 之间画一条虚线。为此，进行以下操作：

(1) 设置用于画图的十字形光标 SetCursor(m_hCursor)。

(2) 要在视图窗口上画线，必须产生当前视图窗口的设备场境对象 dc，即 CClientDC dc (this)。

(3) 为了画线，必须产生一支新的画笔，即

```
CPen NewPen;
NewPen.CreatePen(PS_DASH,1,RGB(255,0,0));
```

产生新画笔可以通过成员函数 CreatePen 来实现，也可以通过构造函数来实现，即以上两个语句等同于

```
CPen NewPen(PS_DASH,1,RGB(255,0,0));
```

函数 CreatePen 包含了三个参数，第一个参数为选择画笔的笔型，它可以是表 15-7 中给出的六种笔型中的一种；第二个参数为画笔的宽度，通常为像素的个数；第三个参数为笔的颜色，它是三种颜色分量的三元组(Red, Green, Blue)，每一种分量的取值为 0 ~ 255。本例产生的笔型为虚线，一个像素宽的红色画笔。

表 15-7 画笔的缺省笔型

笔　型	说　明
PS_SOLID	实线
PS_DASH	虚线
PS_DOC	点线
PS_DASHDOC	点划线
PS_DASHDOCDOC	双点划线
PS_NULL	空

(4) 保存设备场境的当前画笔，并设置新的画笔，即

```
pOldPen = dc.SelectObject(&NewPen);
```

该成员函数返回指向原画笔的指针,并设置新的画笔,参数为指向新画笔的指针。

(5)为了在已存在的图上画上新的图(重叠),必须设置绘图模式,即规定当前画笔与显示画面上已存在的像素之间的颜色是如何组合的。它们可以采用二进位运算符 &、|、~、^来进行组合。通过成员函数 dc.SetROP2 (int nDrawMode)来实现,其中缩写 ROP 为光栅操作,参数 nDrawMode 指定绘图模式,它可以取表 15-8 中给出的 16 种模式之一的值。

表 15-8 光栅操作的绘图模式

宏(模式值)	含 义
R2 _ BLACK	像素为黑色
R2 _ WHITE	像素为白色
R2 _ NOP	像素为原来颜色(不变)
R2 _ NOT	像素为屏幕颜色的反色
R2 _ COPYPEN	像素为画笔颜色
R2 _ NOTCOPYPEN	像素为画笔颜色的反色
R2 _ MERGEPENNOT	像素为(NOT(屏幕))OR(画笔)
R2 _ MASKPENNOT	像素为(NOT(屏幕))AND(画笔)
R2 _ MERGEPEN	像素为(屏幕)OR(画笔)
R2 _ MASKNOTPEN	像素为(NOT(画笔))AND(屏幕)
R2 _ MERGENOTPEN	像素为(NOT(画笔))OR(屏幕)
R2 _ NOTMERGEPEN	像素为(NOT((画笔)OR(屏幕)))
R2 _ MASKPEN	像素为(画笔)AND(屏幕)
R2 _ NOTMASKPEN	像素为(NOT((画笔)AND(屏幕)))
R2 _ XORPEN	像素为(屏幕)XOR(画笔)
R2 _ NOTXOR PEN	像素为(NOT((屏幕)XOR(画笔)))

(6) 要删除已画的虚线,并画出起点到光标位置的红线,调用函数 dc.MoveTo,把画笔移到开始画图的起始点,然后调用函数 dc.LineTo,从起点到终点之间用底色(白色)画一条直线来删除已画的虚线,即

```
dc.SetROP2 (R2_WHITE);              //用底色(白色)画线
dc.MoveTo(m_posOrigin);             //画笔移到起点
dc.LineTo (m_posOld);               //在起点与终点之间画一条底色线
```

(7) 从起点到当前光标点之间画一条红色的虚线,即

```
dc.SetROP2 (R2_COPYPEN);            //使用画笔的颜色画线
dc.MoveTo(m_posOrigin);
dc.LineTo (point);
```

(8) 把当前光标点作为终点,并恢复原来的画笔,即

```
m_posOld = point;
```

```
dc.SelectObject (pOldPen);
```

处理鼠标移动事件的完整的消息处理函数为：

```
void CCh1001View::OnMouseMove(UINT nFlags, CPoint point)
{
    //TODO: Add your message handler code here and/or call default
    SetCursor(m_hCursor);
    if(m_nDraw){
        CClientDC dc(this);                     //create a device context object
        CPen NewPen, * pOldPen;
        NewPen.CreatePen(PS_DASH,1,RGB(255,0,0));
        pOldPen = dc.SelectObject(&NewPen);
        dc.SetROP2 (R2_WHITE);
        dc.MoveTo(m_posOrigin);
        dc.LineTo (m_posOld);
        dc.SetROP2 (R2_COPYPEN);
        dc.MoveTo(m_posOrigin);
        dc.LineTo (point);
        m_posOld = point;
        dc.SelectObject (pOldPen);
        UpdateWindow();
    }
    CView::OnMouseMove(nFlags, point);
}
```

弹起鼠标左键的消息处理函数首先要在起点与终点之间画一条红色实线，置画线结束标志，然后释放对鼠标的捕获，以恢复正常输入。完整的消息处理函数为：

```
void CCh1001View::OnLButtonUp(UINT nFlags, CPoint point)
{
    //TODO: Add your message handler code here and/or call default
    if(m_nDraw){
        CClientDC dc(this);                     //create a device context object
        CPen NewPen(PS_SOLID,1,RGB(255,0,0));
        CPen * pOldPen;
        pOldPen = dc.SelectObject(&NewPen);
        dc.MoveTo(m_posOrigin);
        dc.LineTo (point);
        m_posOld = point;
        dc.SelectObject (pOldPen);
        m_nDraw = 0;
        ReleaseCapture();
        ClipCursor(NULL);
    }
    CView::OnLButtonUp(nFlags, point);
```

```
}
```

在缺省的情况下，视图窗口的背景颜色为当前窗口的背景颜色，光标为箭头形状。若背景颜色为黑色，则所画的线基本上是看不见的。为此要修改窗口的特性（风格），打开文件ch1001View.cpp，在函数CCh1001View::PreCreateWindow中添加以下程序代码：

```
BOOL CCh1001View::PreCreateWindow(CREATESTRUCT& cs)
{
    //TODO: Modify the Window class or styles here by modifying
    //  the CREATESTRUCT cs
    cs.lpszClass = AfxRegisterWndClass(
        CS_HREDRAW | CS_VREDRAW | CS_PARENTDC,          //类的风格
        0,                                              //使用缺省的光标
        (HBRUSH)::GetStockObject (WHITE_BRUSH),         //置背景式为白色
        0);                                             //没有图标
    return CView::PreCreateWindow(cs);
}
```

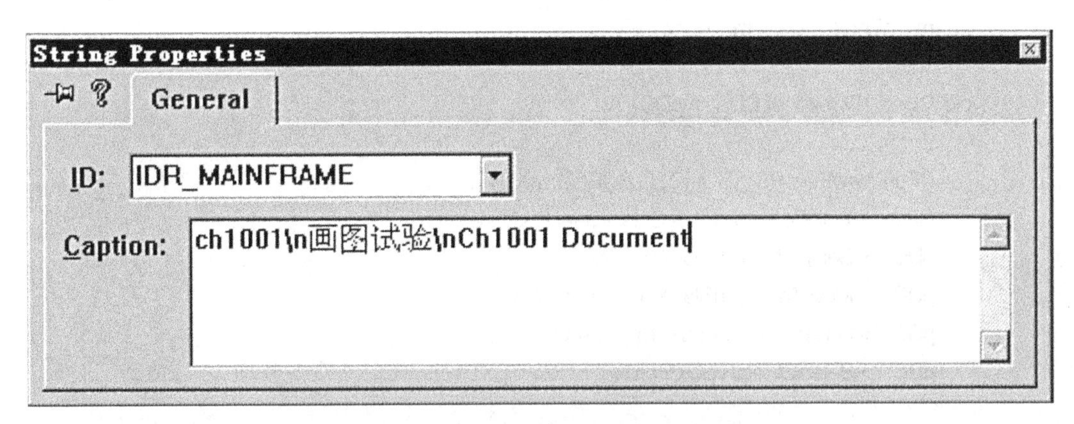

图 15-8 修改窗口标题的对话框

编译、连接并执行该应用程序时，已可实现画线的功能。应用程序窗口的标题为Untitled，可以将窗口标题改为"画图试验"。其步骤为：双击项目工作区窗口的"ResourceView"标签；打开文件夹"ch1001 resources"，双击"String Table"文件夹；双击"abc String Table"资源，双击编辑窗口中ID为"IDR_MAINFRAME"表目（通常在第一行），弹出如图15-8所示的对话框；将"Caption"文本框中的一行字符串修改为"ch1001 \n 画图试验\nCh1001 Document"。该字符串的第一部分"ch1001"为应用程序名，第二部分"画图试验"为窗口标题名，第三部分"Ch1001 Document"表示文档资源，各部分用"\n"隔开。按【Esc】键，并编译、连接、执行程序，检查窗口的标题是否已修改为"画图试验"。

15.4.3 处理文档

以上的应用程序在执行期间，当视图窗口被覆盖后重新显示时，所画的图形会全部消失，原因是没有保存画线的数据。为此要在文档类中增加存放直线坐标的数据，以便在重画窗口时恢复图形。

增加类CLine来保存一条直线的两个端点的坐标，根据保存的坐标值就能画一条直线。

在文档类 ch1001Doc.h 中添加以下程序代码(插在 class CCh1001Doc ：public CDocument 之前)：

```
class  CLine:public CObject{
  protected:
      int m_nStartX,m_nStartY;                    //起点坐标
      int m_nEndX,m_nEndY;                        //终点坐标
  public:
      CLine(int=0,int=0,int=0,int=0);             //构造函数,初始化坐标值
      void DrawLine(CDC *);                       //在两个坐标点之间画一条直线
};
```

在文档类文件 ch1001Doc.cpp 中增加以上两个成员函数的实现部分,并插在 END_MESSAGE_MAP()之后。

```
CLine::CLine(int x1,int y1,int x2,int y2)
{
    m_nStartX=x1;  m_nStartY=y1;
    m_nEndX=x2;  m_nEndY=y2;
}
void CLine::DrawLine(CDC *pDC)
{
    CPen NewPen(PS_SOLID,1,RGB(255,0,0));
    CPen *pOldPen=pDC->SelectObject(&NewPen);
    pDC->SetROP2 (R2_COPYPEN);
    pDC->MoveTo(m_nStartX,m_nStartY);
    pDC->LineTo (m_nEndX,m_nEndY);
    pDC->SelectObject (pOldPen);
}
```

为了保存已画线段的所有坐标,要定义一个 CObArray 类的动态数组,每画一条直线,将该线的对象存放在动态数组中,以便根据数组中的数据重画图形。在文件 ch1001Doc.h 的类 CCh1001Doc 中增加以下成员函数和成员数据。

```
class CCh1001Doc:public CDocument
{...
    // Attributes
    protected:
      CObArray  m_cObArray;                       //每一个元素为 CLine 对象的指针
    // Operations
    public:
      void AddLine(int,int,int,int);              //把一条线段的坐标加入数组中
      CLine * GetLineAt(int);                     //获取数组中一个元素的值
      int GetNumberOfAllLines(void);              // 获取线数组中的线段数
    ...
}
```

在文件 ch1001Doc.cpp 中增加这三个成员函数的实现部分,插在 CCh1001Doc::

CCh1001Doc ( )之前。

```
void CCh1001Doc::AddLine(int x1,int y1,int x2,int y2)
{
  CLine * pLine = new CLine(x1,y1,x2,y2);         //构造一个动态的 Cline 对象
  m_cObArray.Add(pLine);                          //将一线段的对象加入数组中
  SetModifiedFlag();                              //设置数组中的数据已修改标志
}
CLine * CCh1001Doc::GetLineAt(int nIndex)
{ if(nIndex < 0 ||nIndex > m_cObArray.GetUpperBound())
     return 0;                                    //数组的下标出界
  return (CLine * ) m_cObArray.GetAt(nIndex);    //返回指向一条线段对象的指针
}
int CCh1001Doc::GetNumberOfAllLines(void)
{ return m_cObArray.GetSize();}                   //返回数组中的线段条数
```

每当画完一条直线后,要将该直线的数据存入动态数组中,为此必须修改处理鼠标左键的消息处理函数,增加以下两行代码。

```
void CCh1001View::OnLButtonUp(UINT nFlags, CPoint point)
{    ...
    if(m_nDraw){
      ...
    }
    CCh1001Doc * pDoc = GetDocument();            //获取指向文档对象的指针
    pDoc -> AddLine(m_posOrigin.x,m_posOrigin.y,point.x,point.y);
    CView::OnLButtonUp(nFlags, point);
}
```

其中调用文档对象的成员函数 AddLine 将该直线坐标数据加入到动态数组对象中。

当要窗口重画时,系统产生重画消息,并根据 m_cObArray 中保存的数据进行重画操作。为此,要修改视图窗口的成员函数 OnDraw(在文件 ch1001View.cpp 中),增加以下代码:

```
void CCh1001View::OnDraw(CDC * pDC)
{ ...
  // TODO: add draw code for native data here
  int nIndex;
  nIndex = pDoc -> GetNumberOfAllLines();
  while (nIndex -- )
    pDoc -> GetLineAt(nIndex) -> DrawLine (pDC);
}
```

首先得到数组中的元素个数,然后依次从数组中取出一个线段对象,并根据该对象中的坐标值画出一条直线,直至取完数组中的直线为止。

在退出应用程序时,要删除动态数组中的指针所指向的 CLine 对象的存储空间。在文件 ch1001Doc.h 的类 CCh1001Doc 中增加以下成员函数说明。

```
class CCh1001Doc:public CDocument
{ ...
```

```
    int GetNumberOfAllLines(void);
    virtual void DeleteContents(void);          //依次删除数组中的 CLine 对象
    ...
}
```

在文件 ch1001Doc.cpp 中，完成该成员函数的实现。

```
void CCh1001Doc::DeleteContents()
{
    int nIndex;
    nIndex = m_cObArray.GetSize();             //获取数组中的线段数
    while(nIndex--)
      delete m_cObArray.GetAt(nIndex);         //删除数组中的第 nIndex 个线段对象
    m_cObArray.RemoveAll();                    //最后，释放动态数组占用的空间
}
```

修改文件 ch1001Doc.cpp 中的类 CCh1001Doc 的析构函数：

```
CCh1001Doc::~CCh1001Doc()
{
    DeleteContents();                          //结束应用程序时，释放动态数组占用的空间
}
```

编译、连接并执行程序，当视图窗口被覆盖后重新显示时，已能正确显示出已画的所有线段。

15.4.4 处理菜单

在该应用程序中再增加一个新的功能：使用“Edit”菜单中的“Undo”命令撤消最后画的一条直线。应用程序向导所产生的应用程序框架中，已将该命令的 ID 设置为“ID_EDIT_UNDO”，但没有建立该命令的消息处理函数。我们只要增加该函数，并修改该函数就可实现删除一条线的功能。用类向导来映射该命令消息，步骤如下：

(1) 选择“View”菜单中的“ClassWizard”命令，弹出类向导对话框；单击“Message Maps”标签。

(2) 把命令消息“ID_EDIT_UNDO”映射到文档边框窗口上。在“Class name”下拉式列表框中选择类名“CCh1001Doc”，在“Object IDs”选择框中选择(单击)命令对象“ID_EDIT_UNDO”，此时在“Messages”列表框中显示该菜单命令，可对应两个消息：COMMAND 命令消息，当选择该菜单时要发送该命令消息；UPDATE_COMMAND_UI 命令消息，当打开该命令菜单时要发送该命令消息。

(3) 在“Messages”选择框中，双击 COMMAND，MFC 为该消息产生一个消息处理函数的框架，函数名为“OnEditUndo”。类似地，双击 UPDATE_COMMAND_UI，为该消息产生函数名为“OnUpdateEditUndo”的消息处理函数框架。

修改文件 ch1001Doc.cpp 中的这两个消息处理函数：

```
void CCh1001Doc::OnEditUndo()
{
    // TODO: Add your command handler code here
    int   nIndex = m_cObArray.GetUpperBound();       //返回数组中最后一个元素下标
```

```
    if(nIndex > =0){
        delete m_cObArray.GetAt(nIndex);                //删除最后一条线的 CLine 对象
        m_cObArray.RemoveAt(nIndex);                    //从数组中删除最后一个元素
    }
    UpdateAllViews(NULL);                               //更新视图
    SetModifiedFlag();                                  //设置修改标志
}
```

文档修改标志由类 Cdocument 对象来维护,每当创建一个新文档文件、打开一个文档文件或退出系统时,将要检查文档修改标志,若指明已修改,则要给出提示信息,提示用户尚未保存数据。将文档中的数据存入数据文件后,将复位修改标志。

修改另一个消息处理函数 OnUpdateEditUndo 为:

```
void CCh1001Doc::OnUpdateEditUndo(CCmdUI * pCmdUI)
{
    //TODO: Add your command update UI handler code here
    pCmdUI->Enable(m_cObArray.GetSize());
}
```

成员函数 pCmdUI->Enable 只有一个取逻辑值的参数。若参数值为 0 时,使该菜单项成为灰色(不能使用);其值为非 0 时,使该菜单命令可用。当动态数组中有一条或一条以上的直线数据时,函数 m_cObArray.GetSize 返回的值大于 0,此时可使用"Undo"命令来删除动态数组中的最后一线段。

重新编译、连接并执行应用程序,看看编辑命令"Undo"是否起作用。

15.4.5 文档数据串行化

文档数据串行化要实现将文档中的数据写入文件或从文件中读取数据到文档对象中。MFC AppWizard 已在文档类中产生成员函数 Serialize 的基本框架,只要略作修改就可实现这一功能。

本例中使用了 MFC 提供的动态数组对象 m_cObArray,该对象提供了该类的成员函数 Serialize,可用它来实现文档文件的读或写操作。最简单的方法是在文档类的成员函数 Serialize中调用对象 m_cObArray 的成员函数 Serialize,即

```
void CCh1001Doc::Serialize(CArchive& ar)
{
    if (ar.IsStoring())     {                           // TODO: add storing code here
      m_cObArray.Serialize(ar);
    }
    else   {                                            // TODO: add loading code here
      m_cObArray.Serialize(ar);
    }
}
```

其中参数 ar 是文本文件流对象。因 m_cObArray.Serialize(ar)并不知道该数组中每一个指针所指向的对象中包含哪些数据成员,因此要编写 CLine 对象本身的串行化代码。使用 MFC 提供的工具已无法实现这种串行化操作,只能用手工方法实现。具体做法是:首先,在类

CLine 中添加宏 DECLARE_SERIAL(CLine),指明要对 CLine 对象串行化,并在 CLine 类中添加实现串行化的成员函数 Serialize(CArchive& ar)的说明,即在类 CLine 中增加如下的黑体字部分。

```
class  CLine:public CObject{
  protected:
    int m_nStartX,m_nStartY;                              //起点坐标
    int m_nEndX,m_nEndY;                                  //终点坐标
    DECLARE_SERIAL(CLine)
  public:
    CLine(int = 0,int = 0,int = 0,int = 0);
    void DrawLine(CDC *);
    virtual void Serialize(CArchive&);
};
```

其次,要建立实现类 CLine 串行化的映射关系,并完成 CLine 成员函数 Serialize 的实现代码。在文件 Ch1001Doc.cpp 中,增加以下程序代码。

```
IMPLEMENT_SERIAL(CLine,CObject,1)
void CLine::Serialize(CArchive &ar)
{
    if(ar.IsStoring())
        ar << m_nStartX << m_nStartY << m_nEndX << m_nEndY;
    else
        ar >> m_nStartX >> m_nStartY >> m_nEndX >> m_nEndY;
}
```

宏 IMPLEMENT_SERIAL(CLine,CObject,1)和 DECLARE_SERIAL(CLine)允许 CObArray 的成员函数 Serialize 读写出一个对象时调用 CLine 中的成员函数 Serialize。前一个宏的第一个参数为类名,第二个参数是基类名,第三个参数用于表示应用程序的版本号。

经编译连接后,重新执行应用程序时,就可实现把文档对象中保存的直线数据写入文件或将保存在文件中的直线数据读入文档对象的动态数据中。

15.5 GDI 与文本处理

本节介绍绘图和处理文本的基本方法。Windows 的 GDI(设备图形接口)提供了绘图的基本工具:画点、线、多边形、位图以及文本输出函数。MFC 的设备场境类 CDC 封装了全部绘图函数,使绘制的图形可以显示或打印。

15.5.1 设备场境 CDC 和绘图工具

一般使用窗口的目的有两个:其一是处理 Windows 消息,其二是进行绘图。每当必须绘制窗口内容时,要调用视图的 OnDraw 成员函数。如果窗口是视图的一个子窗口,可以把视图的某些绘制工作交给子窗口处理。窗口绘制都要用到设备场境(Device Context)。

设备场境有时也称为设备描述表或设备文本,它是 Windows 应用程序与设备驱动程序(如打印机或显示器)之间的连接桥梁。也可以说,设备场境实际上就是一个输出路径,从

Windows 应用程序开始，经过适当的设备驱动程序，最后到达窗口客户区。在应用程序向窗口客户区输出信息前，必须先获得一个设备场境，否则应用程序和相应窗口之间就没有任何通道。在 MFC 应用程序中，所有的绘制工作必须通过设备场境的对象来实现，它封装了用于绘制线段、图形和文本的 Windows API 函数。

在 MFC 类库中，设备场境类的类名为 CDC。所有的绘图函数都在类 CDC 中定义，因此类 CDC 是所有其他 MFC 设备场境类的基类，任何类型的设备场境对象都可以调用这些绘图函数。

窗口坐标系统与基于绘图函数所使用的坐标系统是一致的。系统约定，窗口左上角的坐标是原点，坐标系统的逻辑单位一般为像素，x 轴方向向右，y 轴方向向下。

应用程序在视图窗口输出时，使用两种基本的绘图工具——画笔和画刷。通常，用画笔勾划一个区域或对象的轮廓，然后用画刷对其进行填充。设备场境对象首次创建时便拥有缺省的画笔和画刷。缺省画笔为黑色，宽度为一个像素。缺省画刷将封闭图形的内部填充为白色。

要改变当前画笔或画刷时，既可以使用库存画笔和画刷，也可以创建定制的画笔或画刷，然后将其选入设备场境对象。调用 CDC 类的成员函数 SelectStockObject 可以选择库存绘图工具，其函数原型为：

```
virtual CGdiObject * SelectStockObject(int nIndex);
```

如果该函数调用成功，返回指向 CGdiObject 对象的指针——实际指向的对象是 CPen、CBrush、CFont 对象，否则返回 0。参数 nIndex 是库存画笔和画刷代码值，表 15-9 给出了该参数的取值（宏）。

表 15-9　库存画笔和画刷代码表

画笔和画刷的代码值	颜　　色
BLACK_PEN	黑色画笔
NULL_PEN	空画笔
WHITE_PEN	白色画笔
BLACK_BRUSH	黑色画刷
DKGRAY_BRUSH	深灰色画刷
GRAY_BRUSH	灰色画刷
HOLLOW_BRUSH	透明窗口画刷
LTGRAY_BRUSH	浅灰色画刷
NULL_BRUSH	空画刷
WHITE_BRUSH	白色画刷

应用程序也可根据需求，定制画笔或画刷。在 MFC 类库中，类 CPen 封装了 GDI 的画笔工具，而类 CBrush 封装了 GDI 的画刷工具。在定制画笔或画刷对象时，都要调用构造函数来创建画笔或画刷。使用画笔或画刷的步骤如下：

（1）创建类 CPen 的对象或类 CBrush 的对象；

（2）调用合适的成员函数初始化画笔或画刷；

（3）将画笔或画刷对象选入当前设备场境对象中，并保存原先画笔或画刷对象的指针；

（4）调用绘图函数绘制图形或使用画刷对封闭区域进行填充；

(5) 最后,将第三步中保存的原先画笔或画刷对象选入设备场境对象,以便恢复原先的状态。

可调用 CPen 的成员函数 CreatePen 初始化画笔,其函数原型为:

```
BOOL CreatePen(int nPenStyle, int nWidth, COLORREF crColor);
```

其中,参数 nPenStyle 为所选画笔的样式;参数 nWidth 指定画笔的宽度,画笔宽度为逻辑单位,对于点或画线的画笔,画笔宽度为一个像素宽;参数 crColor 用于指定画笔的颜色。

一旦初始化画笔对象后,调用 CDC 的成员函数 SelectObject 将画笔选入设备场境对象。对于画笔和画刷,SelectObject 的原型为:

```
CPen * SelectObject(CPen * pPen);
CBrush * SelectObject(CBrush * pBrush);
```

可以调用 CBrush 的三个成员函数之一来产生画刷:

```
BOOL   CreateSolidBrush(COLORREF   clColor);
BOOL   CreateHatchBrush(int nIndex , COLORREF   clColor);
BOOL   CreatePatternBrush(CbitMap * pBitMap);
```

第一个函数创建纯色画刷,第二个函数创建阴影画刷(以特定阴影模式填充图形内部),第三个函数创建定制模式去填充图形的内部。其中参数 clColor 用于指定画刷的颜色;nIndex 用于指定阴影模式,表 15-10 中给出了其可能的取值;参数 pBitMap 是指向位图对象的指针,当使用这种画刷填充图形时,图形内部将用位图一个接一个地填充。

表 15-10　画刷的代码取值

值(宏名)	画刷填充形式
HS _ BDIAGONAL	反斜线
HS _ FDIAGONAL	斜线
HS _ CROSS	十字线
HS _ DIAG CROSS	斜十字线
HS _ HORIZONAL	水平线
HS _ VERTICAL	垂直线

画刷的使用过程与画笔类似,下述代码说明了如何在绘图过程中使用画刷对象:

```
CClientDC  dc(this);
CBrush  NewBrush, * pOldBrush;
NewBrush.CreateSolidBrush(RGB(0,0,255));
pOldBrush = dc.SelectObject(&NewBrush);
...
dc.SelectObject(pOldBrush);
```

初始化画刷和画笔时必须指定相应的颜色值。颜色的数据类型是 COLORREF,RGB 值是一个 32 位的整数,包含红、绿、蓝三个颜色域,以 Red、Green 和 Blue 的形式指定。第一个字节为红颜色域,第二个字节为绿颜色域,第三个字节为蓝颜色域,第四个字节必须为 0。每个域指定相应色彩的浓度,浓度值从 0 到 255。三种颜色的相对强度结合起来产生实际的颜色。既可以手工指定 RGB 值(如 0x00FF0000 是纯蓝),也可以使用 RGB 宏来指定。RGB 宏的三个参数取值范围为 0 ~ 255。

15.5.2 绘图函数与绘图模式

所有的绘图函数都要求给出逻辑坐标单位。缺省情况下，图形坐标系统与视图的逻辑坐标系统一致。常用的绘图函数有 17 种 28 个。下面仅列举两个：

```
COLORRFF SetPixel(int x,int y,COLORREF crColor);
```

该成员函数设置指定坐标点像素的颜色。

```
BOOL  Ellipse(int x1, int y1,int x2, int y2);
```

该成员函数使用当前选定的画笔画出一个椭圆或圆，并使用当前画刷填充区域的内部。与椭圆或圆相切的边界矩形由参数(x1,y1)和(x2,y2)指定。

映射模式用于定义逻辑坐标单位与设备坐标间的关系。当前映射模式不影响那些传递设备坐标的函数。Windows 提供了八种不同的映射模式，每种映射模式都有特定的用途。在表 15-11 列举的映射模式中，前两种为非约束映射模式，后六种为约束映射模式。所谓约束是指比例因子固定，应用程序不能改变映射到设备单位的比例。

表 15-11　映射模式表

映射模式	含　　义
MM_ANISOTROPIC	一个逻辑单位映射为一个任意的设备单位，x 轴和 y 轴可以任意缩放，x 轴正方向向右，y 轴正方向向上
MM_ISOTROPIC	一个逻辑单位映射为一个任意的设备单位，x 轴和 y 轴比例为 1:1，x 轴正方向向右，y 轴正方向向上
MM_HIENGLISH	一个逻辑单位映射成 0.001 英寸，x 轴正方向向右，y 轴正方向向上
MM_HIMETRIC	一个逻辑单位映射成 0.01 毫米，x 轴正方向向右，y 轴正方向向上
MM_LONGLISH	一个逻辑单位映射成 0.01 英寸，x 轴正方向向右，y 轴正方向向上
MM_LOMETRIC	一个逻辑单位映射成 0.1 毫米，x 轴正方向向右，y 轴正方向向上
MM_TEXT	缺省映射模式，一个逻辑单位映射成一个设备像素，x 轴正方向向右，y 轴正方向向上
MM_TWIPS	一个逻辑单位映射成打印点的 1/20，相当于 1/1440 英寸，x 轴正方向向右，y 轴正方向向上

在每种约束映射模式中，每个逻辑单位映射成预定义的物理单位。例如，MM_TEXT 映射模式把一个逻辑单位映射成一个设备像素，MM_HIMETRIC 映射模式把一个逻辑单位映射成设备上的 0.01 毫米。

映射模式 MM_ANISOTROPIC 和 MM_ISOTROPIC 是非约束模式，它们用两个矩形区域(窗口和视口)推导出比例因子及轴向。其中，窗口用的是逻辑坐标，视口用的是设备坐标，它们都有一个原点、x 范围和 y 范围。Windows 把视口的 x 范围和窗口的 x 范围的比值作为水平比例因子，把视口的 y 范围与窗口的 y 范围的比值作为垂直比例因子。这两个比例因子决定了把逻辑单位映射成像素的比例关系。除了确定比例因子之外，窗口和视口还要确定对象的轴向。Windows 总是把窗口原点映射成视口原点，窗口的 x 范围映射成视口的 x 范围，窗口的 y 范围映射成视口的 y 范围。

调用 CDC 的成员函数 SetMapMode 可以设置当前映射模式，该函数原型为：

```
virtual  int SetMapMode (int  nMapMode );
```

参数 nMapMode 只能取表 15-11 中给出的映射模式值(宏)。该函数调用成功时,返回当前映射模式值;否则返回 0。

绘图模式指定如何将画笔颜色和被填充对象的内部颜色与显示设备上的颜色相结合。缺省绘图模式为 R2_COPYPEN 时, Windows 简单地将画笔颜色复制到显示设备上。绘图模式已在前一节中作了介绍。

在画虚线时,用于填充线间空白的颜色取决于当前背景模式和背景颜色。缺省情况下,背景颜色是白色。可以使用 CDC 的成员函数 SetBkColor 设置新的背景颜色,该函数有一个用于指定新背景色的 COLORREF 类型的参数。

使用 SetBkColor 函数设置当前背景颜色后,若想使其在输出时有效,可以使用 CDC 的成员函数 SetBkMode 设置背景模式,以控制显示时的背景颜色。该函数有一个指定背景模式的参数 nBkMode,其值为 OPAQUE 或 TRANSPARENT。如果其值为 OPAQUE,则显示时背景改变为当前背景颜色。如果值为 TRANSPARENT,则不改变背景颜色。缺省的背景模式为 OPAQUE。

15.6 CString 类

为了灵活方便地处理字符串,MFC 类库提供了一个字符串类 CString。CString 类包含可变长度的字符序列,通过重载运算符和提供丰富的成员函数,使 CString 类与传统的字符数组和字符指针相比更易于使用。

CString 类基于 TCHAR 数据类型。如果程序中定义了符号_UNICODE(大字符集,支持多国语言),TCHAR 则定义为 16 位字符类型 wchar_t;否则,定义为 8 位字符类型。也就是说,在_UNICODE 条件下,CString 对字符串中的每一个字符用两个字节来表示;缺省条件下,每一个字符用一个字节来表示。CString 类没有基类。

通常,在应用程序中用到字符串时,均采用 CString 类的对象来实现。其基本用法与第 13 章中介绍的字符串类相同,只是功能上更完善,使用上更方便。限于篇幅,对该类不作详细介绍。

15.7 文本处理

文本是由窗口客户区管理的,文本输出的外观受限于可用字体数目及输出设备的色彩能力。CDC 提供了丰富的成员函数用于处理文本。

15.7.1 输出文本函数

CDC 类提供了 4 种 8 个成员函数用于输出文本,在此只介绍其中的一种:

```
virtual  BOOL  TextOut(int x,int y, LPCSTR lpszString, int nCount);
BOOL  TextOut(int x,int y, const CSTring &str);
```

函数 TextOut 输出文本的内容,x 和 y 指定文本输出的开始位置,nCount 指定字符串长度,lpszString 为指向要输出字符串的指针,str 为包含要输出字符串的 CString 对象。若输出成功,函数返回 1,否则返回 0。

15.7.2 设置文本属性

在没有设置文本属性的前题下，成员函数 TextOut 在输出文本时，显示文本的背景为白色，输出字符的颜色为黑色。通过设置文本属性，可以指定输出字符的颜色、字符串的对齐方式和字符间的间隔。有三个成员函数用于设置文本属性：

```
virtual COLORREF SetTextColor(COLORREF crColor);
```

该函数设置文本输出的颜色，crColor 指定文本颜色的 RGB 值。

```
UINT SetTextAlign(UINT nFlags);
```

该函数设置文本对齐标记。函数 TextOut 按设置的对齐标记来显示文本，表 15-12 给出了 nFlags 的取值和作用。

表 15-12 文本对齐方式

文本对齐标志值	作用
TA_CENTER	将点同边界矩形的水平中心对齐
TA_LEFT	将点同边界矩形的左边界对齐
TA_RIGHT	将点同边界矩形的右边界对齐
TA_BASELINE	将点同所选字体的基线对齐
TA_BOTTOM	将点同边界矩形的底线对齐
TA_TOP	将点同边界矩形的顶边对齐
TA_NOUPDATECP	调用文本输出函数之后，不更新当前位置
TA_UPDATECP	调用文本输出函数之后，更新当前位置

```
int SetTextCharacterExtra(int nCharExtra);
```

该函数设置字符间的间隔值。nCharExtra 指定间隔值。

15.7.3 获取字符属性

在 Windows 操作系统中，不同 ASCII 码字符的大小是不同的。例如，字符 i 和 m 的宽度不同。每一个字符的高度和基线以上部分的长度也不同。例如，字符 b 和 g。另外，可以设置不同的行距和间距。字符的这些特性称为字符的基本属性。

使用 CDC 的成员函数 GetTextMetrics 可以得到当前字体的完整描述，该函数的原型为：

```
BOOL  GetTextMetrics(LPTEXTMETRIC  lpMetric);
```

其中参数 lpMetric 为指向结构体 TEXTMETRIC 的指针，该结构体的定义为：

```
typedef  struct  tagTEXTMETRIC{
    int  tmHeight;                    //字符的高度
    int  tmAscent;                    //字符的上升高度(高于基线部分)
    int  tmDecent;                    //字符的下降高度(低于基线部分)
    int  tmInternalLeading;           //字体的点尺寸与物理尺寸的差别
    int  tmExternalLeading;           //两行之间的间隔
    int  tmAveCharWidth;              //所有字符的平均高度
    int  tmMaxCharWidth;              //最宽字符的最大宽度
```

```
    int   tmWeight;                         //字符的重量
    BYTE  tmItalic;                         //非0表示斜体
    BYTE  tmUnderlined;1                    //非0表示有下划线
    BYTE  tmStruckOut;                      //非0表示带有删除线
    BYTE  tmFirstChar;                      //首字符值
    BYTE  tmLastChar;                       //尾字符值
    BYTE  tmDefaultChar;                    //缺省的字符值
    BYTE  tmBreakChar;                      //中断字符值
    BYTE  tmPichAndFamily;                  //字体间距和族
    BYTE  tmCharSet;                        //字符集
    int   tmOverhang;                       //某些合成字符上的额外宽度
    int   tmDigitizedAspectX;               //设备的水平特性
    int   tmDigitizedAspectY;               //设备的垂直特性
}TEXTMETRIC, * LPTEXTMETRIC;
```

这里不对每一个属性作说明,只说明两个重要的属性 tmExternalLeading(行距)和 tm-Height(字符高度)。知道这两个属性值,可以在不关心字体及字体大小的情况下,根据当前输出行的行距和字符高度,确定下一行文本输出的位置。

在输出中文汉字时,每一个字的宽度是相同的,但输出西文字符串时,由于不同字符具有不同的宽度,在输出一个字符串时要知道该字符串占用的宽度,以便确定在下一行输出字符串的位置。CDC 的成员函数 GetTextExtent 可用来计算要输出字符串的宽度。函数原型为:

```
CSize  GetTextExtent(LPCSTR  lpszString, int nCount);
CSize  GetTextExtent(const CString  &str);
```

其中 lpszString 为指向字符串的指针,nCount 为要输出的字符个数,str 为包含一个字符串的 CString 对象。类型 CSize 有两个数据成员 cx 和 cy,用于存放字符串的宽度和高度值。知道了字符串的宽度,才能确定在该行接着输出字符串的开始位置。

15.7.4 使用字体

输出字符时,不仅要确定字符的大小,还要确定使用的字体。Windows 提供 6 种基本字体库,可使用其中的某一种字体来输出字符。用户也可以根据需要创建自己的字体。要选择基本字体库中的某一种字体时,可使用 CDC 的成员函数 SelectStockObject 来实现,其参数取值为以下六个宏之一:

```
ANSI_FIXED_FONT                        //ANSI固定字体
ANSI_VAR_FONT                          //ANSI可变字体
DEVICE_DEFAULT_FONT                    //设备缺省的字体
OME_FIXED_FONT                         //OME的固定字体
SYSTEM_FONT                            //系统字体
SYSTEM_FIXED_FONT                      //系统固定的字体
```

例如,SelectStockObject(ANSI_FIXED_FONT)表示选用 ANSI 固定字体。

在 MFC 类库中,CFont 类封装了 GDI 的字体对象,用其成员函数 CreateFont 可根据用户需求创建一种字体。该成员函数的原型为:

```
BOOL CreateFont(int nHeight,int nWidth,int nEscapement,
  int nOrientatio  n,int nWeight, BYTE bItalic, BYTE bUnderline,
  BYTE  cStrickOut,BYTE nCharSet,BYTE nOutPrecition,
  BYTE  nClipPrecition, BYTE nQuality, BYTE nPichAndFamily,
  LPCSTR lpszFacename);
```

其中参数 nHeight 为字体的高度;nWidth 为字体的宽度,若其值为 0,则根据当前方向比率选择最佳值;nEscapement 指定文本显示的角度,值 0 为水平,900 为垂直输出,其递增单位为 1/10度;nOrientation 指定字体的角度,即与水平方向的角度,其递增单位为 1/10 度;nWeight 为字体的磅数,其取值范围为 0~1000,缺省值为 0,一般的字体为 400,值越大字体越粗;bItalic 取 0 时为非斜体,否则为斜体;bUnderline 取 0 时不带下划线,否则带下划线;cStrickOut 取 0 时为不带删除线,否则带删除线;nCharSet 用于指定字体集,其取值可为 ANSI_CHARSET、DEFAULT_CHARSET、SYMBOL_CHARSET、SHIFTS_CHARSET 或 OME_CHARSET;nOutPrecition 指定输出的精度;nClipPrecition 指定裁剪精度;nQuality 指定逻辑字体与输出设备提供的实际字体之间的精度,其取值可以是 DEFAULT_QUALITY、DRAFT_QUALITY 或 PROOF_QUALITY;nPichAndFamily 指定字体的间距和字体族,间距的取值为 DEFAULT_PITCH、FIXED_PITCH 或 VARABLE_PITCH,字体族的取值为 FF_DECORATIVE、FF_DONTCARE、FF_MODERN、FF_ROMAN、FF_SCRIPT 或 FF_SWISS,间距和字体族之间用按位或表示,例如,DEFAULT_PITCH | FF_ROMAN;lpszFacename 是字体的名字,其长度应小于 30(至多 30 个字符)。

例 15.1 使用同一种字体,以不同的字符大小输出同一文本信息。

使用 MFC AppWizard 生成一个项目 ch1002,选择单文档界面,其他均取缺省值。在视图窗口中输出字符串时,要产生或选择字体,并设置映射模式。为此,在文件 ch1002View.h 的类 CCh1002View 中增加两个成员函数。

```
class CCh1002View:public CView
{    ...
    //Operations
    private:
      void ShowFont(CDC *,int &,int);                    //产生字体
    protected:
      void OnPrepareDC(CDC * pDC,CPrintInfo * pInfo = NULL);   //设置映射模式
      ...
};
```

在文件 ch1002View.cpp 中增加这两个成员函数的实现部分:

```
void CCh1002View::OnPrepareDC(CDC * pDC,CPrintInfo * pInfo)
{
    pDC->SetMapMode(MM_ANISOTROPIC);      //设置映射模式
    pDC->SetWindowExt(1400,1400);         //设置窗口大小
    pDC->SetViewportExt(pDC->GetDeviceCaps(LOGPIXELSX),
       -pDC->GetDeviceCaps(LOGPIXELSY));  //设置视口的大小
}
```

```
void CCh1002View::ShowFont(CDC * pDC, int &nPos, int nPoints)
{
    TEXTMETRIC tm;
    CFont NewFont;
    char psOrigin[100];
                                                    //创建字体
    NewFont.CreateFont (- nPoints * 20,0,0,0,FW_BOLD,true,false,false,
        ANSI_CHARSET,OUT_DEFAULT_PRECIS,CLIP_DEFAULT_PRECIS,
        DEFAULT_QUALITY,DEFAULT_PITCH|FF_SWISS,"Times New Roman");
                                                    //装入新字体,保存原字体
    CFont * pOldFont = (CFont * )pDC -> SelectObject(&NewFont);
    pDC -> GetTextMetrics(&tm);                     //获取字体属性
    wsprintf(psOrigin,"This is %d-point Times New Roman 中国北京。",nPoints);
    CString  str(psOrigin);                         //将 psOrigin 中的字符串放入 CString 对象 str 中
    pDC -> TextOut(0,nPos,str);                     //输出字符串
    pDC -> SelectObject(pOldFont);                  //恢复原来的字体
    nPos -= tm.tmHeight + tm.tmExternalLeading;     //计算出下一行的 y 轴坐标
};
```

函数 OnPrepareDC 是重载的虚函数。在调用 OnDraw 之前系统首先要调用成员函数 OnPrepareDC,该函数调用 SetMapMode 将映射模式设置为非约束的 MM_ANISOTROPIC,这种映射模式由系统根据窗口大小和视口大小来计算出两种坐标之间的比例因子,见表 15-11。为此,要调用 SetWindowExt 来设置窗口的大小,调用 SetViewportExt 来设置视口的大小。注意,视口与视图窗口是两个不同的对象。当视口固定时,随着窗口大小的增大,在视口中显示的字符因而缩小(比例因子变小)。成员函数 GetDeviceCaps(LOGPIXELSX)和 GetDeviceCaps(LOGPIXELSY)分别得到设备在 x 和 y 方向的大小,y 方向的大小取负数是因为 MM_ANISOTROPIC 映射模式的 y 轴方向向上,而窗口的 y 轴方向向下。

函数 ShowFont 要完成创建字体,并将其放入设备场境中,再在视图窗口中显示一行字符串,然后释放并删除字体。函数 CreateFont 的参数中,最主要的参数是前两个:字体的高度和宽度。每次调用 ShowFont 时,其高度是递增的。若希望按指定大小的字体输出字符串,则参数字体的高度应为负数(两坐标体系的 y 方向正好相反)。在函数 wsprintf 中的%d 表示将整数 nPoints 转换成对应的 ASCII 字符序列后,插入到%d 的位置,例如,设 nPoints 的值为 16,经转换后的字符串为:

"This is 16-point Times New Roman 中国北京。"
然后将该字符串拷贝到 psOrigin 中。

修改文件 ch1002View.cpp 中的成员函数 OnDraw,用一个循环语句调用函数 ShowFont,输出同一字符串,但每一次产生的字体高度不同。

```
void CCh1002View::OnDraw(CDC * pDC)
{
    CCh1002Doc * pDoc = GetDocument();
    ASSERT_VALID(pDoc);
    // TODO: add draw code for native data here
```

```
    int nPosition = 0;
    for(int i = 6;i< 24; i+= 2)
      ShowFont(pDC,nPosition,i);
}
```

没有经过坐标的比例因子变换时,每一行字符的高度为 i *20 个像素。

例 15.2　更改字体的宽度并用几种字体输出字符串。

使用 MFC AppWizard 生成一个项目 ch1003,选择单文档界面,其他项目取缺省值。在文件 ch1003View.h 的类 CCh1002View 中增加一个成员函数 OnPrepareDC:

```
class CCh1003View : public CView
{   ...
  protected:
      void OnPrepareDC(CDC * pDC,CPrintInfo * pInfo = NULL);
  ...
};
```

在文件 ch1002View.cpp 中增加该函数的实现部分:

```
void CCh1003View::OnPrepareDC(CDC * pDC,CPrintInfo * pInfor)
{
    RECT   theRect;
    GetClientRect(&theRect);
    pDC -> SetMapMode(MM_ANISOTROPIC);
    pDC -> SetWindowExt(400,400);
    pDC -> SetViewportExt(theRect.right, - theRect.bottom);
}
```

在这个函数中,使用函数 GetClientRect 来获得视图窗口的矩形区大小,然后将该矩形区的宽度和高度作为设置视口的大小。

修改在文件 ch1002View.cpp 中的 OnDraw 函数为:

```
void CCh1003View::OnDraw(CDC * pDC)
{
    CCh1003Doc * pDoc = GetDocument();
    ASSERT_VALID(pDoc);
    // TODO: add draw code for native data here
    CFont  NewFont[4];
    CString str[4];
    str[0] = "中国 This is Bookman Old style,default width.";
    str[1] = "中国 This is Courier,default width.";
    str[2] = "中国 This is Liberate,default width.";
    str[3] = "中国 This is generic Roman,variable width.";
    NewFont[0].CreateFont (50,0,0,0,400,false,false,false,
      ANSI_CHARSET,OUT_DEFAULT_PRECIS,CLIP_DEFAULT_PRECIS,
      DEFAULT_QUALITY,DEFAULT_PITCH|FF_SWISS,"Bookman Old style");
    CFont * pOldFont = pDC -> SelectObject(&NewFont[0]);
    pDC -> TextOut (0,0, str[0]);
```

```
    NewFont[1].CreateFont (50,0,0,0,400,false,false,false,
      ANSI_CHARSET,OUT_DEFAULT_PRECIS,CLIP_DEFAULT_PRECIS,
      DEFAULT_QUALITY,DEFAULT_PITCH|FF_MODERN,"Courier");
    pDC->SelectObject(&NewFont[1]);
    pDC->TextOut (0, -100, str[1]);

    NewFont[2].CreateFont (50,0,0,0,400,false,false,false,
      ANSI_CHARSET,OUT_DEFAULT_PRECIS,CLIP_DEFAULT_PRECIS,
      DEFAULT_QUALITY,DEFAULT_PITCH|FF_SCRIPT,"Liberate");
    pDC->SelectObject(&NewFont[2]);
    pDC->TextOut (0, -200, str[2]);

    NewFont[3].CreateFont (50,10,0,0,400,false,false,false,
      ANSI_CHARSET,OUT_DEFAULT_PRECIS,CLIP_DEFAULT_PRECIS,
      DEFAULT_QUALITY,DEFAULT_PITCH|FF_ROMAN,"Roman");
    pDC->SelectObject(&NewFont[3]);
    pDC->TextOut (0, -300, str[3]);

    pDC->SelectObject(pOldFont);
}
```

该函数分别产生了四种字体,用每一种字体输出一个字符串。编译、连接并执行这个应用程序,看看这四种字体的输出效果。第四种字体的输出随窗口的大小变化而变化(字体的宽度可变)。

15.8 菜单的制作

下面通过一个实例来说明菜单的制作过程。

例 15.3　在菜单条上增加一个菜单项,并在弹出式子菜单中建立三个子菜单:复选、弹出菜单、禁用。而弹出菜单又包含三个子菜单项。图 15-9 给出了要产生的菜单项结构。

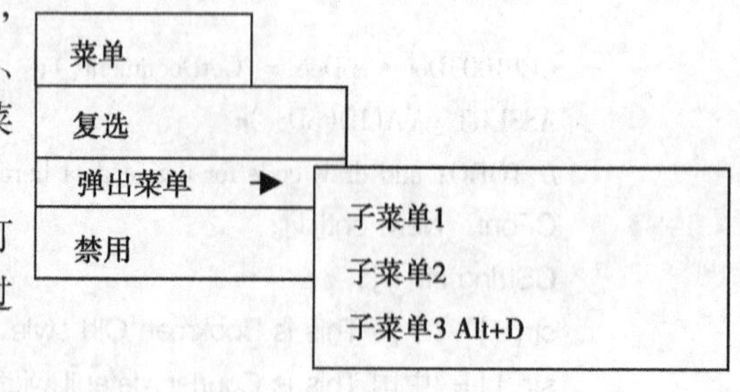

图 15-9　新增菜单示图

要求"复选"相当于开关,一次选择时打钩,再一次选择时取消打钩。菜单"禁用"通过一个成员变量来控制其变为灰色。

(1) 在系统菜单条上增加一个菜单项。

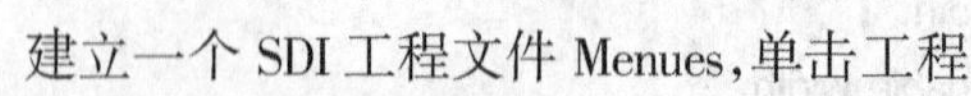

建立一个 SDI 工程文件 Menues,单击工程窗口的资源标签,打开 Menu 文件夹,双击菜单资源 ID_MAINFRAME,则系统打开菜单编辑器,将一个空的菜单项移到帮助菜单的左边。双击该空菜单项,则弹出如图 15-10 所示的对话框。

对话框中指定为"Pop-up"类型,并在"Caption"栏中输入"菜单",关闭该对话框。双击该新菜单项"菜单"下面的"空菜单项",弹出如图 15-11 所示的对话框。

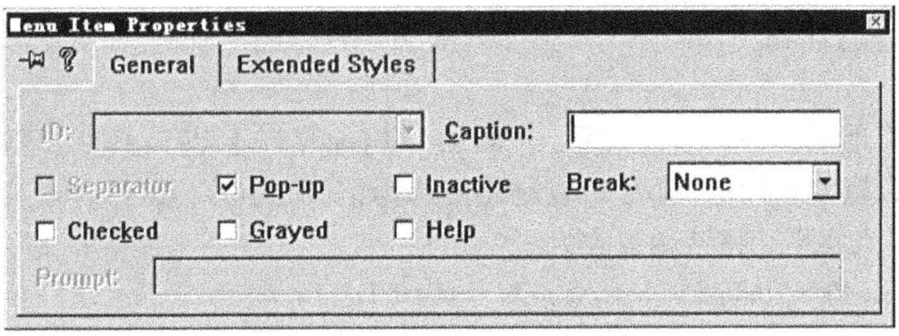

图 15-10　菜单项特性对话框

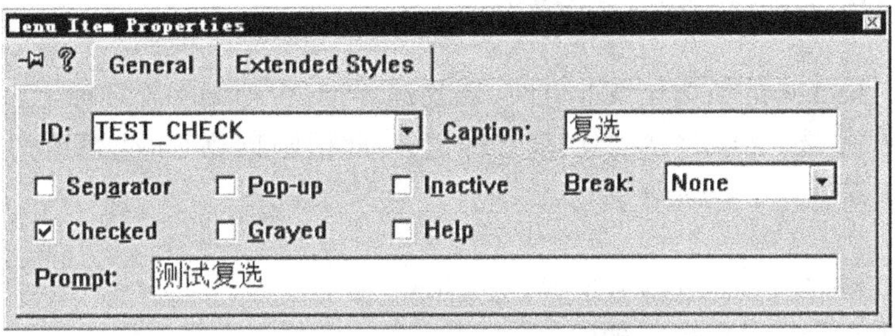

图 15-11　菜单项特性对话框

在该对话框中，指定为"Checked"类型，并在"Caption"中输入"复选"，在"ID"中输入"TEST _ CHECK"。在"Prompt"中输入"测试复选"，关闭该对话框。双击新菜单项下面的空菜单项，在弹出的菜单项特性对话框中，指定为"Separator"类型。

双击空菜单项，在弹出的对话框中选择"Pop-up"类型，并在"Caption"中输入"弹出菜单"。为其制作三个子菜单，其 ID 分别为"SUB _ MENUE1"，"SUB _ MENUE2"，"SUB _ MENUE3"，Caption 中分别输入"子菜单 1"、"子菜单 2"、"子菜单 3"。

用同样的方法制作"禁用"子菜单项，其 ID 为"DISABLE _ ME"。

下一步要为各个菜单项建立命令处理函数。先为"复选"菜单建立命令处理函数。进入类向导，选择"Message Maps"标签，类名指定为"CMenuesView"，对象"ID"选择"TEST _ CHECK"，在"Messages"中分别双击"COMMAND"和 UPDATE _"COMMAND _ UI"消息，MFC 为该命令创建两个成员函数 onCheck 和 onUpdateCheck。

为了标记"复选"菜单项的选中或未选中的状态，要在视图类中增加一个新变量 m _ checked，即

```
class CMenuesView:public CView
{   …
      // Attributes
   protected:
      int m _ checked;
   …
};
```

在视图类的构造函数中将这个成员数据置初值为 0，即

```
CMenuesView::CMenuesView()
{
```

```
    //TODO: add construction code here
    m_checked = 0;
}
```

在打开该菜单时，产生一个消息，并调用 onUpdateCheck 成员函数，该函数根据 m_checked 的值来设置复选标记(值为 1)或删除复选标记(值为 0)。这可通过 CCmdUI 类的成员函数 SetCheck 来实现。将该函数改为：

```
void CMenuesView::OnUpdateCheck(CCmdUI * pCmdUI)
{
    // TODO: Add your command update UI handler code here
    pCmdUI->SetCheck(m_checked);
}
```

当参数 m_checked 的值为 1 或非 0 时，置复选标记，否则删除复选标记。

当用户选择"复选"菜单时，要切换复选标记，为此把函数 OnCheck 修改为：

```
void CMenuesView::OnCheck()
{
    // TODO: Add your command handler code here
    m_checked = !m_checked;
}
```

下一步为"弹出菜单"的三个子菜单建立消息映射函数。

先为"子菜单 3"建立一个加速键(【Alt】+【D】)，选择工程窗口的"ResourceView"标签，先打开资源文件夹，再打开"Accelarator Editor"，双击资源"IDR_MAINFRAME"，按下【Ins】键(表示要插入一个加速键)，弹出如图 15-12 所示的对话框。

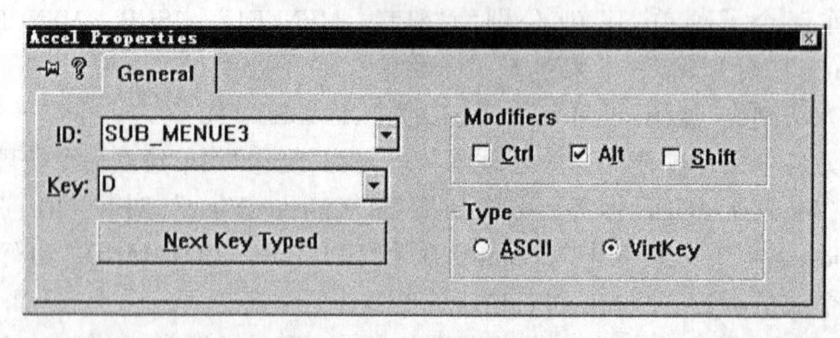

图 15-12　加速键对话框

在对话框的"ID"中输入"SUB_MENUE3"，在"Key"中输入"D"，选择"Alt"。然后关闭这个对话框。

并将"子菜单 3"的标题改为"子菜单 3 \tAlt + D"，其中\t 将标题和加速键之间分开。改动已建菜单标题的方法是：选择工程窗口的"ResourceView"标签，先打开资源文件夹，再打开"Menu"文件夹，双击资源"IDR_MAINFRAME"，在编辑窗口中显示菜单条，单击"菜单"，再单击"弹出菜单"，双击"子菜单 3"，弹出该菜单的特性对话框，将"Caption"中的"子菜单 3"改为"子菜单 3 \tAlt + D"，如图 15-13 所示。

利用类向导分别为三个子菜单增加相应的消息处理函数。进入类向导，类名指定为"CMenuesView"，对象"ID"分别选择"SUB_MENE1"、"SUB_MENE2"和"SUB_MENE3"，在"Messages"中双击 COMMAND 消息，分别创建三个消息处理函数 OnMenue1、OnMenue2 和 On-

Menue3。

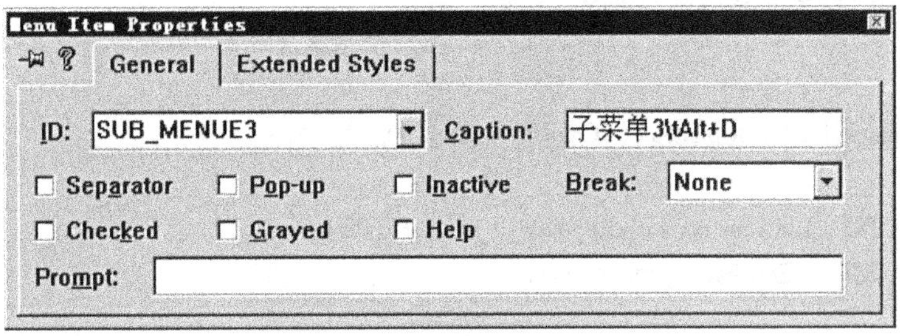

Menu Item Properties

General | Extended Styles

ID: SUB_MENUE3　Caption: 子菜单3\tAlt+D

☐ Separator　☐ Pop-up　☐ Inactive　Break: None

☐ Checked　☐ Grayed　☐ Help

Prompt:

图 15-13　修改子菜单 3 的标题

修改这三个消息处理函数,分别使它们显示一个表明已选了命令的对话框。

```
void CMenuesView::OnMenue1()
{
  // TODO: Add your command handler code here
  MessageBox("选择了第一个子菜单!");
}

void CMenuesView::OnMenue2()
{
  // TODO: Add your command handler code here
  MessageBox("选择了第二个子菜单!");
}

void CMenuesView::OnMenue3()
{
  // TODO: Add your command handler code here
  MessageBox("选择了第三个子菜单!");
}
```

函数 MessageBox 产生一个提示信息对话框,在所产生的对话框中输出由参数给出的字符串。命令消息处理函数的作用由应用程序需求而定,本例仅说明如何在菜单命令与命令消息处理函数之间建立映射关系。

下一步处理"禁用"菜单。利用类向导,以相同的方法,在视图类上为菜单消息 DISABLE_ME 分别建立 COMMAND 和 UPDATE_COMMAND_UI 消息处理函数,函数名分别为 OnMe、OnUpdateMe。

在视图类的定义中增加一个保护成员:

```
int  m_disabled;
```

并在视图类的构造函数中将其初值置为 1:

```
m_disabled = 1;
```

修改消息处理函数 onMe、onUpdateMe:

```
void CMenuesView::OnMe()
{
```

```
    // TODO: Add your command handler code here
    m_disabled = !m_disabled;
}

void CMenuesView::OnUpdateMe(CCmdUI * pCmdUI)
{
    // TODO: Add your command update UI handler code here
    pCmdUI->Enable(m_disabled);
}
```

编译连接程序,第一次进入菜单时,“禁用”子菜单可用,当单击“禁用”后,该菜单变为灰色,成为不可使用。可将函数 OnUpdateMe 改为:

```
void CMenuesView::OnUpdateMe(CCmdUI * pCmdUI)
{
   // TODO: Add your command update UI handler code here
   m_disabled = !m_disabled;
   pCmdUI->Enable(m_disabled);
}
```

注意,只要打开菜单条上新建的菜单项“菜单”,系统立即产生消息 UPDATE_COMMAND_UI,由该消息驱动消息处理函数 OnUpdateMe,即调用该函数。在单击“禁用”菜单命令时,系统产生消息 COMMAND,该消息驱动消息处理函数 OnMe。

上机比较以上两者的不同。

附录 A　ASCII 码表

ASCII 值	控制字符	ASCII 值	字符	ASCII 值	字符	ASCII 值	字符
0	NUL	32		64	@	96	`
1	SOH	33	!	65	A	97	a
2	STX	34	″	66	B	98	b
3	ETX	35	#	67	C	99	c
4	EOT	36	$	68	D	100	d
5	END	37	%	69	E	101	e
6	ACK	38	&	70	F	102	f
7	BEL	39	′	71	G	103	g
8	BS	40	(	72	H	104	h
9	HT	41	)	73	I	105	i
10	LF	42	*	74	J	106	j
11	VT	43	+	75	K	107	k
12	FF	44	,	76	L	108	l
13	CR	45	-	77	M	109	m
14	SO	46	.	78	N	110	n
15	SI	47	/	79	O	111	o
16	DLE	48	0	80	P	112	p
17	DC1	49	1	81	Q	113	q
18	DC2	50	2	82	R	114	r
19	DC3	51	3	83	S	115	s
20	DC4	52	4	84	T	116	t
21	NAK	53	5	85	U	117	u
22	SYN	54	6	86	V	118	v
23	ETB	55	7	87	W	119	w
24	CAN	56	8	88	X	120	x
25	EM	57	9	89	Y	121	y
26	SUB	58	:	90	Z	122	z
27	ESC	59	;	91	[	123	{
28	FS	60	<	92	\	124	|
29	GS	61	=	93	]	125	}
30	RS	62	>	94	^	126	~
31	US	63	?	95	_	127	△

附录 B　常用的库函数

库函数并不是 VC++ 语言的组成部分，但为了方便用户使用库函数，VC++ 编译器提供了大量的库函数。用到库函数时，必须包含相应的头文件。需了解 VC++ 提供的所有库函数请查阅有关的手册。本附录仅列出教学所需的常用库函数。

1. 常用的数学函数

用到以下的数学函数时，要包含头文件 math.h。

函数原型	功能	返回值	说明
int abs(int x)	求整数的绝对值	绝对值	
double acos(double x)	arccos(x)	计算结果	$-1 \leqslant x \leqslant 1$
double asin(double x)	arcsin(x)	计算结果	$-1 \leqslant x \leqslant 1$
double atan(double x)	arctan(x)	计算结果	
double cos(double x)	cos(x)	计算结果	弧度
double cosh(double x)	双曲余弦	计算结果	
double exp(double x)	求 e^x	计算结果	
double fabs(double x)	求实数的绝对值	绝对值	
double fmod(double x, double y)	求 x/y 的余数	余数	
long labs(long)	求长整型数的绝对值	绝对值	
double log(double)	ln(x)	计算结果	
double log10(double)	求以 10 为底的对数	计算结果	
double pow(double x, double y)	求 x^y	计算结果	
double sin(double x)	sin(x)	计算结果	
double sqrt(double)	求平方根	计算结果	
double tan(double x)	正切函数	计算结果	
double modf(double x, double * y)	取 x 的整数部分送到 y 所指向的单元中	x 的小数部分	

2. 字符串处理函数

用到以下列出的字符串处理函数时，要包含头文件 string.h。

函数原型	功能	返回值	说明
void * memcpy(void * p1, const void * p2, size_t n)	存储器拷贝，将 p2 所指的共 n 个字节拷贝到 p1 所指向的存储区中	目的存储区的起始地址	实现任意数据类型之间的拷贝
void * memset(void * p, int v, size_t n)	将 v 的值作为 p 所指向的区域的值，n 是 p 所指向区域的大小	返回该区域的起始地址	
char * strcpy(char * p1, const char * p2)	将 p2 所指向的字符串拷贝到 p1 所指向的区域中	目的存储区的起始地址	
char * strcat(char * p1, const char * p2)	将 p2 所指向的字符串接到 p1 所指向的字符串后面	目的存储区的起始地址	

续表

函数原型	功能	返回值	说明
int strcmp(const char * p1, const char * p2)	两个字符串比较	两字符串相同，返回0；若p1所指向的字符串小于p2所指向的字符串，返回负数；否则，返回正数	
int strlen(const char *)	求字符串的长度	字符串中包含的字符个数	
char * strncat(char *p1, const char *p2, size_t n)	将p2所指向的字符串(至多n个字符)接到p1所指向的字符串后面	目的存储区的起始地址	
int strncmp(const char * p1, const char *p2, size_t n)	与函数strcmp( )类同，至多比较n个字符	与函数strcmp( )类同	
char * strncpy(char *p1, const char *p2, size_t n)	与函数strcpy( )类同，至多拷贝n个字符	与函数strcpy( )类同	
char * strstr(const char *p1, const char *p2)	p2所指向的字符串是否是p1所指向的字符串的子串	若是子串，返回开始位置；否则返回0	

3. 常用的其他函数

用到以下列出的字符串处理函数时，要包含头文件stdlib.h。

函数原型	功能	返回值	说明
void abort(void)	终止程序的执行		不做结束工作
void exit(int)	终止程序的执行		做结束工作
int abs(int)	求整数的绝对值	返回绝对值	
long labs(long)	求长整数的绝对值	返回绝对值	
double atof(const char * s)	将s所指向的字符串转换成实数	返回实数值	
int atoi(const char *)	将字符串转换成整数	返回整数值	
long atol(const char *)	将字符串转换成长整数	返回长整数值	
int rand(void)	产生一个随机数	返回随机数	
void srand(unsigned int)	初始化随机数发生器		
int system(const char * s)	将s所指向的字符串作为一个可执行文件，并执行之		
max(a,b)	求两个数中的大数	返回大数	参数可为任意类型
min(a,b)	求两个数中的小数	返回小数	参数可为任意类型

4. 实现键盘和文件输入/输出的成员函数

用到以下列出的函数时，要包含头文件iostream.h。

函数原型	功　　能	返回值	说　明
cin >> v	输入值送给变量 v		
cout << exp	输出表达式 exp 的值		
istream & istream∷get(char &c)	输入字符送给变量 c		
istream & istream∷get(char ＊,int,char = '\n')	输入一行字符串		
istream & istream∷getline(char ＊, int, char = '\n')	输入一行字符串		
void ifstream ∷open(const char ＊, int = ios∷in, int = filebuf∷openprot)	打开输入文件		
void ofstream ∷open(const char ＊, int = ios∷out, int = filebuf∷openprot);	打开输出文件		
void fstream ∷open(const char ＊, int, int = filebuf∷openprot)	打开输入/输出文件		
ifstream ∷ ifstream (const char ＊, int = ios∷in, int = filebuf∷openprot)	构造函数打开输入文件		
ofstream ∷ ofstream (const char ＊, int = ios∷out, int = filebuf∷openprot)	构造函数打开输出文件		
fstream ∷ fstream (const char ＊, int, int = filebuf∷openprot)	构造函数打开输入/输出文件		
void istream∷close( )	关闭输入文件		
void oftream∷close( )	关闭输出文件		
void fstream∷close( )	关闭输入/输出文件		
istream & istream∷read(char ＊,int)	从文件中读取数据		
ostream & istream∷write(const char ＊,int)	将数据写入文件中		
int ios∷eof( )	是否到达打开的文件的尾部	1为到达文件尾,0为没有到达文件尾	
istream &istream∷seekg(streampos)	移动输入文件的指针		
istream & istream∷seekg(streamoff,ios∷seek _ dir)	移动输入文件的指针		
streampos istream∷tellg( )	取输入文件指针		
ostream & ostream∷seekp(streampos)	移动输出文件的指针		
ostream & ostream∷seekp(streamoff, ios∷seek _ dir)	移动输出文件的指针		
streampos ostream∷tellp( )	取输出文件指针